本书得到胡春阳教授主持的复旦大学新闻学院一流学科项目"世界主要国家软实力战略传播与评价体系研究"的资助

复旦新闻与传播学译库

国际传播
沿袭与流变
（第三版）

International Communication:
Continuity and Change (3rd Edition)

[英] 达雅·基山·屠苏 著

胡春阳 姚朵仪 译

复旦大學出版社

该成果得到刘海贵教授主持的复旦大学新闻学院高峰学科项目——"人才培养和学术研究国际化能力创新平台"的资助,特此鸣谢!

献给我已故的父亲母亲

目录

- 美美与共　天下大同——译者序 …… 001
- 中文版前言 …… 001
- 引言 …… 001

1　国际传播的历史语境 …… 001
- 传播与帝国 …… 001
- 电报的增长 …… 003
- 新闻通讯社时代 …… 009
- 大众媒介问世 …… 013
- 广播与国际传播 …… 014
- 冷战——从共产主义宣传到资本主义说服 …… 017
- 国际传播及其发展 …… 027
- 建立一种世界信息与传播新秩序的要求 …… 032

2　国际传播的理论路径 …… 040
- "信息的自由流通" …… 042
- 现代化理论 …… 042
- 依附理论 …… 047
- 结构性帝国主义 …… 051
- 霸权 …… 053
- 批判理论 …… 054
- 公共领域 …… 056
- 国际传播的文化研究视角 …… 058
- 信息社会理论 …… 059
- 全球化话语 …… 063
- 一种批判性的国际传播理论？ …… 068
- 国际政治中的国际传播 …… 070
- 国际传播理论的国际化 …… 073

3 创建一套全球传播的基础设施 · · · · · · 078
    电信私有化 · · · · · · 079
    传播产品与服务的自由贸易 · · · · · · 081
    电信部门的自由化 · · · · · · 085
    私有化的太空——最后的前线 · · · · · · 088
    全球卫星产业 · · · · · · 093
    区域卫星服务 · · · · · · 095
    电信的全球化 · · · · · · 096
    互联网基础设施 · · · · · · 098
    谁控制着互联网基础设施？ · · · · · · 099
    监管不受监管的全球传播市场 · · · · · · 106
    "T协议三位一体"与进一步放松数字管制？ · · · · · · 108
    一个自由化的全球传播体制的含义 · · · · · · 109

4 全球媒介市场 · · · · · · 114
    媒介融合 · · · · · · 114
    全球媒体集团 · · · · · · 115
    全球内容行业 · · · · · · 133
    全球新闻与信息网络 · · · · · · 145
    设置全球新闻议程 · · · · · · 158

5 媒介文化中的全球性与地方性 · · · · · · 162
    美国消费文化的全球化 · · · · · · 162
    全球媒介产品贸易 · · · · · · 164
    从公共服务到私人利润——欧洲广播 · · · · · · 168
    好莱坞霸权 · · · · · · 174
    有关文化多样性的担忧 · · · · · · 180
    全球英语 · · · · · · 181
    媒介文化的区域化与本地化 · · · · · · 186
    全球音乐 · · · · · · 190
    适应、杂糅还是霸权？ · · · · · · 193
    文化相对主义与复兴主义 · · · · · · 197
    文化作为"软实力" · · · · · · 199

6　全球媒介反向流动 ……………………………… 203
中国媒体的全球化 …………………………………… 204
全球娱乐业的反向流动 ……………………………… 206
地理语言电视的全球化 ……………………………… 214
拉丁美洲肥皂剧的跨国化 …………………………… 215
全球电视新闻的反向流动 …………………………… 227
"RT效应" …………………………………………… 231
反向流动还是补充流动？ …………………………… 235
侨民文化与"移民"媒介 …………………………… 236

7　数字时代的国际传播 …………………………… 239
移动、无缝的智能传播 ……………………………… 240
数字资本主义以及一种"自由流动的商业" ……… 242
脸书效应 ……………………………………………… 247
中国的互联网发展 …………………………………… 249
互联网与政治传播 …………………………………… 251
网络如何影响新闻业 ………………………………… 257
作为信息娱乐和教育娱乐的国际传播 ……………… 260
全球教育娱乐 ………………………………………… 264
数字时代的治理与监管 ……………………………… 265
全球传播：隐蔽的监视与公开的监控 ……………… 270
为了发展的传播 ……………………………………… 273
"中印"效应 ………………………………………… 275
国际传播研究的国际化 ……………………………… 277
国际传播：沿袭与流变 ……………………………… 279

词汇表 …………………………………………………… 282

附录一　国际传播编年表 …………………………… 293

附录二　有用的网站 ………………………………… 307

附录三　讨论题 ……………………………………… 315

参考文献 ……………………………………………… 318

美美与共 天下大同——译者序

2021年5月31日，习近平总书记就国际传播发表重要讲话："讲好中国故事，传播好中国声音，展示真实、立体、全面的中国，是加强我国国际传播能力建设的重要任务。"此时，笔者刚刚完成屠苏教授的名作《国际传播：沿袭与流变》的翻译工作。

知识与时势之巧遇，希望碰撞出更为耀眼的智慧之光，照亮中国智识建设与治理建设之大道通衢。理智与情怀碰撞之际，也正是再次慎思"国际传播"的科学意蕴之机。

《大学·礼记》提出大学之道最终是"平天下"，而如何到达呢？必经之路：格物，致知，诚意，正心，修身，齐家，治国，平天下。如果把国际传播比作"平天下"，开端必为端正自己的心念，保持真诚恭敬的意欲。的确，理论界对国际传播的挂怀力透纸背，实践界意欲突破国际传播之举气势如虹，但如果我们愿意"诚意""正心"，就应该承认，不论理论界还是实践界，都存在着理解误区。

好在，摆在面前的这本书如一面镜子，可以照见我们的得与失。该书几乎是国际传播的一部百科全书，包含了国际传播的历史、理论、实践、方法与典型案例，把政治、经济、军事、传播、文化五个层次的国际霸权生产与再生产的逻辑与勾连全面、清晰地呈现出来。而且，怀揣对人类发展困境的深切忧思与命运休戚与共的热情关怀，本书张弛有度地对建立一种信息与传播新秩序的历史与逻辑脉络做了深入分析，并提出在当下人类社会历史实践的巨变语境——生存难题休戚与共，传播技术一网打尽，这个新秩序面临的挑战与（不）可能性。

第一，国际传播不仅是外宣。外宣，顾名思义，"我注六经"，只朝一个方向。而国际传播必有两个方向：一方面是说出去，有耳来听，并产生认知上的说服力、情感上的感召力；另一方面是"六经注我"，听八方来音，重述我们的故事。

屠苏教授在"国际传播的历史语境"（第1章）与"国际传播的理论路径"（第

2章）中，历史与逻辑起点是对国家兴衰、权力与传播之间的历史与现实关联进行分析，认为极端的宣传思维与实践的结果是国家/民族之间共存秩序的混乱不堪。如何破解？作者给出的解决方案是：致力于建立一种信息与传播新秩序。

第二，对抗无出路。比如，冷战思维中所隐含的对抗意识，仍时不时冒出来作祟。对抗本身是一种零和博弈，过程你死我活，结果共同失败。对抗不仅存在于西方国家，也影响着我们自己。诚然，面对少数西方国家的围堵和霸权，不惧、不避的自信当然要有，同时，有利、有节的态度也要具备。这是因为，中国需要世界，世界也需要中国，在全球化的时代，合作曾经是，在当下依然是解决分歧、实现共赢的最佳方式。

在复杂多变的国际传播领域，对抗思维会引发很多问题：简单化思考，粗暴式行动，用立场代替技巧，用情绪代替理智。想想古训"己欲立而立人，己欲达而达人"，"己所不欲，勿施于人"，不是更有策略、效果更好吗？

屠苏教授在"媒介文化中的全球性与地方性"（第5章）、"全球媒介反向流动"（第6章）这些部分，对英美双头主导世界新闻、信息、娱乐的关键因素以及诸如电视领域的韩流、印度惹电视（Zee TV）等反向流动的要素做了透彻分析，会让我们更冷静地思考"合作而非对抗"的合理性。

第三，国际传播需要时间。有一种声音宣称，要在短时间内打造强势传播格局。这种说法忽略了传播规律。今日，传播是技术、资本、文化、政治亲密无间的合谋，在满世界开疆拓土。战略传播、合法性叙事、软实力、公共外交成为谋求权力与权利的不二法门。此种情势下，激进、亢奋的"强势"行动往往事倍功半。

其实，已有很多成功先例可资借鉴。作为全球文化现象级的尼日利亚电影产业诺莱坞，土耳其肥皂剧掀起的"奥斯曼酷"，拉丁美洲电视小说在全球范围内的成功，都印证了恩格斯在论述马克思意识形态具有相对独立性时作出的判断——"经济上落后的国家在哲学上仍然能够演奏第一提琴"，弱国也有强国际传播。前提是需要我们开阔视野转换思路。正如老子在《道德经》中所言："天下之至柔，驰骋天下之至坚。"

第四，国际传播需要多元思维。国际传播不仅涉及市场、硬件、基础设施，更需要内容生产的全球机制。作为全球媒介内容的生产战略，"全球当地化"在书中得到细致入微的刻画。

在"创建一套全球传播的基础设施"(第3章)、"全球媒介市场"(第4章)中,作者阐述了自20世纪90年代没有停止过的国际传播的市场化、自由化与私有化进程,甚至国际通信卫星组织(Intelsat)都发生了从政府间机构转变为私人公司的性质变化。国际权力的源泉与实施机构也发生了重大转型,从民族/国家转入媒体寡头手中,从公共利益部门转入私人企业,从现实世界转入"平台帝国主义"——"脸书共和国"与"谷歌主义"。面对这些巨变,固守单一思维已然落后。保持开放、接纳的心胸,才是该有的姿态。

作为一本超过20年的经典著作,本书所提供的启示远不止于此。所有内容都指向一个根本问题:国际传播的研究与实践如何国际化?面对农业社会的秩序问题,人类曾经发展出多种多样与之匹配的权力与传播体系;面对工业文明的秩序问题,人类也发展出特有的并还在实施的权力与传播体系;那么,面对数字化、智能化、全球化时代,面对超越民族/国家的疆域的生化危机、网络民族主义与极端主义,我们可有升级版的方案?

走笔至此,关于国际传播,愿用费孝通的"各美其美,美人之美,美美与共,天下大同"与诸君共勉,前行!

最后,对本译作的缘起与翻译过程略作说明。当"无穷的远方,无数的人们,都和我有关"(出自鲁迅的《且介亭杂文末集·这也是生活》)的时代汹涌奔腾之际,笔者对国际传播的智识与实践兴趣日甚一日。通过述而不作的方式,于10余年前,首度以课目"对外宣传的理论与实践"为本科生授课;再于2018—2020年,受复旦大学国际关系与公共事务学院所邀,三度为MPA项目学员讲授"国际关系与大众媒介"课程,选课者甚众,往往一席难求,由此可见,该课题对中国治理实践领域的从业者有着巨大的吸引力。在广泛阅读和比较该领域大量文献后,(因前述理由)笔者将达雅·基山·屠苏的这本著作定为学生的必读书目与笔者授课的重要参考文献,并决定把它翻译出来以飨国内读者。甫一动议,天时、地利、人和兼具。原作者屠苏教授给予了热情洋溢的支持,我们通过微信、电子邮件多次讨论书稿内容与翻译难点。2021年4月,我们合作主持了他发起的云会议,讨论中国媒介的软实力,与会者包括香港浸会大学与复旦大学国际关系与公共事务学院的青年学者。接着,在笔者于2021年7月主持的研究生暑期课程上,屠苏教授为来自全国以及世界10余所大学的青年学者们做了题为"后殖民时代的侨民文化:作为软实力"两次精彩讲座。原作者的支持增强了笔者翻译该书的责任感,也使笔者信心倍增;同时,复旦大学新闻学院的刘海贵教授以及复旦大学出版社的资深编辑章永宏博士为笔者的翻译工作提供了宝贵的财力、物力与智力支持。

笔者的翻译合作者姚朵仪女史承担了第3章至第5章的翻译工作,并通过其母语般娴熟的英语应用能力,与笔者就一些术语的语境化翻译是否精准反复商榷、讨论。

向以上提及的贤达人士与机构致以深深谢意!也一并感谢本书责编张鑫先生的辛勤工作!

胡春阳

2021年5月于文化花园

中文版前言

我非常高兴为拙著《国际传播：沿袭与流变》（第三版）的中文翻译版写前言，该书最初由布鲁姆斯伯里学术出版社（Bloomsbury Academic）于2019年在纽约出版。令我至为快欣的是，享有盛誉的复旦大学出版社决定出版该书，并由跨文化传播领域的一流学者、复旦大学的胡春阳教授担纲本书的主要翻译工作，从而使本书能够面向广远至全球的中文语言区的学生和学者。

2000年，伦敦的阿诺德出版社（Arnold）和纽约的牛津大学出版社（Oxford University Press）出版了拙著第一版，2004年被译成中文。此后，媒介和传播世界发生了转型。如今，搜索引擎巨头谷歌的母公司——"字母表"（Alphabet）成为全球最大的媒体与传播公司，而中国的数字企业——特别是阿里巴巴和腾讯，精通市场运作并快速地全球化，在全球产生了影响力。

数字化的日益增长与深化以及放松管制已经改变了全球传播格局，致使各大洲的媒介与传播产品的生产、分配和消费跨越式增长。在过去的20年间，全球环境最重大的变化是亚洲的崛起，尤其是中国以及在崛起程度上稍逊的印度。在中国非凡的经济增长力以及全球化的推动下，这两个亚洲巨人逐渐融入全球经济体，这种融入使得全球传播需要重新定位。亚洲传播变化的范围和规模，最明显地体现在日益增长的在线传播中（中国有世界上最多的互联网人口，其次是印度），这为创建一个更为复杂的全球性信息与娱乐领域做出了贡献。

分析传播趋势一直是一项引人入胜的学术、智识事业，通过互联网——拙著从中受益匪浅——可以获取即时的、几乎是全球性的国际信息，这就推动了这项事业的发展。我从事全球媒介与传播专业课程的教学已有25年之久，在跨国语境下从事媒介、文化与传播的国际问题研究与写作的时间甚至更长，我自己的学术轨迹一直紧追国际传播及其研究的变迁步伐。我有幸指导来自世界各地的学生——在伦敦、北京以及自2019年以来在香港。

在过去的20年中，《国际传播：沿袭与流变》已成为全球传播和媒介领域的重要教科书，被世界各地的课程采用。我的主要目标是对统称为"国际传播"的狂飙突进运动进行全面分析，并以一种易于理解的方式提供给学生和研究人员参考。

我非常感谢我的同事以及过往与现在的学生对我的深情厚谊，他们在中国，在全球华文圈内。我希望拙著的中文版也同样能够获得赞赏。

达雅·基山·屠苏

香港浸会大学国际传播学教授

2021年3月于香港

引　言

　　自本书上一版付梓已过去了10余年。在随后的岁月里，国际媒体及国际传播的变迁步伐加快，改变了整个世界。本书第一版于2000年出版，新旧世纪之交时所观察到的诸多趋势与变化已成定局，有一些沿袭至今，并且得到了强化——无论是民族国家的还是全球兴起的数字集团，在过去的20年里，都见证了各自权力的扩张与深化，而且集中程度非同小可。2018年，搜索引擎巨头谷歌的母公司——"字母表"（Alphabet）——成为全球最大的媒体与传播公司；中国的阿里巴巴和腾讯都是极具市场洞察力并快速全球化的数字公司。自"9·11"以来，国际上长期的"反恐战争"（war on terrorism）主导了西方关于国际关系与传播的话语体系，美国前总统贝拉克·奥巴马将"反恐战争"称为"海外应急行动"（overseas contingency operations）。20年来，国际环境里发生的更为重要的变化是亚洲的崛起，特别是中国以及印度。非凡增长的中国经济以及全球化助推了全球经济发展，而这两个亚洲巨人逐渐融入全球经济的过程重新引导了全球传播行为。

　　数字化与放松管制改变了全球媒体格局，使各大洲媒介产品的生产、消费和发行实现了巨大飞跃。全球化市场的诞生以及20世纪90年代制度与科技的重大变革成果均促成了西方的全球化，更具体地说，它们促成了美国节目的全球化，但与此同时也促进了南方国家的媒介内容反向流动。全球化所倡导的自由市场意识形态影响了中国和印度等大国的媒体与传播部门。鉴于这两个国家变化的范围与规模，由此带来的媒介产品体量创生了更复杂的全球信息、信息娱乐和娱乐领域。媒介与传播内容的日益数字化，以及在线传播的不断增长，使国际互动发生了革命性变迁。

　　技术变革以各种方式成为跨国传播之广度、强度的最重要推动力。当本书第一版于2000年出版时，全世界仅有4%的人可以访问互联网；第二版于2006年问世时，这一数字已攀升至16%；在第三版付梓之际，世界上有超过52%的人正在使用互联网进行生产、消费，并与家人、朋友、盟友和敌人、企业进行交流。移动互联网改变了全球传播的样态，其易得性、易访性以及可负担性在很大程度上引发了这种增长。特别是在固定电话基础设施薄弱或压根儿就没有的南方国家，自2004年以来，全球移动电话的使用量超过了固定电话。移动传播的最初扩张由欧洲和美国公司牵头，韩国三星和中国华为等公司是新的全球参与者并进一步彻底改变了传播。到2018年，最先进的宽带技术及其最高普及率已经不在西方国家，而是在韩国；中国也拥有了全球最大的互联网用户群和最大的手机用户群，并成为最大的IT产品出口国。这些技术和经济变革正在影响着更多人的消费方式，以及传播信息或进行跨国商业活动的方式。

全球传播模式在发生变革的同时也明显承袭了一部分内容：尽管有一小股重要的反向流动，但在世界各地流通的大部分媒介内容仍然来自少数国家，并且这些内容为数量越来越少但实力却超强的多媒体公司所拥有，它们大多设立于美国。这些公司采取巧妙的本地化战略，扩大和强化了其在全球的影响力。这些战略包括用当地语言和当地主题制作节目，以及利用全球数字化链接把业务"外包"给当地文化中心和创意产业。在这个过程中，它们似乎已经重塑了自己的霸权，倡导了一种全球自由市场的理念，并使之合法化。

数字资本主义以及新的传播与媒体集团（如谷歌、脸书和亚马逊等）的出现充分证明，全球传播领域依然沿袭了一种主导性结构。过去30年中，美国政府在其欧洲盟国的支持下一直倡导放松管制、自由化和私有化等政策。这些新集团的崛起与这些政策息息相关。

随着新自由主义意识形态的全球化以及信息与传播技术的普及，"市场是灵丹妙药"已成为一种全球信奉的箴言。虽然这种市场化为全球媒体与传播部门带来了新活力，尤其是在南方国家，但它也动摇了公共媒体、传播机构与公共理念，因为在数字集团塑造的以市场为导向的传播体系中，信息与传播成为一种可交易的商品。

全球媒介继续由好莱坞或好莱坞化的内容主宰，就像20世纪的大部分时间一样。美国仍然是世界娱乐、信息节目以及计算机程序的最大出口国，这些节目通过计算机程序遍布日益互联网化、数字化的世界。鉴于美国或美国媒体具有的强大政治、经济、技术和军事实力,其媒介内容能够以英语、配音版或本地化版本在全球分发。2017年,全球五大顶级娱乐公司中有四家总部在美国,在网络娱乐时代这一趋势已成定局(Fortune, 2017)。在几乎所有媒介领域,美国媒体巨头都使其全球竞争对手相形见绌:从娱乐与体育[比如好莱坞、娱乐和体育节目网络(ESPN)],到新闻与时事[比如美联社(AP)、美国有线电视新闻网(CNN)、《纽约时报》、探索频道、《时代》、"嗡嗡喂"(BuzzFeed)],再到财经媒体(《华尔街日报》、彭博、《财富》、《福布斯》)以及社交媒介(谷歌、油管、脸书、推特)。对于政府日益频繁地使用社交媒介,总部在纽约的全球公关公司——博雅公关公司(Burson-Marsteller)于2017年发布了一个报告:时任美国总统唐纳德·特朗普(Donald Trump)是社交媒介上最受关注的领导人,而美英两国对国际新闻的支配也在数字领域延续,因为大多数世界领导人都会将《纽约时报》、路透社和《经济学人》作为日常国际新闻的来源(Burson-Marsteller, 2017)。

与此同时,西方领域之外的传播内容越来越多:中国国际电视台(CGTN)、"今日俄罗斯"电视台(RT)和半岛电视台(Al Jazeera)等新闻网络的国际形象不断提升;拉丁美洲与土耳其的电视剧在经历跨国化;印度、韩国和尼日利亚电影业在发生全球化;在中国、印度、巴西、印度尼西亚和埃及等人口众多的国家,这一变化的标志是在线内容的显著增长。据《爱立信移动报告》(Ericsson Mobility Report)预测,到2023年,全球将有10亿5G用户使用"增强型移动宽带"(enhanced mobile broadband),而全球月度移动数据流量将在超数字连接(hyper digital connectivity)的10年中呈指数级增长(从2013年的2艾字节到2023年的110艾字节),超过300亿台联网设备将投入使用,其中200亿台将与物联网相关(Ericsson, 2017)。那么,这种连接对全球媒介与传播流动以及更广泛的传播议程有何影响呢?

人们把国际传播定义为"跨越国家边界的传播"(Fortner, 1993: 6),其分析传统一直关注政府与政府之间的信息交换,在这种情况下,少数强国决定了传播议程(Frederick, 1992; Fortner, 1993; Hamelink, 1994; Mattelart, 1994; Mowlana, 1996, 1997; Kamalipour, 2007; McPhail, 2014; Hamelink, 2015)。根据托马斯·麦克菲尔(Thomas McPhail)的说法,国际传播是指"对民族国家两两之间以及多个民族国家之间的传播与媒介模式及其效果,进行文化、经济、政治、社会和技术分析"

(McPhail, 2014: 3)。尽管媒介与传播去领地化了,但民族国家仍然保持其在国际事务中的首要地位,塞斯·哈姆林克(Cees J. Hamelink)指出:"这是一个令人生畏的现实,而且(经常)是强大的代理人在推动、促进或阻碍跨境传播。"(Hamelink. 2015: 2)

许多非国家的国际行动者补充了这种力量,并不时地与这种力量抗争,从而塑造着国际传播。国际非政府实体(international non-governmental bodies)在全球日益增长的重要性表明了这样一种趋势,诸如国际特赦组织(Amnesty International)、绿色和平组织(Greenpeace)和国际奥林匹克委员会(International Olympic Committee)这样的公共利益组织(Public Interest Organizations, PINGOs),或是谷歌、新闻集团(News Corporation)和美国电话电报公司(AT & T)这样的商业利益组织(Business Interest Organizations, BINGOs),抑或是欧盟(European Union, EU)、北大西洋公约组织(North Atlantic Treaty Organization, NATO)、金砖国家(巴西、俄罗斯、印度、中国和南非,BRICS)这样的政府间组织(Intergovernmental Organizations, IGOs)。

在数字时代,国际传播变得更加广泛而多元,因此,研究它的必要性日益紧迫。由于传播与媒介的全球化,人们对国际化的传播、文化与媒介的知识追求与研究兴趣不断增长。传播研究本身已经扩展到文化与媒介研究,并且以比较的视角在国际框架中开展教学。

哈米德·莫拉纳(Hamid Mowlana)确定了国际传播的四种关键路径:理想主义-人文主义路径(idealistic-humanistic)、教义化路径(proselytization)、经济路径(economic)、政治路径(political)(Mowlana, 1997: 6-7)。英国传播学者科林·切瑞(Colin Cherry)的研究是第一种路径的典型,他认为传播可以促进全球和谐(Cherry, 1978);阿尔曼德·马特拉特(Armand Mattelart)探讨了国际传播的经济与战略含义(Mattelart, 1994);哈姆林克研究了世界传播的政治学(Hamelink, 1994)和更宽泛的全球传播话语(Hamelink, 2015)。

本书的重点是考察国际传播的经济和政治层面,以及它们与技术和文化进程的关系,目的是对国际媒介与传播领域所发生的深刻变化做一种批判性的概述,在国际媒介与传播运作的政治、经济和技术语境日益全球化之际,这种追求正当其时。跨文化传播考察的是不同文化背景之下的人际交往,这不在本书讨论范围之内;本书也无意涵盖其他更加个人化的国际传播形式,如旅游观光、教育与文化交流。

自人类社会伊始,传播就跨越了空间和时间(从澳大利亚的洞穴壁画到移动互联网),通过旅行、贸易、战争和殖民主义,不同文化之间保持接触。这种互动通过演变了几千年的各种方式(从口头传播到中介化的传播,比如书面语、声音或图像),把一个地方的思想、宗教信仰、语言以及经济和政治制度传播并植入世界各处。"传播"一词就起源于拉丁语"communicare",意思是"共享"。

因此,国际传播是世界各国人民之间共享知识、思想和信念的方式,由此可以成为解决全球冲突与增进国家之间相互了解的一个因素。但是,国际传播的渠道更多的不是出于这种崇高理想,而是为了增进那些控制全球传播手段的世界强国之经济、政治利益。

国际传播的扩张应当放在19世纪资本主义发展的总体背景下来研究。快速而可靠的信息对于欧洲资本的扩张至关重要,并且"在全球系统中,实物市场必然为观念市场所取代。在观念市场中,价格和价值通过定期且可靠的信息分配进行评估。"因此,信息网络"既是资本主义的原因,又是资本主义的结果"(Smith, 1980: 74)。如果说在19世纪以及20世纪上半叶,英国利用其对世界电报与有线网络的主导性地位垄断了国际传播,那么,在第二次世界大战后,美国则一跃而成为信息超级大国。1944年,美国商业杂志《财富》(Fortune)发表了一篇有关"世界传播"的文章。该文章警告说,美国的未来发展取决于自己传播系统的效率,就像英国过去所做的那样:"英国提供了一个无与伦比的例子,说明了传播系统对一个屹立于全球的大国意味着什么。"(Chanan, 1985: 121)

国际传播的主要用途之一是公共外交,其目的是通过公共传播向其他国家的国民发出呼吁,从而影响这些国家的政策。在冷战时期,充满意识形态对抗的宣传主导了国际交流渠道。这种两极化的世界观无视媒介系统的复杂性,在一个连续区间上,它既反对美国体系这一端,又反对那一端,这种(无视复杂性的)做法成为"美国媒体企业进行海外扩张的一种强有力的意识形态武器"(Wells, 1996: 2)。

随着苏联解体和东欧剧变,以及南方国家在国际决策过程中的边缘化,以美国为首的西方成为国际传播舞台上的关键议程设定者,一如其他形式的全球互动。在后冷战世界，先前（得到世界贸易组织和世界银行等国际组织支持的）国营的广播与传播网络不断被私有化，这改变了国际传播格局。

尽管其他主要的经济集团，例如欧盟和日本以及一些新兴经济体——特别是中国、韩国和印度，已经从全球传播领域的开放中获益，但开放国际传播系统的最大受益者还是美国。作为世界信息超级大国，美国拥有最广泛的通信卫星网络和互联网软硬件，是全球最大的文化产品出口者与电子商务的全球领导者。

有关国际传播演变的一项分析揭示了一种主导式依赖症候：少数国家凭借对全球通信软件和硬件的控制以及许多国家对它们的依赖而占据主导地位。要了解当代的国际传播，必须审视历史的连续性，因为历史连续性使一些国家具有先发优势，也给诸多其他国家带来了信息贫困。从19世纪的帝国主义到21世纪的"电子帝国"，大国主导着全球政治、军事和经济体系以及信息与传播网络。尽管从电报、电话、广播、电视到移动互联网，跨国传输讯息所采用的技术已经发生了变化，同时出现了诸如中国和印度这样的非西方国家参与者，但国际传播的核心参与者却保持不变。因此，沿袭与流变之间的动态关系是本书的中心主题。书中反复出现的一个议题是，这种至高无上的政治、经济影响力对南方国家来说意味着什么，尽管它们依赖信息与传播渠道，但这些渠道基本上仍在少数几个国家及其公司的控制之下。诚然，南方国家远非同质化的实体，它们拥有不同程度的媒介与传播资源，但发展中国家在影响全球传播议程方面面临着根本的劣势，全球传播议程仍由世界上最强大的国家制定、实施。

本书第三版经过修订和彻底更新，每章都进行了大幅改写。本书还包含了大量经验性和理论性的新材料。最后一章聚焦于互联网，依据最近的技术发展完全重写了。本书还增加了新的案例研究以反映全球媒介与传播中主要的新兴趋势与研究。这些案例包括诺莱坞（Nollywood）、韩流（Korean Wave）、土耳其电视肥皂剧的跨国化、RT效应、脸书效应，以及向信息娱乐（Infotainment）2.0迈进的趋势。

本书分七个章节，通过一系列案例研究来说明主要概念和论点。第1章为国际传播研究提供历史语境，考察了在现代殖民帝国出现之前的几个世纪，传播就已包含的国际意义。英国路透社的命运与大英帝国的发展同步，通过对路透社的崛起进行案例研究，我们可以发现其在欧洲资本主义向全球扩张中的作用。其次,这章考察了冷战意识形态对峙期间,两个集团如何使用大众媒介——尤其是广播。通过聚焦于美国秘密宣传的两个主要例子"自由欧洲电台"(Radio Free Europe)和"自由电台"(Radio Liberty),本章分析了秘密进行的国际传播。在东西方意识形态斗争期间,这些斗争往往是通过电波进行的。再次,这章探讨了国际传播与发展之间的关系,讨论了南方国家要求建立一种世界信息与传播新秩序(New World Information and Communication Order, NWICO)的诉求,以及针对这种诉求而出现的一种批评意见。该诉求主导了20世纪70年代和80年代的传播议题,并且受到了国际关系两极化观点的影响。最后,这一章还通过对印度卫星教育电视实验(India's Satellite Instructional Television Experiment, SITE)计划进行案例研究,评估了将电视用于教育和发展的开创性尝试。

在上述历史背景的基础上,第2章旨在从理论上概述国际传播研究的各种竞争性理论,从马克思主义到文化主义再到后现代主义,不一而足。这章介绍了过去一个世纪里国际传播领域一系列的理论观点,阐述了主要理论家的论点及其研究方法。第2章讨论的视角范围林林总总:从传统的马克思主义分析到依附理论与新马克思主义,从现代化理论及其批评到全球化理论和信息社会理论再到文化研究方法。第3章则在自由化、放松管制和私有化的宏观经济背景下,以及在世界贸易组织(World Trade Organization, WTO)和国际电信联盟(International Telecommunication Union, ITU)等多边机构的政策中,概述了自由市场资本主义时代跨国媒体与传播公司的扩张。这章先是探讨了国际机构的意识形态政策之转变(从国家管制到市场主导的环境)以及电信、计算机和媒介产业的融合,这背后主要是西方媒体与传播公司的跨国化与全球扩张。然后,这章探讨了为国际传播提供硬件的全球卫星产业的发展,其发展是有关卫星广播与电信的国际协定所主张的自由化之结果;同时,这章还关注了国际通信卫星组织(Intelsat)从政府间机构转变为私人公司的性质变化。最后,这一章重点介绍了与互联网相关的国际政策与政治。

第4章聚焦于全球媒介市场。全球媒介市场的发展,一部分基于20世纪90年代以来国际传播部门放松管制及其自由化,另一部分原因是新传播技术的迅速扩散。这章考察了全球媒介与文化产业的主要参与者:广告、电影、音乐、出版、电视和新闻通讯社。这章展示了世界上最强媒体与传播公司的最新信息,并讨论了它们在一系列媒介领域中的战略,展示了公司协同作用以及在全球市场上产品的生产、分布与营销之间的联系。这章讨论了世界媒介与文化产业所有权集中于少数几个通过垂直整合而来的全球性企业集团的影响力问题。为了给媒介市场全球化的讨论提供语境,本章最后提及了两个案例:鲁珀特·默多克(Rupert Murdoch)的新闻集团(News Corporation)和美国有线电视新闻网(Cable News Network, CNN),前者是最具有全球性的媒体公司,后者是世界上最大的全天候新闻运营商。

第5章首先论证了所有权的基本模式,这种模式体现了美国在信息与娱乐的国际流动中具有绝对优势。其次,这章探究了在不同社会文化语境中国际传播单向流动所产生的影响,其中特别着眼于美国电影和电视在世界各地的出口情况。再次,这章讨论了美国媒介产品(尤其是好莱坞电影)的主导地位,并涉及欧盟对文化主权遭到威胁的担忧。然后,这章探讨了英语语言项目的同质化问题,这些项目都提倡西方消费主义生活方式。同时以美国儿童电视频道和音乐电视网(Music Television, MTV)的国际化为例,讨论了消费主义文化是如何通过强大的电视媒介进行宣传的。这一章还研究了文化适应过程,认为全球文化产品的同质化已被异质化趋势所抵消,产生了全球与地方互动的一种杂糅方式。这章最后一部分探讨了政府如何将文化和传播作为其"软实力"话语的一部分。

第6章的重点是国际媒介产品的反向流动,即来自南方国家的文化产品向媒介资源丰富的北方以及南方内部之间的转移趋势。通过一系列案例研究,这章探讨了区域参与者的作用以及媒介产品日益增长的反向流动,展示了媒体组织的跨国化如何深刻地改变了全球传播市场。这章分析了来自金砖国家等主要非西方国家渐成气候的媒体,并特别关注了中国媒体的全球化。这些问题被置于两类媒介类型中考察:一是娱乐业的案例,研究了拉丁美洲和土耳其的电视肥皂剧、韩国的媒介产品、印度的电影业与娱乐业〔世界上最大的故事片制作者,此外印度还有惹电视(Zee TV),这是该国最大的私营多媒体网络〕,以及非洲最大的电影生产国尼日利亚;二是新闻业,以卡塔尔的半岛电视台和俄罗斯的今日俄罗斯电视台为例。

最后一章确定并分析了以计算机为中介的国际传播时代中的一些关键问题。它探讨了技术变革(尤其是互联网的空前增长)对当代媒介文化的影响。这章对谷歌、"假"新闻以及信息娱乐2.0版的全球化做了案例研究,讨论了引领新型信息革命的那些力量。这章还探讨了信息与传播技术如何被用于监控与监视。新型信息与传播技术的解放、赋权潜力与获取这些新技术的关键问题形成了鲜明对比。此外,这章还讨论了如何利用传播技术进行发展的例子,以说明互联网为公民赋权的潜力,同时进一步强调了国家和国际层面持续存在的数字鸿沟。这章最后对"中印"现象及其全球传播影响力进行了阐述,并认为有必要扩大国际传播的分析范围,纳入各种方法,以提供一个框架来分析这个日益复杂的主题。

本书利用地图、插图和表格,为读者提供了易于理解的统计信息和参考资料,并用国际媒介(包括电视、电影、广告、新闻媒介和出版)的广泛例子,对经验和理论领域进行了清晰阐述。为了使本书对学生和研究人员都有价值,书中还附有词汇表、详细年表以及详尽参考书目。鉴于本书的国际范围和多视角方法,希望本书能成为理解全球媒介与传播的机构、技术、生产和消费的指南。

描述并分析传播趋势一直是一项引人入胜的学术与智力活动,互联网能够提供即时性、几近全球性的国际信息(其中大部分是免费的),由此为该项智力活动提供了助推力,本书从中受益匪浅。我从事全球媒介与传播专业课程的教学已经超过20年,而在跨国背景下研究媒介、文化与传播的国际面向并撰写相关文章的时日更久远,因此,我自己的学术轨迹紧随国际传播及其研究的变化。自上一版《国际传播》问世以来的几年里,我对国际层面的媒介、文化与传播的研究兴趣已大大深化。在英国最著名的两个媒介与传播学院(伦敦大学金匠学院,以及2004年后在威斯敏斯特大学)任职期间,我有机会与来自世界各地的优秀同事与杰出学子一起工作,这对我的研究帮助颇大。同时,我在威斯敏斯特大学的印度媒介中心任联席主任,并担任中国媒介中心的研究顾问,这在很大程度上帮助我了解了两个亚洲文明大国在传播领域的发展趋势。在获得国际关系博士学位后,我将一个经常被忽视的视角带入了国际传播领域。本书的研究极大地受益于我在国际传播主题方面的工作。我编写了一本被广泛使用的入门读物《国际传播读本》(*International Communication — A Reader*, 2010)、四卷本的《国际传播》(*International Communication*, 2012,赛奇基准传播系列之一部分)、关于全球媒介反向流动的一本文集《移动中的媒介:全球流动与反向流动》(*Media on the Move: Global Flow* and Contra-flow,有关非西方媒介兴起的第一本汇编)。后来,我又出版了一本国际化媒介研究急需的文集《国际化媒介研究》(Internationalizing Media Studies,2009),一本关于金砖国家媒介的合编书《图绘金砖国家媒介》(Mapping BRICS Media, 2015),以及另一本有关中国媒介全球化的合编书《中国媒体走出去》(China's Media Go Global, 2018)。此外,我最近的工作还集中在其他三个方面:新闻与娱乐界限模糊的全球化趋势[《娱乐新闻:全球信息娱乐的兴起》(News as Entertainment: The Rise of Global Infotainment), 2007],媒介与恐怖主义之间的关系[《媒介与恐怖主义——全球透视》(Media and Terrorism — Global Perspectives),2012],以及软实力[《传播印度的软实力:从佛陀到宝莱坞》(Communicating India's Soft Power: Buddha to Bollywood),2013/2016]。作为赛奇杂志《全球媒介与传播》(Global Media and Communication)的创办人兼总编辑,我也获得了这一领域最新的经验与理论工作的宝贵见解,并继续有幸与在这个迅速发展领域中的领先学者和后起之秀进行交流。

令人欣慰的是,《国际传播:沿袭与流变》已经确立了在该领域的重要地位,并被世界各地的课堂采用。我非常感谢在课程中采用本书前两个版本的所有学者,并希冀他们能够发现新版本同样有用。我的主要目标是在一本书中以一种浅显易懂的方式,针对国际传播领域的显著发展,为学生和研究者提供一个全面图景。我期待并希望这一版能像前两版一样,以同样的热情与温情,受到学界和学生的欢迎。2004年,本书第一版被翻译成中文和韩文,从而成为亚洲这两大非英语国家读者群的读物。我希望并致力于将这一完全更新的版本翻译成其他主要国际语言(除中文和韩文之外),特别是西班牙文、法文、葡萄牙文、阿拉伯文、波斯文、日文和俄文,以使在教学和研究中较少使用英语的国家与地区的学生和学者均受益。

我非常感谢布卢姆斯伯里学术出版社(Bloomsbury Academic)的编辑凯蒂·加洛夫(Katie Gallof)的耐心与专业精神。一如既往,我出色的妻子莉兹(Liz)在此版本的更新和改写方面提供了极大帮助,我非常感谢她坚定的支持与鼓舞。我还要深深感谢我们可爱的孩子们——女儿西瓦尼(Shivani)和儿子罗汉(Rohan)。当这本书的第一版出版时,他们一个八岁,一个五岁;第二版出版之际,他们都还在读中学；现在，他们已经读完大学，成为杰出的专业人士：西瓦尼是作家兼演员，罗汉在英国外交部工作。他们是最好的孩子。我感谢他们俩对父亲的耐心，这是一个总在写同一本书的父亲！

达雅·基山·屠苏

2018年4月于伦敦

1 国际传播的历史语境

对当代国际传播的研究可以通过理解在其发展过程中沿袭与流变的要素来阐明。从旗帜、烽火与信使到轮船、电报线以及现在的卫星和电缆，经济、军事和政治权力的枢纽始终依赖于有效的传播系统。19世纪，电报传播与帝国发展就是这种相关性的例证，并从整个20世纪一直延续到21世纪，远至帝国终结之后。在两次世界大战和冷战中，广播和电视之类的新媒介在国际传播方面所具有的力量和重要性，都得到了证明，而证据就在广播、电视用于国际宣传以及推动社会经济发展的潜力中。

传播与帝国

传播一直是建立和维护远距离权力的关键。从波斯、希腊、罗马帝国到英国，有效的传播网络对于施加帝国权威以及对于帝国权威的基础——国际贸易与商业都是至关重要的。实际上，帝国的疆域可以作为"传播有效性的指标"〔Innis, (1950) 1972: 9〕。传播网络和技术是地方分权、军事行动和贸易的关键机制。

希腊历史学家狄奥多罗斯·克罗努斯（Diodorus Cronus，公元前4世纪）曾描述过大流士一世（Darius I，公元前522—公元前486年），一位将波斯帝国从多瑙河扩展到印度河流域的波斯国王，是如何通过站在高地上一字排开的人的喊叫声把消息从首都传递至各省的。这种传递方式比使用信使快30倍。在《高卢战记》(De Bello Gallico) 记载中，尤利乌斯·恺撒（Julius Caesar，公元前100—公元前144①）提到高卢人使用这种人声可以在短短三天内召集他们所有战士加入战争。从《旧约》到《荷马史诗》的古代文献中还提到过晚上使用火，白天使用烟或镜子。

尽管包括希腊**城邦主**在内的许多统治者都使用铭文来传播公共信息，但书写文字成为一种更灵活、更有效的长途传递信息的手段："罗马、波斯和中国大汗

---

① 原文中为"BC 100–144"，应为笔误。——译者注

都在信息收集和散播系统中使用了文字，建立了广泛的官方邮递系统。"（Lewis，1996: 152）据说由尤利乌斯·恺撒和一位现代新闻媒体先驱共同创办的《罗马报》(*Acta Diurna*) 当时在整个罗马帝国的大部分地区发行："随着传播效率的提高，中央集权的可能性变得更大。"（Lewis，1996: 156）

公元前3世纪，印度阿育王（Ashoka）刻在岩石上的法令遍布整个南亚——从阿富汗到斯里兰卡。这些法令的刻写者在王室中地位显赫。正如最近的一项研究表明的那样，这些铭文主要以梵文书写，但使用的语言混用了普拉克提（Piakrti）方言，以确保这种公共传播能触达最广泛的受众（Lahiri，2015）。在印度历史上的莫卧儿时期（1526—1858），国王们曾聘用**新闻稿作者**（waqi'a-nawis）来帮助他们了解帝国的发展。骑手和信使负责传递新闻。在中国，唐朝（618—907）创立了正式的手写出版物"邸报"或称"官方报纸"，向士大夫们传播信息；清朝（1644—1911）时，私人新闻机构迅速发展起来，以印刷形式编写和发行官方新闻，例如人们熟知的《京报》（Smith，1979）。

除了官方的传播系统外，也始终有旅行者和商人的非正式网络。国际传播技术及其全球化可能是当代现象，但是在2 000多年前，贸易和文化交流已经存在于古希腊罗马世界与阿拉伯、伊朗、印度和中国之间。印度商品出口到波斯湾，然后通过美索不达米亚陆运到地中海沿岸，再转运到欧洲。自古以来的泛亚贸易蓬勃发展，将中国与印度和阿拉伯地区联系在一起。穿越中亚的丝绸之路将中国、印度、波斯与欧洲连接在一起。佛教、基督教和伊斯兰教的扩散表明，信息和思想在各大洲之间交流与传播。

传播媒介从美索不达米亚的陶片、古埃及和古希腊的莎草纸卷发展到罗马帝国的羊皮纸抄本。到8世纪，从中国引进的纸张开始取代伊斯兰世界中的羊皮纸，然后传播到中世纪的欧洲。同样是从中国来的印刷术，在阿拉伯人占领西班牙时期逐渐扩散到欧洲。直到15世纪，德国美因茨的金匠约翰·谷登堡（Johann Gutenberg）发明了活字印刷术，传播方式才发生了变革。

到16世纪初，印刷机已经印刷出成千上万本书籍，涵盖欧洲各主要语言文字。基督教的《圣经》首次以拉丁文以外的语言文字印刷发行，削弱了神父、文士以及政治、文化精英的权威。结果，"欧洲原本统一的拉丁文化最终因地方语言的兴起而被消解，而地方语言的地位又为印刷业所巩固"（Febvre and Martin，1990: 332）。此外，威廉·廷代尔（William Tyndale）将《圣经》翻译成地方语言——英文，以及马丁·路德（Martin Luther）将之译成德文，印刷革命为宗教改革以及民族国家和现代资本主义奠定了基础 [Tawney，1937; Eisenstein，1979; Barbier，(2006)，2017]。

以欧洲地方语言印刷,尤其是葡萄牙文、西班牙文、英文和法文,在世界许多地方成为欧洲殖民势力的主要传播工具。随着这种传播系统被移植到全世界,一种新的语言、文化等级在被占领地被创造出来(Smith, 1980)。葡萄牙帝国是最早了解到媒介对于殖民地巩固重要性的国家之一,葡萄牙国王通过载满探险家的货船运送书籍。他们在占领的领土上创办印刷厂——于1557年在果阿开办第一家,随后于1588年在澳门继续开办。其他欧洲势力也使用了新技术,印刷书籍在亚洲殖民化过程中发挥了重要作用,特别是传教士运用该技术把《圣经》翻译本分发给当地居民。

由殖民主义激发的国际商业利润大幅增长,为西欧的工业革命奠定了基础,而工业革命极大地推动了传播的国际化(Bayly, 2004)。英国之所以在国际商务的海洋航道上建立了统治地位,很大程度上是由于其海军和商人舰队取得的卓越地位。这种地位都拜开创性的海图所赐。而这种海图的诞生要归功于詹姆斯·库克(James Cook)等18世纪伟大的探险家,也得益于以格林尼治子午线为基线而得以确定的经度。此外,蒸汽机、铁船和电报等技术的进步都确保了英国领先于其他竞争者。

国际贸易和投资的增长需要不断获得有关国际贸易和经济事务的可靠数据,对大英帝国来说尤其如此,这对其维持政治同盟和军事安全至关重要。工业化和帝国扩张的结果是移民浪潮的兴起,由此形成了一种对来自国内外亲属的新闻的普遍需求,以及一种普遍的国际意识(Smith, 1980)。

1840年,邮政总长——著名作家安东尼·特罗洛普(Anthony Trollope)发起了英国邮政改革,无论距离远近,采用单一票价邮票(Penny Black)。这使邮政系统产生了革命性的变迁。随后,根据1874年的《万国邮政公约》,1875年在伯尔尼成立了万国邮政联盟,旨在协调国际邮政费率并承诺遵守通信保密性原则。随着铁路和轮船运输的革新,国际联系建立起来,从而加速了欧洲贸易的发展以及殖民帝国的巩固。

电报的增长

19世纪后半叶,电报使帝国传播系统的扩张得以可能。电报被描述为"堪与现代互联网等量齐观的第一个跨国电子传播系统"(Lahiri Choudhury, 2010: 2),全球传播由此发生转型。塞缪尔·莫尔斯(Samuel Morse)于1837年发明的电报,能够快速传递信息,并确保了机密性与电码保护。商界首先使用了这项新技术。人们认为,电报的速度和可靠性为盈利和国际扩张提供了机会(Headrick,

1991; Hugill, 1999; Hochfelder, 2012）。电报的迅速发展是大英帝国统一的关键特征之一（Winseck and Pike, 2007; Lahiri Choudhury, 2010）。自1838年英国建立第一条商业电报线路，到1851年，英国已建立起包括电子汇票系统在内的公共电报服务。19世纪末，由于电缆的连接，电报使殖民地办公室和印度办公室可以在几分钟之内与帝国中心直接交流，而以前这需要邮政通过海路花费数月时间才能达成（Winseck and Pike, 2007）。通过电报获得棉花等商品的现货价格信息，英国商人可以轻易地击败竞争对手，例如从印度或埃及向英国进口棉花（Read, 1992）。

新技术还具有重大的军事意义。事实表明，在法国人对阿尔及利亚的占领和殖民统治期间，1842年安装在阿尔及利亚的高架电报起了决定性作用（Mattelart, 1994）。在克里米亚战争期间（1854—1856），两个竞争的帝国势力——英国和法国——试图阻止俄国向西扩张（西扩威胁了两国通向亚洲殖民地的陆路），便通过英国铺设在黑海的一条水下电缆交换了军事情报。在克里米亚半岛冲突中，爱尔兰人威廉·霍华德·罗素（William Howard Russell）在伦敦《泰晤士报》（Times）上进行战争报道，正是由于这项开创性的工作，克里米亚冲突一时名声大噪，罗素也成为国际新闻界的第一"大牌"。

同样，美国在内战期间（1861—1865）铺设了超过24 000公里的电缆，发送了650多万条电报。美国内战不仅是最早被广泛报道的战争冲突之一，还是美国和欧洲记者合作采集新闻的首例，以及使用图片新闻的首例（Hochfelder, 2012）。第一条连接英国和法国的水下电报电缆于1851年投入运营，第一条跨大西洋电缆于1866年将英国和美国连接起来。1851年至1868年，在北大西洋、地中海、印度洋以及波斯湾都铺设了水下电缆网络。1860年至1880年，伦敦通过电缆连接到帝国的各主要地区（见图1.1）。欧洲和印度之间通过土耳其的第一条线路于1865年开通。另外两条通向印度的电缆均于1870年开通，一条是横跨俄罗斯的陆地电缆，另一条是经亚历山大港和亚丁湾的海底电缆。印度于1871年与时在英国管制之下的中国香港相连，于1872年与澳大利亚相连。上海和东京在1873年相连（Read, 1992）。到19世纪70年代，电报线路已在亚洲大多数国家和地区内运营，同时以英国为主导的国际传播网络开始蓬勃发展。

电报网络的扩张以英法帝国之间的竞争为标志，随着1869年苏伊士运河的开通，竞争愈演愈烈。从1870年到1880年的10年间，传播网络陆续建成：英属海岸与荷兰东印度群岛（巴达维亚）彼此连接，加勒比海网络贯通，英属西印度群岛至澳大利亚、中国的线路开通，中国海域网络与日本海之间贯通，从苏伊士到亚丁的电缆铺就，亚丁与印度、新西兰之间电缆相连，非洲东海岸和南海岸之间电缆开

1 国际传播的历史语境

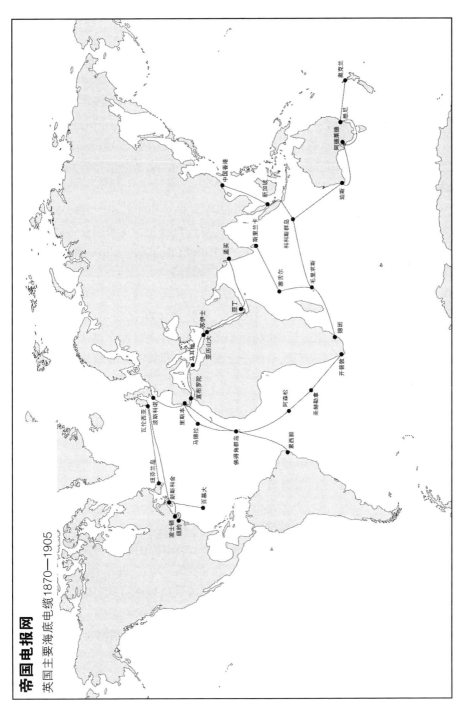

图1.1 大英帝国电报网络

通,从香港到马尼拉的电缆铺就(Read, 1992)。

在南美洲,南大西洋跨海电缆于1874年开通,通过佛得角群岛和马德拉群岛将里斯本与巴西的累西腓(Recife)相连。两年后,智利海岸又兴建了一个网络。1874年,英国开通了南大西洋电缆;在此之后的1879年,法国开通了一条横穿北大西洋(有一条支线到巴西)的新电缆;德国也于同年铺设了一条新电缆,该电缆经埃姆登(Emden),穿过亚速尔群岛到非洲海岸的蒙罗维亚(Monrovia),再连到累西腓。1881年,从墨西哥到秘鲁的太平洋沿岸网络开始运行。19世纪80年代,法国在亚洲中南半岛和非洲沿岸建立了一系列通信线路,多条网络在塞内加尔交会(Desmond, 1978)。

英国赞助的印度和普鲁士北海岸之间的印-欧陆上电报线路于1865年投入使用。新近的一项研究指出:"在全球范围内,印度和电报是大英帝国在正式疆域之外保有通信前哨站与维持影响力的手段。"(Lahiri Choudhury, 2010: 215)1869年,电缆从英国海岸延伸到亚历山大港;1870年延伸到孟买;1873年,从马德拉斯延伸到锡兰①,从新加坡延伸到澳大利亚和新西兰,并延伸到中国(香港、上海)和日本海岸(Lahiri Choudhury, 2010)。1896年,丹麦大北电报公司(Great Northern Telegraph Company)的一条支线把中国纳入电缆网络,这条线路穿越西伯利亚连到俄罗斯以及欧洲其他地区,从而使东京—上海—圣彼得堡—伦敦这一条传播线路成为可能(Desmond, 1978)。在25年的时间里,世界电缆网络的长度增加了一倍以上(Hugill, 1999; Winseck and Pike, 2007)。

海底电缆需要大量的资本投资。殖民当局以及银行、商人和快速发展的报业有这个能力,因此电缆网络也就主要掌握在私人部门手中。在将近17万公里(104 000英里)的总电缆长度中,政府管理的部分不超过10%。为了规范日益增长的信息国际化趋势,国际电报联盟(International Telegraph Union, ITU)于1865年成立,其22个成员国除波斯以外均是欧洲国家。该联盟代表着"现代第一个国际机构,以及对技术网络进行国际监管的第一家组织机构"(Mattelart, 1994: 9)。根据国际电报联盟的数据,世界上的电报传输数量从1868年的2 900万条增至1900年的3.29亿条(Mattelart, 1994)。"这是有史以来的第一次,"丹尼尔·黑德里克(Daniel Headrick)写道,"宗主国获得了与最偏远的殖民地进行几乎即时的通信手段……19世纪的世界所经历的变革比以往任何一个千年都更深刻。在所有的变革结果中,没什么能与将欧洲与世界其他地区联系起来的传播与运输网络相媲美"(Headrick, 1981: 129-130)。

---

① 现名为"斯里兰卡"。——译者注

军事行动,如1904年至1905年的日俄战争,既被第一条跨太平洋电缆所协助,也通过它被报道。这条电缆完成于1902年,是澳大利亚、新西兰、英国和加拿大政府的共同财产。它通过范宁岛(Fanning)、苏瓦岛(Suva)和诺福克岛(Norfolk),从温哥华到达悉尼和布里斯班,并有一条从诺福克岛到奥克兰的支线。1873年建立的一条线路将东京和伦敦联系起来,它通过一系列支线连接了上海、香港、新加坡、科伦坡、加尔各答、孟买和亚历山大,并通过新加坡、巴达维亚的线路以及另一些支线把达尔文、悉尼和奥克兰连接起来,由此通过跨太平洋新电缆与温哥华建立了联系。

由美国利益所驱动的第二条跨太平洋电缆于1903年完成,将旧金山至马尼拉一线贯通。该线路途经檀香山、中途岛和关岛,并借助已有的英国电缆通过檀香山将亚洲大陆和日本连接起来。所有着陆点均由美国控制:夏威夷群岛自1900年以来一直是美国领土,中途岛于1867年被美国占领,而关岛和菲律宾在1898年美西战争后成为美国殖民地(Desmond, 1978)。在帝国对抗时代,对电缆以及海上路线的控制具有极为重要的战略意义(Kennedy, 1971)。用黑德里克的话说,这些电缆是"新帝国主义的重要组成部分"(Headrick, 1981: 163)。帝国战争的结果,如美西战争(1898)和布尔战争(Boer Wars, 1899—1902),强化了欧洲和美国在世界上的地位,并导致世界贸易迅速扩张,这都要求即时且高效的通信线路,以及更先进的海军能力。"无线的"电报新技术(也称为无线电报)有望满足这些需求(Anduaga, 2009)。

1901年,在海军装备公司和报纸集团的支持下,古列尔莫·马可尼(Guglielmo Marconi)利用电磁学的新发现,进行了首次跨大西洋无线电报传讯。大英帝国获得了巨大的技术优势,因为英国的马可尼无线电报公司控制着全球电报流量,并且由于它拒绝与自身以外的任何其他系统进行通信而实际垄断了国际电报交换。马可尼电报设备的操作员被禁止对非马可尼发射机发出的无线电信号做出回应,该政策致使与船舶安全航行有关的重要信息无法正常交换。但是,在1906年的柏林无线电报会议上,各国首次签署了有关无线电报的多边协议,国际无线电报联盟(International Radiotelegraph Union)就此诞生。1907年,马可尼的垄断地位受到了欧洲其他国家和美国的挑战。

如表1.1所示,到19世纪后期,英美在国际传播硬件方面的统治地位已经确立,两国拥有全球近75%的电缆。由于全球大部分电缆都是由私人公司完成的,英国的大东电报局(Eastern Telegraph Company[①])和美国的西联电报公司

[①] 即后来的Cable and Wireless。——译者注

（Western Union Telegraph Company[①]）主导了电缆行业。到1923年，私人公司占全球布线总份额的近75%，英国公司占近43%，其次是美国公司，占23%（Headrick，1991）。

表1.1 世界电缆布线

区域	1892年		1923年	
	长度(km)	全球份额(%)	长度(km)	全球份额(%)
大英帝国	163 619	66.3	297 802	50.5
美国	38 986	15.8	142 621	24.2
法兰西帝国	21 859	8.9	64 933	11
丹麦	13 201	5.3	15 590	2.6
其他国家	9 206	3.7	68 282	11.7
总电缆	246 871	100	589 228	100

资料来源：根据（Headrick, 1991）的数据。

英国电缆公司的统治一直持续到第一次世界大战结束，其统治基础是对所有权进行直接控制，以及通过外交审查进行间接控制（英国对通过其电缆所传输的讯息会进行外交审查）。英国在控制铜和古塔胶市场（用于制造电缆的原材料）方面具有至关重要的优势，因为这些原材料的世界价格在伦敦确定，并且英国的矿业公司在智利——世界上最大的铜生产国——拥有铜矿和矿井（Read，1992）。

殖民地政府支持电缆公司的方式，要么是提供科学支持（地图、导航研究），要么是提供财政支持（补贴）。1904年，管理国际电缆网络的25家公司中有22家是英国公司的子公司。英国部署了25艘船，总计70 000吨，而法国的电缆舰队的6艘船只有7 000吨。结果，英国在海底电缆网络上的霸主地位势不可挡：1910年，大英帝国控制了全球电缆总数的一半，即260 000公里。与美国和英国相反，法国选择了对电缆实施国家管理，控制的长度不超过44 000公里（Headrick, 1991; Mattelart, 1994）。电缆作为国际信息网络、情报服务与宣传的动脉，其重要性可以从以下事件体现：第一次世界大战爆发后的第二天，英国就切断了德国两条跨大西洋电缆（Hugill, 1999）。在战争初期，德国的一条电缆由英国接管，另一条由法国接管。战争结束后，究竟谁该控制德国电缆这一问题主导了1919年凡尔赛和平

[①] 后改名为Western Union，即西联汇款。——译者注

会谈的讨论，同时该问题也反映了英国电缆公司与渐长的美国无线电利益之间的冲突，也就是全球传播网络的所有权与控制权之争。美国认为，电缆应为国际控制或托管所共同把持，并倡议召开一次国际会议以审议电报、电缆和无线电传播的国际因素（Luther, 1988）。

美国公司挑战了英国在国际电缆和电报业务领域的霸权，并声称这种霸权为英国贸易带来了不公平的优势。美国的观点是，战前的电缆系统"是为了将旧世界的商业中心与世界商业联系起来而建立的"，而现在正是时候发展"一种以美国为中心的新系统"（引自 Luther, 1988: 20）。因欧洲战争而削弱的英国公司在全球电缆中的份额开始流入美国——美国人通过向这些英国公司租借电缆，增强了对国际传播渠道的控制。与电报不同，美国人主导了电话这一新技术。1877年，电话发明者亚历山大·格雷厄姆·贝尔（Alexander Graham Bell）成立了贝尔电话公司并获得电话专利，以此为开端，美国的电话产量开始增长。1885年，美国电话电报公司（AT & T）成立，后来成为贝尔系统（Bell Systems）的总部。在随后的80年中，它一直稳坐美国电信网络的头把交椅。

第一通国际电话于1887年在巴黎和布鲁塞尔之间拨通。19世纪末，美国的电话数量居于首位，主要是因为它们是在美国生产的。由美国电话电报公司拥有的西电（Western Electric）子公司国际西电（International Western Electric）第一个吃螃蟹，建立起跨国产销网络，在大多数欧洲国家（包括英国、西班牙、法国和意大利在内）以及日本、中国和澳大利亚设立分支机构（Mattelart, 1994）。但是，电话覆盖的区域非常有限——到1956年，大西洋海底铺设了第一条电话电缆，电话网络才有了全球维度。

新闻通讯社时代

报业在国际电报网络发展中扮演了重要角色，以满足人们对新闻快速增长的需求，特别是为开展国际商务所需的金融信息。新闻通讯社的建立是19世纪报业最重要的发展，改变了国内和国际新闻的传播过程（Putnis, Kaul and Wilke, 2011）。商业客户对商业信息——有关商业、股票、货币、商品和收成的信息日益增长的需求，确保了新闻通讯社的力量及其影响力（Boyd-Barrett and Rantanen, 1998; Putnis, Kaul and Wilke, 2011）。法国哈瓦斯社（Havas, 法新社的前身）成立于1835年，德国沃尔夫社（Wolff）成立于1849年，英国路透社（Reuters）成立于1851年，美国美联社（Associated Press, AP）成立于1848年。但刚开始时只有三个欧洲通讯社是国际性的,直到世纪之交,美联社才朝着国际化方向发展。从一开始,路透社就以商业和金融信息为专长,而哈瓦斯社则将信息与广告结合起来。

三个欧洲新闻通讯社——哈瓦斯社、沃尔夫社和路透社——均由各自的政府提供补贴,控制着欧洲的信息市场,并希望在欧洲以外的地区扩大业务。1870年,他们签署了一项条约,以在三者之间划分世界市场。由此产生的通讯社协会(最终包括大约30个成员)有多个名称:联合通讯社联盟(League of Allied Agencies)、世界新闻业协会联盟(World League of Press Associations)、国家通讯社联盟(National Agencies Alliances)或通讯社大联盟(Grand Alliance of Agencies)。更常见的是,它被简称为"连环同盟"(Ring Combination)(Desmond, 1978)。在某些人看来,这就是"卡特尔"(cartel),各国政府利用它对世界舆论的影响力来满足自身目的(Boyd-Barrett, 1980; Mattelart, 1994; Putnis, Kaul and Wilke, 2011; Silberstein-Loeb, 2014)。1870年起草的基本协议为这三家机构设定了"保留地带"。每个通讯社都与自己领域内的各国通讯社或其他订户签订了单独的合同。此外,一些"共享"区域也被留出,由其中的两家通讯社(有时是三家)平等分享权益。然而事实是,虽然路透社提出了"共享区域"这一概念,它却通常控制着"连环同盟"。它的影响力最大,因为其保留地带更大或者其新闻重要性高于其他大多数新闻通讯社(Silberstein-Loeb, 2014)。路透社还在世界各地拥有更多的员工和特约记者,因此贡献了更多的原创新闻。英国对电缆线路的控制使伦敦本身成为无可匹敌的国际新闻中心,并因英国广布的商业、金融和帝国活动而得到进一步加强(Read,1992)。

1890年,沃尔夫社、路透社和哈瓦斯社签署了下一个10年的新协议。哈瓦斯社异军突起,获得了南美和中南半岛作为专属领地。但是,哈瓦斯社放弃了在埃及的地位,埃及由此成为路透社的专属领地,同时,哈瓦斯社继续与路透社共享比利时和中美洲。欧洲的主要通讯社都设在各殖民帝国首都,"它们在欧洲以外的扩张与19世纪后期的殖民主义息息相关"(Boyd-Barrett, 1980: 23)。第一次世界大战后,尽管沃尔夫社不再是一家世界性的机构,但三大通讯社组成的卡特尔继续主导着国际新闻发布。直到美联社开始向拉丁美洲提供新闻,才首次挑战了这些通讯社的垄断局面。随着20世纪30年代国际新闻卡特尔的破裂,美联社和其他美国通讯社——例如合众社[United Press(UP),成立于1907年]——开始侵占这三家通讯社的地盘。美联社开始向国际扩张,这与一战后欧洲帝国的削弱而发生的欧洲政治变化同步(Silberstein-Loeb, 2014)。

案例研究：路透社的崛起

　　传播是现代欧洲帝国扩张和巩固的核心，最大、最强的欧洲帝国当数大英帝国，在1880年至1914年的鼎盛时期，它统治了四分之一个世界。作为最著名的国际新闻社，路透社的财富增长与大英帝国的扩张同步。确实，最近的一项研究称之为"别扭的帝国主义者"(reluctant imperialist, Silberstein-Loeb, 2014)。

　　欧洲资本主义的扩张迫切需要更有效的商业情报。随着传播的发展，世界贸易价值在1800年至1913年之间增长了25倍以上。这导致对新闻的需求大幅增加，并为新闻和信息服务的商业化做出了贡献。路透社在新的传播技术（尤其是电报）的帮助下，巧妙地开发了这一需求。资本和传播之间的关系是所谓"路透社因素"(the Reuters Factor)的一个方面，该因素"发挥着一个乘数的功能，将信息供应的增长转化为商业的增长"(Chanan, 1985: 113)。对于英国和其他欧洲投资者来说，路透社电报是了解来自大英帝国各个角落最新信息的重要读物。到1861年，这些电报已由100多个新闻电头发布，来自其主要殖民地印度、澳大利亚、新西兰和南非。

　　到19世纪70年代，路透社在大英帝国的主要战略要地都设有办事处——加尔各答、孟买以及斯里兰卡南端的加勒角（这里是与伦敦的电缆线路的终点，路透社从该处监管其面向东南亚、中国、日本和澳大利亚的业务）。1871年，上海成为路透社在东亚地区不断发展的大本营。19世纪后期，非洲南部开始了黄金的商业开采，开普敦随之成为路透社全球网络中的另一个节点。到1914年，路透社的新闻服务拥有覆盖整个帝国的三个主要渠道：伦敦到孟买；伦敦到香港，经由地中海一路连接开罗、亚丁、锡兰和新加坡；伦敦到开普敦、德班、蒙巴萨、桑给巴尔、塞舌尔和毛里求斯(Read, 1992)。

　　路透社还与英国的外交和殖民管理部门保持着非常密切的关系。在19世纪下半叶，它越来越多地起到了"作为大英帝国的一个机构"的作用(Read, 1992: 40)。作为英国最重要的殖民地，印度在"大英帝国的路透帝国中具有中心地位"，是路透社商业新闻的主要市场(Read, 1992: 60)。路透社在印度的收入从1898年（11 500英镑）到1918年（35 200英镑）增长了两倍多(Read, 1992: 83)。尽管路透社声称自己是一家独立的新闻通讯社，但在很大程度上，它是帝国的非官方声音，突出了英国的观点。在诸如布尔战争（1899—1902）等帝国战争期间，这种对帝国权威的屈从性尤为突出，其对布尔战争的报道支持了英国的立场与英军。同样,路透社从印度发来的新闻主要与帝国的经济和政治发展有关,而在很大程度上忽略了当地的反殖民运动。

对路透社来说,捍卫帝国是天经地义的:路透社从1910年开始提供帝国新闻服务;一年后,它与英国政府达成了一项秘密协议。在此协议下,它提出依靠其电报网向帝国的每个角落播送官方讲话,而作为回报,殖民地办公室(Colonial Office)每年付给它500英镑。在第一次世界大战期间,路透社通过与英国外交部签订的协议,启动了战时新闻服务。截至1917年,此项服务每月约能把100万个单词传播至帝国各处。在战争年代,路透社的常务董事乔治·琼斯(George Jones)还负责英国信息部的有线和无线电报宣传。尽管这项服务与路透社主要的电讯服务分开(后者对战争的支持更加微妙),但它在帝国内部汇集了舆论并影响了中立国家的态度。正如一位英国官员在1917年写道:"路透社所干的活儿是一种具有客观品格的、独立的新闻单位该干的,但它秘密地把宣传融入其中。"(Read, 1992: 127-128)

尽管战争结束后该服务就中止了,但路透社与英国外交部达成了另一项协议。根据该协议,该机构将在其国际线路上散发一些特定信息,并由政府支付相应费用。这项协议在第二次世界大战之前一直有效。但是,除了政府支持外,路透社持续成功的主要原因是,它"出售了有用的信息,使商业交易有利可图"(Lawrenson and Barber, 1985: 179)。

第一次世界大战后,无线电技术得到广泛应用。于是,路透社在1920年推出了一项贸易服务,这成为大英帝国经济生活的重要组成部分。新技术使得发送、接收国际化的工业与金融信息更为容易、更为迅捷。由于全球之间通过跨洋贸易彼此相连,因此对贸易参与者而言,此类信息(例如印度棉花在纽约的价格)带来的收益颇高,他们依赖路透社获得来自世界各地准确的商品价格与股市新闻。

路透社还受益于卡特尔之一员的身份,主导了国际信息,并在1870年至1914年,始终是世界新闻的领导者。但是,大英帝国的衰落和美国的崛起迫使路透社与美国的新闻通讯社,尤其是美联社,展开竞争。路透社与美联社在1942年签署了战时新闻共享协议,有效地建立了新的新闻卡特尔。在战后时期,路透社继续聚焦商业信息,并意识到为了在自由贸易环境中取得成功,必须"围绕世界昼夜不停地"整合商品、货币、股票和金融市场里的信息

(Tunstall and Palmer, 1991: 46)。

1851年，企业家尤里乌斯·路透（Julius Reuter）在加拿大创办了汤森路透社（Thomson Reuters，那时使用鸽子传信），该社的一部分现已成为世界上最大的"国际多媒体新闻提供者之一，每天有超过10亿人接收其新闻"。2016年，该社拥有2 600名记者，年收入超过110亿美元。

大众媒介问世

19世纪印刷机的发展以及新闻通讯社的国际化是推动世界报业发展的关键因素。1838年，《印度时报》(Times of India) 成立；1858年，东南亚首屈一指的报纸《海峡时报》(Straits Times) 以日报形式在新加坡创办。印刷技术的进步意味着也可以印刷和发行非欧洲语言的报纸。到1870年，有140多种报纸是以印度语言印刷的。《金字塔报》(Al-Ahram) 于1875年在开罗创办，一个多世纪以来，它一直定义着阿拉伯世界的新闻业。1890年，日本后来最受尊敬的报纸《朝日新闻》(Asahi Shimbun) 成立。19世纪90年代的欧洲大众媒介迅速膨胀，法国的《小巴黎人报》(Le Petit Parisien) 在1890年有100万份的发行量；而在英国，《每日邮报》(Daily Mail) 于1896年甫一发行就吸引了广大读者。

在许多亚洲国家，报纸被用来宣传新兴的民族主义。1899年，中国民族主义领导人孙中山创办了《中国日报》，而圣雄甘地则在印度用《年轻印度》[(Young India)，后改名为《生民报》(Harijan)] 来宣传反殖民议题。

不过，对媒介文化产生最大国际影响力的是美国，以最早的媒体大亨之一的威廉·兰道夫·赫斯特（William Randolph Hearst）为代表。他的《纽约日报》(New York Journal) 把便士报引入美国，同时他的国际通讯社（International News Service）创建了世界上第一个辛迪加服务（syndicate service），向报纸出售文章、填字游戏和连环画。直到1915年，该社被国王图片辛迪加（King Feature Syndicate）取代，此后的整个20世纪的大部分时间里全世界的报纸都在使用其连环画。

然而，新型大众文化的国际化却肇始于电影业。继1895年在巴黎和柏林首次放映电影一年后，从孟买到布宜诺斯艾利斯都开始放映电影。第一次世界大战之前，1907年成立的法国百代公司（Pathé）主导了欧洲市场，其发行部门分布于七个欧洲国家以及土耳其、美国和巴西。1909年至1913年，独立制片厂得到发展，这就推动了好莱坞电影业的发展并主导了全球电影制作。电影业系统性的工业化、商业化促进了美国文化的出口（Bakker, 2008）。在流行音乐领域，英国留声机公司（Gramophone Company）"主人之声"徽标（His Master's Voice, HMV）——一只狗和一个留声机喇叭——已成为全球形象。1897年，在公司成立后的短短几年内，其录音工程师已在巴尔干、中东、非洲、印度、伊朗和中国从事录音工作。到1906年，公司60%的利润来自海外销售（Pandit, 1996: 57）。1931年，它与美国巨头哥伦比亚留声机公司合并成立了百代唱片（Electric and Musical Industries, EMI），自此以后，英美垄断了整个20世纪的国际唱片业，并继续影响着当今的全球音乐产业。

19世纪末，美国的广告公司已经放眼国内市场之外。例如，智威汤逊广告公司（J. Walter Thompson）于1899年在伦敦成立了"销售局"。美国是最早奉广告为圭臬的国家，也是现代广告形式的发源地，这使得美国成为世界上最典型的消费主义社会。美国的广告支出从20世纪初的4.5亿美元增长到20世纪末的2 120亿美元。

在20世纪，广告在国际传播中变得越来越重要。从1901年唱片徽标"主人之声"的广告到戴比尔斯（De Beers）于1948年推出的大受欢迎的广告活动"钻石恒久远，一颗永流传"（A diamond is forever），广告商的目标始终是国际受众。随着广播和电视的发展，这种趋势愈演愈烈。随着可口可乐公司于1970年推出广告"这，千真万确"（It's the real thing），以及耐克于1988年推出口号"做就是了"（Just do it），它们的产品被全世界消费。于1955年推出的"万宝路男人"（The Marlboro Man）是美国牛仔与阳刚气质结合的商标，成为菲利普·莫里斯（Philip Morris）的万宝路香烟标识，后来变成一个世界级的广告现象，并使万宝路畅销全世界。尽管1971年起美国禁止电视播放烟草广告，并且控烟团体在美国和其他西方国家成功地反击了通过广告实施的烟草促销，但是"万宝路男人"还是被美国贸易杂志《国际广告时代》（Advertising Age International）提名为20世纪的偶像。

广播与国际传播

1902年，人类语音首次通过无线电得以传输。最早理解无线电传播战略含义的又是西方国家，这种先知先觉在别的新技术领域里同样表现出来。与电缆不同，无线电设备相对便宜，可以大规模销售。在美国企业中，人们也越来越意识到，如果对无线电的开发和控制举措得当，就可以撼动英国主导国际有线通信的霸主地位（Luther, 1988）。他们意识到，海底电缆及其着陆终端可能很脆弱，并且其位置需要国家之间进行双边谈判,而无线电波却可以在任何地方传播,不受政治或地理的限制。

1906年于柏林举行的国际无线电电报大会上,有28个国家对无线电设备标准和程序进行了辩论,以使干扰最小化。庞大的海洋国家,也就是无线电的主要使用者(英国、德国、法国、美国和俄罗斯)实行了无线电频率分配制度,把优先权交给那些较早向国际无线电报联盟提交了报告的国家——报告计划使用某特定无线电频率(Mattelart, 1994)。

随着全球无线电广播的发展,1912年,一项协议在伦敦签署。根据该协议,跨国传输的电台必须向国际无线电报联盟的国际秘书处注册使用特定无线电频率。但是,当时并没有分配或预留频率空位的制度,只有先到先得。结果,拥有必要资本和技术的公司或国家获得了对有限频谱空间的控制权,使小而欠发达的国家处于不利地位。

两种不同类型的国家无线电广播出现了:在美国,1927年颁布的《无线电法》确认了无线电行业的商业性,由广告提供资金;而1927年成立的英国广播公司(BBC)是一家非营利的、对公共广播进行垄断的企业,为其他欧洲国家和英联邦国家提供了模板。1927年,私人公司在华盛顿举行了世界无线电大会。该会竭力促成了一项协议的签署,允许这些公司继续开发使用频谱,而无需考虑对其他国家造成的信号干扰。通过在国际条约中的表述,这些规定具有了"国际法"的特征,包括为特定目的分配特定波长的原则(Luther, 1988)。这次会议的主要结果是加强了美国和欧洲对国际无线电频谱的控制。但是,利用这种新媒介进行国际广播的始作俑者却是当时新成立的苏联。

电波之战

随着新广播媒介的发展,国际传播的战略意义也日益增强。从一开始,广播用于宣传便是其发展不可或缺的一部分,它具有影响价值观、信念和态度的力量(Taylor, 2003; Welch, 2014; Jowett and O'Donnell, 2015)。第一次世界大战期间,广播非同寻常的力量很快直击人心,无论是对国内舆论的引导,还是对盟友和敌人的海外宣传。正如一位著名的宣传学者所说:"在战争时期,人们认识到动员人力和财力是不够的,还必须动员舆论。掌管舆论的权力,如同掌管生命和财产的权力,已经交到政府手中。"(Lasswell, 1927: 14)

俄国共产党是最早意识到广播具有意识形态和战略重要性的政治团体之一。无线电宣传史记录的首次公开广播,是苏维埃俄国的人民委员会于1917年10月30日所发表的具有历史意义的"列宁讲话":"全俄罗斯苏维埃代表大会已经形成了一个新的苏维埃政府。克伦斯基政府已被推翻，其人员已被逮捕，克伦斯基本人已逃离。所有官方机构都已掌握在苏维埃政府的手中。"（引自 Hale, 1975: 16）苏联是最早利用这种可以跨大洲和跨国界的媒介向国际受众进行宣传的国家之一。1925年，莫斯科发出了世界上第一个短波广播节目。在五年之内，全苏广播电台（All Union Radio）定期用德语、法语、荷兰语和英语宣传共产主义。

1933年德国纳粹党上台时，无线电广播已成为国际外交的延伸。希特勒的宣传部部长约瑟夫·戈培尔（Josef Goebbels）深信广播是强大的宣传工具："实在的广播才是真正的宣传。宣传意味着在所有的精神战场上战斗、生成、繁殖、破坏、消除、建立和毁灭。我们的宣传取决于我们所说的德国种族、血统和民族。"（引自 Hale, 1975: 2）。1935年，纳粹德国将注意力转向了在世界范围内传播第三帝国的种族主义和反犹意识形态。纳粹的"帝国广播"（Reichsender）电台针对居住在海外的德国人，范围远至南美和澳大利亚。这些短波节目在德国人众多的阿根廷被重播。后来，纳粹扩大了国际广播的范围，包括其他几种语言的广播，如南非荷兰语、阿拉伯语和印度斯坦语。到1945年，德国电台以50多种语言进行播音。

在贝尼托·墨索里尼（Benito Mussolini）统治下的法西斯意大利，成立了印刷和宣传部（Ministry of Print and Propaganda），以宣传法西斯主义，并为开展殖民运动[如1935年入侵阿比西尼亚（埃塞俄比亚）]赢得舆论，以及在西班牙内战期间（1936—1939）为追随弗朗西斯科·佛朗哥的法西斯主义者争取支持。墨索里尼还向阿拉伯人分发了收音机，只准他们收听一个电台——意大利南部的"巴里广播电台"（Radio Bari）。这种宣传促使英国外交部在英国广播公司成立了一个监控部门，负责监听国际广播，后来又开始向该地区提供阿拉伯语服务。

第二次世界大战期间，作为交战双方宣传工具的国际广播激增（Horten, 2002; Berkhoff, 2012）。日本的战时宣传包括利用"日本广播协会"（Nippon Hoso Kyokai, NHK），对东南亚、东亚以及有大量日裔美国人的美国西海岸地区进行短波播送。此外，日本广播公司还播放高质量的宣传节目，例如针对太平洋岛屿上美军的《零时区》（Zero Hour）（Wood, 1992）。

尽管除了帝国频道[Empire Service，英国广播公司环球服务台（BBC World Service）的前身]，英国广播公司并不受英国政府的直接控制，但用英国著名媒介历史学家的话来说，它在战争期间声称的独立性"不过是英国神话中的一个自我奉承部分"（Curran and Seaton, 1996: 147）。约翰·里斯（John Reith）是英国广播公司的第一任总干事与灵魂人物，他曾于1940年担任英国信息部长，并讨厌人们称他为"戈培尔博士的对手"（Hickman, 1995: 29）。帝国频道成立于1932年，目的是连接大英帝国的分散地区（Potter, 2012）。由外交部资助的帝国频道倾向于反映政府的公共外交。第二次世界大战开始时，除了用英语，英国广播公司还用七种外语进行广播——南非语、阿拉伯语、法语、德语、意大利语、葡萄牙语和西班牙语（Walker, 1992: 36）。到战争结束时，它有39种播音语言。

在战争年代，法国将军戴高乐使用英国广播公司的法语服务，向德占法国地区中的抵抗运动者发送讯息；在1942年10月至1943年5月，英国广播公司与苏联电讯社塔斯社（Telegrafnoe Agenttvo Sovetskogo Soiuza, TASS）合作，每周向苏联广播15分钟的新闻。它还播放了《纳粹勾十字党徽的阴影》(*The Shadow of the Swastika*)，这是有关纳粹党的系列电视剧中的第一部。英国广播公司帮助美国陆军创建了美军广播电台（American Forces Network），该电台为布防在英国、中东和非洲的美国部队广播美国节目的录音。更重要的是，鉴于英国靠近战区，英国广播公司在宣传攻势中起着关键作用，而且它通常比美国的宣传更有效。正如英国媒介历史学家阿萨·布里格斯（Asa Briggs）所说，美国宣传"既遥不可及，又操之过急；既过于老练，又过于粉饰，还无法挑战已经在该大陆上发挥作用的宣传力量"（1970：412）。

在第二次世界大战之前，美国的广播电台以其商业潜力而闻名，它是广告的工具而不是政府的宣传工具；但在1942年美国之音（Voice of America, VOA）成立后，美国政府有效地利用了广播来促进其政治利益——在冷战的几十年中登峰造极。

冷战——从共产主义宣传到资本主义说服

第二次世界大战的胜利盟友——苏联和以美国为首的西方——很快翻脸，原因是在有关战后欧洲以及世界其他地区的秩序问题上出现了分歧 [Westad, 2006；另见期刊《冷战历史》(*Cold War History*) 于2013年推出的特刊"无线电战争：冷战期间的广播"]（Gumbert, 2014）。冲突本质上是关于组织社会的两种截然不同的观点：受到马克思列宁主义启发的苏联观点，以及倡导自由市场民主观的美国观点。伴随着纳粹主义和日本军国主义的失败，美国宣称民主主义的胜利以及联合国体系的建立。尽管1947年联合国大会第110(Ⅱ)号决议谴责"旨在或有可能煽动威胁、破坏和平或侵略行为的种种宣传"，但随着冷战战线的划定，两个阵营都乐此不疲地进行规律性宣传（Taylor, 1997）。

苏联的广播宣传

同年，苏联将共产国际（Communist International, Comintern）重组为共产党情

报局(Communist Information Bureau, Cominform),以组织一场由苏联共产党中央委员会宣传鼓动部(Administration of Agitation and Propaganda, AGITPROP)策划的全球宣传运动。共产主义宣传是战后苏联外交的重要组成部分,主要针对东欧集团(Eastern bloc),后逐渐转向第三世界国家(Roth-Ey, 2011)。在冷战岁月,塔斯社仍然是东欧国家媒体的主要新闻来源。该新闻社始于1904年的圣彼得堡电报社(St Petersburg Telegraph Agency, SPTA),于1925年更名为苏联电讯社塔斯社,在此之前名称还更迭过多次。1914年,它更名为彼得格勒电讯社(Petrograd Telegraph Agency, PTA);1917年,布尔什维克将彼得格勒电讯社设为中央新闻社;一年后,彼得格勒电讯社和新闻局(也受苏维埃俄国人民委员会理事会管辖)合并为俄国电讯社(Russian Telegraph Agency, ROSTA)。

到20世纪60年代后期,莫斯科广播电台已成为世界上最大的单一国际广播电台——1969年至1972年,它广播的节目时间比美国还多。此外,它使用了84种广播语言,比其他任何一个国际广播电台使用的语言都多,部分原因在于苏联本身就是一个使用多种语言的国家。从1950年至1973年,苏联的对外广播从每周533小时增加到每周约1 950小时。这与美国整个对外广播(全球规模最大)相当,美国对外广播包括官方的美国之音和秘密的自由电台(Radio Liberty, RL)以及自由欧洲电台(Radio Free Europe, RFE),周播出量从1950年的497小时增加到1973年的2 060小时(Hale, 1975: 174)。

苏联的广播政策旨在对抗西方的宣传,并在世界共产党之间宣传莫斯科在国际事务上的立场。莫斯科广播电台(Radio Moscow)的中文广播从1967年的每周77小时增加到1972年的200小时,而中国在20世纪70年代初已成为世界第三大国际广播播放国,还增加了对苏联"修正主义"展开批评的广播。尽管苏联广播以其党派立场而非专业新闻广为人知,与西方广播节目在东欧国家中的流行相比,其对西方影响并不大,但它仍然主导了东欧国家的新闻议题。在许多共产党国家以及南方社会主义国家的新闻媒体的组织方式中,苏联有着显著影响力。

然而,就其发射功率以及在共产主义世界之外的广播电台触达情况而言,莫斯科广播电台无法匹敌西方广播公司。除了东欧的广播电台外,苏联的广播电台只有一个中继站——古巴的哈瓦那广播电台,并于冷战结束后停播。西方列强凭借其遍布全球的中继站网络,具有明显优势,并且能够在几乎没有干扰的情况下播送宣传(Nelson, 1997)。由于西方人对苏联的国际广播几无兴趣,因此西方政府不用太费心思去阻挠其传播。相反,莫斯科当局则试图干扰西方广播,并将其视为一个颠覆社会主义成就的"无线电破坏者"网络。

美国的广播宣传

尽管在第二次世界大战期间,美国之音已成为美国外交的一部分,但随着冷战的来临,宣传成为了美国对外广播一个十分重要的组成部分(Cull, 2009a; Cummings, 2010; Johnson and Parta, 2010)。美国国际广播的主要工具——美国之音、自由电台、自由欧洲电台以及美军广播电台——均由国家资助。美国之音是美国政府的官方喉舌,也是美国新闻署(US Information Agency, USIA)中最大的单一部门,最终对美国国务院负责(Cull, 2009a)。与英国广播公司的国际频道不同,美国之音依赖于官方评论,因为它仅使用自身员工的评论,从而限制了其节目所表达的观点范围。这样一来,其作为国际广播公司的信誉受损。

1950年朝鲜战争爆发后,美国之音被用来鼓吹美国总统哈里·杜鲁门(Harry Truman)所倡导的"为真理而斗争"(Compaign for Truth),旨在反对共产主义。这是广播在宣传中得到日益重用的早期迹象之一,以美化美国介入朝鲜战争。朝鲜战争夺走了上百万人的生命,并成为大国竞争涉足发展中国家的开端,在非洲、亚洲和拉丁美洲等地区发生的几次冷战冲突中,该种模式屡见不鲜。一年后的1951年,杜鲁门成立了一个心理战略委员会(Psychological Strategy Board),对国家安全委员会负责,为国际反共产主义宣传提供咨询。1953年,他的继任者德怀特·艾森豪威尔(Dwight Eisenhower)总统任命了一个主管"心理战"的私人顾问,使美国之音的反共产主义言论甚嚣尘上。

美国新闻署前研究员约翰·马丁(John Martin)称宣传是"催化传播"(facilitative communication)的一部分,并将其定义为"旨在保障线路畅通以及使之在应宣传之需时能够闻声而动的各种行动"(Martin, 1976: 263),包括新闻发布、研讨会、会议和展览,以及书籍、电影、教育和文化交流项目、技术和科学研究奖学金。

美国之音运营着一个全球中继站网络,旨在把"美国生活方式"作为理想传播给国际听众。这个全球网络与华盛顿控制中心相连,其中的节点包括:辐射东南亚的曼谷,辐射中国和东南亚的菲律宾的波罗(Poro)和蒂南(Tinang),辐射南亚的科伦坡,辐射北非的摩洛哥丹吉尔(Tangier),辐射中东的希腊罗得岛,辐射南非的博茨瓦纳塞莱比-皮奎(Selebi-Phikwe),辐射撒哈拉以南非洲的利比里亚的蒙罗维亚,辐射东欧和苏联的慕尼黑,辐射苏联的英格兰伍弗顿(Woofferton,从英国广播公司租借),辐射拉丁美洲的美国格林维尔(Greenville),辐射中美洲的伯利兹蓬塔戈尔达(Punta Gorda)(见图1.2)。

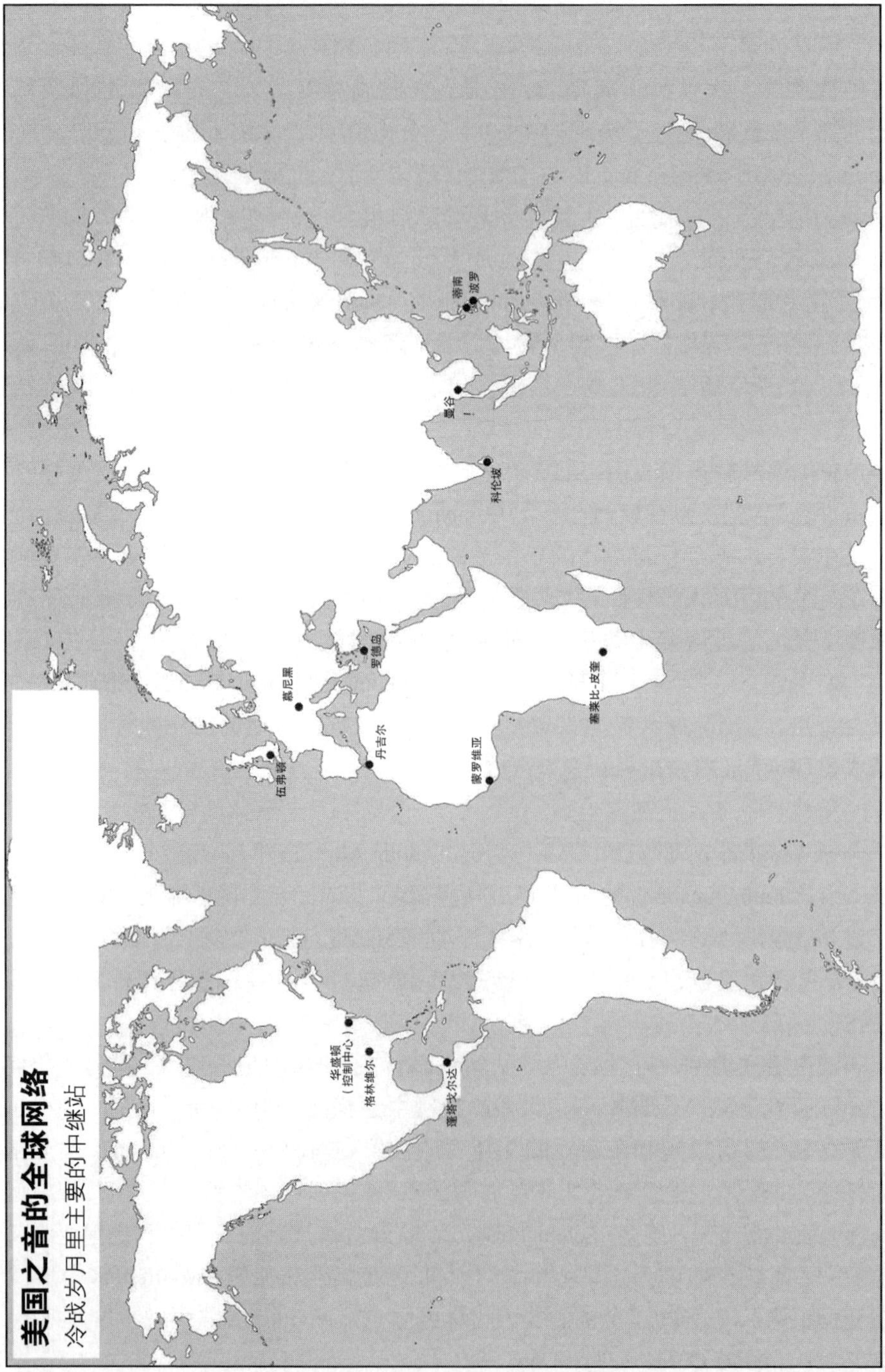

美国之音的全球网络
冷战岁月里主要的中继站

图 1.2 美国之音的全球网络

发射机的选择要考虑战略位置——靠近目标区域,以确保信号更强、更稳定,并避免可能的干扰。在许多情况下,发射机的位置始终是个秘密,来自西方的具有颠覆性和误导性的信息也把其冷战对手搞糊涂了。

案例分析:秘密传播——自由欧洲电台与自由电台

在冷战期间,露骨的宣传电台蓬勃发展,包括在联邦德国运营的自由欧洲电台和自由电台(Johnson, 2010)。美国之音是美国新闻署的合法广播机构,而总部位于慕尼黑的自由欧洲电台和自由电台则是秘密组织,旨在欧洲开展反共产主义宣传战(Cummings, 2010; Johnson, 2010)。它们是现代所谓"心理战"的一部分,其中"为真理而斗争"变成了"自由十字军"(crusade for freedom)。

自由欧洲公司(Free Europe Inc.)成立于1949年,是一家非营利性的私营公司,向铁幕另一侧的东欧国家播送新闻和时事节目。两年后,通过同样线路向苏联播送的解放电台(Radio Liberation)创立(1963年更名为自由电台)(Mickelson, 1983)。两者都是由美国政府秘密提供资金,主要是通过美国中央情报局(Central Intelligence Agency, CIA)提供,直到1971年,相关财政和管理职责才移交给了总统任命的国际广播理事会(Board for International Broadcasting, BIB)(Johnson, 2010)。1975年,这两家电台合并为自由欧洲电台/自由电台(RFE/RL)。1994年,管理权移交给了广播理事会(Broadcasting Board of Governors, BBG),它负责监管美国所有非军事的国际广播。

自由欧洲电台的定期广播始于1951年。尽管自由电台也在1951年成立,但直到1953年才开始广播。两个电台都从慕尼黑的演播室进行广播:自由欧洲电台使用设在德国和葡萄牙的发射机,播送波兰语、捷克语、斯洛伐克语、罗马尼亚语、匈牙利语以及保加利亚语的节目;自由电台使用设在德国和西班牙的发射机,用来播送俄语(占播放量的一半)以及苏联使用的其他17种语言的节目(Cummings, 2010)。对抗共产主义是这些广播电台的存在理由,因此它们制作的节目有意挑衅共产主义政府,会播出移民请愿书以及禁书节选,包括如亚历山大·索尔仁尼琴(Aleksandr Solzhenitsyn)等反体制作家以及如安德烈·萨哈罗夫(Andrei Sakharov)等科学家的作品(Johnson and Parta, 2010)。

自由欧洲电台和自由电台声称提供了另一种"上门服务",旨在挑战共产主义国家或政党对媒体的垄断。于是,苏联指责道,煽动1956年匈牙利事件的就是这些粗暴冷漠的宣传广播。在危机期间,自由欧洲电台鼓励匈牙利人民反抗共产主义当局,甚至用"联合国代表团"(美国军事干预的委婉说法)即将到来的承诺来误导他们,而这种承诺从未曾实现过。苏联和《华沙条约》的其他成员经常干扰自由欧洲电台/自由电台的信号,谴责它们是"无线电破坏者"网络,也是美国"电子帝国主义"的一个组成部分(Kashlev,1984)。

　　在美国里根总统执政期间,美国的公共外交变得更加强硬,广播电台被要求对美国的外交政策进行"不遗余力的鼓吹"(Tuch, 1990)。在对团结工会(Solidarity)提供支持方面,自由欧洲电台的波兰语频道发挥了重要作用。20世纪80年代的工业动荡期间,有三分之二的波兰成年人口收听该广播,西方广播电台的渗透程度是"苏联做出如下决定的一个主要因素:不再像1968年对捷克斯洛伐克那样对波兰进行军事干预"(Lord, 1998: 62)。1981年,自由欧洲电台/自由电台的慕尼黑总部遭到炸弹袭击,据称是苏联特勤局所为(ibid.)。

　　直到20世纪90年代,冷战结束后,这些秘密组织才受到公众的审视,尤其是在自由欧洲电台前局长乔治·厄本(George Urban)的回忆录问世后(Critchlow, 1995; Urban, 1997)。由于自由欧洲电台/自由电台在反共产主义运动中的作用,许多人认为这些电台已经完成了使命,可以关停了。但是反共产主义领域的官员强调,自由欧洲电台/自由电台曾经对反共产主义区域进行的广播恰好有必要持续下去。尽管如此,自由欧洲电台/自由电台确实在某些地区有所收缩,但在另一些地区有所扩展。它关闭了波兰语频道,同时捷克斯洛伐克频道大幅减少,并与捷克公共广播电台(Czech Public Radio)一起建立了一个新的公共事务广播节目。1994年,自由欧洲电台/自由电台开始向南斯拉夫进行广播,并于1998年启动了波斯语频道以及自由伊拉克电台(Radio Free Iraq)。对于这些电台来说,这种区域外活动并不是什么新鲜事:在苏联入侵阿富汗的几年中,自由欧洲电台/自由电台在巴基斯坦的白沙瓦(Peshawar)成立了一个广播局,进行宣传;1984年,自由电台内部创建了一个新的电台——自由阿富汗电台(Radio Free Afghanistan),以阿富汗的两种主要语言——达利语和普什图语进行广播(Lord, 1998: 64)。

2017年，自由欧洲电台/自由电台已拥有一个记者网络，包括750名自由记者和特约记者，以25种语言向20个国家广播，从科索沃延伸至巴基斯坦。自由欧洲电台/自由电台通过其合作伙伴以及其所在播音国家/地区中的500个地方电台，使用短波广播以及调幅（AM）和调频（FM）电台进行播音。同时它还维护着一个多语言的网站，每月有数百万人访问。

除了自由欧洲电台和自由电台外，美国还支持了其他秘密广播电台，例如自由俄罗斯电台（Radio Free Russia），其目的是利用基督教讯息来颠覆无神论国家。它于1950年在韩国、联邦德国开始运营。该电台由激进的反共产主义的人民工会（Popular Labour Union, NTS）运营，以俄语和波罗的海语进行宗教宣传，并由一个平行机构——欧米茄电台（Radio Omega）制作内容。

除政治宣传外，宗教广播电台还在反对"无神论共产主义"的意识形态斗争中起到一定作用。环球广播电台（Trans World Radio）是这类电台的主角，该电台于1954年开始从摩洛哥的丹吉尔广播福音讯息，之后发展成为世界上最大的广播网络之一，涵盖75种语言。到20世纪90年代，它在每个大陆都建立了中继站——辐射欧洲、苏联以及中东的蒙特卡洛和塞浦路斯，辐射非洲的斯威士兰，辐射亚洲的斯里兰卡，辐射太平洋地区的关岛，以及辐射拉丁美洲的乌拉圭蒙得维的亚（Montevideo）（Wood, 1992: 216）。

20世纪90年代以来，这些"宣传装置"都在努力寻找自己的新角色，公共外交的资助也在不断减少——到2001年，它只占美国政府整体国际事务预算的不到4%。尽管电视在实施外交政策议程中的重要性日益彰显，但美国国会仍将国际广播预算从1993年的8.44亿美元减至2004年的5.6亿美元。此外，美国新闻署于1998年并入国务院（Hoffman, 2002）。

然而，2001年9月11日在纽约和华盛顿发生的袭击复兴了美国对公共外交的诉求；随后，美国公共外交的主要目的就是去理解反美的根源，特别是在阿拉伯和穆斯林国家中的反美（Lennon, 2003）。在2001年10月美国入侵阿富汗期间，华盛顿启动了全天候的联合信息中心（Coalition Information Center）来管理新闻流，之后升格为一个永久性的全球传播办公室（Office of Global Communications），以协调公共外交。同时，战略影响办公室（Office of Strategic Influence）作为五角大楼一个独立办公室成立（尽管后来被废除），目的就是进行秘密的"信息战",包括向外国记者散布虚假信息。2002年,阿拉伯语的流行音乐与新闻广播电台——萨瓦电台(Radio Sawa)——开播,目标听众是阿拉伯年轻人,还有法尔达电台(Radio Farda,波斯语,意为"明日广播")也开始向伊朗广播。2004年,中东电视网——赫拉(Al-Hurra,阿拉伯语,意为"自由人")——开始从弗吉尼亚州的斯普林菲尔德(Springfield)以及一家中东分站播送,后者的出资人是美国广播理事会(BBG),这是一家旨在监督所有非军事国际广播的联邦机构。

英国广播公司

英国广播公司对外广播频道(External Services)引以为豪的是,它以轻描淡写这种英式优良传统来陈述一种成熟、平衡的观点,它以论辩取胜,而不是硬性灌输。这种做法与美国的国家宣传形成鲜明对比。英国广播公司对外广播频道所宣称的"平衡"政策使英国广播公司在国际上的信誉很高。英国广播公司对英国政府的依赖是显而易见的,因为其预算来自财政部通过外交与殖民地部[Foreign and Colonial Office,现称为外交和联邦事务部(Foreign and Commonwealth Office),即英国外交部]拨付的补助金,后者还可以决定节目使用哪种语言,以及向每类观众播放多长时间。例如在1948年至1949年的柏林封锁期间,英国广播公司对外服务部几乎所有广播都面向东欧国家。此外,由于中继站和海外发射器为外交部的无线电服务部门所有,或要经由该部门来进行谈判,因此可以说英国政府对英国广播公司施加了间接影响。英国广播公司与众不同之处在于其批评政府的能力,尽管是间接的。

在冷战岁月里,美英之间的"特殊关系"也体现在国际广播领域。随着1946年俄语部的建立,英国广播公司环球服务台通过其具有战略性布局的全球中继站网络,在冷战中发挥了关键作用。其中包括阿森松岛(Ascension Island)和安提瓜[在此处,与德国广播电台德国之声(Deutsche Welle, DW)共享发射器和中继站,以覆盖西半球]的电台,塞浦路斯的一个多频广播中心(面向中东、欧洲和北非),从阿曼租借(用于海湾地区)的马西拉(Masirah)电台、塞舌尔(针对东非)电台、新加坡的克兰芝(面向东南亚)电台以及中国的香港电台(面向东亚)。

其他西方电台,例如德国之声以及法国国际广播电台(Radio France International, RFI),也加入了口水战。法国国际广播电台在法国前殖民地特别强势,有两个主要的中继站——加蓬的莫亚比(Moyabi)和法属圭亚那的蒙特森纳瑞（Montsinery）。此外，它还从塞浦路斯的商业台蒙特卡洛广播电台（Radio Monte Carlo）租赁了转播设备，以向中东地区广播。与英国不同，法国在冷战广播战中没有发挥重要作用，法国国际广播电台也因此没有受到苏联当局的干扰。法国国际广播的关注点是保持独立的外交政策并聚焦于文化，致力于在其前殖民地推广自己的文化与商贸，如非洲、中东、加勒比和太平洋部分地区，尤其是促进法国广播设备的出口（Wood, 1992: 199）。

第三世界的冷战宣传

冷战期间另一场针对人心和思想的重大战役发生在第三世界国家，那里的各个国家刚刚摆脱了欧洲殖民势力数百年的统治。苏联已经认识到，由于亚洲和非洲的反殖民运动的本质主要是反西方，因此倡导共产主义的政治形势已经成熟。此外，西方试图继续控制原材料以及为西方产品开辟潜在市场。鉴于大多数发展中国家的人口识字率较低，广播被视为一种至关重要的媒介。此外，亚洲和非洲新独立国家中的新生媒体几乎都是由国家控制，因此即便它们具有较高的信誉与技术优势，也无法与外国媒体竞争。

鉴于中东是世界上最大的石油供应地，在地理战略上极其重要，因此中东成为西方广播公司的特别目标。并非偶然，成立于1938年的阿拉伯语频道是英国广播公司帝国频道的第一个外语频道，随后是1940年的波斯语频道。法国、英国和美国的广播公司主导了阿拉伯世界的电波，而"以色列之音"（Kol Israel）的阿拉伯语频道在对中东宣传中也起到了重要作用。西方对保守的阿拉伯国家及其长期存在的封建秩序持支持态度，也反映在西方广播对阿拉伯激进民族主义的处置上。

英国政府利用英国商业广播公司位于塞浦路斯的"近东阿德拉"（Sharq al-Adna），播放进行反埃及宣传的"英国之音"（Voice of Britain），但收效甚微（Walker, 1992: 75）。为反击英国的宣传，埃及总统贾迈勒·纳赛尔（Gamal Nasser）使用广播来宣传泛阿拉伯主义。位于开罗的"阿拉伯之音"（Voice of the Arabs）是一个国际频道，在20世纪50年代和60年代成为"革命讲坛"，尤其是在1958年爆发的伊拉克左翼革命期间。

泛阿拉伯的情绪还帮助了巴勒斯坦的"解放广播台"（Liberation Radios），该电台从开罗、贝鲁特（Beirut）、阿尔及尔（Algiers）、巴格达和的黎波里的巴勒斯坦解放组织（Palestine Liberation Organization, PLO）办事处进行秘密而又规律的广播，借以避免以色列的袭击。这些电台在保持巴勒斯坦斗争活力中发挥了关键作用。在阿尔及利亚，民族解放阵线（Front de Libération Nationale, FNL）的广播电台"阿尔及利亚之音"(Voice of Algeria)在反抗法国殖民当局、实现全国解放的战争中发挥了重要作用。用弗朗兹·法农(Frantz Fanon)的话说,广播"从无到有,给这个民族带来了生机;**直白地跟每个公民讲话**,从而为每个公民赋予了一种新身份"(Fanon, 1970: 80,黑体文字为引文标注)。

在亚洲,美国之音除了从美国本土直接广播外,还在日本、泰国(在那里,自由亚洲之音是美国之音的一部分)和斯里兰卡开展业务。1949年中华人民共和国成立之后,美国的首要任务是阻止共产主义向亚洲其他地区扩张。1951年,美国中央情报局资助了总部设在马尼拉的"自由亚洲电台"(Radio Free Asia),该电台以其强硬的反共产主义态度而著称,后来被"自由亚洲的电台"(Radio of Free Asia)取代,一直持续到1966年(Taylor, 1997: 43)。

在越南战争期间,美国的宣传达到了新高度(Chandler, 1981; Hallin, 1986)。美国公共事务联合办公室(The Joint US Public Office)成为所有宣传活动的代理机构,其主要目的是破坏对共产主义的支持并保持对南越的支持。这些信息主要是通过发放传单和来自低空飞行的飞机广播来传播的。据估计,七年间,在武装部队的支持下,美国新闻署在越南散发了近500亿张传单,几乎为"南越和北越人均发放1 500张"(Chandler, 1981: 3)。广播在心理战中起着至关重要的作用。美国中央情报局还运作了越南南部的"爱国民兵阵线之音"(Voice of the Patriotic Militiamen's Front),以及印度尼西亚的两个反苏加诺组织——"自由印尼之音"(Voice of Free Indonesia)和"苏拉威希广播电台"(Radio Sulawesi)。

美国媒体在拉丁美洲(一个被美国视为传统势力范围的地区)的宣传力度一直很强,尤其是自1959年菲德尔·卡斯特罗(Fidel Castro)领导的古巴共产主义革命以来。在1962年的古巴导弹危机期间,约翰·肯尼迪总统通过"争取进步联盟"(Alianza para el Progreso)节目发起了一场激烈的反卡斯特罗宣传运动。用美国之音前任总监乔治·艾伦(George Allen)的话来说,这是"自斯大林于1948年试图清除铁托以来,所发起的针对个人的最为猛烈的一次宣传攻势"(Hale, 1975: 101)。美国政府无法夺取卡斯特罗的权力,又担心卡斯特罗的成功可能会在拉丁美洲其他地区激发反美情绪,于是采取了相应的宣传手段,特别是在1983年接入了"马蒂广播电台"(Radio Marti),以及在1990年接入了"马蒂电视台"(TV Marti)的信号。古巴认为这是侵犯其主权的敌对行为(Alexandre, 1993)。

鉴于非洲在国际关系中发挥的地缘战略意义有限,它在冷战宣传中的优先度一直较低。然而,由于非洲的很大部分曾是大英帝国的一部分,自1940年以来,英国广播公司一直在向非洲广播。在此期间,主要的广播语言是英语、法语、豪萨语、葡萄牙语和斯瓦希里语。在20世纪70年代,美国之音以英语、法语和斯瓦希里语向非洲广播,主要面向被当地人称为"瓦本齐"的人(wabenzi,梅赛德斯-奔驰车主们,意指非洲的精英人士)。尽管莫斯科广播电台以几种非洲语言进行广播(通常是反帝国主义材料的翻译版),但由于许多非洲国家缺乏通信基础设施,效果有限。苏联在喀麦隆投资了发射机并提供培训课程,而中国则对赞比亚和坦桑尼亚的广播事业进行了援助。在总统朱利叶斯·尼雷尔(Julius Nyerere)的社会主义政府领导下,坦桑尼亚广播电台成为非洲南部解放运动的中枢,并在反种族隔离斗争中发挥了重要作用。然而,社会主义的广播电台无法与西方广播公司功能强大的发射机抗衡,例如阿森松岛的英国广播公司以及蒙罗维亚的美国之音的设备。

冷战中的热战地区也使用了广播宣传,比如在安哥拉,得到美国和南非支持的反对派力量"争取安哥拉彻底独立全国联盟"(National Union for the Total Independence of Angola, UNITA)使用了自己的广播电台——"黑公鸡抵抗之声"(The Voice of the Resistance of the Black Cockerel)。该电台于1979年从南非开始广播,后在美国中央情报局的秘密援助计划下设置在了安哥拉(Windrich, 1992)。随着主要的发展中国家(例如印度、印度尼西亚和埃及)支持不结盟运动(该运动于1961年在发展中国家中成立,声称避开冷战集团政治,既不加入西方,也不加入东方),一种国际传播新视角开始出现。不结盟国家超越冷战的两极化视野,要求把国际传播问题看作南北问题而非东西问题。

国际传播及其发展

近半个世纪以来,冷战将世界分为敌对的东西方阵营。这对第三世界国家的发展产生了重大影响,它们中的大多数都想避免联盟政治,而专注于实现国民经济解放。"第三世界"一词本身是冷战的产物,据说是1952年法国经济史学家阿尔弗雷德·索维(Alfred Sauvy)创造的,当时世界被划分为第一世界和第二世界,前者是以美国为首的资本主义,后者是以莫斯科为中心的共产主义。"第三世界"是留在这两个集团之外的所有国家①(Brandt Commission, 1981; South Commission, 1990)。亚洲、非洲和拉丁美洲的民族解放运动改变了世界的政治版图。1945年,

---

① 亚洲、非洲和拉丁美洲的国家也被称为"非工业化的""欠发达的""发展中国家"。在布兰特委员会(Brandt Commission)报告于20世纪80年代定义了"南方"之后,"南方"一词开始被广泛使用。它这样定义,"这些是统称词汇,尽管'北方'和'南方'这两个词不是统一的、永久的分类,但'北方'和'南方'这两个词在广义上是'富裕'与'贫穷'、'发达'与'发展中'的同义词(Brandt Commission Report, 1981: 31)。后来,南方委员会(South Commission)强化了这种分裂,它这样补充道:"虽然北方国家总体上控制着自己的命运,但南方国家非常容易受到外部因素的影响,缺乏行使主权的能力。"(South Commission, 1990: 1)

欧洲殖民大国占领了广阔的领土，面积超过3 600万平方千米；到1960年，由于去殖民化，殖民地的面积缩小到1 300万平方千米。对于新近独立的前殖民地国家而言，国际传播给发展带来了机会。

1964年，通过77国集团（G77）而成立的不结盟运动，开始要求在诸如联合国贸易和发展会议（UN Conference on Trade and Development, UNCTAD）之类的联合国论坛上争取更大的经济公正。1974年，联合国大会正式批准它们建立一个新的国际经济秩序（New International Economic Order, NIEO）的要求。这是一种基于平等和主权的、相互依存的民主经济秩序，包括"追求逐步的社会转型，使人们能够充分参与发展进程"的权利（Hamelink, 1979: 145）。尽管这在很大程度上只是一个理想，但它首次为重新定义第二次世界大战后的国际关系提供了一个新框架。新框架不是基于东西方问题，而是基于南北分歧。同时，有人认为新的经济秩序必须与一种世界信息与传播新秩序（New World Information and Communication Order, NWICO）联系起来。

以1975年召开的赫尔辛基欧洲安全与合作会议（Helsinki Conference on Security and Co-operation in Europe, CSCE）为标志，在缓和岁月里，超级大国之间的关系普遍得以改善，鼓舞了不结盟国家在全球经济和信息系统领域里做出改变的要求。会议承认需要"更自由、更广泛地传播各种信息"（Nordenstreng, 1986）。正如智利学者胡安·索马维亚（Juan Somavia）在20世纪70年代中期所写的那样："越来越明显的是，跨国传播系统是在跨国权力结构的支持下发展起来的，并为之效力。它是体制的内在组成部分，为当代社会的关键工具——信息——提供控制力。这是向第三世界国家宣扬价值观与生活方式的工具，从而促成了适应整个跨国体系的消费类型与社会类型。"（Somavia, 1976: 16-17）

除了强调国际传播中的结构性不平等外，许多发展中国家还经常在西方国家的财政或技术支持下，努力利用传播技术促进发展。这可以采取不同的形式——从宣传保健知识、提升文化素养到传播消费主义。决策者特别关注的一个领域是卫星电视，鉴于其覆盖范围，卫星电视被认为是可用于教育的强大媒介，并且从长远来看，有助于改变人民"传统的"文化态度并实现社会"现代化"。

案例研究：卫星教育电视实验

印度政府于1975年发起了卫星教育电视实验（Satellite Instructional Television Experiment, SITE），率先将现代技术用于发展目标。该计划在联合国教科文组织的支持下，旨在利用卫星技术，通过每天向农村社区播送有关健康、农业和教育的电视节目来促进发展。

印度原子能部（India's Department of Atomic Energy）与美国国家航空航天局（National Aeronautics and Space Administration, NASA）达成了一项协议：后者将应用技术卫星6号（Applications Technology Satellite-6, ATS-6）借给前者一年，进行上述电视转播，而前者则需共享该项目的经验（Krige, Callahan and Maharaj, 2013）。

该计划从1975年8月1日持续到1976年7月31日，在这场全球最大的技术社会实验中，印度耗费了大约660万美元。政府选择了2 400个村庄，来自6个毗邻省份中最贫困地区的20个区——东部的奥里萨邦和比哈尔邦、印度中部的中央邦、西部的拉贾斯坦邦，以及南部的安得拉邦和卡纳塔克邦。这些村庄中的大多数几乎没有现成的传播基础设施（Agrawal, 1978）。

每个村庄的公共场所均安装了一个直接接收系统（direct-reception system, DRS）电视——一台25英寸黑白设备，以供社区观看。信号从艾哈迈达巴德和德里的地面站传输到应用技术卫星6号，后者的容量为两个音频和一个视频传输信号。使用直接接收系统消除了对昂贵的微波中继塔的需求。此外，在2 500个村庄和城镇中，传统的电视机通过地面发射机接收节目。

政府机构的成员，例如印度空间研究组织（Indian Space Research Organisation, ISRO）与来自健康、教育、农业发展领域的专家以及全印广播电台（All India Radio）的卫星电视联队合作开展工作，在德里、库塔克和海德拉巴这三个基地制作每日四小时的节目。这些面向学校的科学教育节目是由太空应用中心在艾哈迈达巴德和孟买的制作室制作的，包括威尔伯·施拉姆（Wilbur Schramm）在内的几位国际专家也参与了该项目。

节目以四种语言早、晚播放，包括印地语、卡纳达语、奥里亚语和泰卢固语。30分钟的国家节目（部分直播）以印地语从德里向全国所有村庄播送，其余三个半小时以特定地区的语言播出。任何特定时间，村庄中都有超过80%的接收系统在运行。这种可以收到视觉形象和声音的形式引起了观众的极大兴趣，大量观众观看了首批节目，但晚间播放时间的观众人数逐渐稳定在了100人左右。

该项目受到现代化范式的发展传播理论的启发（Lerner, 1958; Schramm, 1964；另见本书第2章，第42页），旨在改变农村社区的行为，帮助他们弃绝被视为与现代化目标背道而驰的传统社会态度；但该项目也反映了国内时事政治议题。该项目的主要目标之一是使用电视实施人口控制——"计划生育"是当时印度总理英迪拉·甘地（Indira Gandhi）政府的头等大事。

该计划的另一个重点是，通过使用高产种子、农药和化肥，实现农业生产现代化，这都是正在进行的"绿色革命"的部分内容。卫星教育电视实验的其他主要目标还包括：尝试改善学校教育、促进教师培训和改善健康卫生状况。然而，具有讽刺意味的是，这个创新项目运作之际，正值英迪拉·甘地实施紧急状态，压制新闻界并逮捕反对派领导人。

在4小时的节目中，有1.5小时是给5—12岁在校孩子观看的，作为学校常规课程的补充。其目的是通过视听教学工具使学习变得更加有趣——印度大多数村庄都对此闻所未闻，并试图降低辍学率，提高儿童的基本技能，同时给他们灌输一种卫生意识（Agrawal, 1978）。

卫星教育电视实验计划的另一个主要目标是发展农业。农业是一个以农村为主的国家的关键部门。围绕改进耕作方法、病虫害防治、作物管理以及家禽和畜牧业等方面事务，实验计划传播相关信息，提供示范并给予建议。人们还认为这些电视节目理应提供区一级政府机构有关种子、肥料和农具供应的信息。此外，节目还就作物销售、商品价格和农业信贷规划提供建议，并定期提供天气预报报告。每个语言组每天都要播放30分钟的农业节目。

第三优先的领域是医疗保健和节育。实验计划对营养、卫生以及怀孕和产后护理提供了建议。鉴于印度每年都有成千上万的妇女死于分娩——特别是在农村地区，这些主题至关重要。

这些电视节目比印度电视台的标准节目单更多样化，更富有创意，许多机构都参与了节目的准备工作。一些节目借鉴了传统民间戏剧中使用的技术，使农村观众易于理解，比如儿童节目就使用了木偶。

尽管设立了如此有价值的目标，但结果并不十分喜人。印度空间研究组织的一份两卷本的主报告评估了该计划的影响：在教育领域，该报告认为仅有"适度的收获"，没有证据表明在课堂中引入电视会影响辍学率；尽管一年时间不足以判断印度群众对"计划生育"的传统态度发生了明显变化，但参与卫星教育电视实验的村庄采用节育措施的比例提高了2%—4%；此外，鉴于不可避免地出现性别混合的社区观看方式，15—24岁的女性被阻止观看节目。

也几乎没有证据表明，收看电视明显增加了农民对农业生产的了解或对作物轮作模式的态度发生了改变。然而，人类学研究表明，在农村地区，基于性别、种姓和阶级的社会及文化发生了细微变化（Agrawal, 1977）。

有关作物轮作模式、农药使用和高产种子的建议对富裕的农民特别有用，因为他们有钱购买新种子和其他农具。在一个土地分配严重偏向富裕农民的国家，这种建议对绝大多数贫困人口影响不大。如果不对社会制度进行广泛的结构性改革，贫困人口的状况就很难得到改善。在这些极端贫困的农村社区中，大多数居民是无地农民，学校的入学率和辍学率以及对健康、卫生的认识则主要取决于经济因素。即使在今天的印度农村中，许多孩子也必须在农场工作而不是上学，以补充家庭微薄的收入。

政府的观点是，电视将是传播发展信息并为社会和经济现代化提供公众参与和支持的关键工具。但是，卫星教育电视实验显示，电视在改变观众行为方面只起到了有限的作用，同时人们对信息本身和媒介都漠不关心。由于没能对观看者的生活提供相关、有效的配套支持，传播的创新和卫星技术的使用仅仅是信息输入，对印度农村来说不过是一个好听的想法。尽管卫星教育电视实验采用自上而下的传播和信息散播方式，倾向于赋予农村精英以特权，尽管对农村贫困人口的需求浑然不觉，但它确实使人们意识到了社会问题，并将视听媒介的体验带进了农村社区。

当美国国家航空航天局收回卫星时，实验随之结束。这反映了南方国家对北方国家技术的依赖。但是，这促使印度政府批准了一项开发本土卫星技术的计划，印度成为最早在卫星传播领域大力投资的南方国家之一。印度的第一颗通信卫星——印度国家卫星（INSAT-1A）于1982年发射，为全印电视台（Doordarshan）提供了组网的转发器。更先进的印度国家卫星提高了为全国学童传送卫星节目的能力，即使收视率仍然很低。

自20世纪80年代以来，随着印度电视逐渐商业化，面向发展的节目优先度降低，即使对于国有广播公司而言也是如此。对于国内和国际私人电视公司来说，在广告需求的驱动下，农村穷人并不是人口学意义上的目标观众，而关于健康、教育和农村发展的节目也无法使电视台盈利。到2017年，在发展中世界最先进的卫星网络中，印度拥有一席之地，但卫星更多的是用于搞活娱乐，而不是用于解决发展议程。但是，卫星教育电视实验仍然是将现代技术用于发展目的的最重要的早期案例之一。

建立一种世界信息与传播新秩序的要求

国际信息系统，即世界信息与传播新秩序的主导者认为，发展中的不平等现象强化并固化了，这对南方国家造成严重影响，而且南方国家在信息软件和硬件方面严重依赖北方国家。第三世界国家领导人认为，西方媒体通过控制主要的国际新闻渠道，为世界各地提供了"第三世界国家充满剥削"这样的歪曲观念（Nordenstreng, 2011; Frau-Meigs et al., 2012）。

他们认为，现有秩序由于其逻辑结构创造了一种依赖模式，对发展中国家的政体、经济和社会产生了负面影响。后来成为麦克布赖德委员会（MacBride Commission）成员的突尼斯信息部长穆斯塔法·马斯穆迪（Mustapha Masmoudi）明确提出了他们的要求，主要要求如下：

（1）由于社会技术的不平衡，信息存在着一种从"中心"到"边缘"的单向流动，在"拥有者"和"匮乏者"之间造成了很大的差距；

（2）信息丰富的人可以对信息匮乏的人发号施令，从而形成了一种依赖结构，对贫穷社会产生了广泛的经济、政治和社会影响；

（3）这种垂直流动（与理想的全球信息水平流动相反）由西方跨国公司主导；

（4）跨国媒体将信息视为一种"商品"，并且服膺于市场规则；

（5）整个信息和传播秩序是国际不平等的一部分，并反过来加剧了国际不平等，这种不平等创造并维持了新殖民主义机制。（Masmoudi, 1979: 172-173）

马斯穆迪认为："北、南之间在新闻与信息流量方面存在骇人听闻的失衡，这种失衡在于：一端是来自发达国家的、以发展中国家为报道对象的新闻与信息量（极多），另一端是反方向的流量（极少）。"（ibid.）

他认为，发达国家和发展中国家之间在无线电频谱分配以及电视节目流量方面也存在严重不平等。他看到了一种事实上的霸权与支配意志——发达国家，特别是西方国家媒体对发展中国家的问题、关注点以及愿望，相当漠不关心。发展中国家的时事是通过跨国媒体向世界报道的，同时，这些国家通过相同的渠道"了解"国外正在发生的事情。

根据马斯穆迪的说法，"跨国媒体通过只向发展中国家发送已被处理过的新闻，即经过过滤、删减和扭曲的新闻，从而将自己的视角强加给发展中国家"（1979: 172-173）。这些结构性问题也得到了其他学者的回应。这些学者认为，西方主导的源起于国际新闻媒体网络的国际信息系统是符合西方经济和政治利益的，并通过这些全球网络将自身的社会现实映射到世界各地（Harris, 1981:

357—358)。

建立一种世界信息与传播新秩序的要求与建议来自不结盟运动的一系列会议，最著名的是1973年的阿尔及尔会议以及1976年的突尼斯会议。1978年，联合国教科文组织大会通过了《大众媒介宣言》(*Mass Media Declaration*)，这是划时代的里程碑，它承认大众媒介在社会发展中的角色；同年12月，第33届联合国大会通过了关于建立一种世界信息与传播新秩序的决议。于是，1979年成立了国际传播问题研究委员会，即"麦克布赖德委员会"。众所周知，麦克布赖德委员会于1980年向联合国教科文组织提交了最后报告，该文件首次将与信息和传播相关问题纳入了全球议程(Nordenstreng, 2011)。

麦克布赖德委员会

在肖恩·麦克布赖德(Sean MacBride)的主持下，教科文组织成立了国际传播问题研究委员会，该委员会在关于建立一种世界信息与传播新秩序的辩论中具有重要地位。该委员会的报告通常称为"麦克布赖德委员会报告"，为发展一种新的全球传播秩序提供了智识上的依据。因此，要求建立一种世界信息与传播新秩序的主导者们认为这是一份开创性的文件。该委员会于1977年成立，是对1976年在内罗毕举行的联合国教科文组织第19届常务会第100号决议的直接回应。委员会审议了100份特别委托给它的工作文件，两年后的1980年，委员会公布了一份临时报告和一份最终报告。

成立该委员会的目的是研究全球传播的四个主要方面：世界传播的现状；围绕信息自由与平衡流动以及围绕发展中国家的需求如何与信息流动相结合这一问题；根据国际经济新秩序，如何创建一种世界信息与传播新秩序；媒体如何成为有关世界问题的舆论引导工具。临时报告引起了很多争议，因为它倾向于把建立一个世界信息与传播新秩序这个运动合法化，它公开控诉西方通讯社对第三世界的报道不足。委员会准备的100份背景文件引起了国际社会对创建世界信息与传播新秩序的关注，并有助于对全球信息系统问题提供多面向的见解。这丰富了辩论并提升了相应标准，即从单纯的论述上升到了对不平等的国际媒体关系进行更为严厉的批评。

82条建议涵盖了全球传播事务的所有领域，其中最具创新性的是使传播民主化的那些建议(MacBride Report, 1980: 191—233)。委员会一致认为，民主化受到如下问题的阻碍：非民主的政治制度，官僚的行政制度，只为少数人所控制或懂得起的技术，弱势群体、文盲和半文盲受到排斥。为了克服这些障碍，委员会建议采取多种步骤，包括公众和各种公民团体的代表参与媒体管理，进行横向传播与反向信息传播，以及三种替代性传播方式——激烈反对、社区或地方媒介运动以及拥有其独特传播网络的工会或其他社会团体。

《麦克布赖德报告》遵循联合国教科文组织提出的定义——"一种自由流通的、更广泛、更均衡的信息传播"，并将其与传播、接收信息的权利联系起来，与回击、纠错的权利联系起来，以及与公民的政治、经济、社会、文化权利（为1966年联合国公约所规定）联系起来。《麦克布赖德报告》指出，"强势者"和"拥有者"的自由给"弱势者"和"一无所有者"带来了不良后果。该报告批评了商业化和广告商的压力以及媒体所有权集中带来的局限性。它将跨国公司的发展与"单向流动""市场支配地位""垂直流动"联系起来。

报告指出，一些最强大的跨国公司虽然会为自己争取自由，但是不愿开放、共享科学与技术信息渠道。委员会指控说，在信息自由流通的幌子下，一些政府和跨国媒体"偶尔试图破坏其他国家的内部稳定，侵犯其主权并扰乱国家发展"。

《麦克布赖德报告》被誉为"第一个对世界传播问题提供真正全球视野的国际文件"，但得到的回应褒贬不一。世界信息与传播新秩序的主导者们普遍支持该报告，西方则对此表示批评。世界新闻自由委员会（World Press Freedom Committee, WPFC）——下属一些新闻机构，包括国际新闻工作者联合会（The International Federation of Journalists, IFJ）、美联社、合众国际社（United Press International, UPI）以及美国报纸出版商协会（American Newspaper Publishers Association, ANPA）等——批评它对媒体和传播设施的私有制持有偏见，还批评它认为"广告造成了社会问题"。

在麦克布赖德委员会提交报告之后，1980年在贝尔格莱德召开的联合国教科文组织第21届大会上，通过了一项达成世界信息与传播新秩序的决议，从而正式通过了这一要求。该决议包括以下内容：

（1）消除当前的不平衡和不平等现象；

（2）消除某些垄断集团（公共或私人）的负面影响以及过度集中的问题；

（3）消除内部和外部障碍，使得信息与观念可以自由流通，并更广泛和更平衡地传播；

（4）信息来源和渠道的多元性；

（5）出版与信息自由；

（6）传播媒介中新闻工作者和相关专业人员的自由，这是一种与责任密不可分的自由；

（7）发展中国家改善自身状况，主要是通过为它们提供设备、培训人员、改善基础设施等方式，使它们的信息与传播媒介与它们的需求和期望相匹配；

（8）发达国家真诚帮助它们实现上述目标的意愿；

（9）尊重每个民族的文化身份，尊重每个民族向世界公众展现其利益、愿望以及社会和文化价值观的权利；

（10）尊重所有民族在平等、公正和互惠的基础上参与国际信息传播的权利；

（11）尊重公众、种族、社会团体与个人获得信息资源并主动参与传播过程的权利。（UNESCO, 1980）

世界信息与传播新秩序的反对意见

以美国为首的西方国家在新秩序中看到第三世界国家试图通过国家管制来控制大众媒体。因此，世界信息与传播新秩序作为一种概念，被视为与西方自由主义价值观以及"信息自由流通"原则根本对立的。冷战思维也影响了西方的回应，这种思维让西方国家把全球新闻流问题置于东西方敌对的语境中。世界信息与传播新秩序的反对者认为，世界信息与传播新秩序的要求是为第三世界国家的独裁者扼杀媒体自由、实行审查制度并驱赶外国记者提供挡箭牌。他们认为，诸如"文化自决""媒介帝国主义"和"国家对传播拥有主权"这样的口号旨在控制传播渠道。西方新闻机构坚决反对旧信息秩序的任何变化。他们坚称，他们只是在报道第三世界的生活现实——政治动荡、经济衰退和天灾人祸，并且这种客观的新闻报道遭到南方国家不民主政府的反对。许多西方观察家声称，作为这些激烈辩论场所的联合国教科文组织，通过赞助第三世界侵蚀国际信息与传播而忽视了其真正目标。甚至既包括发达国家也包括发展中国家成员的麦克布莱德委员会也遭到批评，说它为国际传播改革提供了一种理论论据（Jeffrey, 1978; Righter, 1978; Stevenson, 1988）。

典型例子就是一位美国观察家的评论："联合国教科文组织、苏联、第三世界为全面接管所有传播渠道而展开运动，政府对此缺乏有力反击。这种缺乏意味着，美国正在放弃其传统的自由价值观，放弃对极权主义的反抗。"（Jeffrey, 1978: 67）西方媒体认为，在世界信息与传播新秩序——"国家传播政策""国家对信息拥有主权"和"传播民主化"——这个要求中，"国家干预作用太强，其结果可能是将外国记者排斥在外，从而限制了信息流动"（Wells, 1987: 27）。

西方政府和媒体提出了反对世界信息与传播新秩序的论点，细查这些反对意见可以发现，整个辩论的展开仅就此一点，即持有新秩序主张的第三世界国家政府对"新闻自由"构成了威胁。正如科琳·罗奇（Colleen Roach）所说：

毫不夸张地说，与建立世界信息与传播新秩序相关的几乎所有问题或主题("新闻的社会责任""记者保护""传播权"等)都被简化为一个口号——"政府对媒体拥有控制权"。美国采取这一策略的原因,不是把复杂问题过于简单化的偏好,甚或也不是出于对《第一修正案》一以贯之的尽忠,诚然,这些因素也不容忽视。对"政府控制"论的强调最突出地反映了这样一种必要性,即:确保世界信息与传播新秩序不会以牺牲私人部门为代价来强化政府运营的、属于公共部门的传播媒体。

(Roach, 1987: 38)

在20世纪70年代,当超级大国之间关系相对稳定时,世界信息与传播新秩序被南方国家领导人视为正在进行的南北对话的内在组成部分。美国总统吉米·卡特(Jimmy Carter)把捍卫人权看作是个人责任,在他的领导下,美国政府似乎对发展中国家面临的问题持积极态度。国内保守派阵营发现了卡特人权运动中的混乱和矛盾。面对保守阵营的发难,南北对话的进展受到限制。但是,卡特政府在推动教科文组织的国际传播发展计划署(International Programme for the Development of Communications, IPDC)中发挥了重要作用。作为反西方的伊斯兰革命的结果,伊朗国王于1979年倒台;同年,苏联对阿富汗进行军事干预。这些事件不仅让卡特的第二任期泡汤,也标志着南北对话被弃置一旁以及冷战新时期的到来。

世界信息与传播新秩序与冷战新时期

罗纳德·里根(Ronald Reagan)总统在反苏言论盛行的保守主义浪潮中,重新规划了被冷战新观念主导的国际议程。在世界舞台上,玛格丽特·撒切尔(Margaret Thatcher)在伦敦的保守党政府成为这项事业的重要合作伙伴。里根政府宣布对发展援助做明显限制,提出了"贸易而不是援助"的口号,过去(单边)提供援助的方式将变成以双边为主,目的是促进发展项目——在发展中国家建立私人部门。

关于信息的辩论,里根政府采取了同样的强硬政策。结果是,美国削减了由国际传播发展计划署执行的、针对第三世界的传播发展计划所承担的资金。在里根担任总统期间,对多边传播组织(尤其是联合国教科文组织)的攻击变得更加尖锐,最终导致美国于1985年退出联合国教科文组织,一年后英国跟随美国退出。美国反对麦克布莱德委员会的报告,认为它试图将大众媒体的控制权交给南方国家的政府。美国的决定似乎也受到商业利益的影响,正如美国国务院的备忘录明确指出的那样:"与联合国教科文组织的分裂,可能会促进美国商业和工业利益方支持传播发展项目的意愿更强烈。"(Harley, 1984: 96)

尽管美国是国际传播发展计划署背后的推动力，但它又试图破坏该计划，要求给美国媒体与电信公司更多的自由，即开拓南方国家市场的自由，帮助建立私有的传播基础设施的自由，以反对（南方）政府对电信的垄断（McPhail, 1987; Preston, Herman and Schiller, 1989）。

国际传播发展计划署的命运表明，在20世纪80年代里根-撒切尔右翼政府时代出现了一场更宽泛的意识形态转型，即把媒体和电信视为一个私有化、放松管制的行业，不再是提供公共服务的部门。在冷战时期定义了美国政策的"信息自由流动"学说受到了"自由市场"新自由主义意识形态的新刺激，该意识形态为美国的米尔顿·弗里德曼（Milton Friedman）和英国的基思·约瑟夫（Keith Joseph）等思想家所阐述。

里根时期的美国传播政策反映了美国外交政策目标。美国对世界信息传播秩序行使控制权的能力，以及在全球范围内传播亲美、反苏信息的能力，强化了里根自赋的反共产主义使命，这为一种激进的公共外交定下了基调。从某种意义上说，里根正在重复20世纪50年代的冷战宣传工作，借助美国媒体与军事-工业联合体的紧密合作，为美国的外交政策提供意识形态上的合法性。因此，公共外交旨在应对共产主义新威胁，并从苏联的包围中拯救"自由世界"。国际信息委员会（International Information Committee, IIC）致力于"计划、协调和实施国际信息活动，以支持美国政策与国家安全的相关利益"。国际信息委员会设立了"真理计划（Project Truth）"，这是一场针对"邪恶帝国"的意识形态战争，是美国新闻署、国防部和中央情报局的共同奋斗目标（Alexandre, 1993: 33）。

为了在国外传播这些信息，里根政府强化了美国之音、自由欧洲电台和自由电台。政府启动了一项投入15亿美元的规划，以实现美国之音的现代化，包括增加广播的语种和广播的时间。一个值得注意的新增项目是创建了马蒂广播电台，这是美国之音面向古巴的每日广播服务（Alexandre, 1993）。

冷战末期的国际传播

如果说东西方的意识形态斗争定义了冷战时期国际传播的特征，那么1989年柏林墙的倒塌和两年后苏联的解体不仅改变了国际政治的格局，而且深刻地影响了全球的信息与传播。

在1989年东欧剧变期间，电视发挥了重要作用，帮助弥合了欧洲东西方意识形态的分歧。向资本主义的过渡在很大程度上是和平的，除了罗马尼亚——那里爆发了一些冲突。1989年罗马尼亚的"蒂米什瓦拉（Timisoara）事件"很明显是全世界的电视摄像机展演出来的，法国社会学家让·鲍德里亚（Jean Baudrillard）称之为"通过电视,劫持了千百万人的幻想、情感与轻信盲从"(1994:69)。

1991年8月在莫斯科发生的政变致使苏联解体,这被称为"苏联历史上第一场真正的媒介事件"。这场危机"是由电子眼深刻地并一锤定音地制造的,电子眼能够即时、持续地将政治对抗元素转变为富有意味的剧本,这些剧本带有相应的影像、模式与符号"(Bonnell and Freidin, 1995: 44)。自苏联解体以来,东欧国家的媒体已逐渐转向市场(Koltsova, 2006; Jakubowicz and Sükösd, 2008; Kaneva, 2011; Downey and Mihelj, 2012; Štětka, 2012)。

人们以各种不同形式庆祝冷战的结束,称之为"新世界秩序"的诞生、"历史的终结"(Fukuyama, 1992),甚至"文明的冲突"(Huntington, 1993)。冷战的结束深刻地改变了国际传播。超级大国之间的敌对已经结束,围绕国际传播喋喋不休地吵了半个世纪之久的两极世界,转瞬之间变成了单极世界,也就是由唯一的超级大国——美国——所主宰的世界。

诸如"开放性"(glasnost)和"重组"(perestroika)之类的俄语单词进入了世界媒体词汇表,反映出莫斯科对国际关系整个领域的思维方式发生根本转变。"开放性"的全球化使国际传播更为开放,使西方记者可以在原来的铁幕背后自由地活动。在莫斯科,强势的反西方言论逐渐失声;而在西方,人们也开始质疑自由欧洲电台和自由电台是否仍合乎时宜。

联合国教科文组织在20世纪80年代后期,已失去了作为讨论国际传播问题主要论坛的地位,这种转变也影响了联合国教科文组织内部关于国际信息流动的辩论。辩论的重点也已从新闻与信息流动转向全球电信与跨国数据流动等领域(Vincent, Nordenstreng and Traber, 1999; Frau-Meigs et al., 2012)。总部设在巴黎的经济合作与发展组织(Organization for Economic Co-operation and Development, OECD, 中文简称经合组织)对跨境数据流动颇为关注,国际电信联盟(International Telecommunication Union, ITU)以《梅特兰委员会报告》(*Maitland Commission Report*)和国际传播发展计划署为依托,已成为越来越重要的国际论坛(Renaud, 1986)。

《梅特兰委员会报告》象征着国际电信联盟传统角色的转变,即从一个技术团体转变为一个更具行动力的组织。该报告对电信尤其是电话的投资给予了更高的优先级[①](Ellinghaus and Forrester, 1985)。

新信息技术的易得性是促成(这种转变)的另一个核心因素,例如直播卫星(direct broadcasting satellites, DBS)、光纤和微型计算机。信息和信息学(informatics)

---

① 全球电信发展独立委员会(Independent Commission for World-wide Telecommunication Development)由国际电信联盟于1983年成立,受英国的唐纳德·梅特兰(Donald Maitland)爵士领导,由17名成员组成,旨在提供建议来促进全球电信扩张。它于1985年提交了报告(ITU, 1985)。

之间日益融合的趋势——计算机和电信系统实现了结合,而传统上它们被当作独立实体,使得就技术革新重新审视国际传播成为必要。

随着绝对公有制模式的瓦解,东欧国家和苏联开放了新的市场,这种开放性增加了私有化项目的紧迫性。随着新的信息与传播技术的出现,全球化的传播成为可能,并逐渐融入私有化的全球传播基础设施中。新技术促进的"时空压缩"使媒体和电信公司有可能在全球市场上运作,而全球市场是国际新自由主义资本主义体系的一部分。正如第3章所要讨论的,国际传播业的私有化成为20世纪90年代主要的发展趋势,而受到关税与贸易总协定(General Agreement on Tariffs and Trade, GATT)加持的全球贸易自由化加速了这种发展。

2 国际传播的理论路径

理论有自身的历史,这反映了理论得以发展的时代问题。本章会检视一些对"国际传播"这个主题予以理解的方式,并评估它们对理解所涉相关过程有多大解释力。本章不会对传播理论做全面描述(Mattelart and Mattelart, 1998; Scannell, 2007; McQuail, 2010),也不是对该主题包罗万象的理论化,而是考察一些核心理论及其倡导者。这些核心理论及其倡导者与前一章国际传播历史一道,有助于为后续章节分析当代全球传播体系提供具体语境。

欧洲工业革命造就了社会经济领域的迅猛变革。毋庸惊诧的是,传播理论与这些变革齐头并进。这反映出,传播不仅对资本主义和帝国的发展具有举足轻重的意义,而且还利用科学的进步成果和对自然界的进一步认知。最早的传播概念之一是法国哲学家克劳德·亨利·德·圣西门(Claude Henri de Saint-Simon)提出的,他使用生物器官组织做类比,认为传播线路系统(道路、运河和铁路)的发展和信贷制度(银行)对于工业化社会至关重要,例如货币的流通相当于人心脏里的血液流通(Mattelart and Mattelart, 1998)。

有机体也是英国哲学家赫伯特·斯宾塞(Herbert Spencer)使用的一个重要隐喻,他认为工业社会是"有机社会"的体现。"有机社会"是一个越来越协调一致的集成系统,其功能越来越具体,各组成部分更加相互依存。传播被视为分配与规范系统的基本组成部分。像有机体血管系统一样,公路、运河和铁路的物理网络确保了营养的分配,而信息渠道(新闻、电报和邮政)则相当于神经系统,可保障中心"扩散其影响力"至最边缘部分。调度相当于"神经放电,它把一城居民的动态传播到另一城居民那里"(Spencer,引自 Mattelart and Mattelart, 1998: 9)。同时,新型传播形式速度快、范围广,并推动和支撑着大众社会的兴起。对于由此产生的社会文化影响力,当代评论家们颇感忧虑。

在20世纪,国际传播理论在新型社会科学领域中发展成为一门独立学科;在每个时代,这些理论都反映了同时代的问题意识,这些问题意识事关政治、经济、技术变革及其对社会、文化产生的影响力。在第一次世界大战期间与战后,人们围绕如下问题发生了争论:在对彼此竞争的各帝国势力进行经济、军事目标宣传中,传播扮演了何种角色?沃尔特·李普曼(Walter Lippmann)在"舆论"(public opinion)方面开展的研究(1922)以及哈罗德·拉斯韦尔(Harold Lasswell)有关战时宣传开展的研究(1927)都是例证。李普曼最为担忧的是,强大的国家机构对舆论进行着操纵;而政治学家拉斯韦尔则对宣传活动系统地进行了开创性研究。

第二次世界大战后,在国际经济和政治体系日趋一体化的背景下,随着技术和媒介(先是广播,然后是电视)的发展,传播理论的数量成倍增长。我们可以发现传播理论化的两个路径,二者之间的关联既广泛又频仍:政治-经济路径——这关乎经济、政治权力关系的下层结构,以及文化研究路径——更多地聚焦于传播和媒介在创造和维护共同价值观、身份与意义中的作用(Golding and Murdock, 1997; Durham and Kellner, 2006; Ryan, 2008; Cowhey and Aronson, 2009; Mosco, 2009; Wasko, Murdock and Sousa, 2011; Winseck and Jin, 2012)。

政治-经济路径的根源是德国哲学家卡尔·马克思(Karl Marx, 1818—1883)。他对资本主义进行了批判,在长期发展中该路径吸纳了众多批判性思想家。用马克思主义对国际传播进行阐释,其核心议题是权力,因为统治阶级从根本上将权力视为一种控制手段。马克思在其开创性著作《德意志意识形态》(*German Ideology*)中描述了经济、政治和文化力量之间的关系:

> 支配着物质生产资料的阶级,同时也支配着精神生产资料,因此,那些没有精神生产资料的人的思想,一般地是隶属于这个阶级的。……既然他们作为一个阶级进行统治,并且决定着某一历史时代的整个面貌,那么,不言而喻,……一切领域中……调节着自己时代的思想的生产和分配;而这就意味着他们的思想是一个时代的占统治地位的思想。①
>
> (Murdock and Golding, 1977: 12-13)

许多关于国际传播的重要研究都对媒介与传播行业的所有权以及生产方式进行了考察,并立足于国家和跨国的阶级利益,在社会和经济权力关系的整体背景下对所有权和生产方式进行了分析。例如,在马克思主义传统中的研究者关注传播软硬件的商品化,以及获取媒介技术的不平等现象(Wasko, Murdock and Sousa, 2011)。

到20世纪后期,在国际传播领域中,文化研究路径已变得越来越有影响力。来自文学与人文学科研究的诸多概念使大众传播的社会科学分析更为丰富多彩。文化研究始于20世纪70年代的英国,主要研究流行文化和大众文化及其在社会

---

① 译文引自《马克思恩格斯选集》(第一卷),人民出版社2012年版,第178—179页。——译者注

霸权与不平等的再生产中所起的作用。文化研究路径普遍关注媒介文本如何创造意义（基于对文本本身进行分析），以及扎根于文化中的个体如何从文本中获得意义（越来越多地基于对媒介消费者的观察）。文化研究发现文本具有多义性（读者自己生成意义的潜力），这种多义性非常适合政治保守时代以及随之而来的自由资本主义的复兴。在这样的环境中，有关身份的话语也引起了国际传播研究的突出关注，而身份话语基于种族、民族、宗教或国籍（Brinkerhoff, 2009; Aronczyk, 2013; Mellor and Rinnawi, 2016）以及性别不平等问题（UNESCO, 2012; Wilkins, 2015; Ross and Padovani, 2016）。

"信息的自由流通"

在第二次世界大战之后，自由市场资本主义（free-market capitalism）和社会主义（state socialism）两极世界建立，国际传播理论成为新型冷战话语的一部分。

"信息的自由流动"（free flow of information），这一概念反映了西方国家尤其是美国对共产主义对手的反感。"自由流动"学说本质上是自由主义及自由市场话语的一部分，该话语鼓吹媒介所有者在任何地方兜售他们想兜售的任何东西。无论是过去还是现在，因为世界上大多数媒介资源以及与媒介相关的资本都集中在西方，所以西方国家的媒介所有者、政府以及国家商业团体是最大受益者。

因此，"自由流动"的概念既有经济目的，也有政治目的。媒介资源丰富的国家/地区的媒介组织可能希望劝说其他国家不要为其产品设置贸易壁垒，或者不要为他们在这些国家领土上收集新闻或制作节目制造困难。他们的论点赖以成立的大前提包括：民主、言论自由、媒介作为"公共监督者"（public watchdog）的角色，以及他们的这种假设——全球休戚相关。对于本国商人而言，"自由流动"就是通过媒介工具协助他们在国外市场上进行广告和营销，这些媒介工具依托相关的信息和娱乐产品，鼓吹西方生活方式、资本主义以及个人主义价值观。

对于西方国家的政府而言，"自由流动"有助于确保西方媒体对全球市场产生持续而显著的影响，从而加强了西方国家与苏联之间的意识形态斗争。该学说也有助于通常以微妙而间接的方式向国际受众传播美国政府的观点（UNESCO, 1982; Mowlana, 1997; Mosco, 2009）。

现代化理论

国际传播是所谓"第三世界"现代化与发展进程的关键，这种观念是战后岁月对"自由流动"学说的补充。现代化理论源于这样一种观念,即对"现代化"(modernization)或"发展理论"(development theory)进行传播研究是基于一个信条:国际大众传播可以用来传播现代性信息,并把西方国家的经济和政治模式移植到新独立的南方国家。这种亲媒介的偏好非常有影响力,得到了联合国教科文组织等国际组织和发展中国家政府的支持。

该理论最早的代表人物之一是麻省理工学院(Massachusetts Institute of Technology)政治学教授丹尼尔·勒纳(Daniel Lerner),其经典著作是《传统社会的消逝》(The Passing of Traditional Society, 1958)。该成果源于他在20世纪50年代初对土耳其、黎巴嫩、埃及、叙利亚、约旦和伊朗的研究,探讨了中东人民接触本国和国际媒介(特别是广播)的程度。在第一次比较调查中,勒纳提出,与媒介的接触有助于从"传统"转型为"现代"。他将大众媒介称为"移动倍增器"(mobility multiplier),使个人体验远方的事件,迫使个体重新评估其传统生活方式。勒纳认为,接触媒介使传统社会不受传统束缚,使这些社会渴望一种现代生活方式。

西方的"发展"道路被认为是摆脱传统"落后"的最有效方式。勒纳这样说道:

> 西方现代化模式展示了某些要素及其排列组合,这些要素牵一发而动全身。例如都市化扩张到的地方,往往识字率得到提高;不断提高的识字率往往会增加媒介接触率;媒介接触率的日益提高与更广泛的经济参与(人均收入)、政治参与"如影随形"。

(Lerner, 1958: 46)

勒纳认为,西方社会提供了"社会属性(权力、财富、技能、理性)最发达的样板","打西方而来的、破坏传统社会的那些刺激物,将在当今世界高效能地运转"(p.47)。

另一个重要的现代化理论家是威尔伯·施拉姆,其著作《大众媒介与国家发展》(Mass Media and National Development)颇具影响力,与联合国教科文组织联合署名发表于1964年。该著作将大众媒介看作是"通向更广阔世界的桥梁",是把新思想及其样板从北方传播到南方、从城市传播到农村的工具。施拉姆当时是加利福尼亚州斯坦福大学传播研究所(The Institute for Communication Research at Stanford University)所长,他指出:

> 用来传播信息的大众传播媒介以及应用于教育的"新媒介",其任务是使漫长而缓慢的社会转型快马加鞭,一往无前,而这样的转型是经济发展所

期待的,特别是加快并顺利实现该任务——人的现代化,从而为民族奋斗事业提供支撑。

(Schramm, 1964: 27)

施拉姆赞同勒纳的观点,即大众媒介可以激发发展中国家人民的抱负。他写道,南方国家的大众媒介"面临这种必要性——让其人民摆脱宿命论,摆脱对改变的恐惧。它们需要激励个人和国家的抱负。个人必须渴望过上比现在更美好的生活,并愿意继续为之努力"(p.130)。

施拉姆的著作恰逢其时。联合国宣称20世纪60年代为"发展的十年",并且由美国领衔的联合国机构与西方政府,经常与私营公司联合起来,慷慨地资助一些研究项目。他们通过大学和发展机构,特别是新成立的美国国际开发署(United States Agency for International Development, USAID)、美国新闻署以及和平队[①],去驾驭大众媒介权力,以促进刚刚独立的南方国家"现代化"。

在20世纪70年代,现代化理论家开始将媒介发展水平作为社会普遍发展的一个指标。"现代化发展"(development as modernization)学派的领军理论家——如埃弗里特·罗杰斯(Everett Rogers),看到了大众媒介在国际传播及其发展中的关键作用(Rogers, 1962; Pye, 1963)。此类研究得益于美国政府资助的各种机构和教育基金会,特别是在亚洲和拉丁美洲,罗杰斯(1962)称之为"创新扩散"(disseminating innovations)。

这种自上而下的传播方式,即通过大众媒介,信息从政府或国际发展机构单向流往南方底层农民,一般被视为亚洲和非洲新独立国家发展的灵丹妙药。但它以遵循这样一种发展定义为前提:唯西方工业化、"现代化"模式的马首是瞻,这种发展主要通过经济增长率的产出或国民生产总值(GNP)来衡量。它没有认识到仅仅创造财富是不够的:大多数人口的生活改善取决于财富的公平分配以及用于公共利益。它也没有思考发展是为了谁,没有提出谁将得益、谁将受损这样的问题,对发展的政治、社会或文化维度未做讨论。在许多南方国家,尽管国民生产总值有所增长,但在随后的50年中,收入差距实际上在不断扩大。

此外,大众媒介被认为是发展过程中的中立力量,忽视了媒介本身是社会、政治、经济和文化的产物。在许多发展中国家,经济、政治权力无论在过去还是现在,都只限于一个数量微小且通常没有代表性的精英阶层,而大众媒介在使政治

---

① 和平队(the Peace Corps),是美国政府向亚、非、拉美等地区派遣的执行其"援助计划"的服务组织。隶属美国国务院。由"受过特别训练"的人员组成,任务是按照美国《共同安全法》前往发展中国家执行"援助计划"。——译者注

机构合法化方面发挥着关键作用。由于媒介曾经并将继续与统治精英保持密切关系，它们倾向于在新闻中反映这种发展观。受现代化论题启发的国际传播研究具有很大的影响力，形塑了全世界范围大学的传播项目与研究中心。虽然此类研究提供了大量关于南方国家人民的行为、态度和价值观的数据，但是倾向于在实证主义传统框架中操作。社会学家保罗·拉扎斯菲尔德（Paul Lazarsfeld, 1941）素来把这种实证主义传统称为"行政"研究，通常不对国际传播的政治、文化背景进行分析。然而，这种国际传播研究成果可用于分析媒介增长与经济发展的关系，因为其采用传播硬件的销售以及国民生产总值等指标来衡量。这些研究成果在广告和营销的国际推广中也的确有用。

理解现代化理论诞生时的冷战背景很重要。在冷战时代，西方在政治上的权宜之计就是，利用现代化的概念将亚洲、中东和非洲的新独立国家纳入资本主义领域。正如文森特·莫斯可（Vincent Mosco）所评论的那样，"现代化理论意味着重建国际劳动分工，将非西方世界整合进新兴的国际化结构等级制中"（1996：121）。人们认识到某些现代化研究出于政治动机。有人指出，勒纳的开创性研究是一项大规模秘密进行的、由政府资助的受众研究项目的衍生品，是应用社会研究局（Bureau of Applied Social Research）为了美国之音而开展的研究（Samarajiva, 1985）。

尽管勒纳在国际传播领域有着巨大的影响力，但其研究更多地与冷战时期的东西方意识形态对抗有关。当时中东出现的激进声音是要求非殖民化——伊朗在1951年将其石油工业国有化，其结果是两年后发生了中央情报局支持的一场政变，导致民主选举出来的总理穆罕默德·摩萨台（Muhammad Musaddiq）下台。鉴于20世纪50年代无线电宣传的突出作用，这项研究也可以被视为一项针对苏联边境地区的无线电收听行为开展的调查。在此背景下，有些意味深长的是，勒纳曾在第二次世界大战期间效力于美国陆军心理作战部（Psychological Warfare Division of the US Army）。

早期现代化理论家的一个主要缺点是，他们假设现代与传统的生活方式相互排斥，罔顾"穷苦的土著人"文化，坚信传统向现代转型是人心所向，势所必然。这些地区占主导地位的文化、宗教力量是伊斯兰教，人们有一种泛伊斯兰身份的集体感，该地区的精英们必须在"要么麦加，要么机械化"（Mecca or mechanization）之间做出选择。勒纳认为，问题的关键在于"不是一个人是否应该从传统生活方式转向现代生活方式，而是如何转。当种族和仪式符号阻碍了人们获得面包和进步的生活渴求时，它们就退化成无关紧要的东西"（Lerner, 1958: 405）。像勒纳这样的现代化学者未能理解的是，现代与传统的二分法并非不可避免。尽管西方在媒介现代化方面做出了努力，但伊斯兰传统继续定义着伊斯兰世界，并在中东部分地区确实变得更加强势。此外，这些传统文化也可以利用现代传播方法传播。

例如在1979年的伊朗伊斯兰革命中，激进团体制作了印刷材料和录音带，并通过非正式网络分发，以促进一种基于伊斯兰世界观的反西方意识形态（Mohammadi and Sreberny-Mohammadi, 1994）。在21世纪，伊斯兰激进分子利用卫星电视和互联网，传播他们的意识形态（Howard, 2010; Howard and Hussain, 2013; Mellor and Rinnawi, 2016）。

在拉丁美洲，大多数传播研究受到美国政府的资助，并且被现代化议题的支持者主导。然而，与其他发展中国家一样，这里的贫富差距也正在扩大，于是，批评者开始质疑发展项目的有效性，并就其疏漏之处发难：传播、权力、知识与组织化、体制化的国际结构扮演的意识形态角色是何关系？这引发了对拉丁美洲现代化的批评，最引人注目的是来自巴西的保罗·弗莱雷（Paulo Freire）及其著作《被压迫者教育学》(*Pedagogy of the Oppressed*, 1970)。弗莱雷及其著作对国际发展话语产生了重大影响，尽管在制定国际传播战略时，他的观点能够得到多大程度的采纳仍然是一个值得商榷的话题。

南方国家的学者，尤其是来自拉丁美洲的学者，认为现代化项目的主要受益者不是南方的"传统"农村贫困人口，而是西方媒体与传播公司。它们已经扩张到第三世界，表面上打着现代化和发展的旗号，但事实上是为自身的产品寻找新的消费者。他们认为，现代化项目正在加剧发展中国家已然深刻的社会、经济不平等，并使他们依附于西方的传播发展模式。

西方世界里的现代化支持者在一定程度上受到拉丁美洲学者的研究的影响，他们承认该理论需要重建。尽管经过几十年的"现代化"，但南方国家绝大多数人口仍然生活在贫困中，直到20世纪70年代中期，人们依旧谈论的是"超越主流范式"（Rogers, 1976）。在修订后的现代化理论中，可以看到一种转变，即从对大众媒介的支持转向对新型信息与传播技术的潜力几近盲目的迷信——这被称为"一种新发展观"（Mosco, 1996: 130）。同样值得注意的是，人们接受了当地精英在现代化进程中发挥更大作用这一点。但是，西方技术的重要性在发展理论的修订版中也至关重要。根据这种观点，现代化需要先进的电子传播与计算机基础设施，最好是通过"高效"的私营公司，从而将南方国家整合进一种全球化的信息经济中。一些学者建议扩大发展传播的分析范畴。莫汉·杜塔（Mohan Dutta）主张一种"以文化为中心的路径"，借鉴后殖民主义理论及其次属研究理论，以理解传播与社会变迁——为下层和边缘化群体提供抵抗的可能性。在这种表述中，社会变迁"得以理解的语境，是理解传播过程、战略和策略的目标结构，是旨在改变当代全球化结构，而这些结构主要被新自由主义逻辑驱动"（Dutta, 2011: 3）。

依附理论

在20世纪60年代末至70年代，依附理论在拉丁美洲出现，部分原因是拉丁美洲大陆的政治局势使美国加大了对右翼专制政府的支持，还有部分原因是受过教育的精英认识到国际传播的发展主义路径未能奏效。1976年，拉丁美洲研究所（Instituto Latinoamericano de Estudios, ILET）在墨西哥城成立，主要对跨国媒体行业开展研究，并从中激发了一种对"现代化"主题进行批判的视角，论证了现代化在拉丁美洲大陆产生的负面后果。在有关世界信息与传播新秩序的国际政策辩论中，拉丁美洲研究所也产生了明显的影响力，特别是通过麦克布赖德委员会成员之一的胡安·索马维亚的工作。

虽然依附理论家以新马克思主义的政治经济学方法为基础（Baran, 1957; Gunder Frank, 1969; Amin, 1976），但目的是为分析国际传播提供一种替代性框架。依附理论的核心观点是：跨国公司主要立足于北方，在各自政府的支持下，通过制定全球贸易条款主导市场、资源、生产和劳动，对发展中国家实施控制。这些国家的发展，是以强化发达国家的主导地位为进程的，并维持"边缘"（peripheral）国家的依附地位——换言之，创造了适合"依附发展"的条件。在最极端的形式中，这种关系的结果是"欠发展的发展（the development of undevelopment）"（Gunder Frank, 1969）。有人论证道，跨国公司控制着全球市场的交易条款与结构，这就是新殖民主义关系；这种新殖民主义关系有助于扩大、加深南方国家的不平等，而跨国公司则加强了对这个世界的自然资源和人力资源的控制（Baran, 1957; Mattelart, 1979）。

依附理论的文化层面与国际传播研究特别相关，那些对媒介和文化产品的生产、分配和消费感兴趣的学者检视了这些方面。依附理论家旨在揭示"现代化"话语与西方政府支持者的关系，以及与跨国媒体与传播公司政策的关系。依附理论家既受益于也有助于当时正在美国展开的帝国主义文化层面的研究。文化帝国主义（cultural imperialism）的思想最为明确地体现在赫伯特·席勒（Herbert Schiller）的著作中，席勒的研究基地在加州大学（University of California, 1969—1992），其研究立足于新马克思主义批判传统，分析了国际传播行业的全球权力结构，以及跨国商业与支配性国家之间的关系。

席勒核心论点是分析庞大的美国跨国公司为了追求商业利益是如何经常与西方（主要是美国）的军事、政治利益联盟的，又是如何正在破坏南方国家的文化自治，并使发展中国家在传播与媒介软硬件方面产生依附性的。席勒将文化帝国主义定义为：

一个社会被纳入现代世界体系的过程之总和，以及该社会的支配阶层是如何被吸引、被压制、被逼迫、被贿赂，从而形成社会体制的。这些社会体制呼应甚至鼓吹现有世界体系之支配中心的价值观与结构。

（1976：9）

席勒认为，衰落的欧洲殖民帝国——主要是英国、法国和荷兰——正在被一个新兴的美利坚帝国取代，这是以美国的经济、军事和信息力量为基础的。按照席勒的观点，总部位于美国的跨国公司继续发展并主导着全球经济，这种经济增长得到了传播技术的支持，使得美国商业和军事组织在发展并控制新型电子化的全球传播体系中扮演领军角色。

这种主导性具有军事和文化含义。席勒的开创性著作《大众传播和美帝国》(Mass Communications and American Empire, 1969/1992)，研究了美国政府（传播服务的主要用户）在开发全球电子媒介系统中所扮演的角色，该系统的开发最初是出于军事目的，以对抗来自苏联的安全威胁，而这种威胁是源于感觉，往往言过其实。通过控制全球卫星传播，美国拥有正在运行的最为高效的监控系统——这是冷战时期的一个关键因素。这种传播硬件还可用于宣传美国的商业广播模式，该模式主要由大型网络所主导，并主要由广告收入予以资助。正如席勒所指出的那样：

在广播的国际商业化运动中，没有什么比美国工业经济本身的生存能力更为重要。私营却也是计划的经济有赖于广告业。如果没有了对消费者的需求进行刺激与操纵，工业减速的威胁就会发生。

（1969：95）

按照席勒的观点，对美国传播技术和投资的依附性，加上对媒介产品的新需求，使得大规模进口美国媒介产品——特别是电视节目——成为必然。由于媒介出口产品最终依附于广告赞助商，因此它们不仅矢志不渝地宣扬西方的商品与服务，而且还通过消费者媒介化的生活方式，鼓吹（尽管是间接地）一种资产阶级的"美国生活方式"，其结果是"电子入侵"(electronic invasion)。电子入侵可能对南方国家的传统文化产生极大的破坏，并以牺牲社区价值观为代价来加持消费主义。

席勒这部著作的修订版于1992年面世。他认为，随着冷战的结束，以及联合国教科文组织支持的、建立一种世界信息与传播新秩序的要求遭遇失败，美国在全球传播中的主导地位进一步巩固。然而，美国主导地位的经济基础发生了变化——由于跨国公司在国际关系中发挥着越来越重要的作用，美国文化帝国主义转变为"跨国公司的文化统治"(Schiller, 1992: 39)。

席勒曾经对过去半个世纪美国在国际传播中所扮演角色做了一次回顾,他发现美国在推动传播部门(美国经济的核心支柱)不断扩大方面仍发挥着决定性作用。在21世纪的新信息时代,美国支持推广以电子化为基础的媒介与传播软硬件,席勒发现了美国的这种支持"在追求对全球传播的系统性权力与操控力之路上具有历史延续性"(1998: 23)。

其他一些以"文化帝国主义"为主题的著名著作,研究了美国文化及其媒介主导性的各个方面,如好莱坞与欧洲电影市场的关系(Guback, 1969)、美国电视在拉丁美洲的出口及其影响力(Wells, 1972)、迪士尼漫画在促进资本主义价值观方面的贡献(Dorfman and Mattelart, 1975),以及广告业作为一种意识形态工具的作用(Ewen, 1976; Mattelart, 1991)。在国际上,一些最为广泛引用的研究有关电视节目的国际流动,并由联合国教科文组织资助(Nordenstreng and Varis, 1974; Varis, 1985)。

20世纪70年代,奥利弗·博伊德–巴雷特(Oliver Boyd-Barrett)将国际传播中依附性最为突出的那一面定义为"媒介帝国主义"(media imperialism),审视了国家之间的信息与媒介不平等,以及这些不平等如何反映更广泛的依附问题,并分析了主要以美国为主导的国际媒介(尤其是新闻机构、杂志、电影、广播和电视)所具有的霸权力量。博伊德–巴雷特将媒介帝国主义定义如下:

> 任何一国之媒介的所有权、结构、分配或内容,单独地或共同地承受着来自外部巨大压力的过程,这些压力来自任何其他国家或多个国家的媒介利益,而受到压力影响的国家却没有产生相称的反作用力。
>
> (Oliver Boyd-Barrett, 1977: 117)

对于其批评者而言,依附理论文献"有突出缺陷,因其缺乏对帝国主义等基本术语的明确定义,并且几无实证主义证据来支撑论点"(Stevenson, 1988: 38)。还有人认为,依附理论忽略了媒介形式和内容以及受众角色等问题。那些采用一种文化研究方法进行国际传播分析的人认为,与其他文化艺术品一样,媒介"文本"可以是多义的,并且适用于受众的不同解释——受众不仅仅是被动消费者,而且也是意义协商过程中"积极的"参与者(Fiske, 1987)。还有人指出,"铁板一块的"文化帝国主义主题没有充分考虑到诸如全球媒介文本如何在国家语境下运作这样一些问题,忽视了媒介消费的当地模式。

对分布在世界各地的美国文化产品的数量进行量化分析,其解释力也并不充分,重要的是检查其影响力。还有一种观点认为,文化帝国主义主题假定了媒介效果的"皮下注射模式"（hypodermic-needle model），忽视了"第三世界"文化的复杂性（Sreberny-Mohammadi, 1991, 1997）。有人认为，西方学者缺乏对第三世界文化的深刻理解，认为它们是同质的，并没有充分意识到种族、民族、语言、性别和阶级呈现出的区域多样性以及一国内部之多样性。到目前为止，很少有系统性研究考察西方媒介产品对南方国家受众所产生的文化和意识形态影响力，来自南方国家学者的相关研究尤其少。

尽管文化帝国主义主题遭到了批评（Tomlinson, 1991; Thompson, 1995），但在20世纪70年代和80年代的国际传播研究中，它依然具有很大的影响力。在20世纪70年代，联合国教科文组织以及其他国际论坛就建立一种世界信息与传播新秩序展开了激烈辩论，在这些辩论中，该主题尤为重要。然而，即使像约翰·汤普森（John Thompson）这样的批评者，在拒绝文化帝国主义理论的主要论点的同时，也承认了这种研究"在对传播全球化及其对现代世界影响力所进行的考察中，可能是唯一系统性的、较为合理的尝试"（Thompson, 1995: 173）。其他人则认为有必要考虑区域和地理文化市场。约瑟夫·斯特劳巴哈（Joseph Straubhaar）论述道：

> 依附理论指出了世界上大多数媒体的结构性语境、问题及其制约因素，虽然应该分析这些东西，但也必须考虑文化产业的发展。文化产业的发展表明了相互依赖因素在不断增长，从生产出更多的文化产品、调适与改变文化产品的模式到出口文化产品及其模式，这种相互依赖性都体现了出来。
>
> （2007: 22）

然而，文化帝国主义主题的捍卫者发现，20世纪90年代的辩论是在批评它"在认识论上，缺乏哪怕是最基本的谨慎，有时实际上近乎于在智识上撒谎"，他们认为该理论的批评者经常"把该概念剥离语境，把概念从产生它的具体历史条件（20世纪60年代和70年代的政治斗争及其许诺）中抽象出来。"（Mattelart and Mattelart, 1998: 137–138）。

20世纪90年代，围绕国际传播的争论发生了改变。这种争议有关私有化和自由化言论。随着这种改变的发生，媒介与文化依附理论变得不那么突出了，尽管它们的意义不应被低估（Hackett and Zhao, 2005; Thussu, 2007a; Boyd-Barrett, 2014）。博伊德-巴雷特认为，虽然媒介帝国主义理论在其最初的表述中，没有考虑到一国内部的媒介关系、性别和种族问题，但它仍然是有用的分析工具，可用以理解他所说的"传播空间的殖民化"（colonization of communications space）（Boyd-Barrett, 1998: 157）。博伊德-巴雷特用一本书的容量来探讨媒介帝国主义概念，他分析了全球媒介与传播的硬件和软件，并指出"数字技术及支撑它的基础设施（包括有线、卫星和无线网络）大规模地增进了地方、国家、区域、国际甚至全球市场的传播活动，迫使我们把'媒介'一词理解为包括所有技术支持的传播形式，而无关于时间或空间如何"（Boyd-Barrett, 2014: 4）。他认为，"媒介帝国主义"一词"不应被视为一个单一的理论，而应该被视为一个研究领域，它不仅包含关于媒介与帝国关系的不同理论，还包括那些阐述媒体机构进行帝国权力实践形式的理论"（p.14）。

文化与媒介帝国主义路径的局限之一是，它没有充分考虑到国家精英的作用，特别是在发展中国家。然而，尽管依附理论的影响力已经减弱，但挪威社会学家约翰·加尔通（Johan Galtung）提出的结构性帝国主义（structural imperialism）理论也对国际传播在维护经济、政治权力结构方面所发挥的作用提供了一种解释。

结构性帝国主义

加尔通认为，世界由发达的"中心"国家和欠发达的"边缘"国家组成。相应地，每个中心和边缘国家各自都拥有高度发达的"中心"和不太发达的"边缘"。他将结构性帝国主义定义为一种"跨越国家的、复杂的支配关系类型，它植根于中心国家之中心建立在边缘国家之中心的桥头堡上，以实现两者的共同利益"。对于加尔通来说，中心国家之核心与边缘国家之中心之间存在着一种和谐的利益，边缘国家内部之利益比中心国家内部之利益更不和谐，中心国家之边缘与边缘国家之边缘的利益更不和谐（Galtung, 1971: 83）。换句话说，南方国家存在一种占支配地位的精英集团，其利益与发达国家的精英集团的利益相吻合。这个"核心"（core）①不但提供了一个桥头堡——通过这个桥头堡，中心国家可以保持其对边缘国家的经济、政治支配权，而且在保持对其内部之边缘的支配权中也得到该中心②的支持。在价值观和态度方面，此精英群体与其说更接近其本国内部的群体，不如说更接近发达国家的彼精英。

加尔通定义了五种类型的帝国主义，它们取决于中心和边缘国家之间的交流类型：经济、政治、军事、传播和文化。这五种类型构成了帝国主义的一种综合征候，并且五种类型相互作用（尽管通过不同渠道），以加强中心对边缘的支配关系。传播帝国主义与文化帝国主义密切相关，新闻是文化与传播交流的结合体（Galtung, 1971: 93）。通过信息流动和经济活动的再生产，边缘-中心关系得以保

---

① 加尔通指出了两个中心，即发达国家的中心与南方国家的中心。在表达两个"中心"的精细化差异时，发达国家用"core"，南方国家用"center"。——译者注
② 根据以上理解，这里应该指的是南方国家的中心。——译者注

持与强化。这些都创造了机构之间的联系,既为中心的支配群体的利益服务,又为边缘的支配群体利益服务。边缘之中心的机构往往反映了发达国家的机构模式,从而重建并促进后者的价值体系。

根据加尔通的说法,结构性帝国主义的基本机制围绕着两种形式的互动,即"垂直的"(vertical)和"相向的"(feudal)。"垂直的"互动原则认为关系是不对称的,权力是从较发达的国度流向欠发达的国度,而该系统的利好却是从欠发达国度上流至中心国度。"相向的"互动原则表明,互动是沿着轮辐从边缘施加到中心轮毂,而不是沿着轮圈,从一个边缘国家到另一个边缘国家(Galtung, 1971: 89)。

加尔通的理论在理解全球新闻流动时特别有意义:新闻通过跨国新闻机构从中心和核心流向边缘。这种相向结构的影响是,南方国家对邻国发生的、尚未通过中心发达媒介系统的镜头过滤的事件几乎一无所知。该理论认为,核心对新闻的定义将投射在边缘国家的新闻中。这一直被称为国际媒介的"议程设置功能"。信息以这样一种方式被传达:对于同一件事,发达国家认为最重要的问题,南方国家的精英也认为重要。中心国家之中心与边缘国家之中心之间利益是一致的,这种一致性极大地影响了人们对国际议程的接受。

我们可以发现,加尔通的结构性帝国主义理论与席勒的文化帝国主义定义有着惊人的相似之处。两者都认为,中心对边缘施加的政治、经济统治结构,使中心的价值体系的某些方面得以在边缘重建。还有证据表明,在南方国家的媒介与传播研究领域中,也存在一种依附关系。正如英国媒介分析学者詹姆斯·哈洛伦(James Halloran)指出的那样:

> 随便从哪里看国际传播研究——教科书、文章和期刊的出口与进口,引文、参考文献和脚注,专家就业(甚至在国际机构中),以及研究的资助、规划与执行,我们都会发现存在本质上的依附情形。这种情形的特点是价值观、思想、模型、方法和资源从北方单向流向南方。甚至可以更具体地说,是从讲盎格鲁-撒克逊语的兄弟联盟流往世界别处。

(1997: 39)

依附理论有着广泛影响,同样也受到广泛批评。有人批评它聚焦于跨国企业的影响力,以及其他外部力量对社会、经济发展的作用,却忽视了内部的阶级、性别、种族和权力关系。像加尔通这样的理论家做出了回应,他研究了南方国家中通常不具代表性的精英在维持并受益于依附综合征中所发挥的作用。虽然种种情况使得依附理论不那么时髦了——信息与传播新技术全球化,由此产生的全球有线连接,对文化杂糅(cultural hybridization)的强调甚于对文化帝国主义,但国际传播依然存在结构性不平等,这些理论将继续发挥其价值。

在政治经济学路径中耕耘的学者的另一个关注点是分析媒介与外交政策之间的密切关系。大众媒介作为企业和国家权力宣传工具的角色一直是批判学者研究的重点领域[Herman and Chomsky, (1988) 1994]。美国经济学家爱德华·赫尔曼(Edward Herman)和著名语言学家诺姆·乔姆斯基(Noam Chomsky)在他们提出的"宣传模式"中,通过一系列详细案例,研究了美国主流媒介系统的新闻是如何穿过这几个"过滤器"的:媒介公司的规模、所有权以及利润取向,媒介公司对广告的严重依附及其对商业和政府信息来源的依赖,以及它们运行于其中的整体主导意识形态。赫尔曼和乔姆斯基写道,这些元素"相互作用,彼此促进,并设定话语及其解释的前提,以及定义何为新闻价值"(1994:2)。对于赫尔曼和乔姆斯基来说,媒介报道的宣传路径表明:

> 新闻报道中存在一种系统性的、高度政治性的两分法,这些报道的基调是为国内重要权力的利益服务。从故事的两分法选择中,从报道的数量和质量中,都应该可以观察到这种状况……大众媒介中的这种两分法是大规模且系统化的:不仅可以从制度优势的角度来理解发布还是压制的选择,而且在服务政治利益的方式上,处理有利或不利材料(位置、语调、语境以及处理的充分性)的模式也不尽相同。
>
> (p.35)

尽管宣传模式精心地做了案例研究——从美国媒体对20世纪60年代和70年代越南战争的报道到对20世纪80年代美国参与中美洲颠覆活动的处理,但还是受到了有失公允的批评,特别是在西方。然而,在国际上,《制造同意》(*Manufacturing Consent*)这本书产生了深远影响,该书的标题出自李普曼于1922年出版的一部著作中使用的一句话。尽管这本书因其"引发争端的"风格遭到了批评,但在对美国大众媒介政治进行的为数不多的系统化研究中,它仍然占有一席之地。

霸权

赫尔曼和乔姆斯基认为,宣传模式之所以成功,是因为没有来自国家明显、公开的政治高压。在某种程度上,他们遵循了欧洲的分析路径,即对资本主义社会中意识形态和国家权力的角色展开分析,其中包括法国马克思主义者路易斯·阿尔都塞（Louis Althusser）的阐述——他称媒介为"意识形态国家机器"（ideological state apparatus）(1971)。意大利马克思主义者安东尼奥·葛兰西（Antonio Gramsci）的著作对批判理论家以及从事意识形态研究的文化批评者也产生了重要影响。在国际传播的批判性研究中，死于法西斯监狱的葛兰西的观念产生了广泛影响。然而，直到1971年其最著名著作《狱中札记精选》(Selections from the Prison Notebooks)被译成英文，葛兰西的思想才成为盎格鲁-撒克逊世界的一支主要影响力。

葛兰西的霸权（hegemony）概念植根于这样一种观念：社会中的支配群体有能力对整个社会广泛地行使知识和道德引导，并有能力建立一个新的社会联盟体系来支持其目标。葛兰西认为，军事力量不一定是保持统治阶级权力的最佳工具，更有效的掌权方式是通过对文化生产及其分配进行意识形态控制来制造同意。根据葛兰西的观点，当一个处于支配地位的社会阶级通过控制学校、宗教团体和大众媒介等机构对"盟友"与"从属阶级"施加道德和智力领导权时，这种制度就存在了。得到"被统治者同意"的政府实施社会和知识权威：这种同意是"被组织的"，而那些同意者的同意是"被教育"出来的，这样一来，政府的统治权很少受到挑战（Gramsci, 1971）。

葛兰西在其《狱中札记》(Prison Notebooks)中写道，国家最重要的职能之一"就是将大量人口提升到一个特定的文化和道德水平，一个与……统治阶级利益相呼应的水平（或类型）"，学校、法院和众多"倡议与活动……形成统治阶级实现政治和文化霸权的机器"（Gramsci, 1971: 258-259）。他认为，这与支配阶级仅仅实施统治的情形形成对比——实施统治是将意志强加于从属阶级。然而，这种制造出的同意不能直接取得或确保不变，必须不断更新。这表明，与其说霸权是一种已达到的状态，不如说是一个必须不断再生产的过程。

在国际传播中，霸权的概念被广泛用于解释大众媒介在宣传和保持支配性意识形态中的政治功能。这种意识形态也塑造了媒介与传播生产的过程，特别是新闻和娱乐（Hallin, 1994; Thussu, 2007b）。因此，有人认为，尽管在观念上西方媒介免于政府的直接控制，但仍然是使主流意识形态合法化的工具。近年来，葛兰西的观念越来越多地出现在国际关系文献中（Ayers, 2008），并且其著作还成为后殖民主义读物（Srivastava and Bhattacharya, 2012）。

批判理论

在法兰克福学派理论家开展的大量研究中，阿多诺和霍克海默在《启蒙的辩证法》(Dialectic of Enlightenment,写于 1944 年,出版于 1947 年)一书中首次使用"文化工业"(culture industry)这一概念,此后在国际上引起了广泛关注。法兰克福学派由社会研究所(the Institute for Social Research)的工作人员所创立,成立于 1923年,隶属于法兰克福大学(University of Frankfurt),其主要成员包括马克斯·霍克海默(Max Horkheimer)、西奥多·阿多诺(Theodor Adorno)和赫伯特·马尔库塞(Herbert Marcuse)。

他们把文化商品的工业化生产当作一种全球运动加以分析,这些文化商品包括电影、广播、音乐和杂志等,指出了资本主义社会中把文化当商品生产这样一种趋势(Adorno, 1991)。阿多诺和霍克海默认为,文化产品表现出与汽车等大规模生产的工业产品相同的管理实践、技术理性和组织框架。他们认为,这种"装配线特征(assembly-line character)"可以在"统合的、计划好的产品生产方法"中观察到("类似工厂的特征不仅存在于电影制片厂中,而且或多或少地存在于廉价的传记、伪纪录小说和热门歌曲的汇编中")[Adorno and Horkheimer, (1947) 1979: 163]。

这种工业生产导致标准化,其结果是出现了一种叫大众文化的东西,这种文化由一系列带有文化工业印记的物品所组成。有人认为,这种工业化生产出来的商品化的文化败坏了文化的哲学角色。相反,这种媒介化的文化有助于将工人阶级纳入发达资本主义的结构中,并使他们的视野局限于在资本主义制度内就可以实现的政治、经济目标上,而不是去挑战它。批判理论家认为,"文化工业"的发展及其对大众进行意识形态接种的能力有利于统治阶级。

批判理论家将西格蒙德·弗洛伊德(Sigmund Freud)的精神分析理论与马克思的经济分析结合起来,从马克思那里借用了商品化的概念——马克思认为物品是通过获得交换价值而非其内在价值而被商品化的。在对文化产品的分析中,他们认为,在资本主义经济中,文化产品是作为商品在媒介市场上生产、销售的,而消费者购买它们不仅仅是因为它们的内在价值,而且是为了交换娱乐或满足心理需求。

文化生产的所有权集中于少数生产者手中,这导致了标准化的商业商品,促成了批判学者所谓的"大众文化"(mass culture)。这种文化受到大众媒介的影响,并依市场供求关系繁荣昌盛。在他们看来,这样一个过程破坏了大众对重要的社会政治问题的批判性参与,确保了社会行为在政治上的被动性以及工人阶级对统治精英的从属地位。

移居到美国的马尔库塞,对劳工运动产生了巨大影响。他认为技术理性或工具理性将言论和思想降低到一个单一维度,建立了他所称的"单向度社会"——

一种废除了距离（distance）的社会，而距离又是批判性思维必不可少的。马尔库塞的《单向度的人》（One-Dimensional Man, 1964）一书中最精辟的一章讨论了"单向度的语言"，并频繁提及媒介话语。

在国际语境中，"大众文化"、媒介和文化产业的概念影响了关于各国之间信息流动的争论。诸多研究通过分析书籍出版、电影和流行音乐产业的运行，阐述了文化商品化的问题，其中一个例子是联合国教科文组织1982年的报告。该报告认为，世界各地的文化产业极大地受到主要媒体与传播公司的影响，并正在不断地公司化；主要以西方为基础的文化产品在全球扩张，其结果是那些"没有采取商品（主要具有作为适销商品的价值）形式的文化信息"逐渐被"边缘化"（UNESCO, 1982: 10）。

这种对文化生产方式的所有权及控制权的强调，以及这种生产方式直接塑造艺术家活动的论点一直饱受一些作者的质疑，他们认为创造力和文化消费可以独立于生产周期，而生产过程本身并非如法兰克福学派理论家所阐述的那样是组织化的或极端标准化的。

公共领域

作为批判理论家的天然继承者，德国社会学家尤尔根·哈贝马斯（Jürgen Habermas）也对公众的标准化、大众化和原子化感到遗憾。哈贝马斯在他最早的一本书中提出了公共领域的概念，尽管这本书在27年后的1989年才出版英文译本《公共领域的结构转型：论资产阶级社会的类型》（The Structural Transformation of the Public Sphere: An Inquiry into a Category of Bourgeois Society）。他将公共领域定义为：

> 一个独立于政府的领域（即使受到国家资助），享有独立于党派经济力量的自主权。该领域致力于理性辩论（即，非"伪装的"或"被操纵的""利益"辩论与讨论），并且市民均可进入，并接受市民检查。正是在此，在公共领域中，形成了舆论。
>
> （Holub, 1991: 2-8）

哈贝马斯认为，"资产阶级公共领域"出现在一个不断扩张的资本主义社会中，例如18世纪的英国，企业家变得强大到足以从国家和教会获得自主权，并日益要求更广泛、更有效的政治代表，以促进其业务的扩展。在哈贝马斯有关公共领域的表述中，他突出了信息的作用，因为在这个时候议会改革争取并实现了更大的新闻自由。印刷设施的广泛普及以及随之而来的报纸生产成本的降低激励了辩论，这促成了哈贝马斯称之为"理性可接受原则"的确立，从而催生了19世纪中叶"资产阶级公共领域"的创立。

这是一种把公共空间理想化的说法。在这种说法中，公共空间的特点是信息更容易获取，资产阶级内部有更公开的辩论，是一个独立于商业利益和国家机器的空间。然而，随着资本主义的扩张并取得支配地位，改革国家的呼声摇身变为取代国家的进取心，从而进一步推动商业利益。随着商业利益在政治中变得突出并开始发挥其影响力——例如通过游说议会、资助政党和文化机构，公共领域的自治性遭到严重削弱。

根据哈贝马斯的观点，20世纪通过公共关系和游说公司进行信息管理与操纵的力量越来越大，这使当代（公共领域里的）辩论成为真正公共领域的"伪造版"(Habermas, 1989: 195)。在公共领域的这种"再封建化"中，公共事务已经成为中世纪封建法院风格中权力"展示"的场合，而不是讨论社会经济问题的空间。

哈贝马斯还发现，大众媒介体系内部的变化走向再封建化。这些大众媒介体系已成为垄断资本主义组织，促进了资本主义利益，从而影响了它们作为公共领域信息传播者的作用。在市场驱动的环境中，媒体公司最关心的问题是制作一种人造物，以吸引尽可能多样化的观众，从而产生最多的广告收入。因此，必须降低产品内容质量，以满足最广泛的大众口味——性、丑闻、名人生活方式、动作冒险和轰动效应。就算这些媒介产品的信息质量微不足道，但却强化了观众对"持续消费训练这种柔性强制"的接受度(Habermas, 1989: 192)。

尽管"公共领域"这一概念一直因其严重局限于男性、资产阶级以及以欧洲为中心而遭到批评(Fraser, 1990; Calhoun, 1992; Garnham, 2007)，但它对于理解传播过程的民主潜力十分有用(Dahlgren, 2003, 2009; Gripsrud et al., 2010)。在某些学术圈中，特别是在欧洲，这个概念保有活力，许多学者胸怀欧洲公共领域这样的观念，将其作为分析欧盟内部政治传播的框架(Fossum and Schlesinger, 2007; Koopmans and Statham, 2010; 等等)。公共领域的"跨国化"是另一个转折点(Wessler et al., 2008; Fraser, 2014)。随着媒介与传播的日益全球化，人们一直在讨论"全球公共领域"的演变。尽管"全球公共领域"这个概念还存在争议，但那些具有国际意义的问题——环境、人权、性别和种族平等——可以经由大众媒介得以阐明(Sparks, 1998)。卡斯特尔(Manuel Castells)提出了"围绕全球传播网络建立全球公共领域"的可能性，公共辩论在其中能够晓谕该紧迫性：达成一种共识性的全球治理新形式(Castells, 2008: 91)。最近,英格丽德·沃尔克默(Ingrid Volkmer)认为"全球公共领域"确实存在,并对公共传播做出了重大贡献(Volkmer, 2014)。

国际传播的文化研究视角

尽管1945年以后及冷战期间,关于国际传播的大部分争论强调对如下问题进行结构分析——国际传播在政治、经济权力关系中的作用,但在20世纪90年代,伴随政治的"非政治化",研究重点发生了明显转变,走向传播与媒介的文化层面。对传播进行文化分析也有一个完善的理论传统可资援引,即从葛兰西的霸权理论到法兰克福学派批判理论家的著作这一脉。

一群来自英国伯明翰大学当代文化研究中心(The Centre for Contemporary Cultural Studies at the University of Birmingham)的学者使用了葛兰西的霸权概念。学者斯图亚特·霍尔(Stuart Hall)出生于加勒比海地区,在他的领导下,"伯明翰学派"从20世纪70年代开始声誉日隆。他们在探索媒介的文本分析——特别是电视和人种学研究方面——做了开创性的工作。特别有影响力的是霍尔的"编码-解码媒介话语"(encoding-decoding media discourse)模式,它将如下问题理论化:媒介文本是如何被生产者赋予"偏好式阅读"(preferred readings)的,受众如何能够以不同方式对其进行解释——接受主导意义,与被编码的信息进行协商,或采取对立的观点(Hall, 1980)。

从事大众媒介意识形态角色研究的学者广泛采用了该模式。然而,伯明翰学派的研究重点主要是英国人,而且其"全球"观念往往是基于对移民人口所做的民族志研究——他们看电视的习惯、音乐消费以及其他休闲活动。过分强调民族和种族身份以及"多元文化主义",往往限制了他们的研究视角,使他们面临一些危险,例如将"英国亚裔文化身份"与南亚地区的多元文化和亚文化混淆,与其语言、宗教和种族的多样性混淆。

西方对于南方国家的主流观点深受欧洲中心主义的影响,埃及理论家萨米尔·阿明(Samir Amin)将欧洲中心主义定义为"现代资本主义世界的一元文化和意识形态"(Amin, 1988: vii)。来自发展中国家的许多其他学者认为,西方思想对东方(the Orient)进行了历史的建构,例如游记(Kabbani, 1986)、文学(Said, 1978, 1993)和电影(Shohat and Stam, 1994; Bâ and Higbee, 2012),这种建构方式影响了南方国家的当代表述,有助于维持在西方的想象中非欧洲人民继续从属于西方的地位。活跃于美国的巴勒斯坦学者爱德华·萨义德(Edward Said)探讨了主流

文化如何参与19世纪帝国主义的扩张与巩固。以葛兰西的文化观为例,萨义德写道:

> 西方文化形式一直在一个自治围场(autonomous enclosures)中得到保护,可以把这些文化形式从自治围场中带出来,放进帝国主义所创造的全球动态性环境中,只不过帝国主义本身被修正为南北之间、大都市与边缘之间、白人与当地人之间展开的持续竞争。
>
> (1993:59)

尽管文化研究路径声称要对这些问题发声——种族、民族、性别和性向仍然是其主要关注点,尽管为"流行"鼓与呼是该传统的主要成就,但它却普遍低估了阶级分析的重要性。传播的文化研究方法越来越重要,它对"全球流行"饶有兴趣,这是一种通向文化研究国际化的趋势(Abbas and Erni, 2005; Chen and Chua, 2007; Sabry, 2012; Dávila and Rivero, 2014; Willems and Mano, 2017)。

信息社会理论

信息与传播技术的创新蔚为壮观,特别是算法与数字化技术及其在全球的迅速扩张,创造了信息社会(information society)时代。信息的处理、存储和传输在速度、数量和成本方面取得了突破。在塑造西方以及不断成长的全球社会的诸方面,这种突破增进了信息技术的力量。电信和计算技术不断融合,算法化的国际电话成本持续降低,这些都更加强有力地证明了信息社会的存在。

按信息社会支持者的说法,互联网可以在一个基于所谓"知识经济"的网络化社会中,以数字方式连接每个家庭、办公室和企业,从而创建一个国际信息社会。这些网络就是信息高速公路,它们为一个全球信息社会提供了基础设施(Negroponte, 1995; Kahin and Nesson, 1997; Wu, 2010)。然而,批评者反对这种有关社会的观点,认为单单用技术来解释这些变化,就忽视了技术创新的社会、经济和政治维度。例如弗兰克·韦伯斯特(Frank Webster)不认可"这种断言:信息的量变预示着社会和社会制度安排(一个信息社会)的质变"(Webster, 2006: 273)。

加拿大媒介理论家马歇尔·麦克卢汉(Marshall McLuhan)提出了技术决定论的传播观点,他是最早分析媒介技术之社会影响的思想家之一。他认为,"媒介即信息"。他坚持认为,从历史语境来看,媒介技术比媒介内容更能对不同社会和文化产生影响(McLuhan, 1964)。作为多伦多大学(University of Toronto)教授的麦克卢汉正是在被称为"多伦多学派"(the Toronto School)的思想传统中进行研究的，与经济史学家哈罗德·英尼斯[Harold Innis, (1950) 1972]的研究一致。麦克卢汉认为，印刷技术有助于民族主义、工业主义与普及识字率。虽然在其著书立说的岁月里，电子媒介，特别是电视，仅限于少数北方国家，但麦克卢汉预见到了国际电视的影响力，认为新的传播与信息技术将有助于创造他所谓的一个"地球村"。由于20世纪80年代的卫星直播，以及20世纪90年代的互联网扩张，国际传播迅速发生了变化，似乎使世界变小了，这激发了人们对麦克卢汉"地球村"概念的再度关注(McLuhan, 1964; Levinson, 1999)。

"信息社会"一词起源于日本(Ito, 1981)，但这一概念得到的最热烈支持却是在美国学术界。在美国，即使在20世纪60年代早期，"信息经济学"(economics of information)也被认为是研究活动的一个重要领域，正如弗里茨·马克卢普(Fritz Machlup)在1962年的著作《美国的知识生产与分配》(The Production and Distribution of Knowledge in the United States)中阐述的那样，在经济术语中，信息经济是最早分析信息的一批尝试之一。工业生产的变化及其对西方社会的影响启发了社会学家丹尼尔·贝尔(Daniel Bell)的研究，丹尼尔·贝尔成为蜚声国际的"后工业"社会(服务业所雇用的工人多于制造业雇佣的)理念的代表。

贝尔在其1973年出版的力作《后工业社会的来临》(The Coming of Post-Industrial Society)中指出，美国社会已经从工业社会转向后工业社会，其特点是信息和信息相关产业占据主导地位。贝尔认为，这样的社会不仅可利用的信息数量更多，而且可利用的信息种类品质殊异。那些想要宣告"信息时代"已经到来的学者们采纳了贝尔的观念，阿尔文·托夫勒(Alvin Toffler)是其中的一个关键人物。虽然托夫勒比贝尔更民粹主义，但在宣传信息社会观念方面不遗余力，他称信息社会是继农业和工业时代之后的人类文明第三次浪潮(Toffler, 1980)。"第三次浪潮"的特点是"互联性"日益增长，使"一张把音频、视频和电子文本传播彼此关联的弥天大网不断成形"。一些人认为，这会促进知识的多元化以及传播的用户化控制(Neuman, 1991: 21)。

在信息社会的这种说法中，新技术的民主潜力不断得到强调(即新技术能够创造共享的、富有创造力的文化)(Shirky, 2010; Levinson, 2012; Howard and Hussain, 2013，以及许多其他人的著作)。另一些人则认为，扩张了的新型国际传播网络极大地推动了媒介与传播产业的国际化，例如非政府组织之间以及跨国政治活动家之间的网络(Earl and Kimport, 2011)。结果是"时空压缩"(time-space compression)——早已存在于被麦克卢汉称之为"全球村落化"(global villagization)的现象中了(Harasim, 1994)。

随着商品化程度的不断提高，信息作为国际经济中的"关键战略资源"发挥着核心作用，其分配、规制、营销和管理变得越来越重要。通过数字网络化，有关股票市场、专利清单、货币波动、商品价格、期货以及投资组合信息能够以前所未有的速度和数量传布全球，实时交易已成为当代企业文化的一部分。经济中不断增长的"信息化"正在促进国家和区域经济的一体化，并创造了一个全球经济体。该经济体继续由少数大型企业主导，其产品与服务的生产、分配和消费日益全球化。以互联网为基础的交易与电子商务不断增长，从而为所谓的"数字"资本主义提供了驱动力（Schiller, 1999）。

在对新兴全球信息社会的分析中，最重要的学术贡献来自西班牙出生的美国理论家曼纽尔·卡斯特尔。在其《信息时代》（*The Information Age*）三部曲（2000a, 2000b, 2004）中，卡斯特尔以全球视野对新兴趋势进行了广泛研究与详细分析。第一卷聚焦于卡斯特尔叫作"网络社会"的新社会结构；第二卷研究了这种社会背景下的社会、政治进程；而第三卷则涵盖了国际"信息经济"领域中的整合以及信息的两极化，在该种经济中传播变得全球化、定制化。

卡斯特尔认为，信息资本主义日益在全球范围内运作，这种运作是通过把国际信息系统连接在一起的电子电路交换来实现的。这种运作绕过了国家的力量，创造了区域化的、超国家的单位。他认为，在这个"网络化"（networked）的地球中，电子图像的流动是社会过程和政治活动的基础，而社会过程和政治活动已逐渐受到媒介现实的影响（Castells, 2000a, 2004, 2009）。虽然他拒绝技术决定论，但他的思想从根本上受到新技术范式的影响。在其于2009年出版的《传播力》（*Communication Power*）一书中，卡斯特尔谈到了在一个"全球网络社会"中的"网络权力"（network power）和"网络化的权力"（networked power），在其中人际传播、大众传播以及"海量的自我传播共存、互动并互补"（Castells, 2009: 54）。他写道："全球网络社会的共同文化是一种有关传播的协议文化，这些协议使不同文化之间的传播成为可能，其基础不是共享价值观，而是共享传播的价值。"（Castells, 2009: 38）卡斯特尔所提出的传播力概念，其前提是：权力是多维的，并且围绕程序化的网络而建构；根据被赋权的行动者的利益和价值观，在人类行为的各个领域中，这些网络得以程序化。"在人类活动的各个领域中，权力的网络是彼此联网的"，而"在权力的整体网络化中，围绕国家和政治体系而建立的权力网络确实发挥着重要作用"（Castells, 2009: 426—427）。

还有人声称，新技术带来了意识形态的衰落。有人认为，电视等基于视觉的媒介将意识形态从"概念象征"（conceptual symbolism）转变为"图像象征"（iconic symbolism）（Gouldner, 1976），而以计算机为中介的传播日益增进的运用进一步减少了意识形态对日常生活的影响。当然也存在另一方面，即因特网的赋权潜力可以创造跨国意识形态联盟新形式。传播的私有化与民主化日益增长，促成了一个私人领域，其中人们在地方、国家和国际层面上互动，这些私人数字空间"准备"着参与公共领域的人（Dahlgren, 2009）。兹兹·帕帕查里西（Zizi Papacharissi）主张重心转向，即"从代议制民主的理性协商模式中走出来，去检视通过社交媒介进行的信息与意见交换的另类模式"，她称作"数字化装备的私人领域"（digitally equipped private sphere）这个东西就存在于社交媒介中。她把"在线技术显明的地理位置"看作"既能承载公共与私人、商业与公共的利益，又能承载政治和社会活动的杂糅空间"（Papacharissi, 2010: 20）。在这些另类空间中，各种类型的身份以及基于性别的传播越来越多地发生于全球化的数字领域中，并有效地利用了社交媒介。

然而，这些新的传播空间并非由所有人平等共享，因为在获取新技术方面，国家内部和国家之间仍存在巨大差距。一些批评者关注"数字资本主义"中信息的全球商品化（Schiller, 2011），而另一些人已经提出警告，即互联网（以及由此产生的连接与信息过载）如何使人们变得"浅薄"（Carr, 2010）。詹姆斯·柯伦（James Curran）批评了他命名为"因特网中心主义"的东西——"因特网中心主义是一种信念，它相信互联网是技术的始末，是一个代理机构，它能够克服所有障碍并有能力决定结局"（Curran, 2012: 3）。罗宾·曼塞尔（Robin Mansell）将有关互联网的文献分为两个主要阵营——"弹冠相庆者"（celebrants）与"怀疑论者"（sceptics），并反对把她称之为"近乎神秘的品质"这样的东西归因于互联网（Mansell, 2012: 2）。像叶夫根尼·莫罗佐夫（Evgeny Morozov）这样的"数字异端人士"已警告了这种"错觉"，即网络社会易受到大公司和政府的监管与操纵（Morozov, 2011）。他批评了他称之为"技术解决主义"①（solutionism）、"我们无脑地把硅谷追逐为伊甸园"的这些东西，并且批评了这些东西"没有从根本上质疑我们对一系列技术的迷恋，这些技术通常齐聚于'因特网'这个欺骗性的标签下"（Morozov, 2013: xiv）。莫罗佐夫认为，这种"视野的总体性、虚假的普遍主义以及还原论"阻碍了我们就数字技术进行更激烈的辩论"（p.62）。

人们也越来越担心个人信息的日益商品化，从数据库营销到个人定向的个性化广告与消费者营销（Turow, 2011; Trottier, 2012）。一些学者提出了有关数字劳动的剥削问题（Qiu, 2009; Scholz, 2013; Fuchs, 2014; Maxwell, 2016）。何塞·梵·迪克（José van Dijck）认为，全球"连接"的媒介使用在不断增长，这种增长很大程

---

① 该词的解释甚少，根据柯林斯（Collins）词典的解释，指的是一种认为技术可以解决一切问题的观念。它是技术作家叶夫根尼·莫罗佐夫（2013）在其《技术解决主义的愚蠢》（*The Folly of Technological Solutionism*）一书中提出的概念，在电视节目《硅谷》（*Silicon Valley*, 2017年6月）中使用过。——译者注

度上取决于诸如脸书之类的巨型数字公司。正如她指出的那样,"如果全世界让脸书来定义在线社交规范,它将会建立一个由脸书赋权的世界"(van Dijck, 2013: 67)。在这样一个全球性、网络化的社会中,有一种被富克斯称之为"一切皆商品化"的危险(Fuchs, 2008: 109)。罗伯特·麦克切斯尼(Robert McChesney)并不认为互联网巨头是一支进步的力量。"它们的巨额利润,"他写道,"是这样一些东西的结果:垄断特权、网络效应、商业化、剥削劳工,以及一系列政府政策与补贴"(McChesney, 2013: 223)。

随着"数据"及其挖掘、交易的重要性日增(Mayer-Schoenberger and Cukier, 2013),一些学者指出,未经选择的公司处理大量私人数据和公共信息的权力日益增强(信息越来越多地存储在"云"中)。正如文森特·莫斯可所说的那样,"云"是"一个非常强大的比喻"——"一个无地之地;在这里,数据无处不在而又不见其踪地被存储与处理"(Mosco, 2014: 207)。在数字传播平台(如谷歌、油管和脸书)的快速扩张中,金大勇(Jin Dal Yong,音译)看到了一种新型资本主义,帝国主义概念由此得以改变,他把它称为"平台帝国主义"(platform imperialism)(Jin, 2015: 11)。丹·席勒(Dan Schiller)于2014年出版的《数字压抑》(Digital Depression)一书表明,2008年经济危机之后,剥削、商品化以及不平等继续定义着数字时代的网络化政治经济(Schiller, 2014)。菲利普·霍华德(Philip Howard)说,"物联网"(Internet of Things)建立了一种"技术治下的和平"(pax technica),是"对机构以及网络化装备所做的一种政治、经济与文化安排,在这种安排中,政府和产业牢牢绑定在相互保卫协议、筹划合作、标准设置以及数据挖掘方面牢牢绑定在一起"(Howard, 2015, xx)。

一些学者对如下问题提出了质疑:新技术被用于对个人、对政治的监管(Lyon, 1994),以及这种监管的数字化与机制化(Lyon, 2007; Gates, 2011; Lyon, 2015)。女性主义视角也介入到对阶级、性别、种族和性向进行监管的研究中(参见Dubrofsky and Magnet主编的论文集,2015)。出于政治以及越来越多的贸易间谍活动需要,美国借助间谍卫星和先进的计算机网络,在全球军事监管和情报数据收集方面占据主导地位,这种主导地位也必须被视为推动建立全球信息社会进程的一部分。尽管"控制革命"(control revolution)在"网络化的社会"的现代组织中更为显著,但它正在走向全球(Beniger, 1986)。第7章将详细讨论这一点。

全球化话语

尽管"全球化"一词在多大程度上有助于理解国际传播仍存在争议,但毫无疑问，新的信息与传播技术使全球互联成为现实（Held et al., 1999; Appadurai, 2001; Held and McGrew, 2003; Castells, 2009）。有人认为，"全球化可能是20世纪90年代的概念，这是我们理解人类社会转入第三个千禧年的一个关键概念"（Waters, 1995: 1）。该术语也被更广泛地用于描述传播和文化在当代的发展。伊曼纽尔·沃勒斯坦［Immanuel Wallerstein, (1974) 1980, 2004］将全球化视为一个世界体系，由于沃勒斯坦"地理系统性整合机制完全是经济的"（Waters, 1995: 25），其理论遭到其他人的拒绝。而罗纳德·罗伯逊（Roland Robertson）则认为"全球化分析和世界体系分析是两种对立的视角"（Robertson, 1992: 15）。

在对全球化做出解释的所有观点中，最具自由主义色彩的是，它促进了国际经济一体化，并且是一种推动全球自由资本主义的机制。在那些将资本主义视为历史"终结"的人看来（Fukuyama, 1992），全球化大受欢迎，因为它能够推动全球市场的发展。人们愈益强调全球治理、"世界主义民主"（cosmopolitan democracy, Archibugi and Held, 1995）乃至"世界政治"（cosmopolitics, Cheah and Robbins, 1998）这样的概念，来庆祝民主的胜利。世界主义的概念已经被扩充以强调社会与文化生活（Breckenridge et al., 2002; Beck, 2006）。这种全球化的观点认为，信息与传播技术的扩展有助于创造一个被称为"全球公民社会"的社会（Kaldor, 2003; Keane, 2003）。

全球化的经济概念认为，全球化表明了经济的一种质的转向：从主要是国家经济转向全球化经济。尽管国家经济继续在国家内部占主导地位，但它们往往从属于跨国过程和交易（Hirst and Thompson, 1999）。经济全球化的论点聚焦于日益国际化的制造与生产体系，聚焦于世界贸易的增长，聚焦于国际资本流动程度，聚焦于跨国公司的作用。自由主义对全球化的解释认为，市场在牺牲国家利益方面发挥着关键作用。被认为是"极端全球化理论家"的日本商业战略家大前研一（Kenichi Ohmae）声称，在全球化经济中，民族国家变得无关紧要，市场资本主义正在产生一种"跨境文明"（cross-border civilization, Ohmae, 1995）。

马克思主义者和世界体系理论家都强调了，资本主义市场经济正在渗透全球，且这种主导全球之势非常重要——评论家把这种现象叫作泛资本主义（Tehranian, 1999）。西方民主国家内部也发生了转型——资本主义从公共部门转向私人部门，并且自由化、私有化的国际趋势促成了人们把资本主义市场作为一个全球体系加以接受，而不管它多么不完美，多么不平等。有人认为，全球化的许多标志都集中在经合组织国家，尤其是美国—欧盟—日本三元组合促使学者们谈论"三元化"而不是世界经济的全球化。然而，无可争议的是，在后冷战世界中，跨国公司成为极其强大的行动者，主导着全球化的经济。它们必须在国际上展开竞争，并在必要时切断与它们最初运行所在国的联系，人们认为这种趋势反映了"企业资本主义的全球性弥漫"（Sassen, 1996: 6）。

在全球化的社会学解释中，文化概念至关重要。英国社会学家安东尼·吉登斯（Anthony Giddens, 1990）将全球化视为现代性的扩散，他将其界定为以下种种状况的延伸：民族国家体系、世界资本主义经济、世界军事秩序以及国际性的劳动分工。马尔科姆·沃特斯（Malcolm Waters, 1995: 3-4）认为，全球化是"欧洲文化通过定居、殖民化以及文化模仿在全球扩张的直接后果"。

全球化的拥趸讨论了一种新的"全球意识"以及世界的物理压缩。他们认为，在这个世界中，文化差异是"相对的"（relativized），而非铁板一块或集中统一的；他们还声称，全球化涉及"一种叫全球文化的东西在发展"（Robertson, 1992）。其他人则要谨慎得多，认为全球化的文化力量如国际媒介与传播网络，在不同文化之间产生了更复杂的相互作用（Appadurai, 1990, 1996）。还有人认为，全球化现象的核心是文化实践，并对此提出了理由（Tomlinson, 1999）。

标准化的传播网络（包括软硬件、媒介形式和格式）等全球同质化力量影响着全世界的文化意识。然而，正如美国印第安人类学家阿尔琼·阿帕杜莱所说（Arjun Appadurai, 1990），这些全球化的文化力量在与世界不同的意识形态和传统相遇时产生了"异质的对话"（heterogeneous dialogues）。阿帕杜莱用五个"景观"（scapes）来描述当代全球多元性的动态，它们是民族景观（ethnoscapes）、技术景观（technoscapes）、财经景观（finanscapes）、媒介景观（mediascapes）以及意识形态景观（ideoscapes）。

"民族景观"表示人的流动，例如游客、难民、移民、学生和专业人士，从地球的这一端流向另一端；"技术景观"包括跨国界的技术转让；"金融景观"涉及国际投资流；"媒介景观"指的是全球性的媒介，特别是这些媒介生产出的电子版，包括硬件和影像；而"意识形态景观"则表示文化具有意识形态框架。阿帕杜莱认为，这五个"景观"之所以能够影响文化，不是因为它们进行霸权互动、全球扩散并达到步调一致的效果，而是因为差异、矛盾以及反潮流，也就是其"差序"（disjunctures）（Appadurai, 1990）。

一些批评者认为，全球化是西方文化帝国主义的一个翻版，因为国际传播的硬件和软件力量集中在全球舞台上少数主导者手中，这些主导者想要一个由他们自己的国家力量及其跨国媒体与传播公司的力量而创造出的"开放的"国际秩序（Latouche, 1996; Amin, 1997; Herman and McChesney, 1997）。美国社会学家乔治·瑞泽尔（George Ritzer）对他称之为麦当劳化的社会（McDonaldization of society）充满恐惧，其他学者也有着同样的表述（Ritzer, 1999, 2002）。瑞泽尔倾向于使用"美国化"（Americanization）一词而不是全球化，因为全球化更多地意味着"多半国家之间的多维关系"（Ritzer, 1999: 44）。

受后结构主义影响的学者们虽然承认西方媒介和文化产品在国际传播中的强势地位，但对如下问题存在争议：媒介和文化产品的全球流动是否必然为一种支配形式，甚或一种牢不可破的单向流动。他们认为，从边缘到中心以及"地理文化市场"之间存在一种反向流动，特别是在电视和电影领域（Sinclair, Jacka and Cunningham, 1996; Thussu, 2007a）。乌尔夫·汉纳兹（Ulf Hannerz）不同意如下说法：全球化强化了文化从"中心"（现代工业化的西方）流向"传统的"边缘世界之态，且这种流动主要是单向的。他认为，由于文化流动是多面向的，中心-边缘的互动会复杂得多。因此，其结果是对流趋势，二者都会同质化并异质化，且在同质化和异质化层面上都会达到饱和度、成熟度（Hannerz, 1997）。

学者们普遍追随这一脉论调，与此同时质疑了这样一种假设，即同质化过程是西方媒介和文化产品全球扩散的结果。他们认为，分割和杂糅的力量都很强大，并影响所有社会。约翰·汤林森（John Tomlinson）认为，"全球化的后果是削弱所有单民族国家的文化连贯性，包括经济上强大的民族国家，即先前时代的帝国势力"（1991: 175）。其他研究者，如人类学家内斯特·加西亚·坎克里尼［Nestor Garcia Canclini, (1989) 1995］看到了移民和现代性可以把民族国家的文化扩大到国土之外。学者们认为，所谓"第三世界"文化"去领地化"（deterritorialization）以及在宗主国中心里安营扎寨，不但丰富了移民的文化体验，也丰富了文化拿来者的文化体验。

学者们还认为，另类媒介的增长以及互联网开辟的诸多可能性，有望打破信息单向流动的局面。罗伯逊采用了"全球本土化"（glocalization）概念，这一术语源自营销学，用于表达本土的全球化以及全球的本土化（Robertson, 1995）。约瑟夫·斯特劳巴哈已经注意到，文化杂糅的过程极具复杂性。文化杂糅"在20世纪加速，与此相伴的是后殖民时代的移民、旅行的增长、大众媒介跨国化以及经济全球化"（Straubhaar, 2007: 41）。

简·尼德文·皮特尔斯（Jan Nederveen Pieterse）已经阐述了霸权不仅仅会被复制，还会在杂糅与文化混合过程中"重塑"（Nederveen Pieterse, 2015: 67）。他赞同"将全球化视为一个杂糅化过程，该过程导致全球成为大杂烩"（p. 67）。在这种"多样性的全球化"中，"大杂烩效应"（melange effect）无处不在，从"心脏地带到肢体部位，反之亦然"（p. 72）。

新型传播技术以及（经济的、政治的和法律的）体制化组织在传播手段上的转型，增强了跨国信息流动的水平，这对全球媒介产业产生了深远的影响。人们关注的重点日益转向——从传统路径转向研究信息流。传统路径考察的是在民族国家社会的纵向整合中媒介所扮演的角色,而信息流研究则揭示媒介与传播结构、传播过程以及受众开展跨国横向整合的模式(Curran and Park, 2000)。这种转向已是必要的,因为电信和媒体部门(包括电视、电影和在线媒介)的所有权和控制力在经历全球化,国际规制和法律框架都顺应了这种趋势。

这种横向传播正催生出市场营销以及政治传播的跨国模式,这些模式愈益根据人们的购买力来确定其边界。国际非政府组织也使用跨国传播,互联网的使用状况正在影响其政治与行动。全球语境中媒介文本的生产、分配和消费在本地、国家、区域和国际层面上进行,它们之间的关系日益复杂,这进一步使全球化话语复杂化(Thussu, 2007a)。

因此,媒介的全球化不应该被"简约化地理解为文化同质化或西方霸权。相反,它是一系列更广泛过程的一部分,这些过程在各个领域跨地区、交互地、动态地运作,这些领域包括经济、制度、技术和意识形态"(Curtin, 2007: 9)。

一直有这样一种看法:随着资本主义和新的跨国政治组织的急剧扩张,一种新型全球文化成形,该种文化是计算机与传播技术发展的必然结果;一个消费主义社会成形,该社会拥有林林总总的产品与服务供国际消费。全球文化包括媒介技术的扩散,特别是卫星和有线电视,真正地创造了麦克卢汉所预想的地球村,全世界的人们都在其中观看奇观,譬如远程冲突、重大体育赛事、娱乐节目和广告,这些奇观不断促进自由市场资本主义。

随着互联网接入的扩展并日益接入移动数字设备,越来越多的人进入全球计算机网络,这些网络将思想、信息和图像瞬间传遍世界各地,克服了空间和时间的局限。由于"现代"文化渗透到传统文化中并出现了新形态,文化因此而成为一个特别复杂并富有争议的领域,于是这将会催生出什么样的国际传播仍然是一个备受争议的主题(Iwabuchi, 2002; Kraidy, 2005; Rantanen, 2005)。安德烈亚斯·赫普(Andreas Hepp)提出了"跨文化传播"(transcultural communication)的概念,该概念涉及超越个体文化的传播过程(Hepp, 2015: 3)。他认为,媒介传播的全球化意味着"媒介化的连接在全球发展,于是,以技术为中介的各种传播关系加剧"(p.5)。在发达社会中,传播与文化"媒介化",最近,研究者也注意到了这一点(Hepp, 2013; Hjarvard, 2013; Lundby, 2014)。尼克·库尔德利(Nick Couldry)强调,有必要对"媒介文化"进行分析,这种媒介文化指的是"赋予意义的各种实践过程的总和;在这些过程中,媒介成为意义的主要资源"(Couldry, 2012: 159)。

一些学者看到了亚洲经济的崛起,采用了更具创新性的路径来理解全球化

(Gunder Frank, 1998; Hobson, 2004; Thussu, 2013b; Duara, 2014)。在很大程度上，以往诸多现代化理论形式忽略有关全球文化的争论，这些理论通常是经济、技术和政治决定论。在古典马克思主义中，文化有时被简化为粗俗的经济商品，对当地联合形式（无论是基于民族、宗教、种族还是性别）无关紧要。它也没有考虑到诸如文化多样性、美学和灵性这样的问题，而是专注于研究物质文化的生产与消费。对于传统的自由主义而言，现代经济和技术的进步对于创造世界市场和消费者是必要的。

古典马克思主义者和自由主义者都预言了一个无国界的世界：在理想化的马克思主义论调中，全世界的无产者将领导国际共产主义，国际共产主义将消除民族主义、阶级剥削和战争；而自由主义的解释则是，市场正在侵蚀文化的差异性以及国家和地区之间的特殊性，以产生全球消费文化。这两种模式都没有做出解释的是，正是由于阶级与民族主义、宗教、种族、民族和女性主义有着复杂的互动，才产生了地方政治斗争。尽管有一些主张认为，自冷战结束以来，意识形态和历史终结了，"和平红利"（peace dividend）降临了，但世界依然目睹了种族和宗教冲突上升，2001年9月的事件以及随后无休止的全球"反恐战"使这种局势恶化（Hardt and Negri, 2004; Hoge and Rose, 2005; Freedman and Thussu, 2012）。冷战的结束引发了西方的知识不确定性，前社会主义阵营的"左"倾意识形态渐行渐远，这些状况都在国际传播理论中得到反映——各种理论之间的界限越来越模糊。在这种后现代主义景观中，理论似乎是分散的，强调个人和当地，而宏观层面上影响国际传播的问题往往被忽视。后现代主义者认为，跨国资本主义的发展正在产生一种新的全球历史构造，即后福特主义或后现代主义，是资本主义一种新的"文化逻辑"（Harvey, 1989; Jamesonn, 1991）。然而，后现代主义者认为，差异在扩散，话语及实践向着更为当地化的方向发展，当代场景由此被定义。于是，理论应该转型：从研究全球化水平以及把全球化整合为宏观理论的通常做法，转向关注微观、具体和异质的东西。林林总总的理论——与后结构主义、后现代主义、女权主义以及多元文化有关的理论，以及后殖民主义研究都倾向于关注差异和特殊性，而不是更为全球性的状况（Lyotard, 1984; Baudrillard, 1994; Bhabha, 1994; Garcia Canclini, 1995; Beck, 2006; Jenkins, Ford and Green, 2013; Ross, 2017）。

一种批判性的国际传播理论？

在后现代理论框架中，折中主义日益取代本质主义。如果一个人想要理解由美国所管理的全球电子经济的扩张、加速与巩固，那么对国际传播的政治经济学进行批判性理解是必不可少的。在批判的政治经济传统中,国际传播研究的一个重要当代主题是从美国战后霸权转向一种世界传播秩序,该秩序是由跨国企业主导的,并得到各自国家的支持,而他们的国家日益与大陆和全球结构联系在一起。意大利政治哲学家安东尼奥·奈格里(Antonio Negri)及其美国同事迈克尔·哈特(Michael Hardt)用旧词"帝国"定义新的全球主权形式(Hardt and Negri, 2000),把他们的用词"众生"(the multitude)定义为"生长于帝国内部的另类活力"——这是一种跨国另类反抗(counter-resistance)网络,具有实现全球民主化的潜力。根据哈特和奈格里的说法,众生工程"不仅表达了对平等的自由世界的渴望,以及要求一个开放、包容的全球民主社会,还提供了实现它的手段"(Hardt and Negri, 2004: XI)。有些人认为需要一种"把政治经济学和批判的文化分析结合起来的综合视角"(Hardy, 2014: 176)。另一些人研究了新媒介及其发展进程所做出的贡献,这些贡献归功于全球化及其对南方国家的影响(Sparks, 2007; Slater, 2013; Melkote and Steeves, 2015; Lugo-Ocando and Nguyen, 2017; Heeks, 2018; Wasserman, 2018)。

批判理论家专注于国际组织,如世界贸易组织和国际电信联盟。在向市场驱动的国际传播环境过渡方面,这些国际组织的管理发挥了关键作用。他们分析了跨国公司和国家权力,特别强调世界范围内的媒介与传播业的所有权集中,其趋势是纵向整合与横向整合日益增长。前者指的是公司控制一个特定行业的生产,后者指的是跨越媒介与传播产业内外部门的整合(Herman and McChesney, 1997; McChesney, 1999, 2004; Tunstall and Machin, 1999; Bagdikian, 2004; Hardy, 2014)。其他人支持更平等的国际信息与传播流动,关注将人权纳入国际传播讨论(Hamelink, 1994, 2000; Kaldor, 2003; Shaw, 2012)。

许多学者对基于市场的主导路径持怀疑态度,他们捍卫公共服务观——由国家监管的媒体与传播组织应该提供公共服务,吁请政府监管机构与政策机构关注公共利益,这些机构应有国家级的(Garnham, 1990; Zhao, 2008; Thomas, 2010; McChesney, 2013)、区域级的(Schiller and Mosco, 2001),以及国际级别的(Mattelart, 1994; Curran and Park, 2000; Thussu, 2009; Schiller, 2011; Schiller, 2014)。新技术(特别是互联网)在国际传播中的角色,也启发了批判性的研究议程——包括对如下问题的概念化:族裔流散传播(diasporic communication)(Karim, 2003; Cohen, 2008; Brinkerhoff, 2009; Amrith, 2011)、在线行动及其抵制的可能性(Curran and Canry, 2003; de Jong, Shaw and Stammers, 2005; Castells, 2012; Bennett and Segerberg, 2013; van Dijck, 2013),以及与安全相关的问题(Hardt and Negri, 2004; Berenger, 2013; Franklin, 2013; Singer and Friedman, 2014)。

国际政治中的国际传播

国际传播和人际传播在即时的、全球化的全天候媒介环境中进行,而且其重要性不断增长,菲利普·塞布(Philip Seib)提出的"实时外交"(real-time diplomacy)成为必要(Seib, 2012)。正如伊丽莎白·汉森(Elizabeth Hanson)所指出的那样,"对非国家行为者赋权,以便他们能够更加果断地参与世界政治,这种赋权为外交政策的制定、外交以及战争创造了一种新语境"(Hanson, 2008: 232)。门罗·普赖斯(Monroe Price)将国际传播视为"一个效忠的市场"(a market for loyalties),这反映了新自由主义意识形态:

> 这个市场中的"卖家"是那些把神话、梦想和历史都能够以某种方式转化为权力和财富的人——传统的国家、政府、利益集团、企业和其他人。"买家"是市民、臣民、国民、消费者,也就是媒介所提供的信息包、宣传、广告、戏剧以及新闻的接收者。
>
> (Price, 2002: 32)

普赖斯在最近的研究中利用这个框架,分析了全球化时代的新型"战略传播":"国家对整个世界施加威力,对该世界中的他者(包括其他国家)进行大规模战略传播的能力,成为建立国家合法性的决定性因素。这些策略还包括持续爆发的跨境信息流对表达自由逻辑施加压力。"(Price, 2015: 19)普赖斯把管理市场的行为称为"合法性叙事"(narratives of legitimacy)——一个主导集团或联盟之观念与叙事的总和,目的是维持其权力。"效忠的市场这一路径对跨国形式具有强大的解释力。具体而言,全球化涉及外部战略传播者想要打破或加强当地卡特尔(取决于利益)。"(p.13)

保护或促进战略传播的一种方式是通过"软实力",该话语是哈佛政治学家约瑟夫·奈(Joseph Nye)的研究成果。约瑟夫·奈在1990年发表于《外交政策》(*Foreign Policy*)杂志上的一篇文章中首次使用了这一短语。在该文中,他将"同化性权力"(co-optive power)与"硬权力或命令性权力——命令他人去做命令者想做的事情"(Nye, 1990: 166)做了对比,前者"产生于当一个国家让其他国家想它之所想时"。约瑟夫·奈最为广泛引用的著作是《软实力》(*Soft Power*),其中提出了一国软实力的三个关键来源:"它的文化(在对他者产生吸引力的地方)、它的政治价值观(当它在国内外都能够将其付诸实践时),以及它的外交政策(当这些

政策被视为合法且具有道德权威时）。"（Nye, 2004a：11）

世界各国唯美国马首是瞻，采纳了软实力概念，并调整其外交政策和传播战略，把软实力作为其中一个关键要素（Snow and Taylor, 2008; Li, 2009; Lee and Melissen, 2011; Lai and Lu, 2012; Otmazgin, 2012; Sherr, 2012; Thussu, 2013a）。许多国家在其外交部内设立了"公共外交"（public diplomacy）部门，并寻求西方公共关系服务与游说公司，以协调"国家品牌化方案"（nation-branding initiatives）（Anholt, 2007; Kaneva, 2011; Aronczyk, 2013）。在一个全球性数字流动时代，把一个国家的良好形象在全球化市场中传播至关重要，传播国家形象的既有国家行动者，也有非国家行动者以及他们的网络。软实力与宣传不同，软实力是外交政策中一种有说服力的工具，而宣传往往具有负面含义。在社区"合作并共创"传播网络这样一个时代里，一些人提出了通向"真正合作的公共外交"的可能性（Fisher and Lucas, 2011）。

在约瑟夫·奈于2011年出版的著作《权力的未来》（*The Future of Power*）中，他探讨了全球权力结构的转型——从国家行为者转为非国家行为者，并探讨了转型的本质。正如他所言，在一个"公共外交更多由公众来做"的时代，政府必须利用"巧实力"（smart power），利用正式和非正式网络，利用"网络权力"（cyber power）——这是美国拥有巨大优势的一个舞台。1965年，塔夫茨大学弗莱彻法律与外交学院（Fletcher School of Law and Diplomacy at Tufts University）院长埃德蒙·格利恩（Edmund Gullion）首次使用"公共外交"一词，他是在创立爱德华·默罗公共外交研究中心（Edward Murrow Center for Public Diplomacy）时提出该词的。根据美国政府的定义，"公共外交是指政府赞助的项目，旨在晓谕或影响其他国家的公众舆论；其主要工具是出版物、动画片、文化交流、广播和电视"（US Government, 1987: 85）。尼古拉斯·卡尔（Nicholas Cull）将公共外交称为"一个国际行为者通过与一群外国公众互动来管理国际环境的努力"（Cull, 2009b：6），而简·梅利森（Jan Melissen）将其描述为"外交官跟外国公众打交道并建立关系"（Melissen, 2005: xvii）。软实力在一个国家的公共外交中发挥着不可或缺的作用。在这种外交中，一个国家与其他国家互动，并在特定语境下行使其文化和媒介权力，以实现外交目的。这个过程中，一个国家通常与私营公司和市民社会团体合作。人们日益认识到在一个数字化连接的、全球化的媒介与传播环境中，软实力有多重要。

卡斯特尔已表明，公共外交"寻求建立一个公共领域，在其中可以听到多种声音，尽管这些声音各有起源，有不尽相同的价值观以及常常彼此冲突的利益"，并建议用公共外交来发展"一个围绕全球传播网络的全球公共领域，在其中的公共辩论可以晓谕一种共识性全球治理新模式"（Castells, 2008: 91）。这种趋势表明了文化和传播在国际互动中的重要性，正如乌干达学者阿里·马兹瑞（Ali Mazrui）认为的，"在国际关系中，文化居于**权力**本质的核心"（Mazrui, 1990: 8，黑体为引文标注）。他把"文化"看作是"一种传播模式"，这种传播模式除了语言之外，"可以采取其他形式，包括音乐、表演艺术以及范围更广的观念世界"（Mazrui, 1990: 7）。更多的一些新近研究——包括后殖民路径（Lebow, 2009; Norris and Inglehart, 2009; Seth, 2012, 以及其他研究），也强调了跨国文化与全球化传播之间的相互作用。英国期刊《国际研究述评》(*Review of International Studies*) 曾经出过一个主题为"国际关系与全球传播之挑战"（International Relations and the Challenges of Global Communication）的特刊号，其编辑指出，国际关系已出现一种"文化转向"（cultural turn）：

> 时至今日，在国际关系领域中，常规做法始终秉持这样一种态度：对于国际传播，"我们"全知所有，或者全知所需。因此，没有必要将国际关系置于别处传播的新兴动态中。
>
> （Constantinou, Richmond and Watson, 2008: 7）

尽管美国的软实力模式有可理解的优势，但该模式对理解如下问题十分有限：文化的组成要素有哪些，文化实力如何能够在一个快速变化的多文化、多语言的世界中得以运行？毫无疑问，正如约瑟夫·奈提醒我们的那样，美国文化"从好莱坞到哈佛大学，在全球范围内的影响力超过其他任何国家"（Nye, 2004b: 7）。除了拥有世界上最大的经济、军事力量，美国也是全球信息、娱乐的最大出口国，它拥有世界上排名最靠前的公司（包括数字集团）、最知名的智库、顶级的非政府组织和常春藤联盟大学，拥有其他任何国家无法比拟的创新研究纪录。

有人认为，约瑟夫·奈对软实力的评估源于美国经验，也源于自己的经历——他是一名顶级的、有影响力的美国政府官员，曾经是吉米·卡特（1977年至1979年）和比尔·克林顿（Bill Clinton, 1993年至1995年）两位总统的幕僚。于是，毫不奇怪，尽管最近出现了一些来自中国和澳大利亚等其他国家的观点（Snow and Taylor, 2008），但还是美、英在主导软实力比较研究（Parmar and Cox, 2010）。克雷格·海登（Craig Hayden）对美国、日本、中国和委内瑞拉做了研究，质疑了以美国为中心的软实力概念，并检验了本地化因素——每个国家都在运用自己的战略传播和说服来促进其利益（Hayden, 2012）。在考察印度和中国等文明大国的全球影响时，非常有必要对软实力话语进行历史化、"去美国化"的尝试（Thussu, 2013a）。

国际传播理论的国际化

软实力争论同样适用于建立一套更具包容性的国际传播理论,即要思忖那些具有悠久历史的大国由于经济与文化实力崛起而发生的巨大变迁。中国的和平崛起(peaceful rise)和印度的经济增长——这两个文明古国具有影响全球新兴"知识社会"(knowledge society)的巨大潜力——可能会影响国际传播的酝酿和实施方式(Hobson, 2004; Thussu, 2013b)。媒介市场化的中国之路——国家在全球化中扮演中心角色——为未来的传播研究提供了饶有趣味的领域。中国向许多发展中国家提供了大量且不断增长的援助——无条件的援助(aid without strings),在非洲产生了重大影响,特别是在电信等领域,并可能有助于形成中国式的发展话语。自2006年以来,中国一直是外汇储备的最大持有者,预计2017年将超过三万亿美元。根据国际货币基金组织(International Monetary Fund, IMF, 2017)的数据,基于购买力平价(purchasing power parity, PPP)计算,中国的国内生产总值(GDP)在2014年超过了美国,成为世界上最大的经济体。当中国在20世纪80年代后期向全球企业开放时,其在国际企业界中的影响力几乎可以忽略不计,但到了2016年,中国在"《财富》全球500强"(*Fortune Global 500*)榜单中有109家公司,仅次于美国的132家,而十大全球性公司中有三家是中国的(*Fortune*, 2017)。中国是金砖国家(巴西、俄罗斯、印度、中国和南非)的重要成员。自2009年以来,金砖年度峰会日益引起这五个国家之外的国家关注,这五个国家共占全球国内生产总值的20%。2015年,他们成立了金砖银行,为发展项目提供资金,突破了西方主导的布雷顿森林机构(Bretton Woods Institutions),如世界银行和国际货币基金组织(Nordenstreng and Thussu, 2015)。中国作为这一理念的推动者,已经从一个主要是自给自足的农业社会转变为世界上最大的消费市场,其中大部分成就都是在没有重大社会或经济动荡的情况下实现的。中国的成功故事有许多崇拜者,特别是在诸多发展中国家中,人们一直在谈论用所谓的"北京共识"取代"华盛顿共识"(Halper, 2010)。

虽然印度的经济增长不可与中国同日而语,但基于购买力平价计算,它是2014年世界第三大经济体(IMF, 2017)。印度和非洲之间的双边贸易从1991年的9.61亿美元跃升到2013年的700亿美元,预计到2019年将攀升至1 000亿美元。随着印度全球形象的不断提升,它也成为非洲的重要投资者,累计投资接近500亿美元(Sullivan, 2015)。

虽然这两个亚洲巨人之间存在边界争端,且为了满足迅速增长的能源需求而彼此竞争,但与此同时,它们也在经济领域展开合作:在20世纪90年代初,中印贸易几可忽略不计,到2017年却达到700多亿美元,这使中国成为其最大的贸易伙伴。"中印"("Chindia")一词囊括了这一现象,人们认为该词是印度前农村发展部长贾拉姆·拉梅什(Jairam Ramesh)生造的(Ramesh, 2005)。在讨论全球传播时,任何有意义的讨论都应该考虑到西方雷达扫射不到的"另类全球化"(other globalization)[参见《全球媒介与传播》(*Global Media and Communication*)杂志有关中印和全球传播的特刊, 2010; Thussu, 2013b]。2010年,一位著名经济学家写道:"1820年,这两个国家贡献了近一半的世界收入;1950年它们的份额不到十分之一;目前它们的份额约为五分之一,预计到2025年它们的份额约为三分之一。"(Bardhan, 2010: 1)正如联合国开发计划署(United Nations Development Programme, UNDP)发布的题为《南方崛起》(*The Rise of the South*)的人类发展报告所指出的那样,这种经济流动说明了一个重要趋势:

> 比之传统的南北轴线上的经济交流,以南南为基础的经济交流的"横向"扩张更为迅猛。人们通过新的传播渠道分享观念和经验,并寻求国际机构同其政府一样履行更大责任。几个世纪以来,南方国家首次作为一个整体,推动着全球经济增长与社会变革。

(UNDP, 2013: 123)

正如法里德·扎卡利亚(Fareed Zakaria)在其被广泛引用的著作《后美国世界》(*The Post-American World*)中所指出的那样:

> 在军事力量以外每个方面——工业、金融、社会、文化——的权力分配正在发生变化,即正在从美国的支配中游离出来。这并不意味着我们正在进入一个反美世界,但我们正在进入一个后美国世界,一个由许多地方、许多人定义并引导的世界。

(Zakaria, 2008: 4-5)

基于亚洲历史和文化,另一些人则提出了"后西方""可持续现代性"的可能性(Duara, 2014)。

与许多其他领域一样,中国和印度的"崛起"恰逢美国主导的西方资本主义新自由主义模式出现裂缝之际。这可能会挑战国际媒介与传播的传统思想与研究范式,因为权力开始游离西方。正如一位评论者指出的那样:"中国和印度的崛起不仅增加了它们的区域性影响力,而且还增加了它们的全球影响力与杠杆作用,因此全球经济和政治力量的平衡发生了地震般的转变,并且目前还在进行。"(Sharma, 2009: 9)一些人认为,必须把亚洲崛起看作亚洲大陆在"复兴"(re-emergence)或"重返"全球重要地位。"重返"是马凯硕(Kishore Mahbubani)提出的(Mahbubani, 2008)。正如安格斯·麦迪逊(Angus Maddison)所表达的那样,纵观历史:1500年,全球国内生产总值的65%是亚洲贡献的;1820年,这一数字是59%。他认为,到2030年,亚洲可能产生全球国内生产总值的53%——"比西方占的世界份额大得多"(Maddison, 2007: 3)。杰克·古迪(Jack Goody)认为:"西方对知识世界和世界文化的统治在某些方面仍然存在,但已经明显松动。全球化不再仅仅是西方化。"(Goody, 2010: 125)正如我们将在第4章讨论的那样,这些国家的媒介与传播也呈指数级增长。杰里米·滕斯托尔(Jeremy Tunstall)认为,美国媒体正在衰落,在中国和印度等这样人口众多的国家中,绝大多数人更喜欢"本地"的媒介内容——无论是新闻、体育还是娱乐。他指出,在全球范围内,"美国媒体比这些国家的国家媒体扮演的角色还要小很多"(Tunstall, 2008: xiv)。

中国和印度广泛分布于全球的侨民(前者超过3 500万,后者大约2 500万)加持了这两国联合起来的经济、文化影响力,而这将会促进一种带有亚洲风味的全球化吗?这种联合影响力会对国际传播理论产生什么样的影响?鉴于西方学术圈的实力,或者更具体地说是美国学术界的实力,大众传播研究的美国模式及其在健康、发展、人际和组织领域里的变种已经风靡全球(Scannell, 2007)。冷战时期,在当时被称为第三世界的大部分国家里,媒介与传播研究都受到美国研究传统的深刻影响。在研究领域里,西方和南方之间形成了一种依附关系——很明显地表现在如下方面:课程和教学大纲的设置、引进的教科书、期刊、引用率、专家就业以及研究资金(Sparks, 2007; Thussu, 2009)。

像其他社会科学一样,国际传播研究受到所谓的认识论本质主义的影响,这种本质主义植根于欧洲-大西洋知识传统(Thussu, 2009)。英语作为全球传播语言的主导地位促成了英语学术在国际传播中的首要地位:大多数教科书和期刊出版物仍然来自美国,紧随其后的是英国(尽管它们可以在印度等国家制作、编辑和刊印)。

冷战时期发展起来的理论框架,以《出版的四种理论》(*The Four Theories of the Press*, Siebert et al., 1956)等作品为代表,为传播研究提供了主导范式。但没有考虑到中国和印度这样的大国不太适合冷战世界的两极结构。冷战的结束和苏联的解体改变了欧洲和全球的媒介格局,促使约翰·唐宁(John Downing)等学者对东欧集团前社会主义国家媒体的过渡状态进行反思。唐宁赞同"有必要把传播理论化,从而以比较视角来发展它。尤其要承认,从英国和美国这样相对不具代表性的国家进行理论演绎,不仅使概念贫乏,也是欧洲中心主义的一个带有局限性的翻版"(Downing, 1996: xi)。随后,人们逐渐认识到有必要对媒介研究进行"去西化",这是"一种日益强烈的反应"的一部分,"针对的是许多西方媒介理论的自我吸收和狭隘主义"(Curran and Park, 2000: 3)。

尽管理论上取得了这一进展,即便媒介尤其是亚洲媒介在急剧扩张,但对媒介系统进行比较研究的事业却忽视了欧美之外的研究成果(Hallin and Mancini, 2004)。2012年,丹尼尔·哈林(Daniel Hallin)和保罗·曼奇尼(Paolo Mancini)合编了一本名为《比较研究西方世界之外的媒介体制》(*Comparing Media Systems Beyond the Western World*)的论文集,该论文集并没有包括任何关于印度("西方世界之外"最大、最复杂的媒介体制之一)的讨论。

类似的缺席也可见诸如下研究:全球记者的"比较"研究(Weaver, 1998)、新闻史比较研究(Muhlmann, 2008),以及新闻比较研究(Löffelholz and Weaver, 2008),这些著作都将类似印度这种规模与复杂度的国家的新闻业排除在外。近年来,以下领域的比较研究日益变得重要:新闻学(Hanitzsch, 2013)、受众话语(Butsch and Livingstone, 2014),以及更一般意义上的传播研究(Esser and Hanitzsch, 2012; Christians and Nordenstreng, 2014)。尼克·库尔德利已提议,有必要把握"媒介文化差异明显的**类型**,一种真正国际化的媒介研究必须对类型保持敏感"(Couldry, 2012: 179,重点为引文标注)。其他人则采用了"文化政治经济学"的方法,这种方法的"灵感期是前学科,实践期是跨学科,志向期是后学科";该方法结合了"符号分析概念与政治经济学概念。符号分析采取的是批判立场,对历史颇为敏感。政治经济学采取批判发展的视角,对制度化因素进行分析"(Sum and Jessop, 2013: ix and 1)。

为了进一步将国际传播研究"国际化"(Lee, 2015),需要重新评估教学范围以及研究议程和方法。鉴于宗教传播的复兴(无论是激进的还是温和的),需要特别关注的一个领域是,进一步探索宗教与传播之间的动力机制。在很大程度上,这是一个被忽视的研究领域,尤其缺乏来自批判学者的研究。

倡导"跨文化政治经济"(transcultural political economy)框架的学者强调了文化的重要性,这种框架使我们能够"整合制度和文化分析"(Chakravartty and Zhao, 2008: 10)。这种事业将带来所谓的"研究伦理去地方化、研究伦理就是对研究本身"的看法(Appadurai, 2001: 15)。正如阿帕杜莱指出的那样,在"草根全球化"时代,"全球化知识与知识全球化"之间的关系需要重新评估(Appadurai, 2001: 14)。其他人提倡"跨国的跨学科性",这种学科鼓励研究人员"参与并尝试与那些存在于其他现代性和其他时间性中的知识形式和词汇建立联系,但在知识生产的机器中,这些知识形式和词汇要么被拒绝承认,要么没被充分理解"(Shome, 2006: 3)。

许多学者质疑国际传播研究的主流派,认为他们没能理解一种新型全球化的复杂性(既在理论层面上,也在实证层面上)。要知道,这种新型全球化处于这样一个世界中:移动性加剧,全球网络化、数字化,多声部大合唱(Thussu, 2009; Chen, 2010; Curtin and Shah, 2010; Wang, 2011; Esser and Hanitzsch, 2012; Christians and Nordenstreng, 2014; Iwabuchi, 2014; Lee, 2015)。

随着数字传播越来越密集和广泛,一种世界信息与传播新秩序(世界信息和传播新秩序2.0版)正在出现。中、印(两国人口数量占全球的三分之一以上,并拥有世界上最大的两群互联网网民)等国的媒介呈指数级增长,这种增长驱动了这种新秩序的产生(Thussu, 2015)。这种飞跃式增长即便无法重构国际传播的经济性状,但也有可能重组其文化框架。这将迫切需要一种创新的、包容的并具有世界眼光的研究对话,跨越学科和知识界限,以阐述一个多中心世界中的新兴全球传播格局。

3 创建一套全球传播的基础设施

自20世纪80年代以来,全球政治舞台上出现了根本性的意识形态变化,导致了亲市场的国际贸易体制的产生,对国际传播构成了巨大影响。传播与媒介行业的自由化、放松管制和私有化进程与新的数字信息与传播技术(information and communication technologies, ICTs)相结合,使国际传播发生了巨大飞跃。随之而来的电信全球化已经彻底改变了国际传播,因为电信、计算机和媒介行业的融合使得信息能够以史无前例的海量与高速在数字链接的星球上遨游。在过去30年中,全球三大重要机构——世界银行、国际货币基金组织和世界贸易组织——在全球经济私有化中发挥了至关重要的作用(Chwieroth, 2010; Stone, 2011)。一项基于对国际货币基金组织大量贷款安排进行分析的研究得出结论:"当一个政策团队的经济信念接近国际货币基金组织的信念时,贷款额会较大,条件性较弱,强制性不那么严格。换句话说,由物以类聚的遨游者组成的政策团队会得到国际货币基金组织的特殊待遇。"(Nelson, 2014: 324)

新的信息与传播技术有助于建立一套全球传播的基础设施,该设施以区域层面以及全球层面上的有线、卫星网络为基础,这些网络正用于电信、广播和电子商务。牛津英语词典将基础设施定义为"一个统称术语,指的是一项事业的基底、子结构、基础"。传播基础设施为互联网驱动的全球传播提供了硬件。与此同时,控制权从国家转入私人,传播观从以国家为中心转为受自由市场规则支配,这种变化反映出主要大国与多边组织(例如国际电信联盟)之间政策的转变(Mansell, 2012; Franklin, 2013; Hill, 2014)。

过去对国际传播的分析主要涉及政府对政府的活动,其中一些强大的国家独断传播议程,但现在,理解如下问题越来越重要:世界商业卫星产业(即国际传播的硬件)及其对全球传播的影响。国际传播的自由化和私有化特别有利于跨国公司。在过去10年中,全球商品与服务贸易几乎翻了一番——从2005年的13万亿美元提升到2014年的近24万亿美元。这些流量中,数字化成分也在增加(UNDP, 2015: 7)。

电信私有化

在20世纪的大部分时间里，国家是一国电信基础设施和设备的主要提供者，同时也是国际传播的监管者。20世纪90年代，国家垄断的邮政、电报和电信（Post, Telegraph and Telecommunication, PTT）被迫让位于私营电信网络，而这些私营电信网络通常是跨国公司的一部分。这种转变始于一些西方国家，现在已经影响到全球，大多数邮政、电报和电信已经私有化或正处于私有化过程中，在互联网服务等领域则更为激进（ITU, 2015）。根据国际电信联盟2015年《电信改革趋势报告》（*Trends in Telecommunication Reform Report 2015*），"总体而言，全球绝大多数国家的监管环境稳步增强，因为各国已实施改革，旨在实现更灵活的监管。这种积极的前景反映了电信/信息与传播技术监管者所面临的技术和业务创新的动态步伐，是现实挑战它们去适应新的数字世界秩序"（ITU, 2015）。

自1865年国际电报联盟成立以来，国际电信监管就是多边协议的主题，它为遍布全球的电信网络制定了共同标准以及访问和使用这些网络的价格。这些公约以国家垄断和交叉补贴原则为基础，因此英国邮政局（British Post Office, 在英国境内垄断了设备和服务）等国家电信运营商可以通过来自国际电话的收入对小用户予以补贴，使他们能够负担。

20世纪80年代，人们批评这一监管框架没有考虑技术创新，例如计算机、光纤电缆和传真机。特别重要的是，这些新技术使语音和数据传输之间的区别变得模糊。随着电信业务量的增加，跨国公司对降低关税的需求也在增加，特别是国际服务业。这些公司反对国家垄断，认为竞争环境会改善服务并降低成本。

1984年，美国总统罗纳德·里根宣布了"开放天空"（open skies）政策，打破了公共垄断，允许私人电信网络在国家电信领域里运营。例如，美国最大的电信公司——美国电话电报公司（AT&T）——被分拆为22家地方公司，这使它能够进军新型业务领域。结果，美国电信部门逐渐放松管制而走向自由化和私有化（Hamelink, 1994）。

一年后，英国的玛格丽特·撒切尔政府效仿美国做法，允许英国电信（British Telecom, BT, 邮政系统的前电信部门）51%的股权私有化，而日本政府也允许国家运营商——日本电话电报公司（Nippon Telephone and Telegraph, NTT）部分私有化。英国电信的私有化和美国/英国要求降低国家在电信领域的作用也影响了欧洲的政策（Dyson and Humphreys, 1990; Curwen, 1997; European Commission, 1998）。欧盟委员会电信事务专员（European Commissioner for Telecommunications）马丁·班格曼（Martin Bangermann）在其报告中认为，自由化"绝对紧要"，欧盟委员会"必须推动电信运营商的组织结构调整，为私有化做好准备"（Venturelli, 1998: 134）。电信业从公共服务角色转为私人竞争领域并放松管制，这种转变对国际电信政策产生了重大影响，因为国际电信政策受到美国和西欧的影响，而全球开展业务的公司都以这些国家为大本营（Braman, 2004; Michalis, 2007; Freedman, 2014）。

欧盟的"视听媒介服务"（Audio-Visual Media Services, AVMS）指令于2007年生效，取代了"电视无国界"（Television without Frontiers, TWF）指令，以促进开放技术去利用传播平台融合以及数字技术转型所提供的机会。它涵盖了电视和类似电视的服务，如遍布欧盟的视频点播（Video on Demand, VOD）和移动电视，旨在刺激欧洲广播业发展（European Commission, 2007）。"视听媒介服务"指令是委员会关于媒体部门的第一个立法提案，其中明确提到了自我监管与共同监管。"视听媒介服务"指令的新规则要求政府鼓励某些领域的自我监管，有时与政府干预（共同监管）相结合（在其法律制度允许的范围内）。因此，各个欧盟国家在传播领域实施现有的自我监管机制，或者扩大了现有机制（Iosifidis, 2011）。

2010年推出的"欧洲数字议程"（Digital Agenda for Europe）旨在为欧盟各国创建"一个数字统一市场"以及"互操作性及其标准"，以确保"新的IT设备、应用程序、数据存储库及其服务在任何地方进行无缝互动"。欧盟的方法被概括为"合约"（COMPACT），"合约"一词是缩略词，由以下这段话中关键词的首字母组成："互联网是一个公民责任（Civic responsibilities）的空间，该空间是一种不可分割的资源（One un-fragmented resource），通过多利益相关方（Multi-stakeholder）的方式实施管理，旨在促进民主和人权（Promote democracy and human rights）。这基于一种良好的技术架构（Architecture），其能够产生信心（Confidence），并促进一种透明治理（Transparent governance）：既治理处于下层的互联网基础设施，也治理运行于其上的服务。"（European Commission, 2010）

正如最近的一项研究所指出的那样，"过去十年，欧盟内部监管改革的重点一直放在三大政策上：加速自由化、加快决策过程、简化监管"（Iosifidis, 2011: 200）。欧盟的政策很清楚，"互联网应该仍然是一个统一的、开放的、自由的、不可分割的所有网络之网络"，其治理应该基于一个包容的、透明的、负责任的"多利益相关方治理模式"，不损害"根据已确定的公共利益目标可能采取的任何监管干预"。该报告认为，互联网的创新力量"必须在欧洲互联网经济的全面参与下得以维护，建立在一个与世界相连的、巩固的数字统一市场上"（European Commission, 2014: 11）。

传播产品与服务的自由贸易

关税与贸易总协定乌拉圭回合谈判（Uruguay Round of the GATT，关贸总协定缔结于1947年，为第二次世界大战后的国际贸易提供了框架），首次将服务贸易与传统商业和制造业部门相提并论。第七轮关贸总协定谈判的议程始于1986年，是迄今为止最广泛、最雄心勃勃的谈判，反映出新自由主义要求那些被保护的市场予以开放的咄咄逼人。1994年在摩洛哥马拉喀什（Marrakesh）签署的乌拉圭回合的最后文件，除了工业产品关税削减率高达40%并承诺进一步移除关税壁垒之外，首次包括了服务贸易、投资和知识产权。

这些被纳入关贸总协定谈判的新内容是西方努力实现全球服务贸易自由化的顶点。领衔西方的美国认为，世界将从投资和贸易的巨大扩张中受益。据当时估计，乌拉圭回合全面实施后，可使世界收入增加5 000亿美元，世界贸易量增加20%（WTO, 1998）。然而，自由市场人士和那些主张以更规范的制度来保护国内市场和利益的人之间存在紧张关系。前者希望结束国家对世界贸易的干预，促进自由化和私有化。随着关贸总协定（GATT）转变为世界贸易组织（WTO），这一立场得到了加强。世界贸易组织于1995年1月1日成立，为了强化国际贸易协定而配套了更为严格的法律机制（Hoekman and Kostecki, 1995）。

世界贸易组织成立时有一个明确的私有化和自由化议程："保护主义的根本代价源于这一事实：它为个体决策者提供了错误的诱导，将资源吸引到受保护的部门而不是一个国家具有真正比较优势的部门。几个世纪以前确定的贸易自由化的传统角色是消除这种障碍，从而增加收入和实现增长。"（WTO, 1998: 38）作为贸易自由化的一部分，世界贸易组织还认为，消除阻碍信息自由流动的障碍对经济增长至关重要。这甚至意味着，如果没有自由的信息交易，就不可能进行大量的商品与服务贸易。国际组织越来越强调，强大的传播基础设施是国际商业和经济发展的基础，具有非常重要地位（World Bank, 1998; ITU, 1999; UNDP, 1999）。

乌拉圭回合的一个关键成果是1995年的《服务贸易总协定》（General Agreement on Trade in Services，GATS），这是第一个多边的、法律上具有强制力的协议，涉及服务部门的贸易与投资，并对国际传播具有最大潜在影响力，尽管它对全球贸易与投资的其他部门也很重要（Geradin and Luff, 2004）。服务业包括金融服务（包括银行和金融市场管理）、保险服务、商业服务（包括设备租赁）、市场研究、计算机服务、广告、传播服务（包括电信服务——电话、电报、数据传输、广播、电视和新闻服务)(WTO, 1998)。

该协议中对国际传播最重要的部分是《服务贸易总协定》关于电信的附件(GATS Annex on Telecommunications)。电信是最大、发展最快的服务部门之一，发挥着双重作用：既进行传播服务，又是许多其他服务的传送机制。全球电信服务市场对所有生产、供应服务出口商都至关重要，预计到2025年，该市场将扩大两倍。附件鼓励私营公司投资发展中国家的私有化电信网络，反过来也鼓励南方国家政府把市场开放给私营电信运营商。它还拓展了"信息自由流通的教义"，使其既囊括传播内容，也包括这些传播讯息得以流动的基础设施。

《服务贸易总协定》附件规定了电信贸易的规则，涉及公共电信传输网络以及服务的准入与使用。其中一个关键的指导原则是，应该平等对待外国和本国电信设施供应商，从而使国内电信业去面对国际竞争。它要求各国确保外国服务提供者在平等的基础上同时在国家市场和跨境市场中使用公共网络及其服务。这些规则要求信息的自由流动，包括公司内部传播和数据库访问，并提供关于访问和使用条件的详细指导。为确保透明度，应公开提供有关收费、技术接口、标准、附加设备条件以及登记要求的信息。附件还鼓励技术合作以及建立全球兼容性、互操作性的国际标准(WTO, 1998)。

从本质上讲，WTO所动议的全球电信自由化体制，目的是为跨国公司进入亚洲和拉丁美洲的"新兴市场"创造条件，因为在这些市场中，服务业的潜力巨大。该体制减少了对电信流动的限制，并鼓励对南方基础设施进行投资。根据世界贸易组织的数据，全球商业服务出口从2006年的2.9万亿美元增长到2016年的4.8万亿美元(WTO, 2017)。

世界贸易组织协议对国际传播的影响

1997年在世界贸易组织主持下签署的三项主要协议对全球贸易产生了深远影响，特别是在信息与传播相关领域。1997年2月，世界贸易组织69个国家同意广泛开放全球电信服务贸易。一个月后，达成协议，取消信息技术产品(包括计算机和传播硬件、软件及其服务)的所有进口关税。然后，在1997年12月，102个国家同意开放其金融服务部门，涵盖95%以上的银行、保险、证券和金融信息贸易，以面对更激烈的外国竞争。这三个协议中，对国际传播最重要的是《服务贸易总协定》关于基础电信业务的第四议定书(GATS Fourth Protocol on Basic Telecommunications Services)。该协议于1998年2月生效，迫使69个签约国(占全球电信服务收入的93%以上)在各自国家开放电信部门。所有技术传输方式——有线、无线和卫星——都包括在协议中，但不包括广播和电视节目的播送。它要求签约方向国际电信公司提供市场准入和平等待遇。

在《服务贸易总协定》中，电信部门分为两大类：基础服务（例如语音电话、分组和电路交换数据传输服务、电传、电报、传真和租用电路服务）和增值服务（包括电子邮件、语音邮件、在线信息和数据库检索）。在乌拉圭回合期间，大多数国家承诺放开增值服务，而不是基础电信服务；因此，第四议定书确保了基础电信的自由化（WTO, 1998）。

《关于信息技术产品贸易的部长宣言》[《信息技术产品协议》（*Information Technology Agreement*, ITA）]是1996年世界贸易组织第一次部长级会议的成果。该宣言承诺，到2000年取消对信息技术产品的关税。尽管《信息技术产品协议》覆盖了六个主要类别——计算机、电信设备、半导体、半导体制造设备、软件和科学设备，但是西方政府继续要求扩大协议范围，以包括其他信息技术产品，如音频、广播、电视和视频设备、电信产品和电气/电子机器。

根据世界贸易组织的说法，信息技术和电信部门在过去30年中经历了非凡的增长。自《服务贸易总协定》以来，信息与传播产品的出口翻了一番，增长速度超过了商品出口（UNCTAD, 2017）。尽管中国和韩国在过去20年中取得了显著增长，但美国、日本和欧盟国家依然在信息技术领域的全球贸易中占主导地位。

世界贸易组织于1997年12月签署了第三项重要协议，旨在开放金融服务部门。在世界贸易组织多边规则之下，该项协议将给金融服务部门带来价值数万亿美元的贸易。《金融服务自由化协定》（*The Agreement on the Liberalization of Financial Services*）囊括了银行、保险、证券和金融信息世界贸易的95%以上。根据协议，银行、证券和保险服务可以跨境运作，通过在一个国家设立的公司为另一个国家的客户提供服务。这些承诺包括增加许可证书数量，以促进外国金融机构的成立，以及保证外国股本在银行以及保险公司的子公司或附属公司中的参与水平。

可以把这三个协议看作是一个发展过程的逻辑顶点，该过程起源于20世纪80年代，当时的争论点是何谓跨境数据流（transborder data flow, TDF）。发展中国家担心综合业务数字网（integrated services digital networks, ISDN）等技术创新使大量数据即刻传入或传出国家成为可能，因此需要在联合国框架内讨论这种状况对主权的影响。

然而，在美国的坚持下，该辩论转移到了经济合作与发展组织手中，它实质上是将国家主权之争转变为通过电子网络进行全球信息贸易之争。随着电信和计算机行业融合趋势的增长，不受国家规制的私有化国际电信网络的跨境数据传输能力已成为金融服务——尤其是银行和保险业全球化——的一个关键要素，并为新兴的全球电子经济做出了重大贡献。

为何服务很重要？

在过去30年中，商业服务的国际贸易大幅增加（Cowhey and Aronson, 2007, 2009; OECD, 2015; UNCTAD, 2017）。根据经合组织《2015年数字经济报告》（*Digital Economy Report 2015*），2001年至2013年，信息与传播技术服务的国际贸易增长了4倍，达到4 000亿美元。爱尔兰、印度和中国成为计算机与信息服务的主要出口国。在服务业的世界出口中，计算机与信息服务的份额翻了一番，占比从3.4%增加到5.8%，中国与美国、德国、英国一道成为信息与传播技术服务的主要出口国，占信息与传播技术服务出口总额的60%以上。电信服务的最大出口国包括美国、德国、英国、法国和荷兰（OECD, 2015: 90）。

2001年至2013年，信息与传播技术制成品的世界出口每年增长6%，达到1.6万亿美元以上。日本和美国在世界信息与传播技术产品出口中的份额从2001到2013年减少了一半，部分原因是生产外包；中国的份额则从6.1%增长到近32%，增长了10倍（OECD, 2015: 90）。

随着商业服务的扩大，一些国家主要是西方国家的支配力也在增长，尤其是凭借其金融和技术优势，尽管印度这样的发展中国家也从服务业受益。印度的商业服务出口在20年内增长近10倍——从1994年的60多亿美元到2004年的近400亿美元，到2016年达到550亿美元（WTO, 2017）。从2000年到2010年，印度信息与传播技术领域的直接就业人数从28.4万增加到200多万（UNDP, 2015）。

在商业服务的国际贸易——包括基础设施服务（运输和电信）和生产者服务（银行和保险）中，欧盟国家、美国和日本等少数富裕国家或地区占主导地位，尽管在20世纪的最初几十年，中国已经取得了巨大的发展。2004年，美国是最大的服务出口国，反映出服务业是美国经济增长最快的部分，占世界服务出口总额的18%。自服务部门向全球市场开放以来，美国的服务出口稳步增长——从1986年的770亿美元增加到2004年的3 180亿美元，在过去10年中翻了一番，到2016年达到7 330亿美元（WTO, 2017）（见表3.1）。

表3.1　2016年世界商业服务贸易出口与进口领头羊

出口者	价值（10亿美元）	全球份额（%）	进口者	价值（10亿美元）	全球份额（%）
美国	733	15.2	美国	482	10.3
英国	324	6.7	中国	450	9.6
德国	268	5.6	德国	311	6.6

(续表)

出口者	价值(10亿美元)	全球份额(%)	进口者	价值(10亿美元)	全球份额(%)
法 国	236	4.9	法 国	236	5.0
日 本	207	4.3	英 国	195	4.1
荷 兰	177	3.7	爱尔兰	192	4.1
日 本	169	3.5	日 本	183	3.9
印 度	161	3.4	荷 兰	169	3.6
新加坡	149	3.1	新加坡	155	3.3
爱尔兰	146	3.0	印 度	133	2.8

资料来源：WTO，2017。

电信部门的自由化

全球电信服务市场的开放使国际电信联盟在电信监管方面反对关贸总协定。在历史上，国际电信联盟的总精神基于电信作为公用事业这样的概念，运营商有义务提供普遍服务。国际电信联盟实施合作而不是竞争政策，支持对电信业务的所有权和控制权予以限制，这一点与鼓吹私有化和放松管制的新自由主义电信议程形成对比（Braman, 2004）。

虽然国际电信联盟最初对接受这些变化犹豫不决，但它有义务在制定新的私有化国际传播制度方面发挥关键作用，在该制度中，基于成本的关税结构正日益取代普遍的公共服务和交叉补贴标准。争议之一是，西方国家政府继续向国际电信联盟施压，要求将无线电和卫星频率重新分配给商业运营商。传统上，国际电信联盟根据"先到先得"的原则分配频率。冷战期间国际无线电广播扩大的一个结果是，接入国际传播的无线电频谱的高频端成为两个冷战集团之间的争议领域。而与国防相关的太空竞赛点燃了相关争议，随着1957年苏联发射了世界上第一颗卫星"斯普特尼克"（Sputnik），太空竞赛获得了新契机，空间频率分配要商量着来的要求出现（Luther, 1988）。

两年后，即1959年，联合国成立了和平利用外层空间委员会（Committee on the Peaceful Uses of Outer Space），以建立一个旨在减少冷战紧张局势的国际监管框架，最终于1967年签署了《外层空间条约》（Outer Space Treaty）。该条约第一条构成了空间领域国际法的基础，它指出，探索和利用外层空间"应本着为所有国家谋福利与利益的精神，不论其经济或科学发展的程度如何，这种探测及使用应是全人类的事情",而该条约第二条规定,外层空间"不得由国家通过提出主权主张,通过使用或占领,或以任何其他方法据为己有"①(Hamelink, 1994: 106)。

尽管这些主张有着高尚的情怀,但在1959年、1971年、1977年和1979年的国际电信联盟世界无线电行政大会(World Administrative Radio Conferences, WARC)上,关于频率分配的争议仍然占据突出地位。然而,到1992年在西班牙托雷莫利诺斯(Torremolinos)召开的世界无线电行政大会时,政治格局发生了变化——超级大国的太空竞争已经结束,苏联已经解体。更为重要的是,在技术驱动的环境中,传播的新进展从根本上改变了辩论的性质。数字化程度的提高和光纤的普及,使跨国公司能够在全球范围内传输新的传播形式和服务,包括卫星电视、电子数据和移动电话。卫星终端的移动性和便携性确保了国际传播变得更加商品化。跨国公司意识到了移动电话的商业潜力,因此在世界无线电行政大会上游说,要求额外使用电磁频谱以便有效地提供这些新服务(Sung, 1992)。

此外,由于私有化和放松管制的过程导致市场分割和运营商激增,为确保网络的兼容性,建立国际标准的必要性愈发明显。因此,1998年在明尼阿波利斯(Minneapolis)举行的全权代表大会上,国际电信联盟章程被修订,赋予国际电信联盟私营部门成员更大的权利和责任。章程的改变还确保了私营公司在如下方面扮演更重要的角色:就技术问题提供建议与决策。这是"改革"进程的一个高潮,"不断变化的电信环境"使改革成为必然。该进程始于1989年尼斯全权代表大会(Nice Plenipotentiary Conference),并在1992年日内瓦会议上进一步细化。1998年会议商定了"1999—2003国际电信联盟战略规划"(Strategic Plan for the Union—1999-2003),其中包括这样的动议:"改善无线电传播部门的结构和运作,国际电信联盟最大、最贵的部门就是它。在监管负担日甚一日的情况下,它艰难度日。"该规划还旨在审查国际电信法规,以"使它们适应世界贸易组织协定所带来的自由化国际环境"(MacLean, 1999: 155)。

对国际电信联盟章程和公约的修订使该组织向志在开发全球电信网络与服务的私营公司开放。国际电信联盟的公共与私人成员现在处于平等地位,拥有相同的权利和义务。正如一位国际电信联盟高级官员所承认的那样,在"技术建议"领域,这些修订条款"有效地将决定权从政府手上转移到私营部门"(MacLean, 1999: 156)。

根据新的国际传播制度,国际电信联盟建议各国拆除旨在阻止广播公司、有

---

① 上一条及本文译文引自《关于各国探测及使用外层空间包括月球与其他天体活动所应遵守原则的条约》,联合国公约与宣言检索系统,https://www.un.org/zh/documents/treaty/files/ST-SPACE-61.shtml,访问日期:2021年9月1日。——译者注

线电视运营商和电信公司之间交叉持有所有权的结构性规制。自1990年以来，已有150多个国家引入了新的电信立法或修改了原有的规章，而向市场开放的国际电话流量的百分比呈指数增长。实质上，国际电信联盟正在遵循的传播议程，是由世界上最强大的国家及其电信公司制定的，这在1998年经合组织关于电子商务的部长级会议上已初见端倪。此后，在发展电子商务领域，国际电信联盟开始成为国际组织中的领头羊，尤其是通过推动标准化，并与发展中国家一道工作。而这些发展中国家的目标（战略计划的一部分）是全面连接全球信息基础设施（Global Information Infrastructure, GII），以及全面参与全球信息社会（Global Information Society, GIS）（US Government, 1995）。

美国认为，创建一个全球信息基础设施对于成就电子商务至关重要。根据美国政府的一份政策文件，电子商务要求"私营部门与公共部门之间有一个有效的伙伴关系，并且私营部门处于领先地位"。美国政府政策背后的治理原则是，私营部门应该起领导作用；政府应该"避免对电子商务做不当限制；即便需要政府参与，其目标也只应该是支持并强化这样一个商法环境：它是可预测的，贯穿极简主义原则，不会朝令夕改，操作简单；应该在全球范围内促进互联网电子商务"（US Government, 1997）。

1996年实施的《电信法》（*Telecommunications Act*）影响了全球电信系统的自由化政策，该法案改变了美国境内的行业，促进了美国私营电信公司在全球范围内的扩张。反过来，在推动世界贸易组织和国际电信联盟进一步促进全球传播自由化方面，这些以美国为基地的公司发挥了主导作用。美国一直是自由贸易的拥护者，希望进一步减少国家监管机制的作用。例如，美国联邦通讯委员会（Federal Communications Commission, FCC）把自己的角色定位从"行业监管者"转变为"市场促进者"，促进国际传播市场的竞争。它的目标是聚精会神地迎接其所谓的"由快速发展的全球信息经济以及成长迅猛的全球传播市场所提出的挑战"，并追求一个"颇具野心的，旨在促进全球传播市场展开竞争的议程"。国际竞争的加剧将使美国消费者受益于较低的国际电信资费，并将为美国公司开辟新的市场机会（FCC, 1999）。有人提出，联邦通讯委员会是监管机构的一个突出例子，这种监管机构已被其所监管的行业"俘获"（Freedman, 2008）。

作为世界贸易组织协议的部分结果，绝大多数国家已经完全或部分地将其电信网络私有化，而进一步开放市场的要求仍在继续。世界无线电通信大会（World Radiocommunication Conferences, WRC）于2000年在伊斯坦布尔召开，并于2003年、2007年、2012年和2015年在日内瓦召开，这几次会议都进一步推动了全球传播基础设施的自由化，包括频谱协调工作，以使卫星系统和海底电缆能够提供3G和4G

移动语音与高速宽带服务。2015年世界无线电通信大会还讨论了5G服务，但未能就5G的频率达成一致。但是，当下一次会议于2019年举行时，可能会达成某种协议。随着全球卫星网络私有化的日益加剧，卫星产业成为国际传播自由化的主要受益者。

私有化的太空——最后的前线

20世纪90年代，通过卫星进行的全球传播得到非凡增长，这种增长堪比19世纪世界突飞猛进的技术电缆化，并且在21世纪初，卫星被视为新型"空中贸易路线"（Price, 1999）。经济增长和技术进步推动了全球电信服务各类需求的大幅增长，从而导致卫星产业的显著增长。卫星对于提供廉价、可靠和快速的传播服务至关重要，这些服务对于运行于全球电子市场中的国际商业至关重要，特别是在跨国广播和电话、全球银行业和航空公司、国际报纸和杂志发行等领域（Parks, 2004; Parks and Schwoch, 2012; Moltz, 2014）。

自20世纪60年代中期以来，当地球同步通信卫星首次开始提供跨国、跨洋的直接电信链路时，它们在国际传播发展中发挥了无声却至关重要的作用。作为地面系统的补充，如有线和微波，卫星能够到达不受地理疆域限制的广阔区域。它们使得世界各地的广播和电信服务的拓展成为可能，从大都市拓展到最遥不可及的岛屿以及偏远的农村地区。这些因素使得卫星成为一个利润丰厚且竞争激烈的行业，其中包括一些大型运营商。而实际情形是，由于地球同步轨道的轨道槽数量有限，并且多颗卫星覆盖相同的轨道，因此，为了能够充分利用空间传播服务，必须能够获得合适的无线电频率和轨道位置。对地球同步轨道卫星（geostationary/geosynchronous orbit, GSO）的需求尤其旺盛，在赤道以上约36 000公里处，卫星与地球运行速度相同。在这个最佳位置，通信卫星可以覆盖地球表面的三分之一。所有卫星运营商，无论是全球性的还是区域性的，都必须利用180个可用的轨道位置（尽管轨道上有360度，地球同步卫星之间至少需要两度间隔，因而可用的插槽数量减半）。因此，地球同步轨道已被看作是太空中最有价值的"房地产"（Collis, 2012）。

随着许多国家地区财团相继发射通信卫星——例如印度（1983年）、中国（1984年）和墨西哥（1985年）以及欧洲通信卫星公司（European Telecommunications Satellite Organization, Eutelsat）、阿拉伯卫星通信组织（Arab Satellite Communications Organization, Arabsat）、亚洲卫星公司（AsiaSat）和西班牙卫星公司（Hispasat）等，地球同步轨道变得相当拥挤：2014年，有超过60个国家和政府财团在轨道上拥有或运营卫星，这就激发了关于日益增长的"太空商业"的讨论（Moltz, 2014: 7）。尽管国际电信联盟主张所有国家"公平地获得地球同步轨道"，但仍然由少数国家支配着这些轨道。在欧洲等主要卫星市场，政府鼓励发展私营卫星运营商。欧盟委员会1998年出版了无线电频谱政策绿皮书，呼吁用"市场机制"——拍卖的委婉表达——"富有成效地"分配频谱（Oberst, 1999）。

20世纪90年代发射的地球同步卫星数量超过其他几十年的总和。仅在1990年至1996年，人类发射的卫星比过去30年的总和还要多。到2015年，有接近300颗主要是西方开发的地球同步商业通信卫星在轨道上运行，运载着4 000多个转发器（接收、放大和重发信号的组件）。"一旦开始向轨道和亚轨道空间提供新的发射服务"，卫星发射的年次数可能会从2014年的不足100次"增加到2020年的多达1 000次"（Moltz, 2014: 6）。如图3.1所示，根据《2017年卫星行业现状报告》（*2017 State of the Satellite Industry Report*），全球卫星行业收入增长了五倍：从1996年的380亿美元增加到2016年的2 610亿美元（SIA, 2017）。

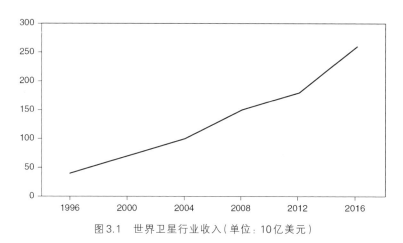

图3.1　世界卫星行业收入（单位：10亿美元）

促成这一强劲增长势头的是20世纪90年代后期的国际电信协议，特别是世界贸易组织的第四议定书［也被称为《基础电信业务协议》（*Agreement on Basic Telecommunications Services*）］。该决议为美国的立场背书——在一个数字化连接世界中，对"国内"和"国际"卫星做出区分不再有效，卫星传输可以跨越国界。

全球传播行业变化至此，以至于哪怕是政府间组织（IGOs）也把市场考量作为其驱动力。国际海事卫星组织（International Maritime Satellite Organization, Inmarsat）的状况证明了这一点，即政府间组织私有化趋势之不可避免。国际海事卫星组织总部位于伦敦，成立于1979年，是一个由86个国家组成的国际合作社。它为海事界提供服务,在对灾害与安全信息进行全球范围的移动卫星传播时,它是唯一的供应者,同时也对商业信息进行海、陆、空传播。1999年,它成为世界上第一个将自己转变为商业公司的国际条约组织,对潜在的投资者产生了吸引力,部分原因是它将投身于快速增长的移动卫星传播领域中。随着私有化的进展,世界上一些国家最大的电信企业,从国际海事卫星组织原来的成员国,转而成为转型后的新公司的股东与支持者。到2015年,该新公司拥有11颗卫星,收入是6.16亿美元。2005年发射的Inmarsat-4卫星能够创建全球区域宽带网络,覆盖地球的大部分陆地;而2013年首次发射的Global Xpress卫星系列,是世界上第一个高速商用Ka波段宽带卫星网络,特别适合移动传播。

其他类似的电信机构也成立了,例如总部位于巴黎的泛欧洲政府间组织——欧洲电信卫星组织(Eutelsat),是欧洲第一个广播直接到户(Direct-To-Home, DTH)的卫星运营机构,也走上了私有化道路,并被委婉地称为"重组过程"。2001年,其业务和活动转移到一家名为Eutelsat S.A.的私营公司。这种"转型"导致该公司在全球扩张。到2015年,欧洲电信卫星组织的收入为16.5亿美元,它运营着35颗卫星,面向欧洲、中东、北非、亚洲和北美的2.74亿个家庭,播放6 000个电视频道、600个HDTV频道,以及1 100个广播电台(它在撒哈拉以南的非洲区域影响力特别巨大,2015年在该区域广播的1 136个卫星频道中,有一半是由欧洲电信卫星组织传输的)。在国际范围里,变化之巨莫过于世界上最大的卫星运营者——国际通信卫星组织(International Telecommunications Satellite Organization, Intelsat)走上了私有化道路。

案例分析:国际通信卫星组织

国际通信卫星组织成立于1964年,是一个政府间条约组织(本着联合国的精神),运营全球电信服务卫星系统,在非歧视的原则基础上提供可承受的卫星容量。在其创建时,商业卫星传播并不存在,大多数电信组织都是国家控制的垄断企业,在高度监管的环境中运作。

国际通信卫星组织是一个商业合作社与卫星传播批发商,为其143个成员国乃至所有国家提供先进的电信服务。1971年,国际通信卫星组织批准了10年前就已制定的、具有里程碑意义的联合国空间传播决议,该决议确定了"在全球范围内以及非歧视基础上,切实可行地、尽快地向所有国家提供卫星传播"(Colino, 1985)。

为了确保发展中国家也能从卫星技术中受益,国际通信卫星组织遵循全球价格平均政策,利用来自北美、欧洲和日本等高流量线路的收入来补贴利润较低的线路(Gershon, 1990: 249)。然而,在国际通信卫星组织中,代表美国、也因而代表了主导利益的是通信卫星公司(Communications Satellite Corporation, COMSAT,一家私营公司,AT&T是其最大股东),它大刀阔斧地推动了卫星电视的商用进程。赫伯特·席勒指出,太空传播之发展与联合国决议相悖,"基于市场的考量"影响了其决策,市场考量"强调资本分布、国际传播体量以及盈利预期"[Schiller, (1969) 1992:190]。

虽然表面上,国际通信卫星组织是一个非营利性的国际合作社,让所有国家都能进入全球卫星系统,但实际上,它已经被少数几个国家控制,其中八个西方国家占控股份额的一半,美国的投资份额最大,其次是英国。投资份额确保了国际通信卫星组织中西方国家的利益,这一点与其他国际组织如出一辙。在技术驱动的行业中,控制技术的国家不可避免地拥有制定和实施政策议程的更大权力。

欧洲通信卫星公司和阿拉伯卫星通信组织等区域卫星系统的发展,威胁到了国际通信卫星组织在冷战时期所享有的近乎垄断的地位。1989年,美国联邦通讯委员会决定授权一家私营公司——泛美卫星公司(Pan American Satellite Inc, PanAmSat),在美国和拉丁美洲之间提供国际承载服务,这就引发了依托卫星的国际传播的私有化进程(Frieden, 1996)。作为一个政府间组织,国际通信卫星组织认为自己的章程限制了自己的商业化:不能拥有或经营自己的地球站,也不能直接向某些国家的终端用户提供零售服务。最重要的是,它也无法为其服务设定"基于市场的定价"。

随着与冷战相关的太空竞赛的结束,商业化凯歌高奏,包括俄罗斯在内的许多东欧集团国家加入了国际通信卫星组织。国际太空传播组织(International Organization of Space Communications, Intersputnik)作为国际通信卫星组织的对手,成立于1971年,目的是向社会主义国家提供卫星传播。这时,它开始与西方卫星公司就合资企业进行谈判。到1999年,太空政治变化如此之巨,以至于俄罗斯的一枚火箭用于发射欧洲卫星Astra 1H,该卫星带有世界上第一次商用Ka波段有效载荷,从哈萨克斯坦的拜科努尔(Baikonur)航天发射场发射服务于欧洲的卫星。

国际通信卫星组织在20世纪90年代大规模地扩展其业务,彰显了全球卫星传播的狂飙突进。1993年，它与联合国达成了在全球范围内增加卫星服务的协议，此后发展速度加快。仅在拉丁美洲，国际通信卫星组织的收入就从1994年的6 400万美元增长到1997年的1.3亿美元（Kessler, 1998）。从1997年至1998年，国际通信卫星组织发射了5颗新卫星，而配备了Intelsat Ⅸ航天器的国际通信卫星组织Ⅸ计划开始为运营商提供更多、更强大的服务。1998年，随着其收入首次超过10亿美元，它将四分之一的卫星编队转移到一家新成立的私营商业公司——新天卫星（New Skies Satellites）。该公司位于荷兰，是一个拥有5颗卫星的全球系统。国际通信卫星组织的总干事兼首席执行官康尼·库尔曼（Conny Kullman）在该组织1998年度报告中，肯定了此举："新天卫星的成立是国际通信卫星组织完全商业化的一个重要步骤，我们认为，该目标至关重要，可以使我们在一个竞争日益激烈且充满活力的市场中保持持续繁荣……国际通信卫星组织的拥有者做好了进行根本性变革的准备，从而使股东和客户利益最大化。"（Intelsat, 1999）

到1999年，国际通信卫星组织拥有并运营着一个由19颗卫星组成的全球卫星系统，为全世界200多个国家和地区提供公共与商业网络、视频和互联网服务。尽管超过60个国家完全依赖国际通信卫星组织进行基于卫星的国际传播，但国际通信卫星组织的地位日益受到来自区域和全球层面上的私营电信跨国企业的竞争威胁。2001年，作为一家私营体的"新型国际通信卫星组织"成立（Katkin, 2005）。私有化开启了该辩论：谁对新型国际通信卫星组织有战略控制权？而该新型国际通信卫星组织仍然运行着世界上最大的商业地球同步卫星网络——2015年，它拥有55颗卫星。1999年，总部位于美国的通信卫星公司（COMSAT），作为国际通信卫星组织和国际海事卫星组织的最大单一股东，与世界上最大的国防公司之一洛克希德·马丁（Lockheed Martin）公司合并。美国通信卫星公司也曾是新天卫星公司最大的单一所有人。洛克希德·马丁公司成为私有化后的新型国际通信卫星组织的最大股东，尽管它并没有长期保持像2002年的地位，但新型国际通信卫星组织收购了洛克希德·马丁的子公司通信卫星公司世界体系（COMSAT World Systems）。两年后的2004年，国际通信卫星组织收购了洛克希德·马丁公司的股份。有人认为，国际通信卫星组织的私有化"主要是为了让美国公司受益，特别是洛克希德·马丁公司"（McCormick, 2008: 63）。国际通信卫星组

表3.2 世界最大的电信公司（单位：10亿美元）

公　　　司	国　家	销　售	市　值
美国电报电话公司（AT&T）	美　国	164	249
威瑞森电信（Verizon）	美　国	126	198
中国移动	中　国	107	225
日本电报电话（Nippon Telegraph and Telephone）	日　本	105	92
软银（Softbank）	日　本	82	79
德国电信（Deutsche Telecom）	德　国	81	80
西班牙电信（Telefonica）	西班牙	58	56
KDDI	日　本	43	68
中国电信	中　国	53	40
英国电信集团（BT Group）	英　国	32	39

20世纪90年代的自由化为全世界的消费者带来了更有效、更实惠的新型电信服务，那些重要的电信运营商由此赚得盆满钵满，他们越来越多地关注亚洲、非洲和拉丁美洲这些新兴市场的新用户。全球电信服务的开放也使电信硬件供应商受益。随着越来越多的人在日常生活中使用信息与传播产品，全球信息与传播产品贸易呈指数级增长。根据经合组织《2015年数字经济报告》，2001年至2013年，国际信息与传播技术服务贸易增长了4倍，达到4 000亿美元。计算机与信息服务的份额几乎翻了一番，从服务业世界出口总额的3.4%增加到5.8%，爱尔兰、印度和中国成为计算机与信息服务的主要出口国。中国也和美国、德国、英国一同，正在成为信息与传播技术服务的主要出口国。这些国家共占信息与传播技术服务出口总额的60%以上。电信服务的主要出口国包括美国、德国、英国、法国和荷兰（OECD, 2015: 90）。如前所述，2001年至2013年，总体来说，信息与传播技术服务的世界出口总额增长，是因为中国一跃而成为主要出口国。

在IT行业中显山露水的其他亚洲国家和地区，如中国台湾、新加坡、韩国和印度，在过去20年中取得了重大进展，但这些国家（和地区）的许多公司被用作西方或日本跨国公司的"离岸"单位。新的数字传输机制——"互联网扩散"——在加速增长，也在快速全球化，给电信和信息与传播技术相关领域注入了强劲推动力（Seel, 2012）。这些领域属于服务和软件部门，继续由IBM、微软（Microsoft）、甲骨文（Oracle）、戴尔（Dell）、思科（Cisco）和惠普（Hewlett-Packard）等美国公司支配。

互联网基础设施

电信指数增长的一个关键原因是，在互联网已成为（按照卡斯特尔的说法）"人们一生的传播基础"（"the communication fabric for their lives", Castells, 2009: 115）的时代，全世界的人越来越多地使用在线设备。为了更好地理解全球化传播，理解硬件至关重要，因为是硬件把全球在线相连（Kahin and Nesson, 1997; Bygrave and Bing, 2009; DeNardis, 2011; Holt and Vonderau, 2015）。互联网的基础设施包括"计算机、线路和其他硬件，允许网络上的节点相互交换信息的网络协议，运行个人计算机的软件代码，为这些机器供电的电网，甚至是允许用户阅读和创建在线文本的学校教育"（Hindman, 2008: 14）。

美国为互联网的发展打上了深刻印记，它通过自身强大的技术和经济实力，构思、发展了这个全球网络并使之全球化。华盛顿能够以适合其经济、政治目标的方式创建互联网基础设施并对该基础进行治理，原因就在于此。美国在创建互联网的基础性架构与基础技术标准方面发挥了核心作用，其顶级大学、国防机构和企业制定了为世界其他地区所遵循的标准。因此，美国在这一领域的政策影响力及其含义具有全球性——不仅事关教科文组织或国际电信联盟等多边机构，还事关世界各国政府与企业如何制定传播政策。在过去10年中，海底光纤电缆（用于运输跨洋数字传播）的扩展，已成为承载互联网流量的关键基础设施（Starosielski, 2015）。

改变19世纪和20世纪全球传播的电报、电话线已经被21世纪数字时代的海底光纤电信网络取代。根据海洋通信论坛（Submarine Telecom Forum）《2014年海洋通信产业报告》（*Submarine Telecoms Industry Report 2014*），自越洋光纤系统问世以来的25年中，该市场平均每年投资22.5亿美元，每年部署5万公里。第一条越洋光纤电缆TAT-8于1988年投入使用；到2014年，海底光纤系统的投资额达到572亿美元，包括127.5万公里。这种硬件对电信公司至关重要，因为超过70%的海底光缆投资是由电信运营商资助的，无论是单打独斗、小群体合作，抑或是大财团。根据国际电缆保护委员会（International Cable Protection Committee）的官方数据，2006年，海底电缆只占流量的1%——8年内增加了94%。在2008年至2012年的5年间，价值100亿美元的新型海底光纤系统被投入使用，均摊到年是20亿美元，长度达53 000公里。有超过60亿美元的投资流入中国、印度和南非市场。

到2017年，海底有300多条传播电缆，另有100条正在规划中。在过去10年中，全球数据消费量激增。据思科称，预计全球IP流量将达到每年2.0泽字节（zettabytes,

1泽字节=1 000艾字节）。2007年至2013年，全球海底电缆中已激活的数据传输速率容量，从14太字节/秒（Tbps）增加到87太字节/秒（Terabit Consulting, 2017）。

参与这一发展业务的主要公司有美国泰科电子海底通信公司（TE SubCom）和威瑞森电信（Verizon）。前者是世界上最大的海底电缆制造商之一，它已经"部署了近50万公里的海底传播电缆，足以绕地球赤道12圈"；后者拥有并运营着世界上最"广泛的IP骨干网络"之一，包括超过800 000英里（约1 287 475公里）的陆地和海底电缆，跨越六大洲，支持着"《财富》500强中99%的企业"。其他大公司有阿尔卡特朗讯（Alcatel-Lucent）（法国）、大东电报局（Cable and Wireless）（英国）、日本电报电话公司（NTT）和日本电气股份有限公司（NEC）、华为（中国）、中国移动、中国电信、中国联通、塔塔通信（Tata Communications）和信实环球（Reliance Globalcom）（印度）。新海底带宽的大部分投资是巴西、印度、中国和南非投入的，这些国家对系统升级的需求持续增长。

谁控制着互联网基础设施？

1969年，互联网作为美国国防部高级研究计划署网络（Advanced Research Projects Agency Network, ARPANET）的一部分而出现，是由美国安全部门和大学机构里的一些相互连接的计算机组成。美国学术圈创建了TCP/IP协议（传输控制/网络协议），日内瓦的欧洲核子研究中心（European Organization for Nuclear Research, CERN）的研究人员开发出万维网协议，为20世纪90年代中期互联网的全球扩张奠定了基础。互联网扩张的主要驱动力是美国私营公司，这些公司得到了美国政府积极支持。1986年，互联网工程任务组（Internet Engineering Task Force, IETF）成立，其任务是协调制定互联网标准。

美国政府在互联网域名系统（Domain Name System, DNS）私有化方面发挥了至关重要的作用。1998年，互联网号码分配机构（Internet Assigned Numbers Authority, IANA）与私营公司结盟，组建了互联网域名系统，成立了互联网名称与号码地址分配机构（Internet Corporation for Assigned Names and Numbers, ICANN），这是一家位于加利福尼亚州的非营利组织，负责管理域名系统（Kruger, 2014）。根据1999年与美国政府签署的一份协议，互联网名称与号码地址分配机构对世界各地的域名注册商进行资格认证，以便它们为通用顶级域名（gTLD）提供有竞争优势的注册服务，包括.com或.org域名，以及供单个实体或品牌使用的通用顶级域名，或国家代码顶级域名[ccTLD，被指定用来代表一个国家或地区，如.br（巴西）或.fr（法国）]。许多国家对此表示担忧，即美国政府通过互联网名称与号码地址分配机构对这种"互联网骨干"进行有效的"单边控制",南方国家的互联网服务提供商(Internet Service Providers, ISP)必须为访问支付高昂的费用。跟公共政策相关的其他问题有:在线安全、数据保护和隐私权,互联网的多语言与访问权以及采纳更广泛的治理方法的要求高涨(Bygrave and Bing, 2009; Mansell, 2012; Kruger, 2014)。

2003年,联合国信息社会世界峰会(World Summit on the Information Society, WSIS)在日内瓦举行,互联网治理成为这次会议的主题。在2005年突尼斯信息社会世界峰会上,包括中国在内的许多国家都要求建立一个国际条约组织,而法国则要求建立一个由几个精英国家组成的政府间机构来管理互联网。然而,美国成功地保留了控制权:建立了一个互联网治理论坛(Internet Governance Forum, IGF),但它没有参与互联网的日常运行和技术操作。一个由40个成员国组成的互联网治理工作组(Working Group on Internet Governance, WGIG,在信息社会世界峰会日内瓦峰会后,联合国成立了该工作组,由政府、企业和非政府组织组成)将互联网治理定义为"由政府、私营部门和市民社会就各自角色,发展出并加以应用的共同遵守的原则、规范、规则、决策程序以及计划,它们塑造着互联网的发展与使用"(WSIS, 2005)。

在数字化和全球化传播时代,互联网治理已经成为国际关系中的一个主要因素,涉及国家和非国家行为者,包括越来越多的民间社会团体(Mathiason, 2008; Raboy, Landry and Shtern, 2010; Brousseau, Marzouki and Méadel, 2012; Mansell, 2012; DeNardis, 2014)。互联网号码分配机构管理着由互联网名称与号码地址分配机构监管之下的"协议参数、互联网号码资源和域名"。这包括维护IP使用中的诸多代码和号码,以及IP寻址系统的全球协调。互联网名称与号码地址分配机构还负责把自治系统号码(Autonomous System Numbers, ASN)分配给五个地区性互联网注册管理机构(Regional Internet Registries, RIR):美国互联网地址注册机构(ARIN)、亚太互联网络信息中心(APNIC)、欧洲网络协调中心(RIPE NCC)、拉丁美洲和加勒比地区互联网地址注册管理机构(LACNIC)、非洲互联网络信息中心(AfriNIC)。反过来,自治号码系统又向本地或国家互联网注册机构分配地址。在过去的20年中,这些地区性互联网注册管理机构已经发展出这样的管理功能,即对有时被称为"互联网的电话簿"进行管理:分发地址,确保质量控制到位,以及制定管理地址分配与使用的政策。此外,互联网名称与号码地址分配机构还管理"根区域"(root zone),其中记录了所有通用顶级域名,分配通用顶级域名运营商(如.com),维护其技术与管理细节。要使互联网域名系统发挥作用,必须有服务器响应查询,这些查询启动域名以及与这些域名关联的值。这些称为"根服务器"

(root servers)的服务器位于世界的不同区域,构成互联网域名系统的重要组成部分,由此,互联网名称与号码地址分配机构成为互联网根域名系统的全球协调者(Dourish, 2015)。

互联网号码分配机构发挥作用的治理框架是一系列协议,这些协议是互联网名称与号码地址分配机构自2000年以来与美国商务部国家电信与信息管理局(National Telecommunication and Information Administration, NTIA)签订的。互联网名称与号码地址分配机构还负责向互联网注册机构分配IP地址(IPv4、IPv6)和自治系统号码。过去10年中,互联网的巨大增长意味着域名越来越稀缺,互联网仅剩下1 700万个IPv4地址:2011年,亚太地区注册局(亚太互联网络信息中心)达到了临界点;2012年,欧洲网络协调中心达到了临界点;2014年,拉丁美洲和加勒比地区以及美国互联网地址注册机构都达到了临界点;只有非洲互联网络信息中心能继续提供IPv4地址。新版本的IP虽然与IPv4不兼容,但将大大增强托管更多IP地址的能力。通过国家电信与信息管理局,美国政府批准对根区域文件的更改,然后由美国私人公司VeriSign将其输入主根服务器,并在互联网的根服务器上进行分发与复制。

一个系统,诸如由互联网名称与号码地址分配机构所监管的系统,为互联网的顺利运行做出了如此之大的贡献,却使私人企业利益特权化,而非公共利益,这引起了批评——尤其来自许多发展中国家和新兴国家。正如卡斯特尔所指出的那样:"互联网是一个全球网络,因此,即使由互联网用户选举产生的互联网名称与号码地址分配机构董事会形式,其监管也不能交给美国商务部"(Castells, 2009: 113)。研究指出,私营公司和跨国企业的国际网络基础设施显示出明确的等级结构,因为它们大多位于作为"网络中心"的美国,美国公司占据了近40%的国际链接(Ruiz and Barnett, 2015)。"根"权威拥有诸多权力(Dourish, 2015)——一些域名价值数百万美元——并且"域名系统本身就是数十亿美元电子商务的基础"。该系统影响"价值连城的互联网相关产权",并"有可能成为强权工具,有可能塑造互联网本身的性质"(Goldsmith and Wu, 2006: 31)。正如戈德史密斯(Jack Goldsmith)和吴修铭(Wu Tim)所写的那样:"根权威几乎等同于一种真正全球性的互联网权威——每个人都依赖的终极中介"(p.168)。

劳伦斯·莱斯格(Lawrence Lessig)认为,互联网架构——无论是其硬件还是软件——是一种控制互联网行为的有力方式,摆明了政府可以通过硬件和软件来控制互联网(Lessig, 1999: 207-208)。其他人则认为,特定架构会产生经济后果,特别是在"软件密集型系统"(software intensive systems)中,这些系统可以创建"优先考虑并实现"特定经济目标的架构。企业可能希望通过创建能够塑造有利于其竞争环境的架构来参与"战略设计"（van Schewick, 2010: 3）。人们强调了政府出面干预这种环境的必要性，因为网络在变动中"提供利好"——商业"控制着网络的发展，如果没有政府的干预，它们就不太可能改变其航向"（第10页）。正如科威（Peter Cowhey）和阿伦森（Jonathan Aronson）指出的那样："私营部门通常拥有并运营信息与传播技术的基础设施，并且市场竞争日趋激烈。政府利益诉求虽依然强劲，但竞争和私有化已经重新定位其角色。"（Cowhey and Aronson, 2009: 10）

一些国家认为编号资源应公平分配给国家当局。在印度这样的国家，这种需求尤为迫切，因为印度将在未来10年内有超过10亿人上网，这对其相对薄弱的互联网基础设施来说，压力颇为巨大。因此，IPv6对印度非常重要。印度政府认为，国家层面上的IP地址管理应该能够更容易按国家识别IP地址，并应能够增进印度进行国际管辖的可能性，即对那些仅仅影响印度人的数据流进行国际管辖。2011年，印度提议建立一个与互联网相关政策有关的联合国委员会，以讨论这些问题及其他相关问题，但该提议并未取得成功。其他一些国家政府则心忧它们对"国内互联网部门"的内容控制力有限，它们对互联网治理产生的影响力已经得到国际电信联盟的支持。

其他一些人指出了数字全球传播系统存在的固有偏见，由于技术限制以及互操作性是重中之重，域名系统更偏好使用美国信息交换标准代码（American Standard Code for Information Interchange, ASCII）。自20世纪90年代中期以来，"域名国际化"的技术标准一直在发展，因为在中国等国家，互联网使用非罗马文字的趋势正在增长。有人建议，更多地使用国际化域名（internationalized domain names, IDNs）将使用户能够以自己的语言浏览互联网，从而强化语言的多样性并促进本地化内容（UNESCO/EURid, 2014）。

互联网名称与号码地址分配机构推动了互联网治理的"多利益相关方模式"（multi-stakeholder model），在该模式中，政府与私营部门和民间社会团体共同进行政策辩论。该模式在西方以及包括印度和巴西在内的许多发展中国家中拥有强大的支持者，而俄罗斯和中国一直在争取由联合国批准并管理的治理结构，在确定和实施治理方面，由国际电信联盟来发挥主要作用，减弱互联网名称与号码地址分配机构的作用。到底该如何治理这个最重要的全球网络，相关辩论的核心是两个对抗性观点：一是"主权主义立场"，认为重大决策应由民族政府来做；二是以市场为主导的私有化网络。2010年，中国在《中国互联网状况》（*The Internet in China*）白皮书中阐述了"互联网主权"（Internet sovereignty）的概念，该概念指出："中国主张发挥联合国在国际互联网管理中的作用。中国支持建立一个在联合国框架下的、全球范围内经过民主程序产生的、权威的、公正的互联网国际管理机构。互联网基础资源关系到互联网的发展与安全。中国认为,各国都有参与国际互联网基础资源管理的平等权利,应在现有管理模式的基础上,建立一个多边的、透明的国际互联网基础资源分配体系,合理分配互联网基础资源,促进全球互联网均衡发展。"① (Government of China, 2010)

斯诺登对美国政府监控行为的披露——包括对外国领导人的监控,再次引发了关于互联网治理的国际争论(Greenwald, 2014; Lyon, 2015)。有人认为,美国对传播新领域的监管模式"运用新自由主义逻辑,这是其重建跨国霸权传播系统事业的一部分"(Bhuiyan, 2014: 38)。

国际电信联盟和联合国教科文组织于2010年建立了宽带数字发展委员会(Broadband Commission for Digital Development),也明显秉承了这种思维,采用了一种促进宽带的"多利益相关方方法",这种方法被定义为"高速互联网接入,这种接入保持不断线,且能够同时提供多种服务"(ITU/UNESCO, 2014: 16)。该委员会称,所谓的"第四代监管"(Fourth-Generation Regulation)要求采用创新、智能的监管方法,这些方法能够"促进平等对待市场参与者,而不会给运营商和服务提供商带来额外负担"。其指导方针之一是采用"弱干涉"(light-touch)监管方法,"只在必要时进行干预,同时确保市场力量不受限制地运行,有利于创新,"欧盟委员会指出,"发展中国家不能袖手旁观,因为数字革命将知识经济和社会推到全球化的风口浪尖"(p.88)。

治理互联网有着深刻的争议,因为从网络安全到数字产权再到电子商务等一系列问题使治理话语变得复杂(Nordenstreng and Padovani, 2005; Pickard, 2007; Harwit, 2008; Mathiason, 2008; US Government, 2014)。有人认为,既然"互联网范围是跨国的"并且"规模是无限的",最好可以把互联网治理定义为"网络化的治理",它提供了"把国家机构与全球联通性的差距予以弥合的一种可能方式"(Mueller, 2010: 6)。一些国家政府认为,"网络化的治理"为商业化的新自由主义政策结构披上了合法化的外衣,这种政策结构是为保护和促进数字公司而设计的,其中大多数公司都位于美国。俄罗斯更喜欢一种以国家为中心、以国家主权不可侵犯为基础的模式,支持联合国发挥更大的作用。中国和俄罗斯对美国控制互联网以及它破坏安全的能力表示严重关切。俄罗斯政府对互联网媒介以及服务提供商采取强有力的控制措施(Oates, 2013)。

2012年,联合国主办的国际电信世界大会(World Conference on International

---

① 引文引自《〈中国互联网状况〉白皮书(全文)》(2010年6月8日),国务院新闻办公室,http://www.scio.gov.cn/tt/Document/1011194/1011194.htm,访问日期:2021年9月1日。——译者注

Telecommunication)在迪拜举行,俄罗斯和中国在会上推出了一个平等权提议,即民族国家平等地"管理互联网,包括对有关互联网编号、命名、寻址以及识别资源进行分配与回收,以支持互联网基础设施的运营和发展"(ITU, 2012a)。美国拒绝了该提议,声称"美国仍然认为互联网政策必须是多方利益相关者驱动的",并且互联网政策"不应由成员国决定,而应由公民、社区和更广泛的社会决定"(US Government, 2012)。俄、中提案随后被撤回,国际电信联盟通过了一项不具约束力的决议,以便"为互联网更强劲发展创造有利环境"。该决议指出"所有政府应对国际互联网治理具有平等的作用和责任",并邀请各国政府在各国际电信联盟论坛的授权范围内"详细阐述各自在国际互联网相关技术、发展和公共政策问题上的立场"(ITU, 2012b)。

在国际电信联盟的144个成员中,有89个国家签署了该条约,而包括美国在内的55个国家则选择不签署或放弃投票。美国代表团团长表示:"坦率地说,我们不能支持与多利益主体互联网治理模式不一致的国际电信联盟条约。"(US Government, 2012)《福布斯》的一份报告称,迪拜会议是国际电信联盟"惨淡的失败"(Ackerman, 2012)。谷歌在一场反对国际电信联盟条约撰写工作的运动中宣称"我们即网络","一个自由、开放的世界取决于一个自由、开放的互联网。闭门造车、唯我独尊的政府,不应指导互联网的未来"(Google ad, 2012)。会议结束后,在美国发起了一场"撤走为国际电信联盟提供的资金"的运动,要求美国政府停止向联合国机构提供1 030万美元的年费。然而,这些呼吁被华盛顿忽视,主要是因为国际电信联盟仍然是一个至关重要的国际组织,特别是因为国际电信联盟无线电传播部门协调着价值连城的卫星轨道位置的分配,可能使强大的美国卫星公司受益。

在互联网治理问题上,巴西一直是重要的发声者之一,引人关注的是它于2014年在圣保罗组织了全球互联网治理大会(NETmundial),人们称这是一次"关于未来互联网治理的全球多方利益相关者会议","虽然重申多利益相关方互联网治理模式,但也要求治理结构必须尊重、保护和促进各种形式的文化与语言多样性"(Drake and Price, 2014; NETmundial, 2014)。有关互联网治理,法国参议院2014年的一份报告建议成立"名称与号码分配世界互联网公司",以监督互联网号码分配机构的职能;并呼吁根据国际条约,组建一个新的全球互联网理事会,以确保遵守世界网络论坛确立的原则(French Senate, 2014)。对美国控制互联网基础设施与治理的担忧日益增加,这促使美国政府于2014年3月宣布放弃对互联网号码分配机构的控制权。

一些国家,特别是印度,质疑美国在互联网治理中的特权角色。2014年,韩国釜山举办了国际电信联盟全权代表大会(ITU Plenipotentiary Conference),印度在会议上为建立互联网的本地化据理力争。它提出的要求是，开发一个命名和编号系统，以确保产生于并终结于同一国家的信息流保留在该国。印度认为，国际电信联盟应该解决互联网问题——例如命名、编号、路由、地址方案——以及网络架构标准化；但又认为，国际电信联盟既然已经有了这种经验，因此理应把这些责任恰当地置于其管辖范围内。釜山会议承认，所有国家政府"将继续在互联网的扩张和发展中扮演极端重要的角色，比如投资基础设施和服务"。相对于"多利益相关方"互联网治理模式，中国更青睐"多边"，提出了"互联网+"计划，"旨在将移动互联网、云计算、大数据和物联网与现代制造业相结合，以鼓励电子商务、工业网络和网上银行的健康发展，以及帮助互联网公司增加国际影响力"（Xinhua News, 2015）。

按照莱斯格的说法，"对网络空间的主张不仅是政府不要规制网络空间，还在于政府**无法**规制网络空间。无可避免的是，网络空间本质上是自由的。政府可能会产生威慑力，但网络行为却无法被控制；可以立法，但它们没啥实际效果"（Lessig, 2006: 3，黑体为引文标注）。互联网名称与号码分配机构指出，互联网已经"允许在全球公域内共享知识、创造力和商业"，但自1998年互联网名称与号码分配机构成立以来的这些年中，这一公域已经发生了变化，当时仅有4%的世界人口在线，而其中一半的用户在美国。到2020年，估计全球63%的人口将在线（50亿用户），而其中许多人将不使用拉丁键盘（Cerf et al., 2014）。

正如联合国教科文组织和欧洲互联网域名注册机构（European Registry of Internet Domain Names, EURid）2014年报告所指出的，英语仍然是主要的在线语言。2014年，英语占网络内容的55%以上，而20世纪90年代末为75%（UNESCO/EURid, 2014）。近年来，国际化域名市场增长了3倍，从2009年的不足200万增加到2013年的600万（全球域名仅有2%国际化）。".com"是市场领导者，占了17%，而其他主要分享者是俄罗斯、中国和韩国，这表明在人口众多（在线的和离线的）、使用非拉丁文字的国家中，互联网的使用日益增长（UNESCO/EURid, 2014: 26）。2013年，国际化域名的东道国前三强是德国、日本和美国，这反映了全球注册商市场的动力机制：一些跨国公司"控制着大部分市场"。在欧盟的".eu"域内，德国也在国际域名注册国家中占最大份额（35%）（UNESCO/EURid, 2014）。

与互联网相关的传播存在另一个有争议的领域，即"网络中立"（network neutrality）观。哥伦比亚大学法学教授吴修铭于2003年创造了该术语，它被定义为"一种网络设计原则"，这一概念的意思是，一个用途最广的公共信息网络，希望平等对待所有内容、网站和平台（Wu, 2003）。网络中立概念的支持者认为，数字技术使网络提供商能够区分通过其网络传播的不同类型信息。他们支持政府监管，以便在优先或阻止网络流量方面保持非歧视原则；认为私营提供商对消费者和内容的权力需要受到驯服（Freedman, 2008）。反对者认为，"网络中立"用词不当。他们认为必须"付费优先"，即为付费客户提供避免拥挤线路的机会，以防止高科技"公域悲剧"。一旦发生悲剧，大部分网络可能会慢得像蜗牛爬行，或者干脆崩溃（Zelnick and Zelnick, 2013: 13）。他们认为，网络提供商应该"不受监管规约的限制"，从而促进"网络多样性"并"在网络投资领域里永葆激情"（p.14）。

全球网络为这数十亿用户提供了大量信息流。一项研究估计，互联网将在单个月内传输10亿千兆字节的数据（Cisco, 2015）。大部分数据对信息流动的耽搁十分敏感，尤其是在传送到移动设备时。在150亿在线设备中，移动设备的占比将会越来越大（到2019年将增长到250亿）（Cisco, 2015）。基于这些统计数据，就容易理解这样一个问题：为何带宽充分性最紧要之处是网络中立的争议——争议的核心围绕着如何应对互联网容量的稀缺。支持网络中立论的人担心专业化服务会导致一种二元互联网（two-tier internet）：为能够负担得起的人提供快速通道，为所有不愿意或无能力购买优先接入的人提供慢速通道。在美国国会中以及联邦通讯委员会面前，网络中立论已经争论了10多年。2015年联邦通讯委员会通过一项命令，禁止互联网接入服务提供商阻止或限制（或实施任何其他"不合理的干扰"）合法内容、应用程序、服务或设备（接受合理的网络管理），命令禁止互联网接入服务提供商实施"付费优先排序措施，即为牟取金钱或其他利益，在网络上为特定流量提供优惠待遇"（FCC, 2015）。然而，在2017年特朗普执政期间，一家美国法院推翻了联邦通讯委员会网络中立规则的部分内容，称该委员会无权过问运营商为其客户提供的互联网服务与网络费用。如上所述，鉴于美国对全球互联网政策的影响力，网络中立原则在美国的终结可能会产生深远影响。许多其他国家的互联网服务提供商和内容聚合商可能也会亦步亦趋，跟随美国进一步破坏"公共的"互联网。

监管不受监管的全球传播市场

在电信行业中，新近的争论是关于对宽带接入基础设施完全放松管制，或者说是关于把基础设施与服务交付分离（Gentzoglanis and Henten, 2010）。国际电信联盟在过去10年中在这一进程中发挥了核心作用。国际电信联盟与世界银行于2011年共同发布了第10个年头的《电信监管手册》，该手册指出："一个有效监管框架的实施带来了更大的经济增长、更多的投资、更低廉的价格、更好的服务质量、更高的渗透率，以及该部门更快速的技术革新。"（ITU, 2011: 11）2012年，国际电信联盟制定了"2020年及以后的国际移动电信"（International Mobile

Telecommunications, IMT)计划,为全球 IMT-2020 研发提供了框架。国际电信联盟无线电传播部门(Radiocommunication Sector)协调 IMT-2020 系统的国际标准,于 2015 年建立了一个新的焦点团队,以确立第五代电话(即所谓的 5G 网络)的标准化要则。国际电信联盟还成立了一个研究团队,以增进理解"与国际电信联盟发展有关的财经问题",特别是有关向基于 IP 的未来网络转向以及"移动无线传播以指数级增长"(的那些问题)。除国际电信联盟成员国外,该研究团队还包括主要的私营网络〔如 AT&T、Verizon、BT 和 Orange(法国)〕以及国家监管机构〔如联邦通信委员会、英国通信管理局(Ofcom)及法国电子通信和邮政管理局(Autorité de Régulation des communications électroniques et despostes)〕。

针对全球信息与传播技术监管的发展,国际电信联盟发布的《2015 年电信改革趋势报告》(*Trends in Telecommunication Reform 2015*)"揭示了信息与传播技术快速发展的一幅图景,此时,设备和服务快速扩散,宽带连接日益普及,以及万物互联的超连接世界开始成真"。该报告建议"灵活、轻松的监管",并承认企业和消费者有权利定义新兴全球数字环境的新框架。国际电信联盟还开发了信息与传播技术的监管跟踪器,有助于进行监管干预。

许多政府已确定加大对基础设施投资之必要。2015 年,印度分阶段推出了由公共和私人投资 750 亿美元所支持的"数字印度"计划。巴西政府制定了"全国宽带计划"(The National Broadband Plan),其中包括将光纤网络扩展到该国内陆地区以及安装海底电缆。德国呼吁发展中国家有必要进行"网络容量建设"。埃及于 2011 年启动了基础设施战略——"e-Misr"计划,以普及宽带服务。波兰的创新与经济效能战略"2020 年活力波兰"(Dynamic Poland 2020),旨在促进信息与传播技术行业向国际扩张,重点是促进与外包相关的活动。"法国数字化计划"(Plan France Numérique)包括对初创孵化项目的扶持。日本的国家数字战略旨在支持超高速网络传输技术、数据处理以及分析技术的发展,而韩国的"国家信息化基本计划"(National Informatization Master Plan)预计将在移动平台技术上进行投资(OECD,2015)。

经合组织《2015 年数字经济展望》(*Digital Economy Outlook 2015*)指出:"固定网络、移动网络和宽带网络彼此融合,机器对机器(M2M)传播、云、数据分析、传感器、执行器以及人员得以整合利用,这些都在为机器学习、远程控制以及自动化机器及其系统铺平道路。设备、物质与物联网的关联日益紧密,导致信息和传播技术与经济大规模融合。"(OECD,2015:16)该展望还指出"随着信息与传播技术以及互联网跨经济体的日益普及","在国际社会的利益相关方中,互联网政策制定与互联网治理的重要性不断增长,并且成为许多国家政府的重要议题"(p.18)。该报告与支配性企业的观点相呼应,反对对"跨境数据自由流动"做任何限制,这些限制是通过"区域路由、本地内容或数据存储要求、网络中立性、普遍接受多语种域名以及普遍接受创建另类网络"实施的(p.20)。

"T协议三位一体"与进一步放松数字管制？

如果所谓的战略性"T协议三位一体"（"T-Treaty Trinity"）——跨太平洋伙伴关系协定（the Trans-Pacific Partnership, TPP）、跨大西洋贸易和投资伙伴关系协定（the Transatlantic Trade and Investment Partnership, TTIP）和国际服务贸易协定（Trade in Services Agreement, TiSA）——能够最终敲定并得以实施，全球服务业的自由化可能会进一步加快。这个12国的跨太平洋伙伴关系将选定的亚太国家与美国、加拿大、智利、墨西哥和秘鲁联系起来，而欧盟和美国正在就跨大西洋贸易和投资伙伴关系进行谈判。据欧盟委员会称，跨大西洋贸易和投资伙伴关系将使欧盟经济增长1 625亿美元。

联合国贸易和发展会议（United Nations Conference on Trade and Development, UNCTAD）的一份报告指出："一旦达成"，"这可能会对全球投资规则的制定和全球投资模式产生重大影响"。它还指出，这些协议将对贫穷的发展中国家诸领域产生不利影响，比如知识产权等领域，因为这些国家对专利的保护期限过长，大于知识产权贸易协定（Trade-Related Aspects of Intellectual Property Rights, TRIPS）以及服务贸易中所要求的期限（UNCTAD, 2014: 121）。

国际服务贸易协定谈判，主要是应西方强国的要求。对于国际传播而言，该协议殊为重要，因为它补充了另外两个可能产生深远意义的全球协议——跨太平洋伙伴关系和跨大西洋贸易和投资伙伴关系。自2013年以来，包括美国、欧盟成员国、土耳其、墨西哥、澳大利亚、巴基斯坦和以色列在内的世界贸易组织的24个成员国一直在进行秘密谈判。国际服务贸易协定是前述1995年服务贸易总协定的一个更加自由化的版本，旨在开放这些领域现有的市场以及新市场，比如许可、电信服务、电子商务和金融服务等领域。2015年，国际服务贸易协定的第12轮谈判在日内瓦举行，欧盟作为谈判主席团，这对欧盟的服务贸易具有战略意义，因为服务部门占欧盟国内生产总值的75%。有趣的是，尽管服务业对印度和中国等国家的重要性与日俱增，但国际服务贸易协定却排除了金砖国家——巴西、俄罗斯、印度、中国和南非。

欧盟热衷于升级世界贸易组织的《信息技术产品协议》，这是其"欧洲数字议程"计划的一部分。欧盟的一份文件称："欧盟的全球性、区域性和双边活动，目的是确保在电信、视听服务和互联网领域实施公平、透明的监管系统。欧盟立法通常可以帮助合作伙伴制定这样的监管体系。"(European Commission, 2015)美国的利益集团也表达了这种情绪。根据美国通信工业协会［Telecommunication Industry Association（TIA），其前身为成立于1934年的电子工业协会（Electronic Industries Alliance, EIA）］的数据，信息与传播技术公司直接或间接地为美国国内生产总值贡献了1万亿美元，占美国经济的7%左右；自20世纪90年代以来，它们对美国国内生产总值的直接贡献增加了近25%，这是其他任何行业都无法比拟的。由于"弱干涉监管"(light-touch regulation)能够促进"新兴市场投资的投资快速增长，比如云计算、机器对机器、网络安全以及基于IP的语音传输（VoIP）等新兴市场"，美国通信工业协会为"弱干涉监管"奔走呼号，并表示将努力确保《信息技术产品协议》以及贸易协定中有关如下事项进行富有商业价值的扩张：降低跨境数据流的壁垒，避免本地化要求，并确保跨太平洋伙伴关系、跨大西洋贸易和投资伙伴关系以及国际服务贸易协定中的其他电信优先事项"(TIA网站)。2015年，在美国有力的游说下，或者说强大的压力下，世界贸易组织54个成员国中的49个签署了一份协议，该协议升级了《信息技术产品协议》，在其全面实施后，全球技术产品每年约1万亿美元销售额的关税将被取消，全球每年国内生产总值将增加1 900亿美元。

尽管美国在国际上取得了如此成绩，但作为一个国家，它在应用基于互联网的新技术方面已落后于西欧和亚洲的一些国家，这些技术一直由全球化的企业集团所支配（Frieden, 2010; McChesney, 2013; Mosco, 2014, 2017; Schiller, 2014）。与此同时，在诸如世界贸易组织等组织中出现了新的声音，中国自2000年加入世界贸易组织以来，已经从"被动接受其他国家强加的现有规则"，转向"利用现有规则发挥其优势"(Gao, 2012: 76)。随着全球的权力方程式在数字时代发生变化，这些声音将更加强劲有力。经济合作与发展组织《2017年数字经济展望》（*Digital Economy Outlook 2017*）表示，"呈指数级增长的计算能力与持续的移动联通性一道，已经使数字化和互联性锐不可当"，创造了一种"技术及其应用生态系统"新传播，特别是物联网、大数据分析、人工智能和区块链（OECD, 2017: 24-25）。第7章将讨论这些问题。

一个自由化的全球传播体制的含义

全球性转向——从国家监管到市场驱动政策——在国际传播的所有部门都明显体现出来。世界贸易组织声称，跨国公司扩大资本有助于将技能和资本转移到南方国家，但也可能导致贫富差距扩大，而这一点往往被忽视。国际传播越来越多地受到贸易和市场标准的影响，越来越少地受到政治因素的影响，哈姆林克（Cees

J. Hamelink）称之为"一种从政治话语到经济话语的令人侧目的转变"（1994: 268）。

通过减少关税壁垒来开放世界贸易的举措，其实际应用并不均衡：一些发展中国家的关税大幅减少，但发达国家继续保护自身市场，特别是农业等部门，拖延了所谓的世界贸易组织多哈回合（Doha Round of WTO，也称多哈发展议程）的实施。此外，优先考虑服务部门（金融服务、保险和电信）使北方国家受益，而南方国家可能具有优势的领域则没有得到太多考虑。劳动力是关键资源之一——虽然服务贸易总协定对资本自由流动做了具体规定，却没有对劳动力如何在"无国界世界"中流动做出规定。相反，欧盟和美国的移民法正在变得更加严格。

主要的贸易集团坚持认为，在一个全球化的世界经济中，生产和消费的国际化日益增长，至关重要的问题是：调和影响贸易和投资的国内法律与监管结构，消除国内产业的任何特权或被保护状态。该论调认为，只有通过放松管制，让市场来设定国际贸易规则，才能创造全球市场。

国际政策在制度层面上发生的变化，弱化了那些对放松管制和私有化过程持有异议的声音。正如席勒所指出的那样，国际组织"要么被绕过、重组、削弱，要么被阉割"（Schiller, 1996：123）。1992年，联合国跨国公司中心（UN Centre on Transnational Corporations, UNCTC）的地位发生了根本性变化，它作为联合国跨国公司及其管理部门的一部分，致力于强化全球市场力量，将自己定位为几近开展国际业务。联合国的机构越来越多地与企业开展合作项目，并互惠互利。信息社会世界峰会指出了这种趋势，世界贸易组织和国际电信联盟之政策规定也都表明了这一趋势。有人认为，贸易谈判——如跨太平洋伙伴关系协定等——可能会为世界贸易组织"21世纪协议"大开"诸边主义"（plurilateralism，当一群志同道合的国家一起行动时）的先例，而不是多边主义（multilateralism）。人们强调，全球数据流越来越重要，而且对制定传播政策有着越来越重要的影响（Taylor and Schejter, 2013）。其他一些人指出，在一个迅速变化的技术环境中，政府对传播基础设施的政策存在局限性。"政府决策者和监管者宁愿进入艰难的贸易谈判，也不愿意接受这一点：技术变革会智取它们所选择的监管行动或政策选择。政府有着强烈的政治和经济动机采取行动，因此政府将以某些重要方式影响信息与传播技术的基础设施。"（Cowhey and Aronson, 2009: 267）

布朗（Ian Brown）和马斯登（Christopher Marsden）认为，由于"互联网的社会重要性日益增长"，因此，挑战政策越来越重要；"我们必须拒绝魔弹式的简单解决方案，这种简单方案就是对单门学科（无论是计算机科学、法律还是经济学）、单个行业（电信或免费软件）或单一方案（自我监管或政府控制）进行研究"。相反，他们主张"基于自我克制监管与国家监管的一种混合模式,来检视技术、政治、法律和经济解决方案的利弊"(Brown and Marsden, 2013: 1)。

如前所述,自由化、放松管制和私有化进程以及由此产生的世界贸易组织协定的最大受益者是主导全球贸易的跨国公司,是全球经济的主要"推动者和塑造者"(Dicken, 2011)。跨国公司如此之强大,以至于顶级公司的年销售额超过许多国家的国内生产总值。毫不奇怪,美国公司,连同欧洲和日本公司,继续在《财富》500强名单(这是世界上最强公司的年度研究报告,由《财富》杂志执行)中占主导地位。2016年,这些公司的收入是27.7万亿美元,利润产出是1.5万亿美元(*Fortune*, 2017)。然而,近几十年来,中国以佼佼者的身姿出现在全球经济舞台上——在过去15年《财富》500强名单中,中国公司的数量增长了近10倍(2000年只有10家,到2016年是109家),其中主要是国有企业,只有22家是私营企业。

相应地,排名前500位的美国公司数量在同期下降,从179个减少到132个。世界十大公司(见表3.3)见证了中国公司紧随沃尔玛其后一跃而登前三名(*Fortune*, 2017)。

表3.3 世界上收入最多的公司

公　　　司	所在国家	2016年收入(10亿美元)
沃尔玛(Walmart)	美　国	485.8
国家电网	中　国	315.2
中石化	中　国	267.5
中石油	中　国	262.6
丰田汽车(Toyota Motor)	日　本	254.7
大众汽车(Volkswagen)	德　国	240.3
荷兰皇家壳牌(Royal Dutch Shell)	英国/荷兰	240.0
伯克希尔·哈撒韦公司(Berkshire Hathaway)	美　国	223.6
苹果(Apple)	美　国	215.6
埃克森美孚(Exxon Mobil)	美　国	205.0

资料来源:《财富》,2017年7月。

根据联合国贸易和发展会议2015年《世界投资报告》(*World Investment Report*),跨国公司通过各种非股权公司(例如管理合同、特许经营)以及与当地企业建立技术网络,迅速推动国外的活动。它们还将研发活动转移到发展中国家。它们产制的自由市场意识形态和新的国际贸易制度激发了资本在无边界的世界里自由流动。对全球电子市场争先恐后的欢迎取代了对跨境数据流及其对国家主权的影响的担忧。无论就其总资产,还是其业务所在国数量,大型跨国公司都主导着世界金融服务(见表3.4)。

表3.4 全球收入排名前10位的财经服务公司

公　　　司	行业	所在国家	2016年收入(10亿美元)
伯克希尔·哈撒韦公司(Berkshire Hathaway)	企业集团	美　国	210.8
安盛(AXA)	保险业	法　国	147.5
安联(Allianz)	保险业	德　国	140.3
中国工商银行	银行业	中　国	134.8
房利美(Fannie Mae)	财经服务	美　国	131.9
法国巴黎银行(BNP Paribas)	银行业	法　国	126.2
忠利集团(Generali Group)	保险业	意大利	116.7
中国建设银行	银行业	中　国	113.1
桑坦德银行(Banco Santander)	银行业	西班牙	108.8
摩根大通银行(JP Morgan Chase)	银行业	美　国	108.2

资料来源:基于《福布斯》全球数据,2000,2017。

信息技术革命还创造了一个全球性的"外包"服务行业,印度等发展中国家在这方面表现出色。根据全国软件与服务业企业协会(National Association of Software Service Companies, NASSCOM,印度IT行业的最高机构)的数据,印度软件和业务流程外包(Business Process Outsourcing, BPO)服务出口出现了惊人的增长,这反映在其收入从1991年的1.1亿美元激增到2011年的580亿美元(UNCTAD, 2012: 39)。预计到2022年,业务流程外包的全球市场将增长到2.6亿美元以上。

然而,市场全球化也产生了不利因素,特别是在全球不平等日益加剧的情况下(Stiglitz, 2002, 2015; Bardhan, Bowles and Wallerstein, 2006; Piketty, 2013)。2015年,根据联合国开发计划署的《人类发展报告》(Human Development Report),世界上大约80%的人口只占世界财富的6%,1%最富有的人占有的财富份额超过50%(UNDP, 2015)。公共事务规划转向私人事务规划,产生了这样一个累积效应:世界上最穷的人,其贫困还在加剧;新自由主义"改革"被输送给世界绝大多数人口,而这些最穷的人就生活在作为"改革"的承受者这一端的国家中。以市场为基础的解决方案以及削减公共部门正在对就业产生破坏性影响,特别是在2008年银行业危机之后,这一点在南方国家中尤为突出。根据国际劳工组织(International Labour Organization, ILO)的数据,2017年全球失业人数超过2.01亿,比全球危机爆发前增加了3 100多万人;预计全球失业率将继续增加,"不稳定就业"(vulnerable employment)将继续"普遍存在",并影响全球14亿人口(ILO,2017)。

4 全球媒介市场

20世纪90年代，国际传播部门的管制放松及其自由化与媒介产业发展并驾齐驱，并与卫星、有线、数字和移动交付机制等新传播技术相结合，这为媒介产品创造了一个全球市场（Herman and McChesney, 1997; Geradin and Luff, 2004; Flew, 2007; Sigismondi, 2012; Mooij, 2014; Chalaby, 2015; Noam, 2016）。对商业卫星的利用增长最快的领域是传输媒介产品（信息、新闻和娱乐），对于媒体集团而言，势在必行的是：在全球语境中规划其战略，并通过范围经济与规模经济，实现利润增长的最终目标。媒介与技术的融合以及媒介行业为实现融合目标而进行的纵向整合进程，其结果是媒介权力集中在少数大型跨国公司手中。可以说，这已破坏了媒介多元化（McChesney, 1999, 2004; Bagdikian, 2004; Croteau and Hynes, 2005; Bettig and Hall, 2012; Artz, 2015）。

媒介融合

在全球化之前，大多数媒体公司都在不同的业务领域里运营，例如：迪士尼主要聚焦于卡通电影和主题公园的运营；《时代》主要是出版业务；维亚康姆（Viacom）是一家电视辛迪加与有线设备公司；新闻集团在澳大利亚拥有一系列报纸。随着全球广播的私有化，再加上出现了发布媒介、传播内容的新方法——卫星、有线电视和互联网，这些行业之间的区别日渐消解（McPhail, 2014）。

随着20世纪90年代放松管制以及放宽跨媒体所有权限制，媒体公司扩大了它们既有的嗜好，并且在过去的30年中出现了兼并、收购的大浪潮（Birkinbine, Gomez and Wasko, 2016; Albarran, 2017）。在21世纪，媒体整合的这种趋势进一步减少了那些在全球范围内控制内容及其分发的公司数量。

2017年，不到10家公司（大部分在美国）拥有全球大部分媒介行业，时代华纳（Time Warner）处于领先地位，其次是华特·迪士尼（Walt Disney）、维亚康姆、贝塔斯曼（Bertelsmann）、新闻集团（News Corporation）、索尼（Sony）和美国全国广播公司（National Broadcasting Corporation, NBC）。2003年，美国全国广播公司与总部位于巴黎的维旺迪环球（Vivendi Universal）合作，创建了全国广播环球公司（NBC Universal，现为康卡斯特的一部分）。所有主要的电视公司——迪士尼、时代华纳、新闻集团和维亚康姆——都拥有多个广播和有线电视网以及生产设施。通过收购、兼并、价格歧视、掠夺性定价、广告和营销，媒体寡头垄断寻求"最小化风险和最大化利润"（Bettig and Hall, 2012: 55）。

根据美国国际知识产权联盟的一份报告，2015年版权产业（包括录制音乐、电影、电视和视频、报纸、书籍和期刊以及软件出版）占美国可出口产品与服务增长量的近60%，是美国经济中最重要的增长驱动器。2015年，核心版权产业对美国国内生产总值的贡献值超过1.2万亿美元，占美国经济的近7%，专供海外市场的核心版权产品的销售额达1 770亿美元（Siwek, 2016）。

随着媒介行业的融合与整合，从内容原创到分发机制，这些大型企业集团能够控制大众媒介的所有主要方面：报纸、杂志、书籍、广播、无线广播电视、有线电视系统和节目、电影、音乐录音和在线服务。数字发行革命提供了一系列新的盈利机会，因为媒体和电信部门在全球层面彼此交叉。带宽的扩容，内容的数字化，全球利用移动计算的不断增长，这些都为全球媒体与传播集团在新兴市场上进行资本的开疆拓土与尝试新媒介产品提供了新平台。正如贝蒂格（Ronald Bettig）和霍尔（Jeanne Lynn Hall）所指出的那样："旧媒介已经悄悄进入新媒介——伴随着商品化、商业化和集中化。"（2012: 55）本章利用公开信息，考察主导全球媒体（主要在美国）的媒体集团格局及其国际影响力。

全球媒体集团

时代华纳

总部位于纽约的时代华纳公司2016年的收入为293亿美元，是全球最大的娱乐与信息公司之一，在电影、有线和卫星电视以及互联网领域拥有全球业务。虽然自2001年以来，随着越来越多的竞争者进入数字媒介领域，其交易量和收入有所下降，但它仍然是全球媒体行业的领军企业之一（Fitzgerald, 2016: 51）。

1996年，时代华纳收购了特纳广播（Turner Broadcasting），从此之后，时代华纳在新闻和娱乐领域拥有了国际电视台，在全球拥有175个频道。其中包括有线电视新闻网（CNN，这是一个24小时全球新闻频道，自称是"世界上最广泛的、辛迪加化的电视新闻服务"）、特纳网络广播（Turner Network Broadcasting, TNT）、特纳经典电影（Turner Classic Movies）和卡通频道（Cartoon Network，国际儿童频道——

"世界上播出范围最广的24小时动画网络")。卡通频道是美国以外一些国家的头号儿童电视网,包括澳大利亚、巴西、智利、哥伦比亚、意大利、墨西哥、南非和菲律宾。它拥有的儿童电视网包括如拉丁美洲的Tooncast,欧洲和中东的BOING和Cartoonito,以及亚洲的POGO和Toonami。2017年,特纳与华纳兄弟公司合作推出了一个新的儿童频道Boomerang,提供订阅视频点播(Subscription Video on Demand, SVOD)服务。

2016年,该公司的出版部门时代公司(Time Inc.),在全球拥有的月度印刷品受众数量超过1.2亿,全球数字设施每月有超过1.5亿访客,其中包括60多个网站。除了其同名国际旗舰杂志《时代》,该集团发行的另一些国际杂志包括《财富》(Fortune)、《人物》(People)、《娱乐周刊》(Entertainment Weekly)和《体育画报》(Sports Illustrated)。该集团通过数字、视频和电视平台、合作伙伴关系、收购、许可以及频道外商务在全球开展业务。自2016年以来,它一直与总部位于香港的全体育网络(All Sports Network, ASN)合作,这是亚洲首个24小时泛亚体育网络,通过包括中国香港、菲律宾、新加坡、印度尼西亚、马来西亚和泰国在内的12个国家和地区的20家领先运营商触达2 900万个家庭。2015年,时代国际公司(Time Inc. International)的收入为31亿美元,其中广告收入为16.6亿美元,它在48个国家或地区拥有147项许可协议及超过90个品牌,以及一家全资子公司——时代印度公司(Time Inc. India)。《体育画报》在中国和印度获许可发行当地印刷版,《高尔夫》(Golf)已在澳大利亚、中国、韩国、马来西亚获许可发行印刷版和运营网站(Time Warner Annual Report, 2016)。

该集团的主营业务是通过华纳兄弟公司开展的电影娱乐业,而华纳兄弟本身就是一家全球娱乐公司,其业务范围从电影和电视制作及其产品许可,到广播电视网络。2016年,华纳兄弟电影在全球票房收入近50亿美元,在这方面,它是第二大电影制片厂。其内容库包含超过80 000小时的节目,有超过7 000部故事片和5 000个电视节目。2016年,华纳兄弟公司向190多个国家的国际分销商授予了数千小时节目的许可,以90多种语言配音或提供字幕。它授权中国以提供订阅视频点播服务的形式播放其故事片,并把电影和电视剧授权给胡克流媒体(HOOQ[①]),后者是在印度、印度尼西亚、菲律宾、新加坡和泰国运营的订阅视频点播服务(Time Warner Annual Report, 2016)。华纳兄弟还在20个国家与地区建立了全球生产公司网络,以开发专为当地受众量身定制的节目。其HBO有线电视网络,以非

[①] HOOQ是亚洲首个在东南亚和印度推出的优质视频点播服务。它是索尼画音(Sony Pictures)、华纳兄弟(Warner Bros.)和新特尔(Singtel)三家的合资企业。——译者注

常成功的系列片而闻名——比如《权力的游戏》(*Game of Thrones*,第六季创下每集观众人数平均近2 600万的纪录)、《欲望都市》(*Sex and the City*)、《白宫风云》(*The West Wing*)和《急诊室的故事》(*ER*)。2016年,该有线网络在拉丁美洲、欧洲和亚洲的60多个国家拥有1.34亿用户。它的节目在150多个国家获得许可,并在微软的Xbox、三星智能电视、索尼的PlayStation和亚马逊Prime频道上发布了OTT服务(Over the Top①),并于2016年在西班牙、巴西和阿根廷推出了新的OTT服务。

2016年,华纳兄弟成立了华纳兄弟数字网络(Warner Bros. Digital Networks),该部门专注于利用那些发生于电视系统、消费者观看模式以及技术领域里的变化。该部门包括DramaFever,这是一项OTT服务,于2016年被华纳兄弟收购,作为其提供数字服务的技术平台与消费者专家,包括Boomerang品牌的国内订阅视频点播服务。华纳兄弟数字网络公司还包括Machinima(2016年收购),这是一个游戏和用户生成内容的全球聚合器。该集团还是所有电视和电影制片厂中最大的视频游戏发行商,并拥有中欧媒体企业(Central European Media Enterprises)——该企业在六个欧洲国家运营,2016年拥有36个电视品牌以及一个区域视频点播(VOD)服务。

2016年,美国的全球电信巨头美国电话电报公司(AT&T)提出收购时代华纳的方案,如果得到美国当局的批准,这将把时代华纳的领军品牌与电话电报公司广泛的分销网络和客户群携带的电视、电影、视频游戏、数字内容整合在一起,在"提供下一代视频服务"(Time Warner Annual Report, 2016)中展开竞争。

华特·迪士尼公司

2017年,总部在加利福尼亚州的华特·迪士尼公司是《财富》500强中排名第二的娱乐公司。迪士尼是一家全球娱乐公司,与其子公司一起在媒介网络、公园和度假村、影院娱乐、消费产品以及互动服务领域营运。迪士尼拥有美国广播公司(American Broadcasting Corporation, ABC),这是美国三大电视网之一,与200多个地方电视网络有联营协议。迪士尼频道(The Disney Channel,自1983年开始运营)、迪士尼少儿频道(Disney Junior)和迪士尼XD(Disney XD)是美国三个主要的有线电视频道,也都在国际上播出。此外,迪士尼拥有娱乐和体育网络(ESPN)、Freeform(前身为ABC Family)80%的股份,并和赫斯特(Hearst)一同部分地拥有艺术&娱乐电视(Arts and Entertainment Television, A&E),包括历史和生命等频道,

---

① OTT是指互联网公司越过运营商,发展基于开放互联网的各种视频及数据服务业务。这个词汇来源于篮球等体育运动,是"过顶传球"的意思,指的是篮球运动员在他们头上来回传球来到达特定位置。——译者注

覆盖150多个国家。迪士尼拥有传媒公司Vice的股份，拥有后者的Viceland频道，以及娱乐订阅服务Hulu 30%的股权。迪士尼还经营着迪士尼数字网络，该网络针对千禧一代和年轻观众制作在线内容，并通过300多个社交媒介渠道覆盖超过10亿粉丝。

迪士尼通过其电视频道在全球范围内产生了广泛影响，它拥有超过100个频道，提供34种语言，可在164个国家/地区收看。到2016年，迪士尼频道、迪士尼少儿频道和迪士尼XD的用户总数估计为4.72亿。在印度，除迪士尼品牌的频道外，该公司还拥有Hungama——一个以用印地语编辑节目为特色的儿童娱乐频道，以及运营包括音乐和娱乐节目在内的有线电视网络品牌UTV和Bindass。迪士尼还持有CTV电视台30%的股份，该电视台在加拿大拥有多个电视网络，包括体育和娱乐。此外，迪士尼拥有Seven TV 20%的股权，Seven TV在俄罗斯经营着一个免费的迪士尼频道。在国际体育广播中，ESPN占据主导地位。在美国国内，ESPN频道的总订阅量超过3.8亿。除国内网络外，ESPN还在国际上拥有19个电视频道，以四种语言覆盖60个国家。该公司还持有遍布世界的多国电视公司的少数股权。

迪士尼还通过华特·迪士尼影业公司（Walt Disney Pictures）、试金石影业公司（Touchstone Pictures）和漫威公司（Marvel），在电影制作和发行方面拥有重要业务。迪士尼拥有皮克斯动画制片厂（Pixar Animation Studios），它制作了诸如《玩具总动员》（*Toy Story*）系列等国际动画大片，并于2012年以40亿美元收购了卢卡斯影业（Lucasfilm），获得了大片《星球大战》（*Star Wars*）系列电影及其相关商品的版权。由于收购了此类的主流好莱坞特许经营权，迪士尼于2016年仅从影视娱乐中就赚了27亿美元。媒体网络是该公司最大的收入来源，例如迪士尼2016年的总收入为550多亿美元，而媒体网络就占了近240亿美元（Disney, 2017）。

其出版部门迪士尼全球出版（Disney Publishing Worldwide）以数字和印刷方式创作和出版儿童书籍、漫画书等。出版公司包括迪士尼版本（Disney Editions）、迪士尼出版（Disney Press）、亥伯龙（Hyperion）、自由形式（Freeform）。出版集团分布在好几十个国家，并以多种语言出版。此外，迪士尼英语通过中国八个城市的27个学习中心为中国儿童提供英语课程。在音乐方面，迪士尼音乐集团拥有多家唱片公司，包括华特·迪士尼唱片公司（Walt Disney Records）、好莱坞唱片公司（Hollywood Records，流行音乐和电影原声带）以及迪士尼音乐出版公司（Disney Music Publishing）。此外，迪士尼及其子公司博伟音乐集团（Buena Vista Music Concert）还举办现场音乐会，迪士尼剧团（Disney Theatrical Group）在百老汇和国际上开展现场娱乐表演。

由于迪士尼的整合，作为其主要运营领域的主题公园和度假村能够使用它的娱乐内容和商品：2016年，迪士尼在三大洲设有六个度假村——两个在美国，在巴黎、上海、东京和香港各有一个。此外，迪士尼还经营着数十家度假酒店、两艘豪华游轮以及其他各种娱乐产品，并通过北美的223家店铺、欧洲的78家店铺、日本的48家店铺和中国的1家店铺零售迪士尼商品。2016年，公园和度假村为迪士尼创收170亿美元。迪士尼产品也向第三方游戏开发商授权使用许可以及自行制作在线迪士尼游戏，并向互动游戏社区推销。

维亚康姆

维亚康姆2016年的收入为132.6亿美元，它是另一家全球领先的娱乐公司，在超过165个国家和地区拥有众多受众。其业务涉及电视节目、电影、出版、应用程序、游戏、消费品品牌、社交媒介以及其他娱乐内容。维亚康姆被称为"从摇篮到坟墓的广告仓库"，通过诸如尼克儿童频道（Nickelodeon）迎合幼儿，通过"音乐电视"（MTV）迎合青年人，通过哥伦比亚广播系统（CBS）迎合年长群体。该集团拥有派拉蒙电影公司（Paramount Pictures），这是电影业的重要制片人和发行商——2012年举行了百年庆典。它的资料库拥有超过3 400部电影，包括像《十诫》（*The Ten Commandments*）和《教父》（*The Godfather*）这样的热门电影以及像《阿甘正传》（*Forrest Gump*）、《天地大冲撞》（*Deep Impact*）、《星际迷航：起义》（*Star Trek: Insurrection*）和《泰坦尼克号》（*Titanic*）等大片。派拉蒙还与尼克影业（Nickelodeon Movies）和MTV影业（MTV Films）利用它们各自拥有的儿童和青少年专业知识共同制作电影。派拉蒙家庭娱乐公司（Paramount Home Entertainment）曾经在全球超过45个国家通过视频和DVD发行电影，但今天它将其电影在全球范围内授权给Netflix、亚马逊、iTunes和Google Play等数字平台，以及为全球分销平台开发和分发数字原创内容。

在电视领域，该公司通过"音乐电视"、尼克儿童频道、VH1和喜剧中心（Comedy Central）等频道在全球开展业务。其派拉蒙电视台是全球广播公司最大的电视节目供应商之一，有一个包含16 000个电视剧集的资料库可资利用，其中包括流行的重播节目，如《星际迷航》（*Star Trek*）、《天生冤家》（*The Odd Couple*）和《欢乐一家亲》（*Frasier*）。派拉蒙频道是一个在西班牙、法国、匈牙利、俄罗斯和罗马尼亚等国家24小时免费播放的电影频道。2016年，音乐电视网是全球分布最广的网络，覆盖了167个国家的4.18亿户家庭。而作为全球最大的儿童节目制作商之一的尼克电视在全球约140个地区拥有5.5亿多户家庭观众，他们通过80多个本地节目频道和品牌街以及数百种在线、移动应用程序（app）来收看节目。维亚康姆还拥有印度色彩公司（Colors in India），这是一家由维亚康姆18频道（Viacom 18）合资公司运营的印度语通用娱乐频道。2014年，维亚康姆18频道在印度推出了第二个通用娱乐频道Rishtey。同年它还收购了英国的第5频道，并将其加入维亚康姆原有的付费电视频道集群中。其数字部门维亚康姆媒体网络（Viacom Media Networks）生产在线的移动应用程序内容。

康卡斯特-全国广播环球公司

全国媒介市场的另一股重要影响力是康卡斯特-全国广播环球公司（Comcast-NBC Universal），该公司成立于2011年。当时，作为美国最大的通信公司之一，康卡斯特公司是视频、高速互联网和语音服务（"有线服务"）的最大提供商，收购了美国全国广播公司。美国全国广播公司是美国第一个全国广播网络，成立于1926年，源自通用电气公司。2017年，康卡斯特-全国广播环球公司收入845亿美元，成为一个强大的媒体巨头，对电影、娱乐、商业传播和数字媒体产业有着强烈的抱负，拥有60多个国际频道和数字媒体。康卡斯特使用其有线电视系统提供各种视频服务，有数百个频道可被访问，包括高级网络——HBO、SHOWTIME、STARZ和CINEMAX，以及按次付费频道和"点播"（On Demand）服务。除美国全国有线新闻与信息网络（MSNBC、CNBC和CNBC World）和有线体育网络（高尔夫频道和NBC体育网络）外，该公司的有线娱乐网络还包括美国网络（USA Network）、Syfy、E!、Bravo、Oxygen、Esquire Network、Sprout、Chiller、Universal HD和Cloo。

到2017年，全国广播环球公司每年在播电视节目约有5 000个小时，发送到美国200多个附属电视台，其中包括17个特莱蒙多（Telemundo）电视台以及全国有线网络——美国全国广播公司寰宇（NBC UNIVERSO）。特莱蒙多是美国一个讲西班牙语的主要电视网，是美国全国广播公司于2002年收购来的，也是全球第二大西班牙语内容提供商，以超过35种语言向100多个国家/地区提供内容。特莱蒙多康卡斯特-全国广播环球公司拥有国际足联2015年至2022年世界杯足球赛西班牙语美国转播权，以及美国职业橄榄球大联盟（NFL）赛事西班牙语美国转播权，全国广播公司负责2022—2023年赛季的播出。美国全国广播公司网络还拥有夏季和冬季奥运会的美国转播权，直到2032年。2011年，康卡斯特扩大了九个西班牙语网络（Azteca America、Galavision、HITN、LATV、mun2、Telefutura、Telemundo、Univision和nuvoTV）的营运，共有约1 700万用户。

全国广播环球公司的电影娱乐节目主要由环球影业公司（Universal Pictures）制作。2012年，在电影业发展满101年之际，它首次突破国际票房20亿美元大关，其成功作品有《速度与激情6》（*Fast & Furious 6*）和《卑鄙的我2》（*Despicable Me 2*）。环球影业公司以其广泛的热门电影而闻名，包括《大白鲨》（*Jaws*）、《E.T.外星人》（*E.T.: The Extra-Terrestrial*）和《侏罗纪公园》（*Jurassic Park*）等经典电影。2016年，全国广播环球公司用38亿美元收购梦工厂动画公司（Dream Works

Animation),以扩大其电视和电影观众。在国际新闻领域,代表该公司的是消费者新闻与商业频道(CNBC, Consumer News and Business Channel),这是一家全球商业、金融新闻与信息广播电视媒体,自1989年开始运营。全国广播环球公司通过三个区域网络向亚洲、欧洲、中东、非洲和美洲播放,2017年向世界超过3.71亿家庭提供服务。其在线新闻门户CNBC.com提供财经新闻与信息的"实时"市场分析。

该公司的在线娱乐也很强大。作为首个"全时订阅视频点播服务"的hayu频道,是与英国和澳大利亚的社交媒介整合而来,制作了包括《与卡戴珊一家同行》(Keeping Up with the Kardashians)这样的热播秀及其派生剧,并拥有《比弗利娇妻》(The Real Housewives)、《百万美金豪宅》(Million Dollar Listing)和《顶级大厨》(Top Chef)的特许经营权。

贝塔斯曼

德国媒体巨头贝塔斯曼2017年的年收入近150亿美元,不仅是世界上最大的书籍和杂志出版商,也是欧洲最大的电视内容制作商,其兴趣领域是电视、电影和广播、音乐品牌和俱乐部,以及在线服务和多媒体,在50多个国家提供新闻、娱乐、音乐与在线服务(Fitzgerald, 2011)。它包括广播公司RTL集团、图书出版商企鹅兰登书屋(Penguin Random House,这是世界上最大的出版机构之一)、杂志出版商Gruner + Jahr、服务提供商Arvato、贝塔斯曼印刷集团(Bertelsmann Printing Group)、音乐版权公司BMG,以及电子学习提供商信赖学习(Relias Learning)。贝塔斯曼的国际战略一直是在巴西、中国和印度等新兴市场进行扩张。

该公司成立于1835年,最初是一家宗教书籍的区域出版商,但在20世纪60年代和70年代扩大了其在欧洲的出版业务,特别是通过图书俱乐部。虽然该公司的业务已经多元化,甚至进入数字电视,但出版仍然是其业务的关键部分。广播公司RTL集团是欧洲领军娱乐网络,拥有60个电视频道和31个电视台,以及分布在世界各地的制作公司。

这包括德国的RTL电视,法国的M6,荷兰、比利时、卢森堡、克罗地亚和匈牙利的RTL频道,西班牙的Antena 3和在东南亚的频道。此外,RTL集团凭借其弗里曼托媒体(Fremantle Media)子公司,每年制作9 200小时的节目,在电视内容制作、许可和发行领域,是除美国之外最大的国际公司之一。弗里曼托媒体凭借其在150个国家拥有的节目版权,成为美国以外最大的独立电视发行公司。

贝塔斯曼还拥有世界领先的商业出版商企鹅兰登书屋,每年出版约10 000种新书,并在全球销售近8亿份书籍、有声读物和电子书。它有近250个独立编辑出版分属机构,包括双日出版社(Doubleday)和克诺普夫出版社(Alfred A. Knopf)

(美国),埃伯瑞出版公司(Ebury)和环球出版社(Transworld)(英国),普拉扎和詹尼斯出版社(Plaza & Janés)(西班牙)和南美洲出版(Sudamericana)(阿根廷),并在15个国家有代表机构。总部位于汉堡的古纳雅尔出版公司(Gruner + Jahr)在20多个国家拥有近500种杂志和数字产品——2016年,该集团总销售额的45%来自德国以外的市场。它在德国出版各种书籍,包括《明星》周刊(*Stern*)[①],并拥有法国第二大杂志出版商菱镜媒体(Prisma Média)。此外,贝塔斯曼音乐公司(Bertelsmann Music Group,BMG)是全球第四大音乐发行商,成立于2008年,以应对音乐数字革命的挑战。它还与中国阿里巴巴的数字部门签署了分销协议。贝塔斯曼教育集团专营医疗保健、科技以及教育机构在线服务等领域的电子学习。

索尼

坐落于东京的索尼,是一家消费类电子产品与多媒体娱乐巨头,是全球最大的企业集团之一:2017年总收入近680亿美元,其中69%来自海外销售,最大的海外市场是美国,其次是欧洲和中国。索尼是一个有趣的例子,它从一个硬件与设备基地扩张到内容生产。自1946年成立以来,索尼公司已发展成为一家全球各个不同领域电子产品硬件生产商。其主要产品包括家庭游戏系统、音乐系统、立体声系统、智能电视、录像机/播放器、数码相机、广播视频设备、移动电话、卫星广播接收系统和互联网终端。

索尼在全球占据主导地位的一个领域是电脑游戏市场,游戏和网络服务占2016年销售额的近22%。自1994年售卖第一款PlayStation游戏机以来,这一部门增速极快,其销售和收入在20世纪90年代末增长200多倍。通过开发新的软件类型,借助先进的计算机图形技术,索尼成为制作视频游戏的主力,而视频游戏是青少年群体最受欢迎的休闲活动,到2017年,玩游戏的人估计高达26亿,每年的全球市值超过1 000亿美元(UKIE, 2017: 3)。索尼最新的游戏系统——PlayStation 4[②]在全球售出超过5 000万台,并融合了数字电视功能与虚拟现实功能。

索尼在音乐和音乐出版方面具有全球商业利益,其全球利益是通过一个全球商标加盟网络而建立起来。索尼的音乐和音乐出版随着2008年收购贝塔斯曼的音乐业务而强化,从而形成了索尼音乐娱乐公司。索尼名下拥有超过30个不同

---

① *Stern*,德国《明星》周刊,隶属于世界最重要的媒体集团之一的贝塔斯曼集团,主要面向德国及欧洲发行,目前是德国最大的社会生活杂志。其报道范围涉猎丰富,素以生动耐读的文字和人物刻画见长。——译者注

② 简称PS4,是由索尼互动娱乐所推出的第八世代家用游戏机,是PlayStation系列游戏机的第四代,于2013年11月15日在北美首度发售。索尼于2020年已推出新一代家用游戏机PlayStation 5。——译者注

的唱片公司，其中包括哥伦比亚唱片公司（Columbia Records），这也是业内现存最久的品牌。索尼还是国际娱乐业务的重要参与者，制作和发行电影和电视节目，并在全球范围内将娱乐节目辛迪加化。索尼影业娱乐（Sony Picture Entertainment）拥有哥伦比亚电影公司（Columbia Pictures，世界顶级电影和电视制作公司之一）、三星影业（TriStar Pictures）、幕宝电影公司（Screen Gems）、索尼电影经典（Sony Pictures Classics）和索尼影视动画公司（Sony Pictures Animations）。索尼的电视领域包括前哥伦比亚三星电视（Columbia TriStar Television），该电视台制作了具有国际影响力的游戏节目，如《幸运之轮》（*Wheel of Fortune*）和《抢答！》（*Jeopardy!*）。索尼还拥有其他几家国际制作公司，拥有《谁想成为百万富翁？》（*Who Wants to be a Millionaire?*）的版权，等等。

2017年索尼影视娱乐公司通过其电影和电视制作及授权许可获得了80亿美元的收入。索尼在全球范围内——从香港到墨西哥城，拥有电影生产业务，总计拥有一个超过3 500部电影的资料库，其中包括12部奥斯卡最佳影片。它还拥有美国和全球的主要电视网络。2017年，索尼的电视业务在全球范围内制作或发行了大约60个节目，涵盖各种格式和类型。索尼影视公司（Sony Pictures Television，SPT）已在178个国家/地区组建或投资了150个频道，全球覆盖范围达13亿户家庭。索尼还参与了英国、德国、法国和中国香港等地的本地电影制作，并授权许可75个国家拥有为索尼影视公司所有的节目格式。例如，在印度，索尼影业网络在2016年有超过60个频道。2017年，索尼还收购了印度的主要体育频道"十体育网"（TEN Sports Network）。索尼在拉丁美洲、欧洲、中东和东亚也有类似的大型广播业务。

凭借其在信息技术方面的丰富经验，索尼在利用新形式的数字内容及其发行方面占有有利位置，并拥有自己的视频内容平台Crackle.com。同样，索尼已经扩张到移动传播，其中一个主要方面是Xperia智能手机系列，随着苹果和三星占据主导地位，索尼在拥挤的智能手机市场中的份额一直在下降。除了继续作为家庭娱乐和音响行业的主要参与者之外，索尼还扩张到金融服务领域。

> **案例研究：默多克——全球媒体大亨**
>
> 　　新闻集团的创始人，出生于澳大利亚的媒体大亨鲁珀特·默多克（Rupert Murdoch），是国际传播基础设施私有化的主要受益者，其帝国遍布全球（Wolff，2008）。2013年，他将资产达数十亿美元的媒体集团分成两个独立

的实体,一个是更名为21世纪福克斯(21st Century Fox),另一个是改头换面的新闻集团。创立后者是为了在澳大利亚运营印刷和出版以及广播业务。两家公司均处于默多克的控制之下,默多克家族信托持有这两家公司每一家39%的控股权。默多克的公司具有广泛的媒介业务——从报纸、电影、广播、卫星、有线电视和数字电视、电视制作到互联网和社交媒介,成为覆盖传播和媒介市场各个方面的主要国际参与者(Fitzgerald, 2011)。

在20世纪90年代,默多克率先利用了英、美跨媒体所有权规制的自由化,并且是私有卫星运营商进入电信和广播领域的先驱。他冒着巨额资金风险,租用阿斯特拉(Astra)和亚洲卫星公司(AsiaSat)等新型卫星企业的时段,得以创立真正国际化的、以卫星电视为核心的媒体公司。一位观察家写道:"默多克一直是全球企业媒体帝国的远见卓识者。"(McChesney, 1999: 96)结果,到2016年,仅21世纪福克斯公司的订户就超过10亿,有500多个频道,并以50种语言播出。同时,新成立的新闻集团在2015—2016财年的收入超过80亿美元,并于2013年收购了"故事满满"(Storyful,一家将社交网络营销与社交媒介新闻结合起来的机构),从而进军社交媒介领域。

从1998年在英国推出天空数字电视台(SkyDigital)开始,默多克就已经在电视行业取得了现象级的成功,天空数字后来发展成为一家在整个欧洲市场处于领先地位的广播电视公司。然而,默多克在全球和英国的巨大影响力,尤其是在美国和澳大利亚的影响力,源于印刷媒体。在英国,他拥有(通过新闻集团子公司News UK)著名的《泰晤士报》和《太阳报》[Sun,英国销量最大的畅销日报,因激发了一种基于3个S的新闻业而臭名昭著:性(sex)、足球(soccer)和丑闻(scandal)]。新闻集团的印刷媒介影响力远远超出英国,因为它在世界范围内拥有数十种英文日报,包括《华尔街日报》(Wall Street Journal)和《纽约邮报》(New York Post)。《华尔街日报》是新闻集团子公司道琼斯(Dow Jones)的出版物,后者提供金融道琼斯指数。除了拥有《华尔街日报》(美国发行量最大的付费/有偿发行报纸)之外,道琼斯制作许多印刷版和在线版的领先出版物与产品,包括Factiva数据库、《巴伦周刊》(Barron's)、市场观察网(MarketWatch)和财经新闻(Financial News)。正是通过这些新闻与信息服务,新闻集团大赚其钱,2016年它有60%的收入来自新闻媒体。数字新闻服务扩大了印刷新闻,《华尔街日报》仅仅数字版就获得了100万的订阅量,而《泰晤士报》和《星期日泰晤士报》(Sunday Times)的付费报纸的读者人数几乎与付费数字订阅读者人数打个平手。

新闻集团的子公司哈珀-柯林斯出版集团（Harper Collins Publishing）具有全球影响力，其子公司包括英国哈珀-柯林斯出版社（Harper Collins UK）、加拿大哈珀-柯林斯出版社（Harper Collins Canada）、印度哈珀-柯林斯出版社（Harper Collins India）、澳大利亚哈珀-柯林斯出版社（Harper Collins Australia）以及禾林出版公司（Harlequin）。哈珀-柯林斯是全球第二大消费类图书出版商，每年以17种语言发行约10 000种新书。与新闻集团的印刷媒介一样，哈珀-柯林斯也采用数字格式，出版发行超过10万种电子版图书。数字产品约占哈珀-柯林斯全球收入的19%，而新闻集团2016年图书出版业的总收入超过15亿澳元。新闻集团的最大业务在澳大利亚，因为默多克在澳大利亚经营着广播和印刷业。确实，默多克在澳大利亚的媒介市场中占据主导地位，2016年澳大利亚新闻集团的报纸占该国报纸总发行量的59%以上。新闻集团所经营的澳大利亚福克斯体育公司（Fox Sports Australia），是澳大利亚领先的体育电视提供商。该体育公司还持有澳大利亚最大的付费电视提供商Foxtel 50%的股份，后者持有200多个频道。新闻集团甚至通过旗下的乔迁公司（Move）将业务扩张到美国的房地产服务领域。乔迁公司所经营的realtor.com可访达超过1亿处的美国房产，表明新闻集团在互联网上创收的程度超出了印刷媒介。

新闻集团主要实现默多克的印刷利益，21世纪福克斯才是电影和电视行业里的干大事者。实际上，21世纪福克斯公司2016年的收入超过270亿美元，其收入是印刷媒介同行的三倍多，是全球五大媒体集团之一。21世纪福克斯公司从电影起家，不仅是一家电视公司，还通过"六大"电影公司之一的20世纪福克斯电影公司制作好莱坞大片。2016年，该公司已在美国发行了22部电影，其中包括《火星救援》（The Martian）、《荒野猎人》（The Revenant）、《X战警：天启》（X-Men: Apocalypse）和《死侍》（Deadpool，这是该制片厂有史以来票房第四高的电影）等大片。该公司还发行由梦工厂动画公司（DreamWorks Animation）以及由加盟公司和其他公司制作的家庭媒体格式的电影，2016年共发行了1 000多部电影。

在电视领域，该集团在全球范围内进行广播，覆盖170多个国家/地区，并在每个大洲都有网络。在美国，福克斯电视网已经非常成熟，它制作了《辛普森一家》（The Simpsons）等国际电视节目，并与哥伦比亚广播公司、全国广播公司以及美国广播公司这三大传统电视网络竞争。福克斯新闻社（Fox News）重新定义了美国的广播新闻业，改变了电视新闻的呈现和架构方式。根据福克斯的说法，现在它已成为收视率最高的24/7新闻频道，覆盖了大约9 100万户美国家庭。此外，其娱乐频道FXX覆盖了7 100万户家庭，该公司还通过国家地理频道进一步扩大了覆盖范围，在全球范围内进行广播。此外，福克斯还通过大约207家国内子公司，覆盖了几乎所有美国电视家庭。21世纪福克斯还扩张到数字领域，这种扩张不仅通过自己的流媒体服务，而且还通过其持股30%的热门在线视频服务Hulu。在拉丁美洲，福克斯网络集团（Fox Networks Group，福克斯广播的国际分支机构）布局了两个广受关注的电视频道，其中包括泛区域性的拉丁美洲频道——运河福克斯（Canal Fox）以及西班牙语和葡萄牙语的体育频道。前者是"好莱坞频道"，是该地区播出范围最广的频道之一。优质的"福克斯+"（Fox +）订阅服务已在墨西哥启动。

在欧洲，默多克的媒体业务主要由前述的天空电视网主导，该网络率先在电视广播中使用了信息技术。为启动天空数字电视服务，默多克提供了免费的数字机顶盒，不到一年的时间，天空数字的用户数就超过了100万，这使其成为全球最成功的数字平台发布商。同样，当"天空+"（Sky+）引入电视互动服务时，向新订户提供了免费的机顶盒。因此，到2016年，天空电视有超过2 200万客户，提供5 700万种产品，在英国、爱尔兰、德国、奥地利和意大利运营。天空电视还扩张到英国的互联网和电话线租赁以及覆盖欧洲的流媒体站点，其流媒体服务有超过1 000万个家庭注册，并且在线服务的年度观看量超过30亿。因此，天空电视在2016年取得了超过160亿美元的收入，占了21世纪福克斯公司全年总收入的相当大一部分。

自20世纪90年代初以来，默多克在亚洲拥有重要的广播业务，星空网络（STAR network）覆盖世界上人口最多的亚洲大陆，在印度的地位尤为突出。2009年，星空网络重组为三家机构：星空印度、星空大中华区以及福克斯国际亚洲频道，这表明它已经从制作全球化电视节目的最初构想偏离，把同样的美式内容送达所有观众。与此相反，我们看到了日益增长的"全球本地化"，即本地频道制作和播放本地化的内容，但所有权和营运属于诸如21世纪福克斯这样的跨国公司。到2016年，福克斯媒体集团在亚洲和中东的业务覆盖了50个国家，福克斯体育亚洲公司在整个非洲大陆运营着使用

20种不同语言的频道。但是，默多克在亚洲的事业主要集中在印度，特别是自21世纪福克斯于2014年出售星空中国的股份以来。星空印度以八种语言在62个频道上播放，不仅向印度而且向在英国、美国、中东和非洲部分地区的南亚侨民播出。最受欢迎的频道包括印地语星空+（STAR Plus）、"生活不错"（Life OK）、英语星空电影（Star Movies）、星空世界（Star World）和FX频道。

说到体育广播，有能力在印度播放板球意味着可以触达数亿观众（大约有10亿人收看了2015年印度和巴基斯坦之间的板球世界杯决赛）。星空印度拥有国际媒介权利，可以在印度播放国际、国内板球比赛，以及其他两个主要板球国家（英格兰和澳大利亚）的比赛。远不止板球和世界上最受欢迎的体育联赛——英格兰超级联赛（21世纪福克斯在世界各地转播），星空印度现在还拥有利润丰厚的2017年印度超级联赛（IPL）的数字版权，并支付了26亿美元以确保在2018年至2022年五年间对印度超级联赛拥有全球转播权。

默多克相当务实的政治议程与他的商业敏锐度相得益彰。尽管默多克数十年来一直批评美国的大型企业，但他于1984年取得美国国籍，以满足政府关于媒体所有权的监管条例的要求。默多克的媒体坚决支持玛格丽特·撒切尔放宽对跨媒体所有权监管的举措。《太阳报》在支持托尼·布莱尔（Tony Blair）为英国工党赢得1997年大选发挥了至关重要的作用，尔后支持保守党，助力戴维·卡梅伦（David Cameron）在2010年成为首相。默多克还是美国总统乔治·W.布什及其"反恐战争"的拥趸，默多克的大多数媒体，特别是福克斯新闻，坚持不懈地拥护布什及其"反恐战争"。该网络还对唐纳德·特朗普在2016年的选举中获胜起到了推波助澜的作用。媒体的"默多克化"改变了美国和英国以及不断增多的其他国家的媒体格局，自20世纪90年代以来默多克在这些国家都是主要参与者。从本质上讲，这意味着重视娱乐和信息，而牺牲的却是媒体的公共服务角色（Watson and Hickman, 2012; Davies, 2014）。默多克作为多媒体大亨的政治影响力以及他对信息软件（节目内容）和硬件（数字交付系统）的广泛控制，使他的权力炙手可热。而且，由于他是最早意识到数字电视的商业价值的人士之一，并投入了大量资金使数字电视崭露头角，因此他的帝国仍然统治着数字地球。

其他主要参与者

在美国，哥伦比亚广播公司拥有并运营着收费电视频道娱乐时间电视网（Showtime Networks）和电影频道（Movie Channel），电影频道向按次付费的订户推销并发行好莱坞电影、体育和娱乐节目，以及作为数字和移动平台的流媒体服务。它还通过拥有西蒙与舒斯特公司（Simon & Schuster）的所有权，实现其出版利益。西蒙与舒斯特公司（Simon & Schuster）拥有34个分支出版机构，包括斯克里布纳（Scribners）、口袋书（Pocket Books）、自由出版（The Free Press）和试金石（Touchstone），并且每年出版2 400多种出版物，其中包括在国际上最为畅销的作者的书，如令丹·布朗（Dan Brown）一举成名的《达·芬奇密码》。

欧洲主要媒体参与者是总部位于巴黎的维旺迪集团（Vivendi Group），这是一家综合媒介、内容和传播的集团，2017年收入超过150亿美元，旗下拥有Canal＋集团（欧洲最大的付费电视网络之一）、广告代理商哈瓦斯（Havas）以及在线和计算机游戏的生产商和发行商维旺迪环球游戏（Vivendi Universal Games）。Canal＋集团在法国、波兰和越南以及许多非洲国家（尤其是法语国家）的付费电视领域占主导地位（在2016年拥有280万订户），而Canal影视制作（Studio Canal）在电影和电视节目的生产、销售和发行方面处于领先地位。环球音乐集团（Universal Music Group）拥有50多家涵盖所有流派的唱片公司，并从事音乐录制、音乐出版及其销售。维旺迪还拥有哈瓦斯集团以及全球手机游戏领导者智乐游戏（Gameloft），游戏每天有200万次下载量。此外，该集团还拥有每日影像（Dailymotion），这是世界上最大的视频内容聚合地与分发平台之一，该平台在2016年每月有三亿活跃用户。该公司还与谷歌、苹果、脸书和亚马逊建立了合作伙伴关系，得以在全球范围内分发自己生产的内容。欧洲其他主要的媒体公司是英国的培生集团（Pearson）和意大利传媒集团媒体集群（Mediaset）。具有区域性而非全球性影响的企业集团包括巴西的环球集团（Globo）、印度最大的多媒体公司惹电视网（Zee Network）和中国的上海东方传媒集团。

协同作用

如以上调查所示，一些大型企业集团主导着全球媒介行业。通过数字化，媒体覆盖范围呈指数级增长，再加上媒介形式和交付方式的多样化，使得融合以及横向与纵向业务整合成为现实。媒体集团可以在几乎所有媒介平台上推广其产品，包括广播和有线电视、无线和在线媒介、移动电话和个人数字设备（Picard，

2011; Doyle, 2013; Vogel, 2015; Albarran, 2017)。例如，伦敦的《泰晤士报》可用于推广默多克在英国的电视利益，而华纳兄弟的电影则可在美国有线电视新闻网上做广告。利用协同作用（一家公司的子公司被用来补充和促销另一家子公司的过程）极大地增强了这些媒体集团在全球娱乐、信息和新闻方面的力量。伊莱·诺姆（Eli Noam）提出，三种力量会影响媒体的集中模式——"规模经济的增长、准入门槛的降低和数字融合"（Noam, 2009: 35）。

在这些"老"媒体公司继续设定全球媒介议程的同时，到2017年，互联网巨头谷歌、脸书、亚马逊和苹果等"新"媒体公司在国际传播中正变得越来越重要（请参阅第7章）。生产、发行和消费的新数字模式已经激增，诸如Netflix和亚马逊之类的流媒体服务正在成为访问、观赏娱乐越来越流行的方式，尤其是在年轻人中。一项针对娱乐业的特别调查显示，2017年，Netflix、亚马逊和Hulu预计将在电视内容上花费超过100亿美元，这迫使HBO将预算增加到每年超过20亿美元。这场竞赛让观众在HBO上观看《权力的游戏》（Game of Thrones）和《西部世界》（Westworld），在Netflix上观看《王冠》（The Crown）——每集制作成本超过1000万美元的节目（Economist, 2017）。

不过，全球多数影视制作与发行仍由少数好莱坞巨头所掌控——派拉蒙影业（维亚康姆的一部分）、环球影业（全国广播环球公司的一部分）、华纳兄弟（时代华纳的一部分）、迪士尼、20世纪福克斯和米高梅影业公司（Metro-Goldwyn-Mayer, MGM）。这些公司为全球观众开发、制作和发行电影和电视内容、电影配乐、卡通以及互动产品。美国电影业为世界各地数百万个电视屏幕供应绝大多数预录制的视频/DVD广播（Waterman, 2005）。这些公司还通过对人物形象、冠名以及其他材料的使用权收费，并将电视、电影和其他资料源的许可权授予制造商和零售商，让他们去创收。通常，一部电影在全球电视联合组织和流媒体服务可以使用之前，首先要在剧院、家庭和付费电视市场发行。

一些为电视制作的电影在美国获得网络放映许可，同时在海外联合放映。在网络上放映之后，系列节目可以获得许可进行有线播放。公司的音乐发行机构发行电影配乐专辑，还许可其版权目录中的音乐多用途使用，包括录制音乐、在线游戏、广播、电视和电影。公司的电视频道对音乐会和现场活动进行推介与促销。内容也可以通过移动通信设备进行分发。公司还设有中央协同部门，负责通过交叉销售和交叉促销来使公司产品销量最大化，这种交叉行为涉及全球数百个媒介市场。

尽管主要公司之间竞争激烈——争夺的是针对全球卫星频道和有线频道以及在线门户网站的发行、生产控制权，但它们有许多重叠的业务。媒体竞争对手可以通过节目制作联盟或硬件交换来共享内容。2012年，康卡斯特和迪士尼达成协议，在未来10年里，迪士尼的体育、新闻与娱乐内容在康卡斯特的无限电视（Xfinity TV）上播放。2013年，康卡斯特和福克斯达成了一项长期节目制作协议，该协议将福克斯的娱乐、体育和新闻内容投放于康卡斯特跨多个平台的无限电视。2015年，全国广播环球公司投资了沃克斯（Vox）和"嗡嗡喂"（BuzzFeed），着眼于提高其在数字出版工具和技术以及数字内容生产方面的能力。一年后，全国广播环球公司在"嗡嗡喂"上又投资了2亿美元。这些安排是互惠互利的，因为"内容寻求最大化的发行，而发行寻求最大化的内容"（Vogel, 2015: 51）。

许多评论家表示担忧，如此多的媒体力量集中在如此少的公司手中，而这少数集团主要是美国的，可能会在全球信息与娱乐的生产与发行中如同卡特尔一样运行［Herman and McChesney 1997; McChesney, 1999; 2004; Bagdikian, (1983) 2004; Baker, 2007; Castells, 2009; Bettig and Hall, 2012; Freedman, 2014］。工业集团参与媒介业务，这些集团包括诸如通用电气公司（General Electric，长期拥有全国广播公司的股份）和西屋电气公司（Westinghouse，在与维亚康姆合并之前，属于哥伦比亚广播公司）等主要国防工业参与者，这对全球媒介报道的内容与报道方式产生了影响。正如一位评论家指出的那样："媒体是跨国生产营利系统的一部分。在世界范围内鼓吹跨国资本主义和消费主义，媒体的应援和煽风点火实在是功不可没。"（Artz, 2015: 5）

电视

世界上大多数娱乐输出都是通过电视，电视的运营、技术和受众已经是全球性的（Spigel and Olsson, 2004; Flew, 2007; Chalaby, 2015）。到2021年，全球传统电视市场预计将达到2 770亿美元，这主要归功于电视订阅收入。美国文化产品贸易量及其面向国际观众进行制作与发行的能力，确保了美国的网络及其当地分支机构在全球电视系统中最为盛行（Scott, 2004）。传统上，进口节目已成为美国之外大多数国家/地区的电视节目表的重要组成部分，使得美国数十年来都是电视节目的"世界供应者"（Dunnett, 1990）。美国娱乐节目在全球电视频道上放映，并通过行业事件（例如，每年在戛纳举行的美国全国电视节目执行协会例会，该例会由美国全国电视节目执行协会、MIPCOM和MIP-TV组织）在世界范围内销售。由于"国际节目制作市场现已成为主要制作公司的重要利润来源"（Bielby and Harrington, 2008: 9），这些拥有其自身社会机构与制度安排的行业事件就成为"电视节目买卖的主要国际市场"。在此类聚合中，辛迪加企业出售节目的"格式版权"（format rights），这些节目能够在具体国家制作，例如游戏和真人秀（Chalaby，2015）。《美国偶像》（American Idol）、《学徒》（The Apprentice）、《美国好声音》（The Voice）、《幸存者》（Survivor）和《厨艺大师》（Master Chef）等节目形式在国际上都非常成功，并在全球范围内进行了改编（包括其各种衍生产品和特许经营权），一种节目形式的知识产权"不仅跨国界，而且还跨平台"（p.164）。把某些电视类型，尤其是动画、音乐、野生动物纪录片和直播体育赛事，销售到不同文化环境中相对容易。例如，野生动物节目可以轻松地翻译成其他语言，因为它们通常没有可见的演示者，因此制作画外音轨道的成本较低。美国的探索电视网（Discovery network）制作了有关历史、科学技术、艺术、自然历史和生活方式的纪实节目，是这一类型的主要参与者——号称是"世界第一大非虚构类"媒体公司（Mjøs, 2010）。它已从1985年成立之初的籍籍无名，成长为世界上最大的纪录片和纪实娱乐节目制作商。到2016年，它声称在220个国家和地区拥有30亿"全球累积订阅者"和5.02亿全球探索频道订阅者。

探索电视网2015年的收入为63亿美元，并在五个地区中心设有分公司，"在把大众化的纪实电视主题窄播化中发挥了先锋作用"，这些主题从旅游到生活方式，从儿童节目到野生动物，到历史和冒险，等等，不一而足，并以35种语言播出（Mjøs, 2010: 3）（请参阅表4.1）。它还与英国广播公司建立了两个合资频道——动物星球（Animal Planet）和人与艺术（People + Arts），并且与英国广播公司商业分支（BBC Worldwide）一起制作了全球大片，例如《与恐龙同行》（Walking with Dinosaurs）、《地球脉动》（Planet Earth）、《蓝色星球》（Blue Planet）（p.3）。其全球品牌包括探索频道（Discovery Channel）、TLC①、投资探索（Investment Discovery）、动物星球（Animal Planet）、科学（Science）、动力频道（Turbo/Velocity），以及美国合资网络——奥普拉·温弗瑞电视网（The Oprah Winfrey Network, OWN），还有探索数字电视网（Discovery Digital Networks）产品集群，包括搜寻者（Seeker）和爆料源头（SourceFed②）。探索还拥有欧洲体育（Eurosport）——它是跨欧洲和亚太地区的泛区域体育娱乐品牌的领军者。

---

① TLC频道是探索传播公司（Discovery Communications）旗下的一个频道，美国版本解作"The Learning Channel"（学习频道）；亚太版本则解作"Travel & Living Channel"（旅游生活频道）。——译者注
② SourceFed，是由菲利普·德弗朗克于2012年创办的一个趣味文化视频资讯站点，它自选热门的流行文化、新闻、科技、技术等故事，以幽默风趣的方式来报道。2016年，SourceFed制作的一则视频在中美互联网上炸锅，讲述了所谓的"Google拨动了用于支持希拉里·克林顿的天平"。这则视频的观看量很快就突破了35万，引发了技术社区的热烈讨论。——译者注

表4.1 探索（Discovery）的全球影响力（2016年）

主 要 网 络	订阅量（百万）
探索频道（Discovery Channel）	408
TLC	332
动物星球（Animal Planet）	304
欧洲体育1台（Eurosport 1）	161
调查发现（Investigation Discovery/ID Xtra）	121
探索儿童频道（Discovery Kids）	102
切换媒介（Switchover Media）	101
探索科学（Discovery Science）	93
男士生活频道（DMAX）	85
探求（Quest）	81

探索电视网还包括探索家庭与健康频道（Discovery Home & Health）、探索实时频道（Discovery Real Time）、男士生活频道（Discovery Max）、探索世界频道（Discovery World）、探索历史频道（Discovery History），以及探索剧院高清频道（Discovery Theater HD）。2017年，探索传播集团（Discovery Communications）和斯克里普斯网络互动集团（Scripps Networks Interactive）达成了一项价值146亿美元的交易，将两家主要以"无剧本的"生活方式内容闻名的有线网络公司合并。斯克里普斯网络互动集团运营着家园频道（HGTV）、旅行频道（Travel Channel）和美食网络（Food Network）。两家公司声称，它们将打造"一个真实生活娱乐的全球领导者"，每年制作约8 000个小时的原创节目，拥有约30万小时的资料库内容，每月产生总计70亿个短视频流（探索发现网站）。通过探索教育频道（Discovery Education），探索发现还成为学校教育产品与服务（包括一系列从幼儿园到12年级的数字教科书）的主导性供应者。

这种类型的其他主要全球参与者也来自美国。到2016年，国家地理电视台（National Geographic Television，一家合资企业，由国家地理学会和21世纪福克斯组成）已使用多种语言，在151个国家的平台上向超过2.5亿户家庭播放。在过去的20年中，A + E网络所拥有的历史频道（History Channel，自2008年以来称"历史"）已扩张到全球，从1995年的1 200万订阅量增加到2016年的2亿多。这些频道之所以能够国际扩张，是因为大多数针对当地市场的改编都是配音或配字幕的，内容是可移植的，而且通常是非政治性的。

全球内容行业

全球体育电视

国际电视市场中一个非常有利可图的领域是体育,它利用电视传播体育赛事现场的能力,跨越了语言和文化的障碍。体育是一个主要的行业,广告商热衷于利用专事体育的电视频道的覆盖率。久负盛名的一场足球联赛的现场报道,在喀麦隆或柬埔寨报道一场久负盛名的足球联赛和在捷克共和国报道一样,都是媒介事件。体育报道的实时性使其特别适合付费电视,媒体公司正是利用这一点来驱动订阅。在2014年世界杯期间,有超过30亿观众观看了某些场足球赛事。尽管中国没有获得参赛权,但中国的电视报道量最高,观众人数超过2.5亿。难怪在过去10年中,地球上最受欢迎的运动的电视转播权价值已经上升了10多倍。例如,到2016年,最受欢迎的联盟——英超联赛——的国内转播权三年耗资超过70亿美元,相比之下,1997—2001年为94万美元。

从1980年莫斯科奥运会到2016年里约奥运会,奥运会全球电视转播权的成本增加了20多倍。如图4.1所示,国际奥委会夏季奥运会所获得的转播收入呈指数级增长——从1961年罗马的第一次现场直播的100万美元到2016年在里约热内卢的近30亿美元。鉴于转播权的成本直线上升,只有来自富媒介地区的广播公司才有能力支付像奥运会这样运动会事件的转播权费用。奥运会总收入的近75%来

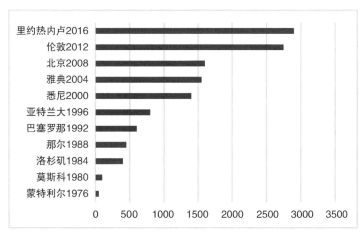

图4.1　夏季奥运会转播收入,1976—2016年(单位:百万美元)
(资料来源:国际奥林匹克委员会)

自转播权，其中大部分来自美国市场。美国全国广播公司是这项运动商业化的主要受益网络之一，它为拥有2016年里约热内卢奥运会的美国电视转播权支付了44亿美元，并已获得2021—2032年的播放权，为此支付了76亿美元（*Forbes*, 2016）。

日益加剧的体育商业化也反映在赛事和体育队自身的商业赞助中。例如，可口可乐自1928年以来一直是奥运会的赞助商。这在诸如美国职业橄榄球大联盟等国内体育联盟中很明显，赞助非常普遍，每场比赛平均播放超过60个广告。结果，美国所有的广播公司为转播权支付了巨额费用，到2022年每年将达到31亿美元。

体育报道权成本飙升的一个后果是媒体巨头创造了新的体育赛事。一个很好的例子是印度的板球，2008年印度超级联赛（Indian Premier League，IPL）创建。该联盟使用最快速的赛事规则（20回合），因而最为商业化，并成为世界所有板球联盟中最来钱的一个。2016年，索尼印度广播公司的广告收入达到1.83亿美元，是首届比赛的三倍多，观众人数从第一季的约1亿增加到第九季的3.5亿。作为一个品牌，印度超级联赛2016年的价值超过41亿美元，比前一年增加了5亿多美元。

体育营销行为，例如美国的棒球帽和欧洲的足球衫，以及公司的公共关系与交叉营销已成为电视体育转播的一个组成部分。体育市场化的趋势不仅反映在销售公司产品，还反映在对体育明星进行营销（Slack, 2004）。美国篮球运动员勒布朗·詹姆斯和科比·布莱恩特（LeBron James and Kobe Bryant），足球运动员利昂内尔·梅西和克里斯蒂亚诺·罗纳尔多（Lionel Messi and Cristiano Ronaldo）或印度板球运动员维拉特·科利（Virat Kohli）已成为国际广告的标志，因此是业绩不菲的推销员。全球体育与国际电视业之间形成了共生关系。考虑到所涉利润，体育网络必须找到创新方式来填充他们的国际频道，并让广告商满意。ESPN是世界领先的体育电视广播公司，也是全球最赚钱的网络之一，2016年运营着27个网络，覆盖60多个国家和各大洲的数亿家庭。除了在美国广受欢迎的国内有线电视网络（ESPN、ESPN2、ESPNU、ESPNEWS）之外，该网络——迪士尼拥有80%的股份，赫斯特公司拥有20%的股份——自1988年推出了ESPN国际频道以来，全球影响力一直保持稳步增长。到2016年，ESPN播出了多种多样的体育项目，拥有巨大的国际吸引力，有超过130个联盟及其体育赛事在国际上播出，通过其全球合作伙伴辛迪加，覆盖到200个国家。频道包括日本体育（J Sports）、ESPN巴西、ESPN加勒比海、拉丁美洲的几个网络和ESPN澳大利亚。来自ESPN广播（ESPN Radio）的联合制作节目在全球播出，ESPN杂志（ESPN The Magazine）也在国际上流通。ESPN.com是最受欢迎的体育网站之一，移动ESPN（Mobile ESPN）拥有广泛的内容基础，包括通过Watch ESPN直播体育。此外，ESPN还拥有一些实体店和网店。该公司制定了全球战略，以利用卫星电视频道的爆炸性增长以及跨国公司数百万美元赞助的潜力。由于是电视体育领域的全球领导者，ESPN报道了数百项体育赛事，并播出数千个现场和/或直播的体育节目，可以说只有那些由大公司赞助并且对最广泛的观众/市场产生吸引力的体育赛事才会大受青睐。

国际电影业

虽然印度生产出比美国更多的电影（见第6章），但全球电影和电视屏幕却由好莱坞或好莱坞内容所主导（见表4.2）。好莱坞电影在150多个国家播出，每年收入达数十亿美元。好莱坞50%以上的收入来自海外市场，而这个比例在1980年仅为30%（Miller et al, 2005; McDonald and Wasko, 2008; Finney and Triana, 2015）。1990年，世界电影票房收入为118亿美元；根据美国电影协会（Motion Picture Association of America, MPAA）的数据，到1999年这个数字接近170亿美元，2004年为250亿美元，到2017年，它已超过406亿美元。美国电影协会估计美国电影业当年的总出口额达到143亿美元（MPAA, 2017）。

表4.2　世界电影生产国家十大排行榜，2004年和2014年

国　　家	电影数量2004年	国　　家	电影数量2014年
印　　度	946	印　　度	1 868
美　　国	611	美　　国	707
日　　本	310	中国（含香港）	618
中国（含香港）	276	日　　本	581
法　　国	203	英　　国	339
意大利	134	法　　国	300
西班牙	133	韩　　国	248
英　　国	132	德　　国	229
德　　国	121	西班牙	216
俄　　国	120	意大利	201

资料来源：根据《银幕精选》（*Screen Digest*）和联合国教科文组织数据（http://data.uis.unesco.org）。

在20世纪的大部分时间里，国际化定义了好莱坞（Guback, 1969; Jarvie, 1992; Vasey, 1997），这一趋势在过去20年中大幅增长，因为新的电影和电影节目制作方式日益增多。至少从第二次世界大战开始，美国电影公司就已经考虑到了针对国际观众的营销策略，并通过使用不同类型的传送机制——从影院到电视，到家庭

视频/DVD，再到在线和移动设备——使其收入最大化。许多好莱坞电影在国际上的票房收入高于美国本土。根据经合组织的数据，在过去40年中，美国国际电影贸易大幅增长。1970年，美国从全球电影租赁中赚取了3 100万美元，1981年为3.35亿美元，1991年为15亿美元（OECD, 1993）。根据美国经济分析局（US Bureau of Economic Analysis）的数据，到2015年，电影和电视租赁收入已达到177亿美元（US Government, 2016）。

全球电影业仍然由六个美国电影制片厂主导，这些制片厂是美国电影协会成员的基础，还有少数大型独立制片厂，它们共同制作了引领全球观众排行榜的大片（见表4.3）。

表4.3　六大电影发行商的市场份额，1995—2017年排行榜

发行商	电影数量	总票房（10亿美元）	市场份额（%）
华特·迪士尼	537	31.6	15.2
华纳兄弟	689	31.1	15.1
索尼影业	653	25.3	12.3
20世纪福克斯	477	24.0	11.7
环球电影	442	23.8	11.6
派拉蒙影业	447	22.6	11.0

资料来源：http://www.the-numbers.com/market/distributors。

美国电影能够产生全球影响力，原因之一是其分销网络。美国电影业的制片商、发行商和参展商之间的结构性联系及其与全球银行业的联系，都促成了美国在全球影像市场中的突出地位，并进一步加强了卫星、有线和流媒体服务，例如Netflix。即使欧盟在推广欧洲电影，但欧洲电影也没有任何"大规模的、与经济相关的'出口'，哪怕是在欧洲内部出口"（Wutz, 2014: 16）。2011年，美国电影在收入和电影票房方面的份额超过60%，尽管在过去30年里，欧洲市场的电影院放映了超过1 000部欧洲电影和"仅"约250部美国电影，但这个百分比从未改变（Wutz, 2014）。

国际图书出版

同样，在图书世界中，英语出版占主导地位。美国出版业是世界上最大的出版业——2016年，美国国内图书出版的市值达到600亿美元。根据美国出版商协

会(Association of American Publishers)的数据,美国图书和期刊出版业在2014年创造了279.8亿美元的净收入,相当于27亿册(卷)。这些数字包括普通版图书(小说/非小说)、学校教学材料、高等教育课程材料以及学术和专业书籍。像可信媒体品牌集团(Trusted Media Brands)[前身为读者文摘协会(Readers Digest Association)这样的美国出版商],占有节选本图书、自制手工图书、家居装修、烹饪、健康、园艺和儿童图书的国际市场。另一个具有国际影响力的主要出版商是麦格劳-希尔出版公司(McGraw-Hill),它是美国麦格劳-希尔集团的一部分。麦格劳-希尔金融(McGraw Hill Financial)在30个国家开展业务,包括标普公司(Standard & Poor's Ratings Services);而麦格劳-希尔教育(McGraw-Hill Education)则在135个国家提供近60种语言的专业学习及其信息。总部位于纽约的AC尼尔森(ACNielsen)是全球信息运营商,活跃于106多个国家/地区,是企业对企业交易领域的主要出版商(2015年,该公司的收入为62亿美元),同时也是测量媒介使用量的全球领导者。

在教育出版或科学与专业信息领域,全球出版业主要属于西方,培生集团、里德·爱思唯尔(Reed Elsevier)、威科集团(Wolters Kluwer)和汤森路透等出版商是其中的领军集团(见表4.4)。然而,有显著增长的领域主要限于新的、不断增加的专业信息服务,在西方一般普通版图书出版收入缩减的情况下,这些服务已经成功地转向了数字化。

表4.4 收入排名前十的出版商

出版集团	国家	收入(10亿美元,2016年)
培生PLC(Pearson PLC)	英国	5.61
里德·爱思唯尔集团(RELX Group)	英国、荷兰、美国	4.86
汤森路透(Thomson Reuters)	加拿大	4.81
贝塔斯曼(Bertelsmann)	德国	3.69
威科集团(Wolters Kluwer)	荷兰	3.38
阿歇特图书(Hachette Livre)	法国	2.39
行星集团(Grupo Planeta)	西班牙	1.88
麦格劳-希尔教育(McGraw-Hill Education)	美国	1.75
威立(Wiley)	美国	1.72
施普林格·自然(Springer Nature)	德国	1.71

资料来源:数据来自《出版商周刊》(Publishers Weekly),2017年6月。

培生教育（Pearson Education，英国培生集团的一部分）是1998年西蒙·舒斯特（Simon & Schuster）和艾迪生·韦斯利·朗曼（Addison Wesley Longman, AWL）教育业务合并的产物，是全球学校、大学和专业市场领域里的图书出版商，集团2015年的销售额为70亿美元。培生过去拥有企鹅集团，企鹅集团是世界上最知名的英语普通版读物出版商之一，在美国、英国、澳大利亚、新西兰、加拿大和印度都设有子公司。2013年，企鹅和兰登书屋合并成为世界上最大的出版社，现在是贝塔斯曼的一部分。在科学、技术和医学出版物领域，里德·爱思唯尔（在里德国际和爱思唯尔NV合并后成立）现在更名为RELX集团，这是世界上最大的出版商之一，2015年其收入为84亿美元。它覆盖170个国家，在美国、荷兰、英国、西班牙、德国和法国以及日本、中国、印度、巴西和新加坡开展业务。2015年，有40万篇文章在其近2 500种期刊上刊登，其中包括世界上最古老的医学期刊之一《柳叶刀》(The Lancet)。爱思唯尔的期刊主要通过科学指导（ScienceDirect）平台出版和发行，科学指导平台是世界上最大的科学和医学研究数据库，托管超过1 300万件内容和30 000本电子书。

法律、金融、税务和医疗保健出版以及信息生产与分销等专业领域的另一个重要全球参与者是总部位于荷兰的威科集团，其客户遍布全球，包括180个国家的100万医疗保健专业人士、21万家会计师事务所和90%的顶级银行。其他具有全球影响力的学术出版商包括泰勒与弗朗西斯集团（Taylor & Francis Group）[英富曼集团（Informa）业务的一部分]，每年出版1 000多种期刊和约1 800套新书。

在大学出版社中，美国常春藤联盟大学出版社，如耶鲁大学出版社、普林斯顿大学出版社和哈佛大学出版社，在全球范围内与牛津大学出版社势均力敌。牛津大学出版社是世界上最大的大学出版社，也是最古老的大学出版社之一。它成立于17世纪，在美国（1896年）、加拿大（1904年）、澳大利亚（1908年）、印度（1912年）和南部非洲（1914年）设立了分支机构，到2016年，它在50个国家开展业务。这些出版业巨头的影响力是全球性的：通过当地分支机构的网络，它们的书籍和期刊几乎在世界上每个国家都有销售。这些集团及其印刷出版的小说和非小说，包括原创和重印，以各种格式出现——包括精装和平装，以及音频、在线、多媒体和其他数字形式，以满足尽可能宽泛的国际读者群。

国际印刷媒体

美英"双头垄断"也体现在全球报纸和杂志市场。虽然就发行数量来说，只有一家美国报纸在全球十大报纸中上榜（见表4.5），但在该名单中打榜的日本、印度或中国报纸很少在其原籍国之外的地域被阅读。相比之下，英美媒体具有全球覆盖力和影响力。

表4.5 世界十大日报

报　　纸	国　家	语　言	2016年发行量（百万）
读卖新闻（*Yumiuri Shimbun*）	日　本	日　语	9.1
朝日新闻（*Asahi Shimbun*）	日　本	日　语	6.6
今日美国（*USA Today*）	美　国	英　语	4.1
太阳日报（*Dainik Bhaskar*）	印　度	印地语	3.8
觉悟日报（*Dainik Jagran*）	印　度	印地语	3.6
每日新闻（*Mainichi Newspaper*）	日　本	日　语	3.1
参考消息	中　国	汉　语	3.0
印度时报（*Times of India*）	印　度	英　语	2.8
日本经济新闻（*The Nikkei*）	日　本	日　语	2.7
人民日报	中　国	汉　语	2.6

资料来源：汇编自世界报业和新闻出版协会（WAN-IFRA）、各审计局、中国政府的数据。

拥有国际读者群最著名的报纸之一是总部位于巴黎的《国际先驱论坛报》（*International Herald Tribune*），由《纽约时报》（*New York Times*）和《华盛顿邮报》（*Washington Post*）共同拥有。2003年《纽约时报》收购了该报，有效地使其成为《纽约时报》一个精简的海外版本；2013年，它更名为《纽约时报国际版》（*New York Times International*）。《国际先驱论坛报》是世界上第一份（1928年）由飞机分发的报纸，从巴黎及时送到伦敦"赶上人们的早餐"，也是第一张通过卫星从巴黎传送到香港的报纸（1980年）。到2016年，《纽约时报国际版》的数字版在全球拥有超过200万的订阅用户。此外，它还有汉语和西班牙语的网络版。虽然其印刷版的全球发行量相对较小，但其覆盖范围却广得多，因为它以插页的形式在各个国家合作伙伴的高级报纸上流传。

在半个多世纪里，两份美国新闻周刊——《新闻周刊》（*Newsweek*）和《时代》（*Time*）——塑造了全球新闻报道。在其鼎盛时期，《新闻周刊》的三个英文版（大西洋、亚洲、拉丁美洲）分布在190多个国家，全球发行量为400万，读者人数为2 100万。它的发行量自2000年以来大幅下降。2012年，创建于1933年的该杂志停止印刷出版，此后仅发行电子版《全球新闻周刊》（*Newsweek Global*）。然而，《新闻周刊》的新主人国际商业时报媒体集团（IBT Media）于2014年重新推出了印刷版，到2017年，全球发行量为20万，其网络版的独立访问量超过800万。《时代》杂志凭借其4个区域版本，发行量超过200万份，吸引了全球众多颇具影响力的读者。作为世界上最古老的新闻杂志,《时代》自1928年以来一直是全球性媒体,其"年度人物"仍然受到广泛期待和关注。总部设在伦敦的《经济学人》(The Economist)每周在海外的销售量超过百万份,80%主要在美国,占其总发行量的一半以上。《卫报周刊》(The Guardian Weekly)是世界上最古老的国际报纸之一,创立于1919年,在英国、加拿大和澳大利亚出版,有一个数量虽少但举足轻重的国际读者群。《卫报周刊》除了刊载来自《卫报》(The Guardian)和《观察家报》(The Observer)(英国最古老的星期日报纸)的新闻报道及其分析外,还出版发行《华盛顿邮报》的精选版以及法国最受尊敬的日报《世界报》(Le Monde)的精选版。总部位于巴黎的《外交世界》(Le Monde diplomatique)自1954年开始运营,2016年以26种语言出版,作为增版或网页版出版了72个外国版本,吸引了全球读者群。

从表4.6中可以看出,美英出版物引领全球商业新闻领域。《商业周刊》(Business Week,创办于1929年)自2010年起由彭博社出版,更名为《彭博商业周刊》(Bloomberg Businessweek)。2016年其每周发行量超过98万份,并在150多个国家/地区推出。凭借彭博的广泛资源,《彭博商业周刊》通过遍布73个国家的150个分社的2 400多名记者组成的网络,覆盖了商业世界。

表4.6　国际顶级商业报纸和期刊

出版物	所有权	2016年全球发行量(百万)
华尔街日报	新闻集团(美国)	6.4
财富	时代华纳(美国)	1.2
福布斯	福布斯(美国)	1.1
经济学人	私人所有(意大利)	1.1
彭博商业周刊	彭博社(美国)	0.98
金融时报	日经新闻(日本)	0.85

资料来源:基于这些公司的网页数据。

《财富》是世界领先的商业杂志(自1930年开始运营),全球发行量达120万份(见表4.7)。自1955年以来每年出版"全球500强",作为世界领先企业的权威资料来源被广泛引用。该领域另一个拥有全球读者群的主要出版物是《福布斯》,2016年,它在68个国家以26种语言发行,拥有38个获当地许可的印刷版,全球发行量超过100万。

表4.7 《财富》的全球影响力

世界地区	纸质版发行量	电子版发行量（百万）
美国	859 000	12.3
亚洲	285 000	6.7
欧洲、中东、非洲与拉美	86 000	2.4
全球总量（百万）	1.2	17.8

来源：《财富》，2017年（2016年数据）。

《华尔街日报》是美国发行量最大的日报，也是全球领先的商业出版商，在美国境内有500万人阅读，它以区域版本——《华尔街日报欧洲版》《华尔街日报亚洲版》——成为全球主要参与者，在商界精英中拥有数百万专业读者。该报还提供中文和日文网络版，并在拉丁美洲市场以西班牙语和葡萄牙语发行了《华尔街日报美洲版》。《华尔街日报》最强劲的竞争对手，是总部位于伦敦的《金融时报》，这是全球领先的商业新闻机构之一（自2016年以来为日本公司日经新闻所拥有）。《金融时报》自称是"世界商业报"，2016年，付费版和数字版的总发行量为850 000份。它还推出了中文版，并在总部以及全球18个城市刊发，包括纽约、华盛顿、布鲁塞尔、法兰克福、迪拜、东京、新加坡和香港。

在综合类杂志中，月刊《读者文摘》(Reader's Digest, 现为可信媒体品牌集团一部分) 在2016年的全球发行量为300万，各种网站的独立访问者为5 600万。尽管《读者文摘》已经失去了大部分的全球发行量，但仍然是最具国际性的综合性杂志之一，1973年是其发行量顶峰，当时该杂志在全球拥有超过3 000万订户。2017年，《读者文摘》有10个国际版本，包括澳大利亚、德国、新加坡、加拿大等，还在世界各地许可27个合作伙伴发行其杂志，包括英国、巴西、法国、印度、墨西哥、波兰、西班牙和印度尼西亚等。在生活方式、旅游和健康杂志领域，总部位于纽约的康泰纳什公司（Condé Nast）在全球开展业务，在18个国家/地区出版125种杂志，其中包括《时尚》(Vogue)、GQ(Gentleman的季刊)、《名利场》(Vanity Fair)、《魅力》(Glamour)、《尚流》(Tatler) 和《连线》(Wired) 等国际发行杂志，这些杂志2015年的读者总数高达1.25亿。2011年，该公司推出康泰纳什娱乐（Condé Nast Entertainment），旨在开发电影、电视和"优质"数字视频节目。

另一个重要的参与者——赫斯特杂志国际（Hearst Magazines International），2017年以34种语言，在84个国家拥有近300个印刷版和265个网站。主要包括下面这些大品牌：Cosmopolitan 和 Elle①（就所拥有的版本种数来说，这两份杂志高于世界上其他任何女性杂志），《时尚先生》(*Esquire*)、《嘉人》(*Marie Claire*)、《好管家》(*Good Housekeeping*)、《时尚芭莎》(*Harper's Bazaar*) 和《十七岁》(*Seventeen*)②。赫斯特杂志还在英国、意大利、荷兰、西班牙、日本和中国拥有全资子公司[他们在那里推出了《时尚COSMO》(*Cosmopolitan*) 和《名车志》(*Car and Driver*)]。《花花公子》(*Playboy*) 于1975年达到顶峰时的全球发行量为560万，近年来已大幅下降至约80万。欧洲最大的杂志出版商古纳雅尔出版公司（Gruner + Jahr），由贝塔斯曼所有，在10个国家出版125种杂志。

国际广告

没有广告的支撑，电视、互联网和其他媒介的全球扩张是不可能的，这对商业媒介文化至关重要。根据世界上最大的广告公司之一麦肯世界集团（McCann Worldgroup）的数据，由于经济衰退，全球广告支出在2008年至2009年减少了10%，但近年来已经恢复并稳步增长，2018年将达到6 550亿美元（见图4.2）。到2016年，电视仍然是全球最大的广告媒介，占40%以上的市场份额。随着全球电视频道的普及以及对新的数字、移动传输机制的使用增长，它也是国际上发展最快的广告媒

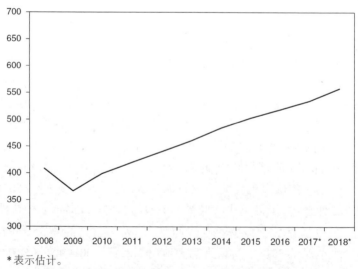

* 表示估计。

图4.2　全球广告增长，2008—2018年（10亿美元）

（资料来源：根据来自麦肯世界集团和在线统计数据门户Statista的数据）

---

① *Cosmopolitan* 中国版名为《时尚COSMO》，*Elle* 中国版名为《世界时装之苑》。——译者注
② 此处杂志译名部分源于中国版名字。——译者注

介之一。然而,根据贸易杂志《广告时代》(Ad Age),广告在互联网上的增速最猛,从2007年的9%增长到2016年的30%以上,成为全球第二大广告媒介。过去10年中数字广告的非凡增长改变了广告和新闻的本质——第7章中选的就是这个主题。

鉴于广告对商业广播和电视的历史重要性,美国是世界上最大的广告市场,在广告支出方面比最接近的竞争对手中国大得多。然而,亚太地区已成为全球最大的广告市场(见表4.8),因为虽然其他主要国家的广告支出停滞不前,但中国的支出在过去四年中几乎翻了一番,从表4.9可以看得很清楚。

表4.8 2016年全球广告市场(单位:10亿美元)

地 区	广 告 花 费
亚太地区	173
北 美	138
西 欧	94
拉丁美洲	34.2
中东和非洲	18.2
中欧和东欧	12

资料来源:《广告时代》,2016年。

表4.9 2013年和2016年全球十大广告市场(单位:10亿美元)

2013		2016	
国 家	广 告 花 费	国 家	广 告 花 费
美 国	176.0	美 国	178.0
中 国	45.5	中 国	85.5
日 本	44.5	日 本	38.6
德 国	24.6	英 国	25.9
英 国	22.5	巴 西	18.7
巴 西	16.7	德 国	18.6
法 国	13.1	法 国	11.5
澳大利亚	12.3	澳大利亚	9.9
韩 国	11.7	加拿大	9.6
加拿大	11.1	韩 国	8.9

资料来源:《广告时代》,2016年。

作为全球化的结果,广告市场已经扩大。但在过去20年中,主要的广告公司并未发生变化。美国的广告代理商反映了商业媒介和广告之间的历史关系,它们也与一些欧洲和日本公司一道主导着全球广告业(见表4.10)。许多顶级广告与营销组织之间的密切联系进一步限制了活跃在全球广告领域里的公司数量。通过国家补贴网络,广告集团影响国际广告业(Ciochetto, 2011; Mooij, 2014, 也见 Crawford, Brennan and Parker, 2017年的论文)。

表4.10　2016年全球主要商家排行榜,按全球媒介支出费用作为衡量标尺(单位:10亿美元)

欧莱雅(法国)	5.3
可口可乐(美国)	3.3
丰田汽车(日本)	3.2
大众(德国)	3.2
雀巢(瑞士)	3.0
通用汽车(美国)	2.8
玛氏公司(美国)	2.5
麦当劳(美国)	2.4

资料来源:《广告时代》,2016年。

世界上历史最悠久的广告公司智威汤逊(J. Walter Thompson)自称是"世界上最知名的营销传播品牌",2016年,它通过全球90个国家的200个办事处开展业务,雇用了近10 000名营销专业人员。它是WPP集团的一部分——WPP集团是全球最大的营销传播机构,也经营着伟达公关(Hill and Knowlton)、奥美集团(Ogilvy & Mather)、扬·罗必凯广告公司(Young & Rubicon)和国际研究(Research International)。规模仅次于WPP集团的是奥姆尼康集团(Omnicom Group)和TBWA广告国际。前者包括恒美广告国际(DDB Worldwide)和天联广告国际(BBDO Worldwide)等,在81个国家运营;后者收入的50%以上仅来自单一国家——美国。另一个主要参与者是麦肯世界集团(McCann Worldgroup)[埃培智集团(Interpublic Group)的一部分],其子公司遍布120多个国家,但收入的50%以上来自美国。在大西洋彼岸,阳狮集团(Publicis Groupe)——包括伦敦的盛世(Saatchi)等国际知名广告公司,是第三大网络,2016年收入达96亿美元。欧洲的全球广告巨头是哈瓦斯国际(Havas Worldwide),是世界上最大的广告和传播集团之一。在欧洲-环大西洋广告世界之外,唯一具有全球影响力的是日本广告公司电通(Dentsu),它是电通集团的一部分,尽管其90%以上的收入来自日本市场。

通常的情况是,同一跨国公司是不同地区广告的主要客户。大企业集团是广告商,广告公司本身也是大企业集团的一部分,这二者的战略和方法都是全球性的。广告商和广告媒介之间具有利益共生性。广告和营销的国际性日益增强,促成了全球整合营销传播,旨在对各个跨国办事处与部门的产品进行全球管理协调,这对当代国际互动至关重要。广告业已发展到包括广告和媒介、公共关系、数字营销、品牌推广、整合广告、营销研究以及企业传播。这些做法不仅为商业公司所用,而且为政府的政治化妆师以及非政府组织所用,把他们眼中的现实呈现给越来越精明的媒体和碎片化的观众。此外,随着广告拦截机制的到位,在线广告及其数字化的影响力已引起人们对广告业新的担忧(见第7章)。

全球新闻与信息网络

尽管新闻和时事网络以及数字在线新闻在全球扩张,美国/英国的媒体组织仍然是生产和发布世界上大部分新闻与时事产出的强大参与者:从国际新闻通讯社到全球报纸和新闻杂志再到电台;从电视新闻供应者到24小时新闻与纪录片频道以及在线新闻。

新闻通讯社

通讯社是全球报纸、杂志和广播公司的新闻收集者与分发者,在设定国际新闻议程方面发挥着核心作用(另见第1章)。有人认为,新闻通讯社对国际信息的全球化和商品化作出了重大贡献(Boyd-Barrett and Rantanen, 1998)。尽管传统上,新闻通讯社出售的是新闻报道和静态照片,但今天它们的业务已经非常多元化,它们向广播公司和在线新闻门户网站以及其他非新闻客户提供视频新闻摘要与财务信息。世界上大多数国家都有国家新闻通讯社——在许多情况下是国有或政府垄断。然而,只有少数是跨国新闻通讯社,并且这少数机构继续被美国和其他西方大国主导。

美联社

在全面性的新闻产出方面,美联社——正如它自称为"必不可少的全球新闻网络"一样——是世界上最大的新闻采集组织之一,为全球新闻机构提供新闻、照片、图片、音频和视频,声称每天"世界上超过一半的人口都会看到来自美联社的内容"。美联社成立于1846年,是一家非营利性企业,由1 500家美国报纸共同拥有,这些报纸都是其订阅者和成员组织,通过10个区域编辑枢纽向100多个国家的国际观众提供"多格式内容"。2016年，它每天向全球超过15 000家新闻媒体和一系列企业发布2 000个故事、3 000张照片[通过其照片流（Photostream）服务]和150个视频新闻报道。每年，该机构分发100万张照片和6 000小时的现场视频，以及9 600个现场活动。2016年，电视网络占其收入的近一半，报纸占23%，互联网占10%。美联社还拥有一个数码照片网络，每天为全球8 500名订户提供1 000张照片，24小时不间断地更新在线新闻服务，以及电视新闻服务——"美联环球电视新闻"（Associated Press Television News, APTN）。"美联社直击"（AP Direct），提供全天候实时视频服务，专注于突发新闻及其发展。"体育新闻电视"（Sports News Television, SNTV）是美联社与世界领先的体育新闻视频机构IMG的合资企业，提供有关体育赛事和体育新闻的内容。除英语外，美联社还提供西班牙语和阿拉伯语服务，而订阅者则将其故事翻译成更多种语言。除了现场新闻，该通讯社的"娱乐日报"（Entertainment Daily News）还提供娱乐新闻报道和每日事件，包括名人、时装、颁奖典礼、电影、节日、音乐和戏剧。"名人背后"（Celebrity Extra）提供名人视频内容，专注于世界名人不为人知的个性。由于报纸、广播和电视台已经削减业务或收缩，美联社继续向非媒体组织（如政府和企业）出售精选的打包新闻。许多阿拉伯广播公司，例如沙特电视台、科威特电视台、阿曼电视台和自由电视台（Alhurra）使用特别委托的新闻内容，包括杂志式节目作为其外国服务台的延伸，每周制作约200个新闻包（AP Annual Report 2016）。

"美联社分发"（AP Assignments）与全球品牌和组织合作，创建和分发媒介内容，以达到增加热度或内部参与的目的。此外，它拥有庞大的新闻和时事镜头库，经常被世界各地的广播公司和网站使用——2016年，其收入的81%来自内容许可。"美联社视频枢纽"（AP Video Hub）是一个基于文档的在线交付平台，提供美联社视频内容的流体接入，而其"图像库"（Graphics Bank）则为实况广播和网站提供图形服务。美联社档案库（AP Archive）不仅拥有来自美联社的素材，还收录来自世界各地的动图合集，包括美联社自身的档案，合众国际社电视新闻（United Press International Tevelevision News, UPITN）和全球电视新闻（Worldwide Television News, WTN）的新闻素材（1963年至1998年），美联社电视（AP Television, APTV）新闻素材（1994年至1998年），环球新闻片（Universal Newsreels）（1929年至1967年），20世纪档案（Twentieth Century Archives）（1900年至1969年），以及一些合作公司的档案，如美国广播公司的新闻、英国有声电影（British Movietone）、中国中央电视台、名人影像（Celebrity Footage）、德国的n-tv、澳大利亚第九网（Nine Network Australia）、RTL德国、RTR俄罗斯、英国的TV-AM、联合国电视（United Nations TV）、梵蒂冈电视（Vatican TV）和世界自然基金会（WWF）。

汤森路透

在新闻界,汤森路透仍然扮演一个主要角色,向全球观众提供新闻、图片、新闻视频和新闻图片(见第1章)。2016年,该新闻通讯社有2 600名记者在全球200个地点的196个办事处工作,61亿美元收入中的77%(47亿美元)来自订户。2016年,该通讯社以16种语言,生产出超过230万条新闻报道、超过150万条新闻提示、近80万张图片和影像以及超过10万个视频故事,这一事实可以衡量路透社的影响力程度。此外,该公司还向全球客户提供数百万份财务记录的实时数据,并将金融和投资数据传输到全球金融市场——由于拥有通讯社,这成为汤森路透的主要盈利活动。其金融市场桌面应用程序平台汤森路透Eikon(Thomson Reuters Eikon)为全球120多个国家的4 000多家机构和15 000名用户提供有关全球交易的专业新闻与信息。其风险业务提供有关监管服从、公司治理、运营风险控制以及定价和估值方面的信息及其分析,而信息和软件产品包括全球范围内的750多个监管机构及其超过2 500种监管、立法资料。虽然被称为新闻通讯社,但路透社实际上是世界最大的金融信息提供商——2016年,其收入中仅有3%来自路透社新闻,而54%来自财务和风险信息,30%来自法律信息,13%来自税务和会计。在地理位置上,该机构继续从西方获得大部分收入(62%来自美洲,27%来自欧洲)(Thomson Reuters, Annual Report 2017)。

法新社

第三个卓越的全球新闻通讯社是总部位于巴黎的法新社(Agence France-Presse, AFP),其订户除了遍布世界各地的报纸、广播和电视台外,还包括企业、银行和政府。虽然法国政府间接补贴它,但法新社现在作为一家商业公司在运营,声称其编辑政策中没有任何来自国家的干预。法新社以法语、英语、德语、阿拉伯语、西班牙语和葡萄牙语六种语言运作。2016年,它有超过1 500名记者,201个局,覆盖150个国家。

该机构每天通过五个区域中心向全球4 600名客户分发5 000个故事、3 000张照片、200个视频和100张图片。法新社尤其偏重对中东和非洲的报道,这可能反映了法国的地缘经济利益——2016年,法新社在53个非洲国家中已有13个局和365家客户。

面对来自美国/英国媒体的竞争,法国通讯社也开始多元化,推出了金融新闻服务、AFX新闻和英语电视服务——AFP TV,这是以高清形式提供新闻视频的第一个电视台。到2016年,它每月制作2 600个视频和215个小时的现场视频。除英语和法语外,视频服务还提供德语、西班牙语、葡萄牙语、阿拉伯语和波兰语版本。随着商业化程度越来越高,该机构推出了"AFP服务",这是一家面向视频、体育和企业的点播内容子公司。法新社对欧洲的忠诚也体现在其与意大利安莎通讯社(Agenzia Nazionale Stampa Associata, ANSA)和德国德新社(Deutsche Presse-Agentur, DPA)的联合经营上。它们的合作始于2016年,创建了一个新网站——欧洲数据新闻枢纽(the European Data News Hub, www.ednh.news),由欧盟委员会资助,以五种语言提供免费的多媒介内容。

上面讨论的三个主要新闻通讯社在全球范围内以多种形式、不同类型提供大量新闻与信息,并且在商业环境中运作:虽然法新社是一个非营利组织,但即便是美联社在其使命说明中,也毫不含糊地指出通讯社"做的是信息生意"。西方新闻通讯社的主导地位是基于专业产出——在国际事件报道中拥有速度和准确性的声誉,即便它们的解释可能反映了西方编辑方针的优先性。

其他主要通讯社

合众国际社是世界上最大的私人新闻服务机构,直到20世纪80年代被认为是"四大"通讯社之一,它是另一家具有国际影响力的美国新闻机构,但已逐渐势弱。在20世纪90年代的大部分时间里,合众国际社的大部分股份都为沙特媒体所持有,但在2000年被新闻世界传播公司(News World Communications)收购,该公司运营着诸如《华盛顿时报》(The Washington Times)等保守倾向报纸。这可能进一步降低了合众国际社的国际信誉,尽管它继续以英语和西班牙语提供新闻,但主要是向美国消费者提供。其他具有显著国际影响力的主要西方新闻机构包括德国的德新社(Deutsche Presse Agentur, DPA)以及西班牙的埃菲通讯社(Agencia EFE,"以一种拉丁视角看世界")。前者本来在东欧强势,但在2015年它覆盖了92个国家的用户,并提供德语、英语、西班牙语和阿拉伯语新闻;后者声称是世界第四大新闻通讯社,在120个国家开展业务,在马德里、迈阿密、开罗和里约热内卢设有区域中心,每年以不同的格式(文本、照片、音频、视频和多媒体),以阿拉伯语、英语、西班牙语和葡萄牙语分发300万条新闻。埃菲通讯社在全球拥有2 000多家新闻媒体,在拉丁美洲尤为突出,在拉丁美洲媒介端口上发布或播出的国际新闻中,有超过40%是它提供的。

塔斯社(Telegrafnoe agentstvo Sovetskogo Soiuza, TASS)是俄罗斯官方通讯社(1992年更名为ITAR-TASS;2014年恢复该旧名),2016年在63个国家拥有68个驻外机构,所聚焦的国家是苏联的加盟国。平均每天分发100个新闻条目。塔斯社以六种语言（俄语、英语、法语、德语、西班牙语和阿拉伯语）生产内容，还与60多家外国新闻机构合作，并经营着俄罗斯最大的一个图片服务机构。它还成立了合资企业，经营基于卫星、光纤、微波、无线电和电缆线路的私营企业性的电信网络。

中国新华社成立于1931年，自1978年改革开放以来，经历了稳步扩张。新华社的英语新闻服务每天通过其106个海外分社的庞大新闻采访网络，发布290多条新闻，为全球新闻提供中国视角。该机构的网站有英文、中文、日文、法文、西班牙文、俄文和阿拉伯文版本，主要传播有关中国的正面信息（Xin，2012）。新华网的口号是以一种"权威的声音，真诚地传达"，"宣传中国，报道世界"，以七种语言① 全天候提供新闻及其分析，这些语言包括中文、英文、法文、德文、西班牙文、葡萄牙文、俄文、阿拉伯文、日文和韩文。

日本新闻社共同通讯社（Kyodo）成立于1945年，在亚洲具有重要地位。2016年，共同社共有43个海外办事处，仍然是亚洲大陆的主要新闻通讯社之一，提供日语、英语（共同社世界服务，Kyodo World Services，自1965年开始运营）和中文（2005年推出）服务。新闻服务通过43个海外地的70名记者网络，触达世界各地的新闻机构、报纸、广播公司和金融信息发行人，以及世界贸易组织和国际货币基金组织。其他主要国家的新闻通讯社有：巴西的ABN新闻、印度的报业托拉斯（the Press Trust of India，PTI）、伊朗的法尔斯（Fars）和土耳其阿纳多卢通讯社（Anadolu Agency），它们具有区域影响力。

财经新闻服务

在21世纪全球化的自由市场世界中，快速、定期地传输准确的金融情报对新闻机构及其客户来说变得极为重要。财经新闻与财经数据之间的界限具有模糊性，使得所有新闻屏幕甚至于单一新闻屏幕并行播放财经新闻和财经信息。如上所述，路透社在20世纪70年代和80年代发生了变化，是金融新闻和数据方面的主要国际参与者，并优先发展其作为国际电子数据公司的运行业务，而不仅仅是一家新闻通讯社。自2008年与汤森财经公司（Thomson Financial）合并以来，这一财经角色变得更加突出。财经新闻业的其他全球主要参与者是AP-DJ经济新闻服务——由美联社与道琼斯合作而成立；DPA-AFX（德新社-英国新闻联合社）是德语和英语实时金融与经济领域的主要新闻通讯社之一，聚焦于欧洲报道。然而，最重要的相对较新的参与者是彭博社，它已经成为路透社财经新闻与

---

① 原文有误，下文列了10种语言。——译者注

信息的主要竞争对手。彭博社于2001年由所罗门兄弟公司（Salomon Brothers）的前雇员迈克·彭博（Mike Bloomberg）创立，他于2001年成为纽约市市长。彭博社经营着一个24小时的全球实时金融信息网络，包括新闻、金融市场以及商业数据及其分析，2016年的收入为94亿美元。彭博社的部门包括彭博专业（Bloomberg Professional）、彭博新闻（Bloomberg News）、彭博广播（Bloomberg Radio）和《彭博商业周刊》。该公司在150个国家/地区拥有2 400名记者，在70个国家拥有150个分社，为全球325 000个用户提供金融数据、信息及其分析，是该领域的主要提供商，以中文、英文、德文、日文、韩文、葡萄牙文、俄文和西班牙文八种语言提供服务。

在专门的金融新闻电视频道中，最重要的是CNBC，它是美国全国广播公司和欧洲商业新闻（European Business News，由道琼斯拥有）及其姐妹频道亚洲商业新闻（Asia Business News）合并之后成立的，并且自2011年以来由美国全国广播环球公司（NBC Universal，康卡斯特之一部分）拥有。 CNBC在全球范围内覆盖超过3.4亿户家庭，几乎专门致力于提供来自全球市场的商业新闻。2017年，CNBC通过Astra卫星和数字有线电视平台在欧洲各地向超过1.3亿户家庭提供服务。它在新加坡设有一个办事处，并有一条伦敦的线路与香港、曼谷、台北、悉尼、上海、东京以及25个欧洲城市的办事处相连。在大多数四星和五星酒店也可收看该频道，在1 400多家银行和金融机构的楼宇里可直接收看。从其新加坡的区域总部发出的信号覆盖亚太地区的21个国家，包括CNBC亚洲、CNBC-TV18（印度）、Nikkei-CNBC（日本）和SBS-CNBC（韩国）。在中国，CNBC通过中央电视台的商业频道覆盖4亿户家庭，并在意大利、土耳其、阿联酋、日本和印度以本地语言运营本地化频道。CNBC还通过CNBC.com、CNBC PRO等平台提供"实时"金融市场新闻与信息。CNBC PRO属于高端的桌面/移动综合服务，人们可以实时访问CNBC节目、独家视频内容和全球市场数据及其分析，以及CNBC移动产品——包括用于iOS、Android和Windows设备的CNBC应用程序，以及用于苹果手表（Apple Watch）和苹果电视（Apple TV）的CNBC应用程序。它声称为客户提供"完美的24小时全球业务简报，从亚洲的交易到华尔街的收盘铃"（CNBC Annual Report, 2017）。

许多财经新闻与信息服务从股票和货币的大规模交易中获得收益，流动性和不安全的财经市场对它们来说可能是利好消息，因为它们从每周数十亿美元的货币交易中获得佣金。这可能会引发一个角色矛盾问题：它们既是全球贸易的客观数据提供者，又是评论员，因为它们可能从与货币波动、商品价格和"期货"交易相关的波动性和不稳定性中获得公司利益。

国际电视新闻

全球最大的两家通讯社——美联社和汤森路透社——也是全球新闻业务中两家领先的国际电视新闻服务机构。通过访问全球卫星网络，美联社环球电视新闻（APTN）和路透社电视台在全球范围内提供卫星新闻采集部署。它们的推送既可以通过准备好的脚本进行即时广播，也可以通过用本地画外音重新编辑的自然声音播送。

2016年，路透社电视台（前身为Visnews）每天以多种语言，24小时不间断地向全球用户提供200多个视频故事，包括旗舰频道"世界新闻服务"（World News Service），报道财经新闻、体育、娱乐和备播套餐，以及过去100年来关键事件的存档视频。它的"世界新闻快报"（World News Express）为网络广播以及滚动新闻广播者提供数字服务。近年来，路透电视面向网络已经扩展了视频新闻服务的范围，如路透电视的iPhone、iPad和Apple TV版。路透新闻数据库（Reuters Connect）包括来自其他组织的内容，如BBC、Africa24电视台、百弘体育（Perform）和《综艺》杂志社（Variety）。

它的主要竞争对手是APTN，后者是1998年由美联社收购电视新闻机构WTN的美国广播公司后成立的，并与APTV的运行整合——APTV是美联社于1994年发起的一家伦敦视频新闻机构（Paterson, 2011）。到2016年，APTN在全球拥有80个办事处，每天生产200多个故事。APTN通过北京、香港、莫斯科、耶路撒冷、纽约和华盛顿的24小时上行链路及其全球视频线路为欧洲、北美、拉丁美洲、亚太和中东提供区域服务，全天候运营以报道突发新闻。

随着视觉媒介在数字移动媒介时代凸显的重要性增长，其他公司也投身于电视新闻服务。2007年，法新社推出了视频平台AFPTV国际，作为优先发展战略之一部分，鼓励视频和体育进一步实现收入的"国际化"。到2016年，AFPTV的视频服务用户数超过500家，并与全球150个电视频道签订了合同。其他一些国家，尤其是俄罗斯，也推出了电视新闻服务（见第6章）；然而，有关国际事务的大部分电视新闻仍然来自路透社电视台和APTN，这表明国际电视新闻资料来源正在缩小。现在只有两个组织向全球广播公司提供大部分新闻素材，由此而影响全球电视新闻与国际新闻议程，这引发了争议。

国际新闻频道

在新闻频道类别中，总部位于亚特兰大的美国有线电视新闻网（CNN）无疑是世界领跑者。美国有线电视新闻网是"世界唯一的全球24小时新闻网络"，它体现了美国电视新闻的全球化，影响了全世界的新闻议程，并实实在在地影响了国际传播。

案例分析：美国有线电视新闻网——"世界新闻领导者"

美国有线电视新闻网由特德·特纳（Ted Turner）于1980年创办，这是世界上第一个致力于24小时电视新闻报道的频道——被其竞争对手揶揄地称为"鸡肉面网"（Chicken Noodle Network），它已发展成为世界领先的新闻网络。在其推出后的10年内，CNN国际台（CNN International，区别于美国国内频道）已经成为国际电视新闻频道的首选，它之所以能实现这一点，是由于其开创性地使用了卫星技术。卫星把美国的全国观众带到美国有线电视新闻网，它还是首批利用新型传播技术"覆盖全球"的国际广播电视公司之一，它使用的卫星信号来自国际通信卫星组织（Intelsat）、国际太空传播组织（Intersputnik）、泛美卫星公司（PanAmSat）和区域卫星（Flournoy and Stewart, 1997）。

美国有线电视新闻网从一个国家的新闻机构转变为一家全球新闻机构，另一个原因是其雄心勃勃的战略，即通过与全球100多个广播电视机构的新闻交换计划，来实时报道国际新闻事件。其结果是《美国有线电视新闻网世界报道》（*CNN World Report*）于1987年诞生，这是其最初被各国际广播电视公司接受并最终发展壮大的关键因素（Volkmer, 1999）。美国有线电视新闻网对全球事件的现场报道赋予了它无与伦比的影响力，可以塑造国际舆论，甚至能够影响参与其所报道事件中的人物的行动。俄罗斯前总统叶利钦等政治家在相当公开地反对1991年莫斯科政变（这是苏联解体的催化剂）期间，明确地利用了美国有线电视新闻网镜头的影响力。

美国有线电视新闻网在1991年海湾战争期间获得了国际声誉，在美军轰炸伊拉克首都时，其时正在巴格达的记者摩拳擦掌，从而大大有助于使伊拉克战争成为世界上第一个"实时"战争。对大多数人来说，"实时战争"中的电视成为新闻的首要资料来源，也是双方的军事和政治情报的主要资料来源（Hachten, 1999: 144）。毫无疑问，美国有线电视新闻网确立了全球24小时电视新闻网络的重要性，全球24小时电视新闻网络这一概念"肯定改变了国际新闻体系——特别是在国际危机和冲突时期"（p.151）。全球24小时新闻网络的存在创造了一种新的滚动新闻类型，世界各地的媒体人和信息官僚机构尤其追逐这类新闻，特别是在发生军事冲突等国际危机时。所谓的"美国有线电视新闻网效应"（CNN effect）引发了一场辩论，特别是在西方，主题关于电视在形成外交政策议程时的显著力量（Robinson, 2002; Livingston, 2011;

Gilboa et al., 2016）。

由于获得了尊重，美国有线电视新闻网又扩大了业务范围，1996年成为时代华纳集团的一部分催化了其扩张。财经频道CNNfn于1995年成立，负责提供股票、债券和商品市场的报道，特别是关于商业新闻的爆炸性故事（2001年更名为CCN Money，后来成为世界上最大的金融新闻媒体之一）。一年以后，24小时播出的体育电视新闻服务CNN-SI（Sports Illustrated，后来改名为CNN Sports）被添加到美国有线电视新闻网平台（这两者都已关闭）。美国有线电视新闻网移动版（CNN Mobile）于1999年推出，是世界上第一批移动新闻与信息服务机构之一。到20世纪90年代末，美国有线电视新闻网为欧洲/中东、亚太地区以及拉丁美洲和美国的观众和广告商提供了区域版本。

由于认识到需要以当地语言发布当地新闻，美国有线电视新闻网逐渐增加了频道：日本频道（1999年创立，2003年升级为CNNJ），西班牙语频道（CNN en Español，1997年创立）——一个位于亚特兰大针对拉丁美洲市场开发的西班牙语频道，土耳其频道（CNN Turk，1999年创立），以及以英语报道的CNN国际台南亚版（2000年创立）。2005年，美国有线电视新闻网与印度一家电视公司TV18成立合资公司，推出了一个新网络CNN/IBN。凭借2000年与美国在线-时代华纳的合并，美国有线电视新闻网已成为全球最大的媒体和娱乐集团的一部分，其在国际传播和提供世界事件视角方面举足轻重，在全球拥有数百万观众，并不只是美国人。

到2016年，美国全球有线电视新闻网（CNN Worldwide）以七种不同语言在所有主要的电视、数字和移动平台上提供新闻与信息服务组合，覆盖200多个国家/地区的4.25亿户家庭。其新闻和编辑业务设有39个办事处，其中29个在美国以外（CNN, 2016）。美国有线电视新闻网拥有42个编辑部，并通过"新闻来源"（CNN Newsource）在全球拥有1 100多个加盟机构。在即将迎来2020年的40周年之际，它一直处于领军者地位。

虽然观看美国有线电视新闻网的观众数量比例相对较小，但这些人属于美国有线电视新闻网宣称的"富有影响力的人"——政府部长、高级官僚、公司首席执行官、军事首领、宗教和学术精英（Flournoy and Stewart, 1997）。有关财富精英们使用的国际新闻品牌的最新调查支持了这一点。2016年，益普索集团的"全球富人调查"（The Ipsos Affluent Survey Global）显示，美国有线电视新闻网每月通过电视和数字服务覆盖全球36%的富裕受众。对于许多非美国人来说，美国有线电视新闻网曾经并且仍然是美国政府和企业精英的传声筒，即便它有国际影响力，即便员工（通常是受过美国教育或定居在美国的）来自多国，即便它声称不受美国地缘战略和经济利益的影响，也改变不了这一点。

2012年，美国有线电视新闻网组建了一个电影部门（CNN Films），负责发行和制作为电视制作的电影以及专题纪录片。美国有线电视新闻网还通过推出数字网（CNN Digital，一个在线新闻、移动新闻和社交媒介网络）以及虚拟现实部门CNNVR，以拓展其在数字新闻领域的业务，为其Android和iOS应用程序制作了360个视频。CNN.com声称自己是在线新闻与信息发布领域的世界领导者之一，拥有近4 000名新闻专业人士，其内容还通过CNN移动服务（CNN Mobile Services）分发，提供实时的流媒体视频、VOD剪辑和突发新闻文本提示。除了提供主要网络，CNN国际还于2016年开始提供以下国际新闻服务：机场电视网（CNN Airport）、智利美国有线电视新闻（CNN Chile）、西班牙语美国有线电视新闻、土耳其美国有线电视新闻、IBN美国有线电视新闻（印度）、印度尼西亚美国有线电视新闻（CNN Indonesia）、日本美国有线电视新闻、菲律宾新闻美国有线电视新闻（CNN Philippines），以及HLN［原名头条新闻（Headline News）］。CNN国际台（CNN International）有6个节点办事处——亚太地区（总部设在香港）、欧洲、中东和非洲（总部设在伦敦）、拉丁美洲（总部设在亚特兰大）、中东（总部设在阿布扎比）和南亚（总部设在新德里）。

由于美国有线电视新闻网的成功，其他致力于建立全天候新闻频道的同行竞相模仿，特别是卡塔尔的半岛电视台（Al Jazeera），还有法国24小时电视台（France 24）、今日俄罗斯（RT，之前名为Russia Today）、中国中央电视台（CCTV）英语国际频道［2016年更名为中国国际电视台（China Global Television Network，CGTN）］、伊朗英语新闻电视台（Press TV），以及土耳其广播电视台国际频道（TRT-World）。其中许多频道旨在提供关于国际事务的另类新闻叙述与观点（见第6章）。今日俄罗斯（现在的RT）于2005年推出，旨在"从俄罗斯的视角"来提供新闻。法国政府2005年拨款4 100万美元，2006年拨款9 000万美元，用于建立法国24小时电视台，作为负责法国国际广播的法国世界媒体集团（France Médias Monde）的一部分，旨在使其成为法国的CNN。2016年，经过10年的运营，法国24小时电视台声称在183个国家拥有3.25亿户家庭用户，平均每周观众达到5 100万观众，互联网上有1 600万观众。

2016年，美国有线电视新闻网的主要竞争对手是英国广播公司世界频道（BBC World）以及半岛电视台英语频道（Al Jazeera English）。英国广播公司世界台声称覆盖全球200多个国家和地区，约有4.3亿家庭用户。半岛电视台于2016年向100多个国家的310多万户家庭播出。半岛电视台媒体网络拥有来自70多个国家的3 000多名员工（见第6章）。英国广播公司是仅次于美国有线电视新闻网的全球第二大最具影响力的电视新闻广播公司。英国广播公司环球新闻播报（BBC World News）于2016年迎来了25周年纪念日，它最初于1991年作为世界服务电视台（World Service Television, WSTV）推出，播放准点新闻，以及时事、纪录片、生活方式和旅行专题。四年后，它被重新命名为英国广播公司世界台，然后于2008年更名为英国广播公司环球新闻播报，并于2013年搬到一座新的全天候多平台大楼，被称为"世界新闻编辑室"。

英国广播公司世界台是通过广播公司、卫星套餐和有线电视运营商组成的全球网络进行分发，为欧洲、亚洲、美国和拉丁美洲的观众提供单独的视频推送，把所有观众都纳入区域新闻覆盖。虽然英国广播公司世界新闻台在节目安排方面将其服务区域化，但它仍然只用英语播出（日本是例外，在日本，它播放配音节目），并且自2001年以来，它一直为拉美观众提供西班牙文字幕。

天空新闻（Sky News）虽然没有美国有线电视新闻网或英国广播公司那么有影响力，却是第一个播出到英国和欧洲的24小时新闻频道，当它于1989年推出时首发的是"突发新闻"。到2016年，127个国家的1.02亿户家庭可收看到天空新闻，尽管它的大部分受众都在欧洲，且主要是在英国，但是它声称自己既"国际化"又"不偏不倚"。它在最初作为一家英国新闻服务机构，通过与其他广播公司（包括哥伦比亚广播公司、美国广播公司和彭博电视台）的合作，增加了自身国际覆盖范围，到2016年，它有18个海外机构。天空新闻还与路透社合作，后者提供新闻采访。作为新闻集团的一部分，它还可以利用香港的亚洲星空新闻（Star News Asia）和美国福克斯新闻的资源。2012年，它还推出了天空阿拉伯台（Sky Arabia），这是它首次试水英语之外的市场。

欧洲新闻电视台（Euronews）是一家欧洲公共广播集团，于1993年成立，通过有线、卫星和数字地面电视，每天24小时向166个国家的4.3亿户家庭播送节目（2016年）。欧洲新闻电视台是唯一一个以两种以上语言同时播放的泛欧新闻频道，2016年达到12种语言：先是英语、法语、德语、希腊语、匈牙利语、意大利语、葡萄牙语、西班牙语；自2001年以来，又增加了俄语、阿拉伯语、波斯语和土耳其语。鉴于欧洲的语言多样性（该大陆有34种官方语言），多语言新闻网络几乎是必需品，欧洲新闻电视台仍然是泛欧洲最受关注的频道，到2016年每日有400多万有线和卫星观众，超过CNN国际台和英国广播公司环球新闻播报的总和。2016年，欧洲新闻电视台推出了非洲新闻（Africanews），这是位于刚果黑角（Pointe-Noire）的第一个泛非洲多语种的、新闻媒体。自2017年以来，欧洲新闻电视台声称自己是世界上第一个适应其多个当地受众的"全球新闻品牌"。即使在这个新闻运作最具欧洲性的地方，英美的参与也非常明显：1997年至2003年，英国的独立电视新闻公司（Britain's Independent Television News, ITN）拥有欧洲新闻电视台49%的股权；2017年，美国全国广播公司新闻台（NBC News）收购了欧洲新闻电视台25%的股权。公共服务导向的网络对商业美英媒体的影响力在衰减，这表明了公共广播公司目前面临的压力。

2007年，艾菲通讯社电视美洲台（TVEFE América，使用西班牙语）和艾菲通讯社电视巴西台（TVEFE Brasil，使用葡萄牙语）成立，这是西班牙电视（Televisión Española）与艾菲通讯社之间的战略合作，旨在创建西班牙首个国际视听新闻服务。艾菲通讯社将其在欧洲新闻图片社（European Photopress Agency）的股份增加到49.9%，该机构的其他主要投资者是德新社。德国公共广播公司德国之声也具有全球影响力，有用阿拉伯语、西班牙语和德语播放的电视频道，并使用德国国内公共服务广播公司ARD和ZDF的内容。2015年，德国之声推出了英语电视信息频道作为其"新闻旗舰"（journalistic flagship）。到2016年，德国之声已经开发了英语、德语、西班牙语和阿拉伯语的区域性电视节目，提供30种语言的广播、在线内容，每周覆盖全球超过1.35亿人。此外，它在全球各地拥有3 000多个合作伙伴电台，重播德国之声的电视内容。

印度国家广播公司全印电视台与欧洲公共广播公司不同，它仍然是极少数主要国家新闻网之一，在全球英语电视新闻已经扩展到包括英语未被广泛使用的国家（包括中国、俄罗斯、土耳其、日本和韩国）之际，印度电视台在全球重要的新闻市场中不见踪影。凭借近400个全天候的新闻频道和强大的英语新闻传统，印度提供对全球事务的看法是通过印度新闻18台、即刻时报（*Times Now*）、印度新德里全天候电视台（NDTV 24x7）以及今日印度电视台（India Today TV）等私人频道，尽管这些电视台关注的焦点依然是面向海外侨民观众的（Thussu, 2013a）。

全球广播电台

虽然无线电已经让位于作为国际传播主要媒介的电视，但它仍然是重要的信息资料来源，特别是在南方国家。在电视还没有渗透到的世界上的一些农村区域，例如许多非洲国家，广播电台仍然是一个重要的媒介。其重要性从如下事实可见一斑：大多数政府一贯支持海外广播（见表4.11）。

表4.11 由政府资助的主要国际广播电台（2016年）

电台	成立时间	语言	每周收听者数量（百万）	预算（百万美元）
BBC国际频道	1931	28	149	239
美国之音	1942	47	237	218
法国国际广播电台	1975	13	34.5	151.6
德国之声	1953	30	28	88

资料来源：数据来自公司网页。

英国广播公司环球服务电台自称是"世界的参照点"，是世界上最知名的国际广播电视公司，其目标包括"发扬英语语言及人们对此的兴趣"以及在全球范围内"宣传英国的价值观"。2016年，英国广播公司环球服务台在所有平台上，直接播放或通过当地电视台的转播，用30多种语言平均每周向1.49亿听众播音。其中，非洲和中东占有的份额最大（见表4.12）。

表4.12 英国广播公司环球服务台按语言分布，2016年（单位：百万）

国际频道英语	75.2
阿拉伯语	42.9
豪萨语	23.6
波斯语	18.0
孟加拉语	16.5

资料来源：BBC年度报告，2017年。

在后"9·11"时期，英国广播公司环球服务台试图将重点放在中东地区，其中一个优先事项是投资调频播放，特别是在阿拉伯世界。英国广播公司还拥有强大的网络影响力，每月向其国际新闻网站提供数百万次页面展示。

美国之音（也见第1章）是第二大国际广播电台，还参与了一个阿拉伯语流行音乐与新闻广播电台萨瓦电台（"一起播"之意）以及向伊朗广播的法尔达电台。前者于2002年推出，针对年轻的阿拉伯听众。通过其语言学习服务，美国之音的节目借由42个卫星回路覆盖1 100多个联盟广播电台，向全世界广播。美国之音非洲服务部于1963年在非洲非殖民化之后成立，制作英语广播节目，并通过当地私人商业电台的联盟广播电台网络播放节目。它的法-非服务台（French to Africa Service）向法语区非洲国家播音，有时与法国国际广播电台竞争。它还为尼日利亚提供美国之音-豪萨广播，为非洲东部提供斯瓦希里语服务，为非洲的葡语区域提供葡萄牙语服务。鉴于中国在经济领域日益增长的重要性，美国之音的汉语服务每天向中国以及海外华人播音12小时。美国之音的韩语服务通过基督教广播系统等附属电台向朝鲜广播。2016年，美国之音向巴基斯坦/阿富汗边境地区推出了普什图语广播、电视服务，即美国之音-迪瓦（VOA Deewa，意为"光明"）台，那里居住着5 000多万普什图人。

莫斯科电台在冷战后被重新命名为俄罗斯之声（the Voice of Russia），每天以32种外语播音77小时。它的24小时国际频道用英语向各大洲播音。德国之声虽然是海外广播的后来者（1954年才开始），但它用31种语言进行广播。自1992年以来，它还经营德国电视，每天24小时以德语、英语和西班牙语向德国提供电视服务。到2016年，德国之声通过卫星网络覆盖2.1亿户家庭，并在互联网DW-World.de上提供服务。1990年以后，随着它与冷战时期东欧集团领军广播机构柏林国际广播电台（Radio Berlin International）的合并，它在东欧的影响力有所增强。法国国际广播电台虽然其前身于1931年已建立，但直到1975年才正式启动，在62个国家的156个不同调频频率上每天提供24小时服务，特别是在非洲法语国家。自从接管了蒙特卡洛电台（一个迎合中东的私人广播电台），法国国际广播电台周观众数量在2016年增加至4 000万。它以法语和其他12种语言（包括中文、英语、豪萨语、波斯语、葡萄牙语、俄语、西班牙语、斯瓦希里语和越南语等）向全球播音，在全球1 250个城市里拥有700个合作电台。

虽然没有西方广播电台那么有影响力，但中国也拥有一个广泛的国际广播网络。中国广播的第一个国际服务台始于1941年，到2016年，中国国际广播电台每天通过61种语言服务向161个国家播放600小时的新闻、娱乐和时事，在全球媒体组织中，它使用的语种最多（见第6章）。

设置全球新闻议程

从前面的讨论可以清楚地看出，以美国为首的西方统治着世界的娱乐和信息网络。这些主要来自西方的公司，是全球大多数媒介领域的主要参与者，如图书出版、新闻通讯社、国际报纸和杂志、广播和电视频道与节目、音乐、广告和电影等领域。已有证据显示，依附理论家和世界信息新秩序的支持者提出的论据是有效的；证据还表明，尽管许多非西方媒体机构在激增，以及主要是西方媒介文化产品的"地方化"在日益增长，但有关西方支配性及其设置国际传播议程能力的争议仍在继续。

在20世纪70年代和80年代，关于全球媒介流动的争论主要涉及新闻通讯社（见第1章），但随着电视（超越语言和识字障碍的媒介）的扩张，西式生活方式、消费主义生活方式以及通过新闻媒体传播的西方世界观已经全球化。虽然非洲、拉丁美洲和亚洲有更多的图像与信息制作者，但这些洲的全球娱乐与信息流仍然在很大程度上为英美新闻机构提供的内容所中介，这些新闻机构之间共享信息、视觉形象甚至记者。并不罕见的是，英国独立电视新闻公司对美国有线电视新闻网进行报道，美国有线电视新闻网对英国广播公司的新闻进行视觉呈现。1954年到1993年近40年间，美国全国广播公司做出的安排是与英国广播公司分享新闻图片。考虑到美国和英国之间的语言、政治和文化亲和力，这些交流还包括杂志和报纸。

以市场为导向的全球媒介系统使跨国公司受益于媒体大厦所在地的广告支持。如第3章所述，跨国公司日益在促进国际网络全球私有化方面发挥着积极作用。它们利用媒介权力安抚政府；有些公司甚至用媒介来获得直接的政治权力。一个突出的例子是意大利媒体巨头西尔维奥·贝卢斯科尼（Silvio Berlusconi），也是AC米兰足球俱乐部的老板。他利用自己的人气和媒体帝国，主要是卫星频道，创办了自己的政党——意大利力量党（Forza Italia）。该党于1992年助其问鼎罗马，担任右翼联合政府总理，尽管他和他的政府受到严重的腐败指控，他仍在2001年和2008年两次胜选。

大众媒介，尤其是美国的大众媒介，几乎从其发端就已经开始了市场化运作。在私有化的全球传播时代，美国主导的西方媒体有可能成为促进消费主义和自由市场意识形态的渠道吗？一项对电视新闻机构的新近研究这样评论道："电视新闻无处不在地塑造着公众见解，并且众所周知的是，以危险的方式扭曲这种见解。"（Paterson, 2011）政府为达到宣传目的而使用媒介固然是危险的，正如冷战时期反共产主义的理念界定了西方媒体的大部分意识形态取向一样。但更危险的是，在全球化时代以及国际传播日益被公司控制的时代，媒体可能成为全球企业及其政府支持者的喉舌。世界领先的金融媒体并未预测到2008年发生于美国并波及整个世界的金融危机（Schiffrin, 2011; Davis, 2011）。有人认为，在西方民主国家，媒体与政府之间存在共生关系。伯纳德·科恩（Bernard Cohen）在他的书《新闻与外交政策》(*The Press and Foreign Policy*)中写道："在外交政策意义上，信息就是权力……人们可能认为政府偶尔操纵它是必要的，就像运作其他国家权力工具一样。"(1963: 279)

如果在广播的鼎盛时期，各国政府可以利用电视广播来宣传他们的观点，那么在全天候全球新闻时代，各国政府已经把公共外交精练到这种程度，以至于可以成功地向国际公众推销自己的观点。这一点之千真万确，莫过于布什政府在1990—1991年海湾危机期间"推销战争"的企图以及随后确定了美国外交政策的军事干预行动。世界对美国军事冒险行动的看法是模板化的，而这些模板在很大程度上是美国媒体提供的，比如以下事件：1989年在巴拿马的"正义之师行动"（Operation Just Cause），"安慰行动"（Operation Provide Comfort, 1991年海湾战争之后，发生在伊拉克北部），1992年在索马里的"重拾希望行动"（Operation Restore Hope），1994年在海地的"坚持民主行动"（Operation Uphold Democracy），1995年波斯尼亚的"通力合作行动"（Operation Joint Endeavour），1999年南斯拉夫的"盟军行动"（Operation Allied Force），2001年阿富汗境内的"持久自由行动"（Operation Enduring Freedom），2003年的"伊拉克自由行动"［Operation Iraqi Freedom, 2010年重新更名为"新黎明行动"（Operation New Dawn）］，2011年利比亚的"奥德赛黎明行动"（Operation Odyssey Dawn），以及2014年以来，反"伊斯兰国"（ISIS）极端组织的"坚定决心行动"（Operation Inherent Resolve）（Thussu and Freedman, 2003; Allan and Zelizer, 2004; Freedman and Thussu, 2012）。

  美国主流媒体让政府在新闻中设置了军事政策辩论的条目，并且美国记者很少批评美国的军事干预，这种趋势在其他西方民主国家中得到不同程度上的复制，这些民主国家往往遵循美国的立场。在市场驱动的媒介环境中，由于24小时电视与在线新闻文化的激增，另一种明显的趋势是将复杂的国际问题简化为可轻易消化的"高频字节"（sight bites）。对南方国家的报道本已非常有限且扭曲，在这样的环境中，报道可能会进一步减少。美国网络已经削减了它们的外国报道。此外，"在线现象造成的动荡和不确定性"为"其他组织或个人供应信息提供了机会，无论是正式的还是非正式的"（McPhail, 2014: 3）。各种因素（技术、经济和文化）的总和改变了全球新闻空间以及新闻制作本身，因为新的参与者出现了，以迎合分散的观众并提供竞争性与互补性的叙事（Fenton, 2009; Cushion and Lewis, 2010; Delli Carpini and Williams, 2011; Cohen, 2013; Dragomir and Thompson, 2014; Cushion and Sambrook, 2016; Lloyd, 2017）。

  国际新闻的地缘政治注定了，只有世界某些地方——西方可能在那里拥有地缘政治与经济利益——以及具有广泛吸引力的特定类型故事才会得到突出报道（Mody, 2010; Robertson, 2015）。因此，例如，主流国际媒体对刚果民主共和国冲突的报道非常有限，而当西方决定轰炸伊拉克、利比亚或叙利亚，其报道几乎是地毯式的。这不仅是一个数量问题，同样至关重要的是，西方主流媒体以及推而广之的全球媒体（尤其是电视）是如何报道那些影响西方地缘政治利益的问题的。

  尽管西方媒体组织提出过抗议，但在报道越南（Hallin, 1986）、东帝汶和中美洲[Herman and Chomsky, (1988) 1994]、伊拉克(Mowlana, Gerbner and Schiller, 1992; Allan and Zelizer, 2004; Robinson et al., 2010)以及阿富汗、利比亚和叙利亚(DiMaggio, 2015)时,双重标准并不少见,且成为一种趋势。

然而,近年来,西方新闻媒体因某些报道方式导致可信度下降,如持续不断的所谓全球"反恐战争"的报道方式。2003年入侵伊拉克被称作是这场更广泛、通常是先发制人的战争的一部分,这种战争被合法化为"政权更迭",以适应西方的地缘政治利益。在这种军事冒险中,在人道主义的外衣下,美国政府提升了其地缘战略利益,无论是在科索沃(通过将北约的性质从"冷战遗迹"改为"和平执行者",其职权范围现在扩展到崎岖不平的阿富汗山脉,超越其传统的北大西洋范围)、阿富汗(使美国政府进入能源丰富的中亚地区)或伊拉克(控制世界第二大石油储备库,以及重塑中东的能力)。

在后冷战、后"9·11"时期,媒介中的共产主义已被"伊斯兰恐怖主义"的威胁所取代。新闻话语在核问题上也存在偏见——如果一个发展中国家渴望加入排他性的核俱乐部,正如伊朗试图做的那样,反映美国政府立场的美国媒体就倾向于认为此类举动会威胁世界和平。来自唯一使用过核武器的国家(1945年在广岛和长崎使用)的劝诫满口仁义道德,但它可能会毫不犹豫在越南投掷化学武器,在伊拉克使用航空燃料炸药,以及用贫铀炸弹打击平民。

然而,在没有可靠的替代性媒体系统的情况下,美国的立场(考虑到西方媒体的覆盖力和影响力)往往占有主导地位,无论是在核问题、"反恐战争"、贸易政策、人权还是国际法问题上。然而,在21世纪的数字化传播领域,这种统治正面临两大挑战,一是另类叙事的增长(将在第6章讨论),二是已经改变全球新闻生态的数字化颠覆(digital disruption,见第7章)。

5 媒介文化中的全球性与地方性

正如前一章所述,媒体所有权的一般模式表明,由美国领导的西方社会继续主导所有主要媒介部门中的信息、娱乐的国际流动。但是,如此大规模的图像和思想的单向流动,对国家和地区媒介文化有何影响?对国际传播燎原之势进行的分析,重在全球化的经济层面,却忽视了世界各国人民之间互动的文化方面(Appadurai, 1996, 2013; Tomlinson, 1999; Yudice, 2004; Beck, 2006; Darling-Wolf, 2014; De Beukelaer and Singh, 2015; Nederveen Pieterse, 2015)。许多学者认为,这种全球化的传播促成了各种文化之间的同质化。在本章中,我们尝试将全球性-地方性之间的互动置于具体语境中,以突出文化调适与适应在变化多端的社会文化情境中的复杂性。我们将讨论好莱坞作为全球娱乐巨头的优越地位,同时讨论英语作为全球通用语言的重要性,以及欧洲公共服务广播公司继续发挥作用的重要性。此外,本章将重点阐述全球媒体集团的本地化、区域化策略,以及杂糅化问题——全球性的流派如何适应民族文化规范;同时,通过世界各地的案例,分析文化是如何充当软实力的。

美国消费文化的全球化

如第3章和第4章所述,全球传播产业(包括硬件和软件)为少数主要位于美国的跨国公司所有。此外,美国娱乐(电影、电视节目、广告)与信息网络(新闻、纪录片、在线信息)不仅具有最广泛的影响力,而且具有最强的国际吸引力。而这一趋势具有悠久的历史(Tunstall, 1977; Segrave, 1998, Tunstall and Machin, 1999; Bielby and Harrington, 2008; Boyd-Barrett, 2014; Bolaño, 2015)。一些人认为,这种全球传播的媒介产品催生了一种同质化文化——一个基于英语以及西方生活方式和价值观的地球村,正如马歇尔·麦克卢汉于1962年所预见的那样。甚至有人提出"美国流行文化是文化全球化的动因"(Crothers, 2018: 19)。

即使在21世纪,依然有数百万人无法读写,因此,电视作为视觉媒介的覆盖范围远远大于印刷品。图像的国际传播超越了语言障碍。全球电视已成为斯图亚特·霍尔所谓的"全球大众文化"的核心,这种文化由"大众广告呈现出的形象、

5 媒介文化中的全球性与地方性

意象与风格"(Hall, 1991: 27)所主导。西方商业电视的模式是私有化且由广告驱动，而这种模式的全球化将消费文化带到了世界各地的客厅中(Lash and Lury, 2007; Nederveen Pieterse, 2015)。有人认为这种大众文化可能正在影响人们思考其区域或民族身份的方式，因为尤其是自20世纪90年代全球化进程开始以来，人们越来越多接触到的是来自世界——特别是美国——的信息。有人提出，视听地域"正在脱离民族文化的符号空间，并基于更为'普遍的'国际消费文化的原则进行重新组合"(Robins, 1995: 250)。

西方消费主义的全球化被冠以多种多样的名称来描述——"可口可乐化""迪士尼化"或"麦当劳化"(Ritzer, 2002, 2015; Bryman, 2004)，这证明一个以美国商业文化为模板、基于信用的全球社会诞生了，而美国商业文化就体现在：耐克和麦当劳，以及它们运用好莱坞和体育明星进行的宣传。美国流行文化的全球吸引力源于它的开放性和多种文化的混合，而其中许多文化本身就来自美国以外的地区。在卡茨(Elihu Katz)和利贝斯(Tamar Liebes)对美国流行连续剧《朱门恩怨》(*Dallas*)所做的跨文化研究中，他们提出了美国电视在全球取得成功的三大原因：

> 一些主题和剧情套路具有普遍性或原生性，使得节目容易与观众产生心理共鸣；许多故事具有多元性或延展性，于是其价值观成为投射机制，成为人们在家庭中进行协商和玩耍的材料；另外，美国节目填补了一个市场的空缺，在这个市场里，某一国的制片人无论多么积极，也无法填满他们眼中足够多的档期。
>
> (Katz and Liebes, 1990: 5)

然而，市场逻辑也许能更有力地解释为什么美国在全球媒介文化中占据卓越地位。《星际迷航》曾是世界上最赚钱的系列作品之一，《海滩救护队》(*Baywatch*)曾是全球最受各个媒体欢迎的电视节目，《钢铁侠》(*Iron Man*)、《复仇者联盟》(*The Avengers*)、《X战警》(*X-Men*)和《雷神：黑暗世界》(*Thor: The Dark World*)等电影的票房收入曾高达数十亿美元。这些作品的成功并不一定源于它们本质上的娱乐性，而是由于大型媒体集团的宣传。鉴于电视和在线媒介渠道的指数级增长，这些全球性公司有足够的资源来创造和生产这些极受欢迎的内容。正如米勒(Toby Miller)和科瑞迪(Marwan Kraidy)指出的那样："由于受到自由市场原教旨主义的驱使，并受到国家政策与文化之边界不断弱化的驱使，当代超级商业媒介环境几乎是行而无疆的。"(Miller and Kraidy, 2016: 180)

促成这一营销成就的是广告业的全球品牌化和国际化(Tungate, 2004; 另见第4章)。例如，最初在哥伦比亚广播公司播出的犯罪类型电视连续剧《犯罪现场调查》(*The CSI: Crime Scene Investigation*, 2000—2015)及其衍生剧集《犯罪现场调查：迈阿密》(*CSI: Miami*, 2002—2012)和《犯罪现场调查：纽约》(*CSI-NY*, 2004—2013)，曾在世界各地取得惊人的成功(Miller and Kraidy, 2016: 51)。根据业内人士估计，全球三分之一的财富可用品牌来换算，并可在未来25年内占全球财富的50%。表5.1展现了2016年10个领先品牌，而其中有7个是美国的企业集团。品牌对于促进媒介产品的全球贸易也至关重要。

表5.1　2016年世界十大品牌

品　牌	国　家	品牌价值（10亿美元）
苹　果	美　国	178.1
谷　歌	美　国	133.2
可口可乐	美　国	73.1
微　软	美　国	72.7
丰　田	日　本	53.5
IBM	美　国	52.5
三　星	韩　国	51.8
亚马逊	美　国	50.3
奔　驰	德　国	43.4
通用电气	美　国	43.1

资料来源：《品牌之间》(*Interbrand*)，2017年10月，http://interbrand.com/best-brands/best-global-brands/2016/ranking/。

全球媒介产品贸易

　　1980年，全球文化产品贸易(如电影、电视、印刷品、音乐、电脑)价值670亿美元，到了1991年，则几乎翻了两番，达到2 000亿美元(UNESCO, 1998)。然而，到了2017年，全球娱乐和媒介收入已增至1.8万亿美元。根据普华永道《2017—2021年全球娱乐和媒介展望》(*Global Entertainment and Media Outlook 2017—2021*)，这些收入将在2021年以4.2%的年均复合增长率(compounded annual growth rate, CAGR)进一步上升至2.2万亿美元。自1995年引入服务贸易总协定以来(见第3章)，文化产品成为全球服务市场一个重要部分，而文化产品也自2005年起被列入联合国教科文组织《特定商品和服务的国际流动》(*International Flows of Selected Goods and Services*)的报告中。根据2016年联合国教科文组织关于《文化贸易全球化》

(Globalization of Cultural Trade)的报告,文化和创意产业以及服务业的全球市场价值约1.3万亿美元,并且还在迅速增长中。根据2004年至2013年的数据,联合国教科文组织的报告指出:音乐、电影和报纸等产品的"非物质化",即数字化,对这些行业产生了巨大影响,因为通常以网络订阅形式出售的媒介产品进入了文化服务领域。报告还指出,随着越来越多的文化产品从有形转向数字化,获得有关这些商品流动的准确数据变得更具挑战性。尽管新经济体的兴起及其对全球媒介行业产生了影响,但该报告证实,媒介产品与服务的贸易仍由西方公司与组织所主导,主要包括美国和英国/欧洲(Bolaño, 2015)。

美国拥有全球最大份额的媒介与娱乐收入,这些收入来自电影、音乐、图书出版和游戏。根据普华永道《2015—2019年娱乐与媒体展望》(*2015–2019 Entertainment & Media Outlook*),美国国内媒介和娱乐市场占全球产业的三分之一,并且到2019年将达到约7 710亿美元,甚至高于2015年的6 320亿美元。美国电影业,作为全球生产和消费中利润最丰厚的行业,2014年的贸易顺差为163亿美元。美国是文化产品的主要出口国,而娱乐业是其最大的出口收入来源之一;世界五大媒体公司总部都设在美国,而其余的公司也与美国有大量商业联系。据欧洲视听观察组织(European Audiovisual Observatory, EAO)统计,美国在2013年以2 920亿美元(占全球市场近69%)主导了全球视听市场(包括广播、电影及电视发行、视听点播服务、游戏和音乐),紧随其后的是欧洲的653亿美元(15.4%)和日本的49.9亿美元(12%)。世界其他地区之和仅占174亿美元(不到4%)(Fontaine and Grece, 2016)。

2015年,美国向欧洲出口了价值88亿美元的电影和电视节目,但从欧洲的进口仅值13亿美元(US Government, 2016)(见图5.1)。表5.2显示了美国电影和电视节目出口的全球分布。

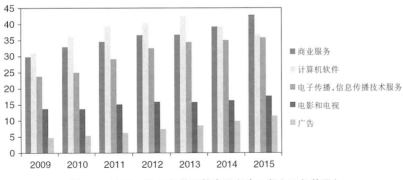

图5.1 2009—2015年美国特定服务出口额(10亿美元)
(资料来源:美国政府,经济分析局,2016年)

表5.2　2015年美国电影和电视节目出口，按国家分布（百万美元）

国　　家	百　万　美　元
英　国	3 816
德　国	1 523
巴　西	1 028
法　国	867
澳大利亚	777
日　本	683
印　度	591
中　国	529
西班牙	479
意大利	475

资料来源：美国政府，经济分析局数据，2016年。

美国也是书籍和出版物的主要出口国。根据联合国教科文组织的《文化贸易全球化》(The Globalization of Cultural Trade)报告，全球图书和出版物出口从2004年的207亿美元增长到2013年的241亿美元（UNESCO, 2016）。中国的出口份额自2004年的4%增长到2013年的11%，加了一倍以上。中国还成为电子游戏的主要出口国，而电子游戏（主要与互动媒介相关）是2013年十大出口文化产品之一。日本也是这一类产品的主要出口国（UNESCO, 2016）。

电视节目模式市场中的许多独立内容创作者，特别是英国的恩德莫尚集团[Endemol Shine Group，旗下有《老大哥》(Big Brother)、《美国偶像》、《厨艺大师》等全球性成功节目]、弗里曼特尔媒体公司（FremantleMedia）[《达人秀》(Got Talent)、《偶像》、《好声音》、《明星丛林生存实录》(I'm a Celebrity ...Get me Out of Here!)]以及其他主要西欧或美国公司，在世界都具有影响力。这些节目本地化后的版本也在世界各地播放。美国在这个领域里的地位也同样重要，例如，舞蹈秀[《舞魅天下》(So You Think You Can Dance)]、烹饪秀[《顶级大厨》(Top Chef)]、商业秀（《学徒》）以及时尚秀[《时尚之星》(Fashion Star)和《全美超模大赛》(Next Top Model)]。

在区域分布方面，欧洲仍然是美国电影和电视出口的最大市场：2004年出口额为7亿美元，到了2016年，这一数字已攀升至88亿美元，而美国从欧洲的进口额仅为13亿美元（见图5.2）。全球各地都有美国媒介内容的身影。尽管美国政府及其产业呼吁多元文化,但美国电视节目和电影出口与这些产品的进口之间依然存在惊人差距。2004年,美国进口的电视节目和电影价值3.41亿美元,而出口是104.8亿美元,为进口的30倍之多。到2015年,美国开始进口更多的外国电视节目和电影,但进出口的不平衡依然使其处于优势地位:美国的出口额为164亿美元,而进口额仅43亿美元(US Government, 2017)。

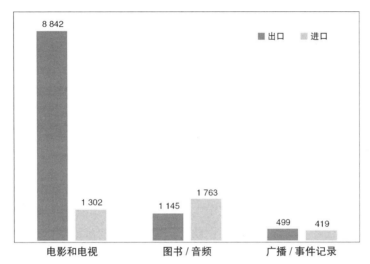

图5.2　2015年美国与欧洲的贸易,按产品类型划分(百万美元)

(资料来源:美国政府,2016年)

美国最大的贸易伙伴是欧盟。通过欧盟,美国对欧洲的出口(67.87亿美元)是从欧洲进口(5 600万美元)的120倍。这种进出口差异与电视贸易的既有趋势一致。1989年至1993年,欧盟和美国之间的电视节目贸易平衡差距扩大了两倍多。欧盟和美国之间1995年至2000年的电视节目贸易流量表明,欧盟国家的贸易逆差是其对美国出口总额的15倍(UNESCO, 2005a: 47)。

随着10年间商业电视频道增长达四倍之多,美国在欧洲电视里的影响力大幅增加,特别是在用当地语言重新配音的电影类节目中。可以说,重新配音的一个原因是,没有一门能将欧洲电视观众统一起来的"通用语言"(lingua franca);如果说有一种媒介"通用文化"(cultura franca)的话,它就是美式流行娱乐形式——肥皂剧、竞赛节目、谈话节目、医疗剧和侦探连续剧,不过最好配有针对具体国家的主题和故事背景(Richardson and Meinhof, 1999: 174-175)。随着数字传输机制和流媒体服务的发展,欧洲从美国进口的节目量可能会像其他地区一样增长。

从公共服务到私人利润——欧洲广播

源于美国的电视商业模式在国际上取得成功,这对西欧广播产生了深远影响。西欧是世界上第二富有的媒介市场,也是广播公共服务精神的发源地(Atkinson and Raboy, 1997; Tracey, 1998; Iosifidis, 2010; Brevini, 2013; Ofcom, 2014)。欧洲电视广播的私有化,始于20世纪80年代后期,在21世纪初改变了媒介格局,最典型的例子便是世界上最著名的公共服务广播公司——英国广播公司——进入了国际商业电视领域(Hendy, 2013)。

英国广播公司是欧洲最大的电视节目出口商,自1998年的1.9亿美元增长到2016年的14亿美元之多(见图5.3)。英国广播公司通过成立于1994的全资商业分支机构BBC环球公司,以全资渠道和合资企业的组合方式在世界媒介市场上展开角逐。与美国媒体跨国公司不同,英国广播公司的大部分销售额来自英国市场。2016年,它通过广播、电视和网络提供的服务占所有参测英国电视收视率的33%,所有参测广播受众的54%。英国广播公司也建成了一个英国媒介消费者最常使用的新闻与信息网站。在美国,英国广播公司还与代表美国公共电视的波士顿广播公司WGBH签署了一份共享节目以及联合制作节目的协议,并与艺术&娱乐电视(A&E)网络和HBO共同制作节目。这使得英国广播公司能够提升其国际形象与品牌影响力,并利用其丰富的节目库,向全球的广播公司销售节目脚本和专业节目,同时推广专门套餐,如飞行节目、体育节目和节目模式(见表5.3)。BBC环球公司还拥有英国电视台(UKTV)50%的份额,该台是英国商业题材电视频道的主要供应商。

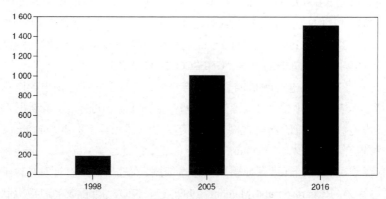

图5.3 销售英国电视:BBC环球公司销售额的增长(百万美元)

(资料来源:BBC Worldwide, 2017年)

表5.3 2016年BBC环球公司全球销售额(百万美元)

区　　域	销　售　额
英　国	546
世界其余地方	475
美国和加拿大	392
澳大利亚和新西兰	114
共　计	1 427

BBC环球公司是除美国主要制片厂之外最大的电视节目发行商，在120多个地区经营英国广播公司的频道。它代表250多家英国独立制作公司，帮助它们向国际观众销售产品（特别是节目模式），以及促进国际联合制作高端剧。英国是欧洲最赚钱的节目模式市场，其中《天降巨金》（*Money Drop*）和《与我共进大餐》（*Come Dine with Me*）是最成功的节目模式。

除英国广播公司外，其他的英国出口商还有ITV全球娱乐制片厂（ITV Studios Global Entertainment），2016年，它向国际出口了4 352小时节目。根据《国际电视业务》（*Television Business International*），紧随其后的还有两家独立的内容主要供应商：恩德莫尚全球发行（Endemol Worldwide Distribution）和弗里曼特尔国际媒体（FremantleMedia International）。在电视剧领域，英国广播公司的《神探夏洛克》（*Sherlock*）、《神秘博士》（*Dr. Who*）（每一个都销售到超过200个地区）和《夜班经理》（*Night Manager*）以及ITV全球娱乐制片厂的《波尔达克》（*Poldark*）和《唐顿庄园》（*Downton Abbey*）等英剧在国际上非常成功。根据英国电影电视制片人联盟（Producers Alliance for Cinema and Television, PACT）的数据，在非剧本类节目中，《英国偶像》（*X Factor*）和《巅峰拍档》（*Top Gear*）进入2015年最成功的出口产品名单。根据英国电影电视制片人联盟发布的《2015—2016英国电视出口报告》（*UK TV Exports Report 2015-2016*），英国电视节目在那一年向国际市场的销售额达19亿美元（PACT, 2017）。

尽管在过去20年中，优质体育频道（星空体育）和电影频道（HBO、Canal+）已取得了令人瞩目的成就，诸如Netflix和亚马逊Prime这样的OTT新进者亦然；与此同时，诸如ITV1、RTL、TF1、ProSiebenSat.1这样的付费电视频道因其满足了人们的娱乐需要而颇受欢迎，但对欧洲电视市场一锤定音的力量依然是公共资助的、提供公共服务的广播公司（如BBC、ARD/ZDF、FRTV和RAI），由此而有别于全球其他地区。

欧盟的所有权规制比美国更严格,应付限制的办法之一就是建立子公司。根据欧盟委员会的统计,2013年内有1 000多家外国公司在欧盟建立并运营,其中60%是美国公司,包括21世纪福克斯(星空集团、福克斯国际频道)、探索传播公司(欧洲体育频道)、时代华纳(特纳广播、中欧媒体企业、HBO)、维亚康姆["音乐电视"(MTV Networks)]和华特·迪士尼(AETN,迪士尼-美国广播公司)。2016年,欧洲可使用的由美国母公司提供的点播付费服务多达75项,包括谷歌和微软提供的针对一些具体国家和语言的点播服务版。2017年,欧洲视听观察组织的一份报告指出,泛欧品牌频道和点播视听服务的枢纽已经出现,这个枢纽为大型广播与娱乐公司所拥有,并且多数是美国公司。英国拥有面向国外市场的758个电视频道,是欧洲面向其他国家/地区的最重要枢纽(Schneeberger, 2017)。

20世纪90年代,视听市场向泛欧和国际运营商开放,这改变了欧洲电视格局。到2013年,欧盟内部的视听市场价值接近1 650亿美元,频道数量也在过去的20年内增加了20倍,从1990年的93个增长到2016年的4 000多个,其中娱乐和体育频道的增长最为猛烈。如表5.4所示,截至2016年,欧盟共有4 063个电视频道和2 207个点播服务,而英国则有1 389个电视频道和813个点播服务。欧盟所有"视听媒介服务"中有一半集中在英国、法国和德国。RTL集团等私营网络受益于频道的扩散,并通过德国、法国、英国、荷兰、匈牙利和波兰的电视频道网络覆盖泛欧受众。RTL扩大了它在东欧的业务,其时东欧正处于公共广播机构一无所有之际。

表5.4 2016年欧洲顶级电视——按频道数量

国 家	频 道 数 量	占欧盟的份额(%)
英 国	1 389	34
法 国	356	9
德 国	262	6
意大利	251	6
荷 兰	222	5
西班牙	207	5
捷 克	168	4
保加利亚	129	3
瑞 典	111	3
瑞 士	108	2.5

资料来源:数据来自欧洲视听观察组织,2017年。

在20世纪90年代，中欧和东欧的新兴市场将其国家电视台转变为公共服务广播公司；在许多国家，如罗马尼亚、保加利亚和立陶宛等，这类广播公司的收视率仅为10%（Fontaine and Kevin, 2016）。随着电视频道如雨后春笋般涌现，公共广播公司失去了观众，并愈益依赖出口节目来维持运营。数字化与主要由美国节目带来的以数字化的方式竞争，也迫使欧洲的公共广播公司变得愈发商业化。例如，RAI Com，就是意大利公共广播公司RAI的销售、联合制作与数字部门，该部门制作了如《蒙特尔班诺警探》(*Inspector Montelbano*)等连续剧。然而，尽管商业广播和宽带网络不断扩张，公共服务电视和广播仍然在许多西欧国家占据主导地位：2016年，在欧盟内部，公共广播公司的净收入达到380亿美元，几乎是广播收入总额740亿美元的一半。

来自Canal+国际（Canal Plus International）等主要法国公司的节目在欧洲范围内以及非洲的法语区都有收视率。自1998年以来，由法国、加拿大、瑞士和比利时公共服务广播公司共同拥有的法语国际频道TV5Monde与法国Canal+国际合作，出口法语节目。TV5Monde是法国世界媒体集团（负责法国国际广播）的一部分，主要由法国外交部资助，每天在全球5 000个有线电视网络上全天播放，并且在23个能覆盖5亿潜在观众的卫星平台上播放。根据法国国家电影与动画中心（Centre national du cinéma et de l'image animée, CNC）的数据，2015年法国的娱乐出口销售额达到8.93亿美元，其中5.79亿美元来自电影，3.14亿美元来自电视节目（高于2004年的1.33亿美元），而电视节目中，动画以6 200万美元占比最大（CNC, 2017）。

根据欧洲视听观察组织2016年出炉的一份报告，美国是欧洲电影的最大市场；2015年，有将近600部欧洲电影在美国上映（其中87%产自法国和英国这两个欧洲国家），占了欧洲之外欧洲电影许可总市场份额的35%（Kanzler, 2016: 3）。根据法国国家电影与动画中心的数据，除法语地区外，在比利时、卢森堡、意大利、德国和西班牙等国家中，法国电影有受欢迎的传统，占2016年所有许可电影的近一半。法国电视节目也是如此，2016年，有53%的出口量流向西欧广播公司，其次是美国，而其他"非西方"市场则相对较小（CNC, 2017）。根据英国电影协会的数据，从2011年到2015年，英国电影出口的地理分布显示，美国是英国电影的主要出口地，占总出口的47%，其次是欧盟，占比34%，而亚洲仅占7%。2016年，英国独立制作电影的价值是4.75亿美元，占全球影院市场的1.2%。英国独立电影占北美票房的1.7%，占欧洲票房的1.5%。除英国和爱尔兰以外，引进英国独立制作的电影作品比例最高的是新西兰，为4.6%（British Film Institute, 2017）。

上述讨论表明，西方内部的电影和电视贸易持续主导着全球娱乐。然而，在数字化和全球化的媒介市场中，来自非欧美国家的电视和电影节目的出口增长也非常迅猛，特别是巴西、土耳其、韩国、墨西哥、埃及、印度和中国等国家。这将在第6章中探讨。

案例研究：儿童电视——抓住他们的花样年华

趁孩子尚低龄且易受影响的时候抓住他们的注意力，广告商以及媒介制作人对这一狡诈原则已经烂熟于胸。卫星和有线电视频道的扩散以及全世界年轻人越来越多地使用移动设备上的社交媒介，意味着媒体公司能够瞄准这些受众，并让电视、移动互联网和儿童娱乐协同增效。媒介市场自由化之前，在许多国家中，可用电视机数量和外国节目配额限制了儿童节目在国际上传播。随着电视的普及，专为儿童打造的频道已成为国际电视市场不可或缺的一部分。根据《银幕精选》(Screen Digest)的数据，在1996年至1999年的短短三年内，诞生了50多个儿童频道，其中大多数是英语频道(Screen Digest, 1999)。到2016年，全球有超过400个儿童专门频道(其中227个在欧洲，94个在亚太地区)。随着数量不断增长，这些频道也变得越来越采用当地语言。美国依然主导着这一类型节目，尽管面临日本动画以及法国和俄罗斯等国儿童节目的激烈竞争。以俄罗斯民间故事为基础的动画系列《玛莎和熊》(Masha and the Bear)，自2009年推出以来已经传播至世界，特别是在油管(YouTube)上，其中一些剧集的观看次数接近8亿。由于"玩具开箱"(Funtoys Collector)和"小宝贝布姆童谣"(Little Baby Bum)等频道的存在，油管已成为全球儿童电视的主要平台。

2016年，全球儿童电视的三大主要频道——尼克儿童频道(维亚康姆的一部分)、卡通频道(时代华纳的一部分)和迪士尼频道——都来自美国。另一个主要频道——福克斯儿童世界台(Fox Kids Worldwide, 新闻集团的一部分)，于2001年被迪士尼接管。这些公司的全球扩张(通常是通过与当地频道联合组建合资企业)，一直是全球儿童电视增长的主要因素。由于历史原因，美国电视公司是儿童节目的最大生产者，其中很大一部分是动画。动画的一大优点在于容易适应海外市场，其中的原因是它运用了风格化的角色，因此需要的文化解释最少。由于这种类型的节目具有更长的有效期，这些公司凭借其大型电影和节目库，可以很好地满足全球需求不断增长之势。

当尼克儿童频道于1979年推出时,美国是第一个拥有儿童专门频道的国家。到2016年,尼克儿童频道的原版和地区化内容已经覆盖了全球各大洲的观众。迪士尼接管了福克斯儿童国际网络(Fox Kids International Networks)后,在全球儿童电视市场中最具影响力。迪士尼是很早就开始将其节目输出到世界各地的广播公司。1995年,它在英国和中国台湾推出了第一个频道,从那时起在全球各地都开设了频道。到2016年,迪士尼以34种语言在164个国家及地区运营着100多个频道,而迪士尼频道、迪士尼青少年和迪士尼XD在全球拥有约4.72亿订户。迪士尼和其他此类媒体集团除了在电视和在线银幕上具有广泛影响力外,还生产儿童杂志、音视频和DVD,以及提供在线购物和娱乐。

在中国,迪士尼动画的消费市场颇大。到2016年,多达23个迪士尼品牌节目模块和迪士尼俱乐部已经覆盖超过3.8亿户家庭。迪士尼消费品部(Disney Consumer Products)在中国百货公司建立了1 800多个"迪士尼角"(Disney Corners)。自1995年《米老鼠杂志》(*Mickey Mouse Magazine*)在中国推出以来,迪士尼出版公司的业绩已经增长了10倍,并成为全中国阅读量最高的儿童杂志(Rohn, 2010: 222)。

尼克儿童频道的业务包括节目编排、制作、消费者产品、在线娱乐、出版和专题片。它在全球拥有100多家授权商,并且通过大型商店、玩具和礼品零售商以及主题公园销售近500种产品。儿童电视与全球玩具市场关系密切。有人认为,电视是新玩具需求不断增长的核心,因为儿童最有可能根据自己喜欢的电视角色和他们所关注频道上的广告购买商品。美国玩具业是涉及许可的最成功的零售领域之一。然而,这并非一个新现象,早在1933年至1935年,在美国就售出了有米老鼠角色许可的手表超过250万块(Pecora, 1998),只不过是全球化使这些许可成为全球产品。许可角色提供了易于识别的玩具或故事线,提供了一系列配件或可收集物品,以及通过特许权使用费带来额外收入。

美国除了提供广告驱动的商业内容之外,还是公共服务类儿童节目的主要出口国。美国通过芝麻街工作室(Sesame Workshop)制作的《芝麻街》(*Sesame Street*)等系列节目,强调教育讯息,推动国际联合制作,并且在全世界——包括在许多发展中国家中播出(Cole and Lee, 2016)。商业儿童频道

> 凭借强大的营销资源和庞大的节目库，能以低成本提供新服务，本地公司很难与之竞争。例如，在英国，尼克儿童频道和卡通网络比其他国内地面频道（如BBC2和Channel 4）拥有更多的儿童观众。为了在多频道电视时代更具竞争力，英国广播公司在英国有两个专门的儿童频道——CBBC和CBeebies。英国广播公司也向国际推广其儿童商品，例如广受欢迎的《天线宝宝》（Teletubbies），它使英国广播公司与世界各地（包括中国）的一些电视台达成联合协议。Netflix和亚马逊等全球流媒体网站也积极与著名频道达成交易，并投资原创节目以提供在线儿童节目内容。

好莱坞霸权

美国统治全球娱乐市场的一个关键因素是其电影业。好莱坞电影在全球150多个国家上映，而美国电视节目则在125个国际市场播出。基于洛杉矶和华盛顿的美国电影协会（The Motion Picture Association of America, MPAA）是"美国电影、家庭录像和电视业的发声者和倡导者"，其成员有华特·迪士尼公司、派拉蒙电影公司、索尼影视娱乐公司、20世纪福克斯公司、环球影城（Universal City Studios），以及华纳兄弟公司（MPAA, 2016）。美国电影协会有时被称为"国务院内部的一个小国务院"，它强调版权对美国经济的价值以及盗版造成的危害，对塑造美国有关娱乐和媒介行业的贸易政策以及促进反盗版诉讼具有重大影响力（McDonald, 2016）。

如图5.4所示，全球对电影娱乐的需求持续增长。根据美国电影协会的数据，2016年全球票房达到386亿美元，其中美国国内市场占近110亿美元，为全球总票房的28%（MPAA, 2017）。即使在那些拥有发达的本地电影制作网络与市场的国家中，美国电影依然占据这些国家电影进口的绝大部分；而且，鉴于专用于电影的电视频道的全球性增长以及新的数字传输机制，世界对于美国电影的依赖不太可能减少。

全球电影出口中最具争议的问题之一是美国和欧洲之间的电影贸易，欧洲是世界上最富有的媒介市场之一。美国影视产品在欧盟的视听市场占主导地位，达到票房的70%，而欧洲电影在美国市场的比例甚至没有达到两位数。20世纪90年代，美国电影和电视行业放松管制和扩张的过程，冲击了接受大量补贴的欧洲电影业（Nowell-Smith and Ricci, 1998）。冷战的结束也影响了拥有发达电影业的诸多

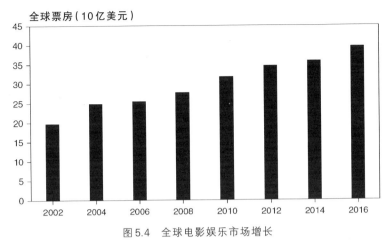

图 5.4 全球电影娱乐市场增长

[资料来源：数据来自英国电影学院（British Film Institute, BFI）]

东欧国家的电影制作。随着好莱坞主要电影公司对这些市场的控制加强，欧洲制作的电影数量和类型也发生了变化。

2005年，欧盟内部制作了918部欧洲电影；截至2011年，这一数字上升至1 321部。但在此期间，它们的电影票房份额却是波澜不惊，大约是25%。虽然一些欧洲电影（主要来自英国、法国或德国）在泛欧区域甚至全球大量发行，但大多数电影都难以吸引大批观众，即使在它们各自国家的国内市场也是如此。为了解决这个问题，欧盟对欧洲电影提供补贴：在"媒介"（MEDIA）计划下，平均每部电影每年收入最高可达1亿美元。此外，2012年，德国电影促进署（Filmförderungsanstalt, Film Promotion Institute）等国家机构为电影提供资金9 400万美元，而法国的电影协会提供补贴9.54亿美元（Wutz, 2014）。无论是观众人数（2016年为2.13亿），还是总收入（同年为17亿美元），法国仍然是欧洲电影市场中的领头羊，并且是欧盟国家中占有本国市场最多（近36%为国内电影）。其他欧洲领先国家的数据如下：德国（22%）、意大利（29%）、西班牙（18%）、英国（7.43%）。2014年，欧盟委员会宣布了一项"创意欧洲"（Creative Europe）计划，七年（2014年到2020年）的预算将近18亿美元，用来刺激欧洲电影的发展（CNC, 2017）。

好莱坞也对其他国家的电影制作产生了重大影响，诸多国家的电影制作量急剧下滑。然而，一些欧洲国家的电影制作却有所增加，通常是由于欧洲电影公司之间或者与好莱坞巨头之间进行了合资制作。对于英国来说，与其他欧洲伙伴和国际合作伙伴共同制作也是应对美国竞争的首选办法，尽管美国电影公司在其大多数合资企业中都占有份额。许多发展中国家没有自己的电影业，好莱坞电影占了这些国家电影进口量的大头。好莱坞电影在全球影院中盈利最高，这一趋势得到了很好的证明（Miller et al.，2005），如表5.5所示，全球前十大影片都是好莱坞大片。2002年到2007年，全球票房收入数据研究报告称，在共享好莱坞文化特征与文化敏感性的国家中，好莱坞电影特别受欢迎。该报告也指出，这一趋势表明，世界的品味正变得越来越"同质化"（Fu and Govindaraju，2010）。

表5.5 历年热门：全球票房收入排名前十的电影

电 影 名	全球票房收入（10亿美元）	上 映 时 间
阿凡达（Avatar）	2.79	2010
泰坦尼克号（Titanic）	2.19	1997
星球大战：原力觉醒（Star Wars: The Force Awakens）	2.07	2015
侏罗纪世界（Jurassic World）	1.67	2015
复仇者联盟（The Avengers）	1.52	2012
速度与激情7（Furious 7）	1.52	2015
复仇者联盟：奥创纪元（Avengers: Age of Ultron）	1.41	2015
哈利·波特与死亡圣器（下）（Harry Potter and the Deathly Hallows Part 2）	1.34	2011
星球大战：最后的绝地武士（Star Wars: The Last Jedi）	1.33	2017
黑豹（Black Panther）	1.32	2018

资料来源：http://www.boxofficemojo.com/alltime/world/，2018。

如表5.6所示，好莱坞的影响力在世界其他地方同样可见，其产品在全球范围内广受欢迎。正如米勒和科瑞迪所说："流行大片最大限度地减少了角色发展、复杂叙事以及对话，取而代之的是场景、激情、冒险精神和多元文化等全球通用语言。"（Miller and Kraidy，2016：113）这也意味着这些电影日益成为"脱离文化语境的跨国电影"（Crane，2014）。米尔里斯（Tanner Mirrlees）对比表示赞同，认为视觉丰富的电影国际化程度最高，因为这些电影减少了对话，钟情于电脑制作的冲突语言，给观众造成的语言障碍最小（Mirrlees，2013）。《变形金刚：绝迹重生》（Transformers: Age of Extinction，2014年上映，票房收入8.35亿美元，是美国国内票房收入的三倍多）、《猩球崛起2：黎明之战》（Dawn of the Planet of the Apes，2014年上映，70%的票房来自国际市场）等电影取得了国际性成功，为米尔里斯的说法提供了证据。亨利·詹金斯（Henry Jenkins）认为，《黑客帝国》（The Matrix）系列有着跨媒介属性,因为"关键信息的传达是通过三部真人电影、一系列动画短片、两部漫画故事集,以及几部游戏"(Jenkins, 2006)。最著名的系列电影《星球大战》跨越40年历史,逐渐铺陈出一个"跨媒介"的故事,2008年的电影《钢铁侠》则演变为号称"漫威电影宇宙"(Marvel Cinematic Universe)这样的东西。"漫威电影宇宙"还制作了《无敌浩克》(*The Incredible Hulk*)、《钢铁侠2》、《雷神》以及《美国队长:复仇者先锋》(*Captain America: The First Avenger*)等取得全球性成功的热门电影。2012年发行的《复仇者联盟》中使用到了这些电影中的角色,并且全球票房收入超过15亿美元。好莱坞的全球制作也有赖于开发国际创意劳动力以及拍摄地点,制片人"利用专家团队在全球范围内搜寻有利的拍摄地点,并比较各个候选地点的相对优势"(Curtin, 2016: 677; Curtin and Sanson, 2016)。还有人认为,电影、电视和视频都是"翻译"媒介,必须把翻译变化过程看作是面向全球讲故事的一部分,在这个过程中,配音、字幕、"粉丝字幕"以及误译和误用都必须与专业性翻译等量齐观(Dwyer, 2017)。

表5.6 好莱坞十大国际票房市场

国　　家	2016年票房市场(10亿美元)
中　国	6.6
日　本	2.0
印　度	1.9
英　国	1.7
法　国	1.6
韩　国	1.5
德　国	1.1
澳大利亚	0.9
墨西哥	0.8

资料来源:MPAA,2016年电影市场统计数据。

相比本地电影,欧洲公众似乎更喜欢好莱坞电影的浮华与魅力。欧洲视听观察组织对欧洲34个国家1996年至2004年的电影票房进行了研究,发现这一时期累计售出电影票数量排名前十的电影均来自好莱坞。在同一时期,电影票房排名前五的欧洲电影都是英语电影,其中四部由好莱坞公司出资打造(European Audiovisual Observatory, 2005)。这一趋势在过去10年中没有太大变化:根据法国国家电影与动画中心的数据,2016年好莱坞电影继续在欧洲电影院占主导地位——占英国票房的75%,占西班牙的68%,占德国的65%(CNC,2017)。其部分原因是在投资方面,其他电影公司与好莱坞存在长期差距:好莱坞一部电影的制作和推广成本为1亿美元,而英国或法国等其他主要市场制作的电影平均成本不到1 500万美元(Crane, 2014: 367)。

美国霸权不仅体现在好莱坞所占据的经济主导地位上,还体现在其通过好莱坞在文化层面上传达着政治潜台词(Darling-Wolf, 2014; Edwards, 2016)。正如瓦斯科(Janet Wasko)所指出的那样,"必须把电影也置于整个社会、经济和政治背景之下,在评价电影时,还必须考虑电影有助于维持和复制权力结构"(Wasko, 2003: 10),尤其是"美国电影早在20世纪20年代就开发出全球营销技法,并继续在今天的国际媒介市场中占据主导地位"(p.13)。

冷战末期,好莱坞向全球扩张期间,法国前文化部长(1988—1992)杰克·朗(Jack Lang)警告人们说,好莱坞"已不再或很少攫取领土,而是攫取人们的意识、思维方式和生活方式"(Waterman, 2005: 8)。另一些人已经在好莱坞大片中注意到政治霸权层面,如《独立日》(*Independence Day*, 1996),以及以军事为题材的超级英雄电影,如《美国队长》系列(2011—2016)和《钢铁侠》系列(2008—2013)。这些电影是与"美国联邦政府特别合作"制作的,"由特定军事机构的公务办公室执行,这些机构包括海军陆战队电影与电视联络处(Marine Corps Motion Picture and TV Liaison Office)、空军娱乐联络处(Air Force Entertainment Liaison Office)、美国陆军社区关系西部办公室(US Army Community Relations Office-West)、以及海军西部信息办公室(Navy Office of Information-West)"(Kokas, 2017: 25)。

在使"9·11"后的战争合理化、普遍化方面,在强化美国枪支文化方面,好莱坞军事题材的娱乐片是否发挥了作用,一些人持怀疑态度(Der Darian, 2009; Boggs and Pollard, 2016);而另一些人则开始研究政治电影和战争电影中的"华盛顿-好莱坞关系"(Haas, Christensen and Haas, 2015),以及有关安全的叙事是如何受到中央情报局的影响的(Jenkins, 2012)。从历史上看,好莱坞已经损害了自由主义,例如在20世纪30年代与纳粹德国合作,以保护大型娱乐公司在欧洲的商业利益(Doherty, 2013; Urwand, 2013)。

学者们指出,种族主义也困扰着好莱坞,因为其"主流叙事是,白人是英雄,而有色种族演员则常常饰演配角或恶棍,这复制了美国社会中存在的种族等级制度并使之合理化"(Yuen, 2017: 7)。根据行业数据以及通过对好莱坞从业人员的采访,一项研究报告称:"一群以白人男性为主的创意人才、企业高管和监管人员造就了用种族中心主义讲故事、选角色的文化。"(p.16)其他研究还发现,好莱坞电影和电视节目将阿拉伯男性描绘成恶棍或恐怖分子,阿拉伯女性则常常以肚皮舞者或身披面纱的形象出现(Shaheen, 2009)。在迪士尼1992年出品的电影《阿拉丁》(Aladdin)主题曲中,阿拉丁唱道:"我来自一个遥远的地方,那里骆驼商队往来奔波,如果他们不喜欢你的面孔,就会割掉你的耳朵。野蛮是野蛮,但是,嘿,它就是家。"1994年的大片《真实的谎言》(True Lies)中虚构了一个名为"红伐党"(Crimson Jihad)的恐怖组织,在后"9·11"时代和"反恐战争"时代,虚构恐怖组织这一趋势变本加厉。

尽管如此,随着中国(可能成为全球最大的电影市场之一)等快速发展大国的电影媒介的扩张,它们对好莱坞或好莱坞化内容的市场需求可能继续增长。尽管中国有每年只能引进34部外国电影的限额①,但好莱坞电影在中国依然取得了巨大成功:《星球大战前传3:西斯的复仇》(Star Wars: Episode Ⅲ - Revenge of the Sith)赚了900万美元,而《哈利·波特与火焰杯》(Harry Potter and the Goblet of Fire)上映的首周末票房就有410万美元。在20世纪70年代,好莱坞的收入中有三分之一来自海外;2005年,其一半以上的收入来自国际市场;到2016年,这一数字达到了65%(MPAA, 2016)。鉴于亚洲幅员辽阔,以及好莱坞在人口众多的中国和印度的市场渗透率相对较低,亚洲市场的重要性不容小觑。根据行业数据,预计到2020年,亚太地区的票房收入将达到240亿美元,几乎占预计全球票房的一半。贸易自由化使更多好莱坞电影进入亚洲电影院,而经济增长使更多人有机会看到它们。现代化的多厅影院的建设大大增加了播放电影的场地数量,而电影专用频道的普及和数字发行技术的发展也为电影创造了影院之外的新市场。在线市场正在创造新的电影价值链。2016年,中国中央电视台的电影频道(它更为人所知的名字是CCTV-6)与HBO签署了一项合作协议,旨在为中国观众制作合作电视电影。在受欢迎的全国性电视频道中,CCTV-6受欢迎的程度排名第二,该频道于1995年推出。该频道还投资了几部好莱坞影片,如《变形金刚:绝迹重生》和《碟中谍5:神秘国度》(Mission Impossible - Rogue Nation)。双方合作的最新项目是《愤怒的小鸟》(Angry Birds)在中国发行。

根据普华永道《2016—2020年全球娱乐与媒体展望》(Global Entertainment & Media Outlook 2016-2020)的预测,到2018年,就收入这一项来说,中国将超过美国成为全球最大的票房市场。②预测称,这是全球电影市场的经济实力趋于平衡的"拐点","虽然这个具有高度象征意义的触发点可能会推迟,但未来几年美国将失

---

① 此处应该是指进口分账片,2012年开放限额至34部。除了有限额的进口分账片,还有买断片和合拍片,并没有指标。——译者注

② 实际上,中国电影市场在2020年成为全球票房收入最高的市场。——译者注

去其掌控全球票房收入的支配性地位,而这种地位自一个多世纪以前的无声电影时代就奠定了"(PwC,2016)。正如最近的一项研究指出的那样:"好莱坞高管们正在寻求在美国影视销售成熟模式之外的创收方式。中国的愿望是减少其文化产业赤字,而好莱坞则希望扩大其全球市场份额,两者之间同时具有共生性与竞争性。"(Kokas, 2017: 27)第6章将更全面讨论中美娱乐关系,以及关于媒介产品新兴的反向流动。

随着美国企业集团开始投资印度娱乐公司,好莱坞在这一不断增长的主要亚洲市场的影响力也在增加。这也得益于印度语配音、字幕翻译、本地营销和推广以及更广泛的发行:每年在印度发行的好莱坞电影数量从30部增加到2016年的60多部,目前印度影院超过20%的收入来自好莱坞制作的内容(PwC, 2016)。

有关文化多样性的担忧

消费主义讯息通过媒介产品在全球流动,一些人把这种现象看作是一种新型文化帝国主义的证据,特别是非西方世界持有这种看法(Schiller, 1996;另见第2章)。这些讯息全球化的一个主要原因是美国媒介、广告和电信网络的全覆盖,它们都有助于美国促进其国家利益。沙拉比(Jean Chalaby)在其对全球电视节目模式交易的研究中指出:"西方世界开发的电视节目模式不可能不传达价值观。模式不是在真空中创造的,它们之所以获得生命力是因为以当地节目之貌出现并受到当地观众喜爱。"他还补充道:"世界电视产业已牢固地融入国际贸易这一事实并不一定意味着当地文化及其认同将会消失。"(Chalaby, 2015: 187-188)然而,这种表述忽视了"机构控制市场的力量"(Mosco, 2009: 62)。

关税与贸易总协定在1947年缔结时,承认音像制品在反映国家文化价值观和认同感方面的作用,并允许政府对其实行限制。然而,在20世纪80年代的关贸总协定乌拉圭回合谈判期间,美国认为,视听产品与其他行业一样应遵循自由市场原则,终止欧洲国家普遍存在的进口限额和国家补贴。许多国家,尤其是法国,都认为这种限额对于保护国内电影和电视业免受美式商业化至关重要。法国电影和电视业以"文化例外"(l'exception culturelle)原则为由,反对将视听产品纳入关贸总协定的最终文本中,并且欧盟反对派成功地将视听服务排除在国民待遇和市场准入规则之外(Hafez, 2007)。

从欧盟到伊斯兰世界、中国和印度,媒介全球化(通常等同于美国化)对民族文化的影响力使人们忧心忡忡。20世纪90年代,联合国教科文组织发布的《世界文化报告》(World Culture Report) 提出了关于为什么要保护文化多样性的诸多理由：文化多样性是"人类精神创造力的体现"，并且是"公平、人权和自决权"的要求；是持续"反对政治、经济依赖性和压迫"所必要的，并且"拥有一系列不同的文化在美学上是令人愉悦的"，多元文化能"激发头脑"，为良好有效的社会组织方式提供一种"知识与经验储备"(UNESCO, 1998: 18)。

为了保护和促进文化多样性，2010年，联合国教科文组织启动了文化多样性国际基金项目(International Fund for Cultural Diversity)，该项目肇始于联合国教科文组织2005年发布的《保护和促进文化表现形式多样性公约》(Convention on the Protection and Promotion of the Diversity)。该公约得到140个国家的批准，承认各国政府有权力制定保护和促进文化表达多样性政策，强调了文化活动、商品与服务兼具经济维度和文化维度，既创造了收益，使经济持续增长，又保护了身份认同和价值观。然而，正如辛格(J. P. Singh)所注意到的那样："尽管公约的行文和前言都对'文化多样性'做了广义定义，但其具体规定与实施细则却是为了规范'文化产业'这一狭义概念。"(Singh, 2011: 107)此外，该基金从成员国那里得到的支持微乎其微，因此，有建议提出，"相关政府和国际机构"从跨国媒体公司那里筹集资金，并"增强对音像产业和数字传播相关项目的支持，以确保文化产业中的商品与服务从发展中国家流入发达国家市场"(Albornoz, 2016: 569)。

文化、创意和文化多样性在解决可持续发展问题方面具有关键作用，2015年启动的"联合国2030年可持续发展议程"(United Nations Sustainable Development Agenda for 2030)首次在全球层面上承认了这一点，显而易见，文化在全球层面上得到严肃看待。该议程指出，"所有文化和文明都可以为可持续发展做出贡献，并且是可持续发展的关键推动因素"(UN, 2015: 13)。美国在国际传播与媒介体系中拥有主导地位，并对文化产生了影响，这引发了人们的担忧，这种担忧与语言和文化认同问题密不可分，尤其是英语作为全球通用语言的崛起(Crystal, 2003; Graddol, 2006)。

全球英语

在过去的200年里，英语作为全球商业和传播的通用语言出现(Crystal, 2003; Graddol, 2006)。正如第1章所讨论的那样，英国人在19世纪将世界用电缆连接，这使他们在推广语言方面拥有了早期优势。英国对全球电报网络的控制使英语成为国际贸易与服务的主要语言。1923年以前，英国一直控制着世界上一半的电报电缆，随着其他媒介形式的发展，这种优越地位被美国所取代(Headrick, 1991)。

美国获得这一优越地位，确保了英语继续作为全球传播的关键语言，并对世界其他语言的未来产生了重大影响。在21世纪初，英语仍然位于国际语言等级的顶端，是多国互动、联合国系统、跨国公司以及国际媒介（包括互联网和科技出版）的主要语言。尽管只有少数政治和文化精英能使用英语，但它在许多英联邦国家中仍然具有较大影响力，特别是在教育和文献方面。

  这在书籍出版领域尤为明显，英文出版商将它们的文学作品定位是国际性的，这对其他语言写作者往往是利空的。只有那些能用英语写作或者其作品能被翻译成英文的作者才被认为是"国际的"。文化全球化意味着双向关系，但国际权力关系会影响这种双向关系的平衡，正如一位印度小说家观察到的那样："我还从未听说过有任何一位西方作家诚惶诚恐地等待着印度评论家对他做出评价。"（Deshpande, 2000）这种观点也为其他诸多印度人所持有，他们认为语言是"人们的思想、情感和文化的真正存放处"。一位著名印度作家在印度国家文学院（Sahitya Akademy）的官方期刊中写道："英语，或者说美式英语，作为计算机和互联网的主要语言以及全球传播的公认载体，如果不受控制，会慢慢开始取代我们自己的语言，并使之无关紧要。百科全书和世界文学选集已经开始忽视印度本土语言文献，只接受印度人用英文写成的观念。印度语言的丧钟第一次敲响。"（Satchidanandan, 1999: 10）

  这些断言可能会遭到部分人的质疑。这些人认为，印度文学传统已经改进、扩展并丰富了殖民统治者的语言，并且当代最优秀的英语小说家属于印度次大陆。尽管如此，不容忽视的是，那些不用英语写作的人正处于不利位置。只要需要翻译，翻译本并不总是高质量的，之所以作品在世界上被翻译次数最高的小说家总是出自西方，原因就在这里。联合国教科文组织的翻译索引数据库（Index Translationum database）表明了这一点（见表5.7）。

表5.7　其作品在世界上被翻译频率最高的作者

作　　者	国　　家	翻　译　数　量
阿加莎·克里斯蒂（Agatha Christie）	英　国	7 236
儒勒·凡尔纳（Jules Verne）	法　国	4 751
威廉·莎士比亚（William Shakespeare）	英　国	4 296
伊妮德·布莱顿（Enid Blyton）	英　国	3 924
芭芭拉·卡特兰（Barbara Cartland）	英　国	3 652
丹妮尔·斯蒂尔（Danielle Steel）	美　国	3 628

(续表)

作　者	国　家	翻　译　数　量
弗拉基米尔·列宁（Vladimir Lenin）	俄罗斯	3 593
汉斯·安徒生（Hans Andersen）	丹　麦	3 520
斯蒂芬·金（Stephen King）	美　国	3 357
雅各布·格林（Jacob Grimm）	德　国	2 977

资料来源：联合国教科文组织，http://www.unesco.org/xtrans/bsstatexp.aspx?crit1L=5&nTyp=min&topN=50。

　　作品被翻译数量位居世界前十的小说家（其作品被翻译成25种语言或以上）中，有七人使用英语写作。在联合国教科文组织的《世界文化报告》中提到的119部作品中，只有四部在非西方世界中发表（分别来自印度、伊朗、哥伦比亚和墨西哥），后两部是以欧洲文学形式（小说）写作；前两部中，一部出自阿查里亚·拉杰尼希（Acharya Rajneesh，以他的"性治疗"而非灵性主义著名），另一部是《天方夜谭》（*Arabian Nights*），两部作品都符合西方对东方的观念，符合西方认知中的异国情调。

　　以世界其他主要语言出版的书籍，特别是来自中国、韩国、巴西、伊朗、印度和埃及这些南方国家主要图书出版商的书籍，没有国际读者，也很少受到全球媒介或学术界的关注。严肃文学和通俗小说概莫能外。诺贝尔文学奖获奖者名单显示，自1902年奖项成立以来，109名获奖者中只有13名来自发展中国家。除了诗人哲学家拉宾德拉·纳特·泰戈尔（Rabindra Nath Tagore，使用孟加拉语创作诗歌）、埃及的纳吉布·马哈富兹（Naguib Mahfouz，1988年获奖，使用阿拉伯语写作）、中国的莫言（2012年获奖），所有其他来自发展中国家的获奖者都是用欧洲语言写作的。自从1913年，泰戈尔作为第一个非欧洲人获得诺贝尔奖以来，再无任何来自印度次大陆的作家被认为是配得此奖项的[虽然长居英国的印裔特立尼达人奈保尔（Vidiadhar Surajprasad Naipaul）于2001被授予该奖项]。诺奖有诸多重大遗漏，其中包括：印地语短篇小说家普列姆昌德（Premchand），乌尔都语诗人伊克巴尔（Muhammad Iqbal）和费兹（Faiz Ahmed Faiz），以及孟加拉语小说家查特吉（Sarat Chandra Chatterjee）。

　　中国是印刷技术的诞生地，但直到2012年，生于中国的作家莫言才获得诺奖荣誉。土耳其第一次入围是奥尔罕帕慕克（Orhan Pamuk）于2006年获奖之时，但属于其他文明古国——例如作为人类文明摇篮的伊朗或伊拉克——的作家，并没有出现在这个令人垂涎的名单中，倒是许多来自欧洲或美国的平庸之辈都获得过此奖。"第三世界"文学的文学风格倒是非常明显，它融合了来自许多国家和文化的、多姿多彩的文学作品。阿吉兹·阿罕默德（Aijaz Ahmad）认为，来自南方国家的文学作品要想在国际上显山露水，必须"被选中、得以翻译、出版、评价与解释，并在蓬勃发展的'第三世界文学'宝库中被指派一席之地"，而这个过程为第一世界所掌控（Ahmad, 1992: 45）。弗朗兹·法农（Franz Fanon）注意到："掌握一门语言具有非凡的力量"，因为掌握者就此拥有了"被那种语言所表达、所指代的世界。"（Fanon, 1967: 18）其他人则批评"世界文学"本身就是"东方主义"的概念，这一概念强化了英语作为一种文学语言的主导地位，并且使文化资本主义制度（这种制度使得用英语出版的文学享有特权）更加根深蒂固，从而破坏了非欧洲语言，并重构了殖民霸权（Mufti, 2016）。

英语一直遭受谴责，被认为是导致英语国家（加拿大、美国和澳大利亚）土著语言消失的罪魁祸首，是导致前英国殖民地民族语言遭到破坏的元凶。即便英语被推广为通用语言并在互联网上被广泛使用，但并不能反映这个世界的语言多样性。根据"民族语"（Ethnologue，一个关注全球语言的美国组织）的说法，世界上有7 000多种语言，其中三分之一濒临灭绝。在具有丰富的多语种传统（即日常使用的语言超过50种）的34个国家中，有三分之二位于撒哈拉以南的非洲地区、东南亚以及太平洋地区（Simons and Fennig, 2018）。联合国土著居民问题工作组（UN Working Group on Indigenous Populations）论及"入侵前和殖民前的社会"时，说这些社会自认为是具有延续性的文化群体；并且，工作组估计这些社会指代"3.5亿人，他们是70多个国家中使用着5 000多种语言和文化的人"（Alia, 2009）。

还有人担心，单一的"世界英语"会影响英语口语的多样性。当美国巨头微软于1999年推出"全球英语"新词典——《微软百科全书》（*Encarta*）时，这一举动遭到了传统英语捍卫者的质疑，比如《牛津词典》的权威出版商。

英语在企业传播和国际商务中有着重要地位，因为有超过52%的跨国公司在日常交易中使用英语（Neeley, 2017）。一项叫作"英语化"的新近研究表明了该过程：

> 语言可以影响全球组织机构活动的方方面面……一门通用语言使我们最接近拥有"天赋般的言说能力"（"tongues of fire"），也就是人们能够如同聆听和理解自己的母语一样理解任何语言。只有学会用词汇和文化沟通，我们才能进入未来世界，并在全球商务领域中耕耘。

（Neeley, 2017: 12）

支持英语的人提出：英语以一门全球通用语言之姿出现，有利于促进自由民主，有利于促进国家间的公正性（van Parijs, 2011）。

英语的全球扩张促进了媒介与文化的全球化。一些学者认为，英语是"全球化的起因、过程及其产物的重要组成部分"（Sonntag, 2003: xii）；而其他人则认为，全球性媒介是"盎格鲁-撒克逊文化的载体，也是全球文化英语化（anglicization）的推进者"（Hjarvard, 2004: 75）。有人建议，需要采用跨学科的方法（包括媒介与传播研究以及语言学）来理解这种现象。"文化和媒介的全球化以及英语的全球传播不可避免地交织在一起。这种相互关系是由于语言和文化具有根本性关联。"（Kuppens, 2013: 337）

多频道电视和在线内容（其中大部分来自美国，或者由其改编的本地化翻版）的增长将美国英语推广到世界各地，这个过程极大程度地受到移动传播和数字媒介内容不断增长的影响。

全球观众最终是否会接受英语节目并至少对英语有接受能力？用同一种语言交流是否有助于人们达成共同理解甚至共享文化认同感？像法国这样的国家，由于害怕被美国流行文化所吞没，试图立法保护法语，要求公共与私营公司不应在有法文对应词表达的公共活动中使用英语表达。根据英国文化协会（British Council）发表的一项研究成果，英语的流行程度可能会持续下去（约有20亿人在学习英语），但汉语和西班牙语等其他语言可能会挑战英语的统治地位。该报告称，英语已经成为一种全球语言，"世界上有四分之一的人口使用它，从而在知识和创意方面实现真正的单一市场。它现在属于世界，并日益属于用非母语说话的人，这些人的数量如今已远远超过母语人士。"（British Council, 2013: 3）

正如斯瓦特维克（Jan Svartvik）和利奇（Geoffrey Leech）指出的那样，虽然讲汉语的人比讲英语的人多三倍以上（见表5.8），但从欧洲边缘的一个小岛上问世的这种语言仍保持着"作为国际传播手段无可撼动的地位。大多数其他语言主要是国界内的传播通道，而非跨国界的通道"（Svartvik and Leech, 2016: 1）。卡楚（Braj Kachru）创造了"世界英语"（"World English"）这个词，他设计了一个将英语用法分为三个同心圆的模型：内圈，包括英国和美国，代表母语是英语的人；中间一圈代表印度和尼日利亚等国家，这些国家所讲的英语是殖民者的语言；最外一圈代表中国和巴西，英语作为外语被人们学习（Kachru, 1982）。然而，打那以后，英语开始扩展，包含不同的杂交版，从中式英语（Chinglish）到西班牙英语（Spanglish），再到印度英语（Hinglish）。这是因为大规模的人口流动使得三个圈层中都有使用多语言的海外人口，模糊了这三个圈层之间的语言边界。

表5.8 世界五大语言

语　言	使用者（百万）	使　用　国　家
汉语	1 284	37
西班牙语	437	31
英语	372	106
阿拉伯语	295	57
印地语	260	5

资料来源：Simons and Fennig, 2018。

媒介文化的区域化与本地化

对于在全球市场中运营的全球媒体集团而言，使其产品与服务适应当地文化条件是一项迫在眉睫的商业圭臬，其受某一国家或地方文化的影响不大，而只服膺于市场力量。它们布局了包括媒介特许经营在内的各种方法（Johnson, 2013），以便打入各种不同的市场。跨国媒体公司意识到，人们更喜欢观看他们自己的母语节目。例如，将卡通网络节目配音成印地语，或者将假日节目配音成汉语，这都比针对特定国家或地区而制作的电视节目更便宜。对于发展中国家的广播公司而言，通过配音或字幕将全球节目本地化更可取，因为本土制作的成本十分高昂。为全球媒体公司拓展国际媒介业务有一种实测有效方法，那就是将媒介内容区域化与本地化，以适应受众的文化背景。例如，根据这样的市场逻辑，麦当劳在德里推出了素食版的巨无霸汉堡，并且在巴西推出了"嘉年华"巨无霸。国际媒体组织也越来越意识到世界各地消费者的不同口味。即使在欧洲，区域化也已成为国际广播公司商业的当务之急。在英语被广泛使用的国家，如斯堪的纳维亚半岛，改编美国节目较容易；但在法国和意大利，字幕或配音节目并不那么受欢迎。因此，存在以本地语言播出节目甚至重新制作本地版的趋势。

销售这些产品所采用的策略具有明显的当地风格，例如，通过创新和定制营销，使用民族语言来推广有线电视节目。连英国广播公司的频道，最初只提供英语版，在20世纪90年代试图为印度运行印地语频道失败之后，对内容进行了区域化。英国广播公司的传统节目在北美表现良好：《巡回鉴宝》（Antiques Roadshow）是哥伦比亚广播公司评价最高的节目之一，其美国化版本的情景喜剧《办公室》

(*The Office*)则在美国全国广播公司播出。国际上最成功的出口节目之一是英国的竞赛节目《谁想成为百万富翁？》，它在1998年推出时占据了73%的市场份额，其本地化版本也在100多个国家播出。

美国主要制片商越来越多地使用欧洲、亚洲和拉丁美洲的本地生产设施。哥伦比亚影业公司、华纳兄弟和迪士尼已经建立了国际电视子公司，以制作英语联合节目以及针对具体国家的节目。2017年，索尼娱乐电视台有41种语言的节目。索尼自己的品牌索尼影像网络印度公司（Sony Pictures Networks India）包括索尼ESPN、索尼Le Plex，并制作了如 *Kaun Banega Crorepati*（印度版的《谁想成为百万富翁？》）和《流行偶像》（*Pop Idol*）等成功节目。HBO国际在印度（HBO南亚）和中国（HBO亚洲）以及亚洲其他国家等主要市场开播本地化频道［如影院亚洲（Cinemax Asia）等］。

卡通频道也在印度进行本土化经营，制作了以印度为主题的系列节目，例如关于印度教宗教史诗《罗摩衍那》（*Ramayana*）和《摩诃婆罗多》（*Mahabharata*）这样的节目，以及《阿克巴和比尔巴》（*Akbar and Birbal*）系列，角色原型为世俗历史人物，比如比尔巴是莫卧儿皇帝阿克巴（1542—1605）宫廷中一位极度诙谐、聪明的人物。2004年，迪士尼频道和迪士尼卡通频道在印度推出了本地版频道。2006年，路透社与印度最大的英文报纸《印度时报》达成协议，效仿美国有线电视新闻网推出了"即刻时报"（*Times Now*）电视新闻服务。美国有线电视新闻网自2005年以来一直与印度电视软件公司TV 18合作，运行覆盖南半球亚洲观众的全天候英语新闻业务。2017年，曾经将《老大哥》带到印度的Viacom18在印度运营着26个频道，其中12个是来自维亚康姆的美国品牌，如美国喜剧中心频道、音乐电视网和尼克儿童频道；Viacom18还有颇受欢迎的印地语娱乐频道"色彩"（Colors）和"里斯泰"（Rishtey）。这种运营偏好反映了印度电视市场的爆炸性增长，其中包括越来越多的区域服务、高清频道和流媒介平台，以及新一波提供"移动内容"的4G手机热潮。

星空电视（STAR TV）是亚洲的另一个主导势力，它通过包括星空中文频道（台湾）和星空+（印度）在内的频道，积极实施本地化战略。全球媒体公司尤其热衷于巩固其在亚洲的两个主要市场——中国和印度——的地位。随着哥伦比亚影业公司（由索尼拥有）开始为中国和印度这样的巨型市场制作节目，越来越多的亚洲语言被使用。商业电视频道也把亚洲作为一个优先考虑区域。CNBC亚洲，CNBC-TV18（印度）、Nikkei-CNBC（日本）遍布亚太地区。 CNBC还与上海东方传媒集团的子公司——第一财经——结盟。

在中东，西方或西方化的电视网络不断地将内容本地化，为的是走出在海湾地区生活的西方侨民区。这种"阿拉伯化"包括为美国节目配字幕,过滤掉过激语言以及裸体、性行为描述,以避免审查问题——在"9·11"之后的政治环境中,这种担忧已经变得更为紧要。然而,描绘生活中更加流光溢彩一面的美国连续剧也在阿拉伯世界流行,并得以在沙特所拥有的中东广播中心(Middle East Broadcasting Centre, MBC)等网络上播出。由于本地化内容的发展,一些定期播放美国内容的电视网已停止运营,比如巴林的"轨道"(Orbit,声称是"世界上第一个全数字、多频道、多语种的付费电视服务")和"秀时刻"(Showtime,是维亚康姆与科威特项目公司的一家付费电视合资公司)。印度的惹电视网与星空电视展开竞争,后者自1994年以来一直在中东运营,前者以多种语言分销其频道内容。

在传统意义上,拉丁美洲一直被认为是美国的"势力范围";在这里,美国网络支配着电视行业。1991年,美国的电视公司推出24小时电影频道TNT拉丁美洲(拉丁美洲第一个泛区域网络,提供英语、西班牙语和葡萄牙语服务),随后遍布拉丁市场,经常使用创新性营销技巧。该地区最受欢迎的频道之一是福克斯电视台,这是一个于1993年推出的24小时泛区域通用娱乐频道,拥有西班牙语、葡萄牙语和英语版本。福克斯占有另一个主要区域电视台——美国福克斯体育频道的股份,这是一个全西班牙语24小时体育电视网。美国有线电视新闻网西班牙语频道(CNN EnEspañol)是美国有线电视新闻网第一个用英语以外的语言独立制作的24小时电视网,它在整个拉丁美洲以及西班牙裔美国人中都有观众(人数达4 400万人,其中大多数在35岁以下)。在美国,为西班牙裔提供服务的还有Univisión和Telemundo。前者为一个财团所有,财团中包括世界上最大的西班牙语节目制作者——墨西哥的Televisa;后者自2002年以来为美国全国广播公司环球公司所有。

在非洲,1995年泛美卫星4(PanAmSat 4)的发射预示着卫星直播电视运营商到非洲大陆安营扎寨,比如南非的"多选择"公司(Multichoice)的数字卫星电视DStv。覆盖非洲的商业卫星数量大幅增加,尽管大多数节目都还是用英语播出。到2016年,"多选择"已成为非洲英语国家的主要内容载体,在整个非洲大陆提供订阅服务,其中包括探索频道、历史频道、国家地理和卡通频道。在非洲法语国家,作为TV5全球法语频道一部分的TV 5 Afrique、CFI-TV和Canal Horizons是最受关注的泛非频道,它们都在节目中增加了本地内容。虽然卫星服务的价格仍然远远超出非洲大部分人口的承受范围,但对视听内容的需求仍然在增长。随着媒体和通信部门进一步向全球市场开放,非洲大陆正在逐渐融入全球媒介文化中。虽然这些节目的语言和语境已本地化,即便节目各有差异,但我们还是可以发现这些播出节目的类型雷同。某些电视节目模式的全球化可能给人一种同质化（一种McMedia[①]）的印象，但正如一些学者所说，电视同时是全球性和民族性的，由媒介经济的全球化与地方、民族文化共同塑造（Waisbord, 2004; Mano, 2015; 另见论文Willems and Mano, 2017）。

为了更好地吸引具体区域和具体国家的受众，许多全球媒体公司还制作自家报纸和杂志的区域版，给各地读者就相关问题提供一种区域视角。在欧洲、亚洲和拉丁美洲，这类出版物的发行量很大，其中大多以英语制作，并以区域内容为重点，有些也以其他语言出版。在亚太地区，美国和英国杂志、报纸占据重要地位。虽然亚洲只有少数人口使用英语，且报纸和杂志的大众市场以亚洲语言为主，但泛亚报纸和杂志却只用英文出版（读者是少数但有影响力的商人、金融家和政治家），由全球主要企业集团所有。例如，《亚洲华尔街日报》（*Asia Wall Street Journal*）等美国主要商业出版物的区域版是亚洲商业精英的必读报纸。《财富》有《财富亚洲》（*Fortune Asia*）和《财富中国》（*Fortune China*）版本。《纽约时报》《金融时报》和《澳大利亚人报》（*The Australian*）等也出版了汉语版本。在印度，《时代》和《财富》杂志都与《今日印度》（印度最受欢迎的新闻周刊杂志）签订了分销协议。

《华尔街日报美洲版》（*Wall Street Journal Americas*）在拉丁美洲九个西班牙语国家中作为主要报纸的增版出版，同时在其他八个国家作为周报出版，后者包括巴西的三家葡萄牙语报纸。《时代》也在拉丁美洲以葡萄牙语和西班牙语制作泛区域增刊，称为《时代美洲》（*Time Americas*）。《美洲经济》（*America Economia*）是拉丁美洲领先的泛地区商业杂志，创刊于1986年，以西班牙语和葡萄牙语出版。《财富》杂志有拉丁美洲版的《财富美洲》（*Fortune Americas*）。虽然国际杂志和报纸在世界问题上宣扬的亚洲观点还是拉丁美洲观点有争议，但毫无疑问，这些区域版本有助于对亚洲和拉丁美洲做更多的报道，尽管是从商业角度为消费精英做的报道。

除了上述提到的新闻出版物外，许多国际媒体品牌还出版了《时尚先生》《时尚芭莎》和《好管家》等休闲杂志的本地版。女性杂志如《嘉人》（*Marie Claire*）于2016年在包括法国、德国、意大利、日本、波兰、澳大利亚和巴西在内的28个国家销售，《时尚》也在包括俄罗斯、韩国、日本、德国、英国、澳大利亚和巴西等十几个国

[①] 作者在上下文中没有交代McMedia的全称短语及其所指，本译者多方考证，结合作者英籍身份和这一段的上下文，认为是指位于肯特郡顿布里奇（Tonbridge）的一家独立媒体公司，其理念是直言不讳地击败"媒体行话"。该公司直接与国家新闻机构、电视、广播、消费者杂志以及地方新闻机构打交道，为客户提供一站式的全方位服务，以节省客户的时间、精力和金钱。理解有误之处，请读者不吝赐教。——译者注

家出售。COSMOPOLITAN有64个国际版本，以35种语言印刷，在110多个国家分销。像《国家地理》这样专注于野生动物、环境和旅行探险的出版物有许多区域和本地化版本。这些题材的杂志翻译起来较为容易，译本占其海外收入的20%。自从1995年推出日文版以来，《国家地理》一直进行着国际扩张，与本地合作伙伴共同出版了许多区域的、国家的特定版本。截至2016年，《国家地理》已拥有40种语言的本地版本，读者超过600万人。同样，英国广播公司的《极速志》(Top Gear)杂志在全球拥有数十种国际许可版本。

由于上述论及的大多数区域媒介都是由广告支撑的，因此，同样值得关注的一个问题就是：广告是如何区域化以满足国家和地区化需求的。广告和营销的本地化现在已经是公认常识了，世界不同地区都在使用这一策略，由少数精选机构经营着区域营销网络（通常通过当地子公司或合资企业）。区域营销公司越来越多地使用区域和民族语言以及不同的文化价值观，通过各种媒介来销售产品。媒介广告诞生地的美国已经将这种方式出口到各个国家，恰当地适应了当地的口味和价值观。

在中国，20世纪90年代初零起步的市场研究部门获得非凡增长。中国于2001年加入世界贸易组织后，国际广告代理商在没有当地合作伙伴的情况下，在中国开设办事处变得具有合法性，这使得一系列的营销、广告活动得以发生。在多语言国家，广告和营销的本地化和区域化必然要考虑"广告适应"(Ad'apting)过程，即考虑如何用以下方式接近当地市场：使用区域语言吸引消费者并增加销售量；实现本地化的各种方式；"本地化的"广告所涉及的视觉、语言"翻译"(Srinivas, 2015)。

全球音乐

某些类型的国际媒介信息比其他类型更具全球性，流行音乐就是其中的一种，因为它不太依赖语言和特定的文化传统。可以这么说，是流行音乐为创造全球青年观众及其文化助燃助攻。西方流行音乐总是汲取不同的文化与传统，其中很多都出现在美国本土上。在过去的30年中，从马里到巴厘岛，西方流行音乐运用了来自世界各地的音乐形式，制作出"世界音乐"。调频收音机、卫星和有线电视以及互联网等新技术的出现，促进了音乐形式的融合。20世纪90年代，流行音乐和嘻哈文化的传播——源自美国内陆城市，随后几乎遍布全球各地——是文化运动的一个例子(Charry, 2012)。这种"世界音乐"随后被唱片公司打包并分销至全世界。

全球音乐产业由少数西方和日本企业集团所支配,这些集团控制着全球80%的市场份额。像音乐电视网这样的西方电视网络的全球化推动了西方流行音乐的发展。根据国际唱片业协会(International Federation of Phonographic Industries, IFPI)的数据,尽管唱片的销售在过去10年中有所下降,但2016年全球录音音乐销售额为157亿美元,其中一半来自数字音乐收入(IFPI, 2017)。根据国际唱片业协会的数据,流媒体是增长的关键驱动因素,2016年付费订阅的用户数量已超过1亿。该协会指出,主要唱片公司及其分销合作伙伴已向全球数百家数字服务公司授权超过4 000万首曲目。其路径在范围上是全球性的,但在执行上却是本地,会不断调整其实施行为以开辟数字音乐的合法市场(IFPI, 2017)。华纳音乐和索尼音乐公司与中国在线公司腾讯签署并扩大了许可协议,腾讯将音乐目录再授权给其他流量服务商,而把直达个人的通用许可再授权给中国正在成长的主要平台。虽然在大多数北方国家中,国际(通常是英美)音乐最受欢迎,但非西方文化国家(如印度和中国)中,情况正好相反,这些国家具有强烈的本土流行音乐传统。鉴于许多国家对本地流行音乐的偏爱,媒体集团越来越意识到有必要对其产品进行本地化。为了满足不断增长的需求,跨国音乐公司正在加大力度签约本地艺术家,"音乐电视"被迫根据当地文化提供定制节目服务。

个案研究:音乐电视网

音乐电视网(MTV)于1981年问世,作为世界上第一个24小时视频音乐网络,它已经成为西方流行音乐和青年文化全球化的标杆(Banks, 1996)。音乐电视网的口号是"全球思考,本地行动",旨在适应全球12岁至24岁人群的音乐品位、生活方式及其感受。到2016年,音乐电视网通过其60个国际音乐频道,覆盖了全球178个国家的3.72亿户家庭,以及近9 000万美国家庭的电视。2016年,它通过120个本地制作、运营的电视频道(这些频道分布在亚洲、澳大利亚、欧洲、拉丁美洲、俄罗斯、非洲和美国)以及96个本地运营的网站,以22种语言播出节目。作为媒体巨头维亚康姆哥伦比亚广播公司(ViacomCBS)的一员,音乐电视网不仅包括故事片各部、"音乐电视"电影和尼克儿童频道电影,还包括如下品牌:尼克儿童频道、VH1、派拉蒙喜剧(Paramount Comedy)、VIVA电视台,并且还有多种媒介形式,包括电视联合机构、数字媒介、出版、广播、录制音乐、许可和商品销售。

不少国家流行音乐电视频道也竞相效仿音乐电视网,复制了其玩世不恭的风格。虽然音乐排行榜能够在当地打榜,但在音乐电视网上占主导地位的还是英语流行音乐或摇滚音乐视频。美国之外,亚洲是音乐电视网的最大市场。1995年,音乐电视网推出中文音乐电视网(MTV Mandarin)和东南亚音乐电视网(MTV South East Asia)。一年后,英语的印度音乐电视网(MTV India)也开始在南亚国家推出。音乐电视网的第二大市场是欧洲(1987年推出),欧洲音乐电视网通过卫星和有线电视,在41个国家的数字平台上播放音乐。音乐电视网创建了独立的服务区:英国和爱尔兰"音乐电视"、中欧"音乐电视"(奥地利、德国和瑞士)、欧洲"音乐电视"(包括比利时、法国、希腊、以色列、罗马尼亚在内的35个国家)和南欧"音乐电视"(意大利)。第五个服务区是北欧"音乐电视"(MTV Nordic),于1998年专为瑞典、丹麦、挪威和芬兰市场推出。1993年,"音乐电视"推出拉丁美洲"音乐电视"(MTV Latin America),作为其西班牙语服务区,除了为美国西班牙裔市场服务,还为拉丁美洲的19个国家提供24小时节目。独立服务区的其他例子还有:巴西"音乐电视"(1990年,与Abril集团合作推出)、俄罗斯"音乐电视"(于1998年推出,在俄罗斯主要城市提供免费服务)、澳大利亚"音乐电视"(与Optus Vision达成协议,于1997年推出)。2005年,非洲音乐电视网开播,是"音乐电视"第100个频道。

  与其他跨国媒体运行模式如出一辙,音乐电视网利用协同效应,用其品牌名声推广维亚康姆的一系列娱乐业务。音乐电视网不仅推出专辑,推广其国际许可商的消费品和图书,推出特色音乐电视网节目与人物,还推出在线服务,这些在线服务提供音乐信息和音乐电视网节目的一个互动版——"音乐电视2"(MTV2),专事互动电视。音乐电视网通常被用作案例,用来论证本地化的必要性。对于那些希望利用音乐电视网的全球影响力和品牌名声来销售其产品的国际广告商来说,本地化颇具意义。正如班克斯(Jack Banks)所评论的那样,一项"针对全球年轻人"的服务"将受到广告商的追捧,这些广告商梦寐以求的是扩大吸引年轻人的特定消费品的世界市场份额,包括牛仔裤、名牌服装、手表和软饮料"(1996:105)。据《商业周刊》"品牌之间"栏目(Interbrand / Business Week)的一项调查,从1999年至2005年,音乐电视网是全球"最有价值的媒介品牌"。好莱坞的主要电影和唱片公司在音乐电视网上,通过商业广告和相关音乐视频来推销新电影或音乐视频,这些音乐视频包括在音乐电视网的所有频道上同步播放的原声带音乐和电影剪辑，从而覆盖全球受众。

2011年，维亚康姆组建了维亚康姆国际媒介网络（Viacom International Media Networks, VIMN），将国际音乐电视网（MTV Networks International）、BET国际频道（BET International）和派拉蒙电视频道聚合在一起。到2016年，MTV.com平均每月有超过1 700万的独立访问者和3 800万条内容视频流。在一种异乎寻常且颇具颠覆性的媒介生态中，音乐排行榜显得落伍时，流行音乐的制作、发行与消费的数字化程度不断加剧，使得音乐电视网不再仅仅是一个音乐网络。2010年，音乐电视网从其台标里撤掉了"Music Television"（"音乐电视"）的字样，从此更像是真人秀电视和青年文化网站，并继续重视内容的本地化。从1992年流行的真人秀《真实世界》(The Real World)开始，"音乐电视"制作了更多的非音乐节目，使其18—34岁这个目标人群的定期收视量得以增长。音乐电视网也是音乐电视新闻（MTV News）的发源地，音乐电视新闻是一个涵盖音乐、政治和流行文化的多平台媒介。音乐电视网的一系列节目，得以在世界各地广泛收看，比如：长期运行的《小妈咪》(Teen Mom)（已经国际辛迪加化，且具有特许经销权）、剧本节目《鲶鱼秀》(Catfish)或真人秀节目——著名的有《泽西海滩》(Jersey Shore)。

音乐电视网的招牌节目活动——MTV音乐视频大奖（MTV Video Music Awards）吸引了大量国际受众：2016年，音乐奖活动在其直播中吸引了650万观众，是该活动节目有史以来跨平台访问量最高的一次，吸引了超过1.94亿次视频流。音乐电视网这一案例表明，即使是受众人口特殊如流行音乐这样的类型——大多数年轻人都有非常相似的媒介消费习惯——也不得不适应当地流行文化的多样性，例如：印度音乐电视网的大部分内容来自宝莱坞，从而证明了同质化论点的局限性。音乐电视网必须摆脱其"同一种音乐——同一个星球"和同一种"语言"的座右铭，从而适应世界各地不胜枚举的媒介文化。

适应、杂糅还是霸权？

相关数据表明，全球媒介信息主要源于西方媒体，即便它们采取了一系列区域化和本地化策略将广告收入和观众人数最大化。国际传播的影响往往是间接的——西方媒介文本本身携带着有关生活方式、社会关系和表征世界之方式的影像，这些影像超越了言语传播，克服了翻译困难。例如，2012年英国作家J. K. 罗琳被评为在中国收入最高的外国小说家，其小说《偶发空缺》(*The Casual Vacancy*) 的版税超过240万美元。

印度的大多数电视节目带有中产阶级品位，其目标受众是中产阶级，他们日益渴望"当代"生活方式，其可支配收入在为广告推销品买单。有人担心，美国制作的节目所宣传的意识形态（例如个人主义）会损害传统价值观（例如尊重老人和家庭）。在南半球，特别是在许多非洲国家中，不可持续的消费主义文化使不平等日趋复杂，使贪欲大行其道，从而破坏了社会连续性（Iqani, 2016）。西方文化和价值观也影响着健康。《纽约时报》的一项调查显示，随着雀巢、百事可乐和通用磨坊（General Mills）等跨国食品公司在西方的发展速度放缓，它们开始积极扩张在发展中国家的业务。这是"食品体系转型"的一部分，这一体系正在"向拉丁美洲、非洲和亚洲最偏远的地方提供西式加工的食物和含糖饮料"。当今世界，更多的人是超重，而不是体重不足。越来越多的高热量、低营养的食物正在催生一种新型的不健康人群——越来越多的人既超重又营养不良（Jacobs and Daniels, 2017）。

此外，可以说，媒介全球化的某些方面——例如到处都在转播普通人参与挑战类真人秀节目——使全球传播民主化，扩大了传统意义中上电视人群的社会学基础，从而挑战并重新定义了明星、名气的概念，并把普通人制造为公众人物（Turner, 2009）。像《谁想成为百万富翁？》《流行偶像》（英国）、《幸存者》（美国）、《老大哥》（荷兰）这样具有国际影响力的"超级形式"（super formats）或类型产生了全球影响（Keane, 2015: 85）。因此，非西方世界采用西方媒介的内容，这就开辟了关于文化翻译与适应的新型研究领域，并突出表现在游戏聊天节目等模式中（Moran and Keane, 2010; Keane, 2015; Chalaby, 2016）。

对流行电视节目模式《流行偶像》的研究表明，"偶像总是与当地文化相适应，并通过调适，可以应对特定地域中对当地正在产生影响力的具体问题"（de Bruin and Zwaan, 2012: 2）。2003年至2005年，由湖南卫视制作的《超级女声》，是《流行偶像》的中国改编版，成为中国最成功的进口节目之一，其2005年的决赛冠军李宇春一炮而红，成为中国最著名的歌星之一（L. Yang, 2009）。2012年最受欢迎的节目《中国好声音》（形式基于荷兰原版节目）吸引了超过1.2亿电视观众和4亿多网络观众（He, 2012）。

一些学者表示，"自导自演"（DIY）媒介包括"数字娱乐和表达性媒介"，且"由普通人制作"（Lankshear and Knobel, 2010: 9）。全球越来越多的数字"饭圈"

(fandoms)正在影响全球流行话语与交谈(Gray, Sandvoss and Harrington, 2017)。另一些人认为,有关流行生活方式的电视正在促进亚洲各地的"电视现代化",创造或巩固着新形式的身份认同、社会风俗习惯和新自由主义现代性(Lewis, Martin and Sun, 2016)。通过研究中东背景下文化适应与挪用的复杂性,爱德华兹(Brian Edwards)认为,在这个数字时代,"美国的文化形式已经改变并本地化,且迷失了方向"(Edwards, 2016: 199)。

简·尼德文·皮特尔斯以"全球混杂文化"(global mélange culture)一词来描述文化全球化的过程,认为这种互动也许能够减少冲突并保护身份认同,尽管身份认同已然转型(Nederveen Pieterse, 2015)。在这种文化混杂中,各种思想、影像和观点的混合与重新混合落地生根,产生了杂糅和重新杂糅的内容。美国流行喜剧《摩登家庭》(Modern Family)的伊朗重拍版忠于原版,但有一个显著的不同:为了遵守伊朗文化与伊斯兰指导部(Ministry of Culture and Islamic Guidance)的严格规定,伊朗版《七块石头》(Haft Sang)删除了节目中的米奇和小卡这对同性夫妇。"秀时刻"的间谍剧《国土安全》(Homeland,共6季72集)由以色列剧《战俘》(Prisoners of War,又名Hatufim;2010年和2012年)改编而成;继而在2016年《国土安全》又被印度改编为同名剧《战俘》(P.O.W.- Bandi Yuddh Ke,共110集);中国中央电视台2000年制作了《开心词典》(中国版《谁想成为百万富翁?》);2016年迪士尼的《奇幻森林》(The Jungle Book,原版以英文发行,并有印地语、泰米尔语和泰卢固语配音版)成为印度收入最高的好莱坞电影。Viacom18提供《老大哥》印度当地版,名为《大老板》(Bigg Boss),由宝莱坞巨星萨尔曼·汗(Salman Khan)主持。本地化对于非洲版《老大哥》的成功也同样至关重要(Ndlela, 2013)。

正如莫兰所说,当制片人能够"为流行的跨国节目赋予原住民的或当地的外观和声音"时,本地化就可以成功(Moran, 2009: 152)。或者再举一个例子,日本制片厂东宝(Toho)株式会社从1954年至2004年制作了28部电影,《哥斯拉》(Godzilla)为其中翘楚,并且是日本最受欢迎的文化出口产品之一,它可能最初受到了好莱坞电影《金刚》(King Kong, 1933年发行)的启发,随后被翻拍为各种版本,从动画片到取得各种国际商业成就的作品,不一而足。《超凡蜘蛛侠2》(The Amazing Spider Man 2)的印地语音乐宣传视频由索尼音乐正式发行,2014年电影《蜘蛛侠2》则以英语、印地语、泰米尔语和泰卢固语发行。美国流行动作惊悚片《24小时》曾拍摄了印度版,在"色彩"(Colors)频道上放映。2014年,搜狐视频在中国播出了Netflix系列剧《纸牌屋》(House of Cards)。

哥伦比亚电视连续剧《丑女贝蒂》(Yo soy Betty, la fea)以配音版、原版或改编版销售到70多个国家,这些版本中有德国的《柏林之恋》(Verliebt in Berlin)、俄罗斯的《不要漂亮要幸福》(*Ne Rodis' Krasivoy*) 和印度的《非凡的杰茜》(*Jassi Jaissi Koi Nahin*)。固然，在检视该剧的非凡成就时，分析其文本和角色的本地化改编很重要，但也必须承认这个事实：它成为一种全球现象，始于美国广播公司将其制作成一个引人注目的"轻喜剧"(dramedy)——《丑女贝蒂》(*Ugly Betty*, 2006—2010年)(Miller, 2010; Mikos and Perrota, 2011; McCabe and Akass, 2013)。这里面的关键问题是，谁与谁混合以及产生什么样的影响：在欧美区域之外，只有数量有限的节目/模式获得了全球认可，这一点表明了文化产品生产和销售的权力关系。从这个意义上讲，可以说杂糅实际上是以一种当地消费者自认为获得自主权的方式重新配置了霸权，因为他们消费的内容是基于自己的语言和文化，更符合他们的文化品位、文化敏感性与识别力，但这些内容仍然主要是美国媒体公司及其本地化机构生产的。

在跨文化背景下，媒介接受和消费构成了一个复杂、有争议的学术探究领域，而由于许多实证研究尚付阙如，这种探究更为困难。为了确定西方媒介对非西方文化的影响，抑或反方向影响，有必要开展更多研究，尤其是以南方的视角。西方文化的全球化并没有创造出一种同质文化，却可能生产出"异质性分裂"(heterogeneous dis-junctures)(Appadurai, 1990)。全球-地方文化互动正在形成一种杂糅文化，可以说，这种文化模糊了现代与传统、高雅与低俗文化以及国家与全球文化之间的界限。罗伯逊(Robertson, 1992)称这种现象为"全球本土化"，其特点是西方媒介类型采用新的传播技术去适应当地语言、风格和文化习俗，这种适应的结果就是文化融合(Kraidy, 2005)。在这个受众和生产消费者(prosumers)彼此互动的时代，当"媒介内容的流通跨越不同媒介系统，跨越彼此竞争的媒体经济体，以及跨越国家边界，从而严重依赖消费者的积极参与"时，文化研究领域里的"积极受众"(active audience)这一概念才有了新的维度(Jenkins, 2006: 3)。詹金斯认为，在数字时代，这种"参与式文化"(participatory culture)已经发展成为"融合文化"(convergence culture)，融合过程发生在同一装置、同一系列作品、同一个公司中，同时也发生在消费者的大脑中以及同一个粉丝圈中。融合过程既涉及媒介制作方式的改变，也涉及媒介消费方式的改变(Jenkins, 2006: 16)。媒介技术的日益普及不仅使用户消费媒介，还使用户(正如一项研究指出的那样)"在一种往往是非正规且易变的基础设施中制作、共享与复制媒介，虽然这种基础设施非正规且易变，但促进了媒介内容的增速，如果不废除任何限制或阻止内容传播的尝试，增速会日益困难"(Eckstein and Schwarz, 2014: 2)。其他人则关注盗版媒介文化的发展趋势——"后殖民盗版"(postcolonial piracy)，尤以南方国家为甚。桑达拉姆(Ravi Sundaram)将"后殖民盗版"定义为"后自由主义(如果不是后马克思主义)文化效应"，它"破坏了当代媒介资产的稳定性，既激活又禁锢了创造力，回避了经典的公共问题，同时使底层群体的媒介访问更加激进"（Sundaram, 2010: 111-112）。马特拉（Tristan Mattelart）认为，由"非正规的传播经济"提供的这种"盗版基础设施"已经为美国全球传播巨头提供了一种"扩大其产品销售的机会"，从而转置了合法市场（Mattelart, 2016: 3516）。

2016年，卡塔尔西北大学（Northwestern University）在埃及、黎巴嫩、卡塔尔、沙特阿拉伯、突尼斯和阿联酋这六个阿拉伯国家中，对6 000多人展开了一项调查，发现电视仍然是该地区重要的娱乐来源，但正在被互联网逐步取代。几乎所有（99%）看电视的国民都用阿拉伯语观看，只有11%的国民还会使用英语观看。喜剧仍然是最受欢迎的节目类型，其次是电视剧和新闻。

> 人们对阿拉伯世界媒介的兴趣与消费正在增长。阿拉伯消费者可能会对好莱坞动作片、土耳其电视剧和宝莱坞盛典感兴趣，但他们也想看到本地制作的、对当地文化与传统富有敏感度的新闻和娱乐。此外，这些数据并未证实英语已成为通用语言这一观点，因为调查所涉国家的所有受访者几乎都依然使用阿拉伯语访问媒介内容。
>
> （*Media Use in the Middle East*, 2016: 8-9）

此类数据也得到其他研究的支持，这些研究表明了美国媒体在中东的衰落（Edwards, 2016）。一些研究指出，某些媒介类型可以起到加强共享文化体验的作用。"伊比利亚-美洲电视剧本瞭望"（Ibero-American Observatory of Television Fiction, OBITEL, 观察拉美地区、西班牙、葡萄牙和美国西班牙裔市场的电视剧）的一份报告指出，电视剧的制作和消费，特别是在黄金时段中，充当了跨越这些不同国家的媒介文化的一种统合因素（OBITEL, 2015）。

文化相对主义与复兴主义

围绕在线消费者形成了一种全球融合媒介，有关这个问题的争论业已升温。尽管如此，文化复兴趋势也日益明显，几乎与此过程并驾齐驱（Edwards, 2016）。铸造新身份或重建旧（或真实或想象）归属的努力在世界各地频现：土耳其的新奥斯曼主义，美国的美国优先主义，英国的脱欧，俄罗斯、中国、印度及整个伊斯兰世界的文化复兴。人们也可以在媒介中看到这种趋势，例如世界各地宗教电视节目的兴起。美国在这方面依旧是先驱，并且变得日益商业化和全球化。家庭频道

(Family Channel)于1977年开播[为福音布道者帕特·罗伯逊(Pat Robertson)所拥有的基督教广播网络],作为第一个24小时的宗教有线电视网络,其拥趸蔚为壮观。该频道在1997年至2001年属于福克斯电视台,后被迪士尼收购。2016年,该频道更名为"自由形式"(Freeform);同年,节目通过电缆、广播和卫星,以62种语言传播到200个国家。该领域另一重要参与者是全天播出的三位一体广播电视网(Trinity Broadcasting Network),于1973年成立,是"世界上最大的基督教电视网";2016年,它通过70颗卫星,登上了全球超过12 460个频道,其旗舰网络声称是"世界上最受欢迎的信仰与家庭频道"。除了英国以及非洲和亚洲国家的专门频道,它还以德语、西班牙语、土耳其语、阿拉伯语和波斯语播出,并为特定市场制作本地内容。不朽话语电视网(Eternal Word Television Network)是"全球天主教网络",号称是世界上最大的天主教电视台,成立于1981年。2016年,通过其11个以英语、西班牙语、德语和法语播出的频道,该电视网覆盖全球各地超过2.3亿户家庭。2016年,电影《十诫》(Os Dez Mandamentos)轰动一时,巴西福音电影首次出现这种盛况,其票房收入高达2 170万美元。它改编自神国普世教会台(Universal Church of the Kingdom of God)播出的一部颇为成功的176集电视连续剧。神国普世教会台是在1990年收购了举步维艰的广播电台——记录(Record)——之后建立的,也是第一个福音派电视频道。即便在伊斯兰世界,由伊朗著名导演马吉德·马吉迪(Majid Majidi)2015年执导的先知传记片《穆罕默德:上帝的使者》(Muhammad: The Messenger of God)也耗资4 000万美元,是伊朗有史以来最贵的电影。

在阿拉伯世界,一个专门的伊斯兰教频道——伊克拉(Iqraa)——于1998年开播,从那以后,这类频道的数量已逐渐增至超过135个(Hroub, 2012)。来自沙特阿拉伯的广播——星期五库特巴(Friday Khutba)——在阿拉伯世界拥有大批拥趸(Galal, 2016: 87)。在印度尼西亚——世界上拥有穆斯林人口最多的一个国家,电视一定程度的伊斯兰化以所谓的斋月"肥皂剧"(sinetron)类型出现,这是一种肥皂剧风格的伊斯兰节目,在斋月期间每天更新一集。它将宗教节目从一种"商业台霸王硬上弓式表演,转变为既获取收益又释放公共善意的一种主要驱动器"(Barkin, 2014)。2004年,总部位于伦敦的伊斯兰频道(Islam Channel)开播;2016年,它在全球136多个国家播出。2006年,印度医学博士、伊斯兰电视台传教士扎基尔·奈克(Zakir Naik)在孟买创建了另一个伊斯兰频道——和平电视台(Peace TV),该频道在全球150个国家和地区(包括亚洲、欧洲、中东、北美、非洲和澳大利亚)拥有2亿观众;2009年,和平电视台推出乌尔都语的和平电视乌尔都台(Peace TV Urdu);2011年,推出孟加拉版。2012年,由于印度政府声称和平电视台在播放公共敏感性内容,该台在印度遭禁。

总部位于印度的电视频道阿斯塔台(Aastha)、阿斯塔·巴赞台(Aastha Bhajan)和吠陀(Vedic)台,都由巴巴·拉姆德夫(Baba Ramdev)创办。巴巴·拉姆德夫是一位灵性瑜伽大师,与企业和政府精英有着密切联系,他希望满足"遍布全球的亚洲印度社区的灵性需求"(Chakrabarti, 2012)。巴巴·拉姆德夫也因推销自己的帕坦加利·阿育吠陀(Patanjali Ayurved)公司而成为印度2016年电视广告中最引人注目的面孔之一。根据电视收视率测量机构"印度广播受众研究委员会"的数据,当年第一季度中,他在电视频道的商业广告中出现了234 934次,他推销帕坦加利产品的广告通过不同频道每30秒播出一次(引自Mitra and Ahluwalia, 2016)。 2017年,默多克的星空卫视开通了一个属灵频道——星空巴拉特(Star Bharat),因巴巴·拉姆德夫的歌唱真人秀节目《宝莱坞传奇》(*Om Shanti Om*)而名噪一时,《宝莱坞传奇》被称为"印度以及世界上首个有关属灵生活的歌唱类真人秀节目"。

印度最成功的电视连续剧之一是《摩诃婆罗多》(*Mahabharat*),悉达思·库玛·吐瓦里(Siddharth Kumar Tewary)制作的版本于2013年9月至2014年7月在"Star Plus"和"Star Plus HD"上播出;另一个版本是巴尔·拉杰·乔普拉(Bal Raj Chopra)在1988年至1989年制作的。在所有卡通人物中,最受欢迎的是小比马(Chhota Bheem),这个卡通角色来自《摩诃婆罗多》。中国古典小说《西游记》的故事情节在东亚(包括中国内地和香港、日本、韩国)被改编成各种电视连续剧、动画电影、漫画、歌剧和故事片。由香港导演周星驰执导的故事片《西游降魔篇》在内地取得了极大的成功,于2013年首发仅两周后就取得了10亿元人民币(1.6亿美元)的业绩。这些来自世界不同地区的例子表明,文化和宗教复兴主义在媒介区间里无处不在,或许这也彰显了一种情绪:反对美国节目引发的文化同质化;出自传统媒介生产者之外的内容可得性不断增长,这进一步影响复兴主义过程——这是第6章要讨论的主题。文化在国际关系及其传播中的重要性也得到了世界各国政府的认可,这体现在"软实力"战略投入的不断增长中。

文化作为"软实力"

"软实力"的概念与哈佛大学政治学家约瑟夫·奈的研究有关,他认为软实力"取决于塑造他人喜好的能力"(Nye, 2004a: 5),并提出了国家软实力的三个关键来源:"文化(对他者产生吸引力的方面)、政治价值观(当它符合国内和国外人民的期待时)和外交政策(当人们认为它是合法的且具有道德权威性时)。"

(p.11)尽管他的研究重点主要集中在美国,并且对软实力概念的定义含糊而抽象,但软实力已被世界各国用作外交政策战略的一部分。它在学术界和政策界引起了极大争议,即关于各国在全球化市场中获得吸引力这种能力的争议。该术语已在全世界通行,政策、学术文献和高级新闻报道都广泛地、常规性地使用它。软实力话语为国际关系提供了一种愈发重要的视角,在全球流动与反向流动(涉及国家和非国家行动者及其网络)的数字化时代,传播一个国家的有利形象也同样重要。

根据美国政府的定义,"公共外交是指政府资助的计划,旨在晓谕或影响其他国家的公众舆论;其主要工具是出版物、电影、文化交流、广播和电视"(US Government, 1987: 85)。公共外交这一术语见证了美国在全球舞台上的实力,也就是说,美国的政治词汇已经全球化到这种程度:公共外交现已成为国际关系实践的一个关键组成部分(Snow and Taylor, 2008; Lee and Melissen, 2011; Lai and Lu, 2012; Otmazgin, 2012; Sherr, 2012; Thussu, 2013a)。在过去的20年中,许多国家设立了公共外交部门,许多政府寻求得到公共关系服务与游说公司的帮助,以配合其"国家品牌化方案",旨在吸引外国投资,促进旅游业,使公共外交成为一桩大生意。在民主社会中,"宣传"蕴含负面含义,而"公共外交"与"宣传"不同,几乎没有引起什么争议,因为它被认为是一种更有说服力的外交政策工具,并且它不是强制性的,而是软性的,是由国家与私人行动者以及民间社会团体一起进行的。这种转变源于在一种数字化连接的、全球化的媒介与传播环境中,人们对软实力重要性的认识日益加深(Zaharna, Arsenault and Fisher, 2013)。

阿里·马兹瑞在研究文化力量对国际关系的影响时指出:"文化是国际关系中权力本质的核心。"(Mazrui, 1990: 8)他认为,在文化的诸多功能中,一个重要方面是他所谓的"文化作为一种传播方式",这种传播方式除了语言之外,还"采取别的方式,包括音乐、表演艺术和更广泛的思想领域"(p.7)。正如约瑟夫·奈所说,美国文化"从好莱坞到哈佛,比其他任何国家都具有更大的全球影响力"(Nye, 2004b: 7)。在非国家软实力方面,美国也是世界上顶级公司、最知名智库、顶级非政府组织和常春藤大学联盟的大本营(Parmar, 2012)。

作为消费主义、广告业和公关行业的发源地,美国发展出复杂的游说手段,这些手段在塑造公共话语和影响私人行为方面具有深远的影响。被认为是现代公关之父的爱德华·伯纳斯(Edward Bernays)写道:"如果我们理解群体思维的机制和动机,那么,在不知不觉中,根据我们的意愿控制他们难道不可能吗?"[Bernays, 2005 (1928): 71]。这些公关技术的使用非常有效,可以影响和塑造外国观众的观点,使他们支持美国及其所代表的立场。在冷战时期,出售美国信息是美国公共外交的核心。尼古拉斯·卡尔在其关于美国冷战宣传史的著作中,讲述了1953年创建的美国新闻署是如何"向全世界讲述美国故事的"——一个关于自由、民主、平等和积极向上的故事(Cull,2009a)。

人们越来越需要研究"奈配方"(Nye formula)的普遍适用性,并将软实力话语"去美国化"(Thussu,2013b)。软实力的国际比较研究基本上由美国和英国所主导(Parmar and Cox,2010)。海登已经揭示了本土化这个因素会发挥作用,因为每个国家都会运用自己的战略传播和说服方式来宣扬其地缘政治和经济利益(Hayden,2012)。英国的软实力通过英国文化协会和英国广播公司环球服务展示出来,如上所述,英语为英国软实力的传播赢得了超越其竞争对手的一大优势——文化协会的大部分活动就是促进海外英语教育。如第4章所述,在国际新闻、学术和商业出版以及广告中,英国在世界上处于领先地位,仅次于美国。从莎士比亚到披头士乐队,从伯蒂·伍斯特(Bertie Wooster)到憨豆先生,从詹姆斯·邦德电影到哈利·波特系列丛书,还有各种非政府组织部门,包括牛津饥荒救济委员会、救助儿童会和国际特赦组织等全球著名机构。除此之外,领先世界的英国高等教育部门,特别是牛津大学、剑桥大学和伦敦大学,充当了将英国价值观与观念全球化的伟大大使,这些价值观与观念扩散到跨国公司、知识与政治精英。英国的创意和文化产业(大众媒介、广告、游戏和计算机行业)也为其软实力做出了巨大贡献(Holden,2013)。

法国的软实力是由文化项目和法语联盟(Alliances Francaises)推进的,自1883年以来,后者的主要任务就是在海外推广法国文化和法语。法国其他领域的文化软实力包括法国时尚、美食、旅游业,以及作为欧洲电影业翘楚的法国影业。法国著名的博物馆、艺术画廊、公立大学以及高等教育和职业机构的知识和艺术资质也使法国能够产生强大吸引力。法国在全球非政府组织部门中也有着瞩目的地位,其中包括无国界记者组织(Reporters sans frontières)和无国界医生组织(Médecins sans frontières),前者以保护言论自由和世界各地记者的权益而闻名,后者自1971年开始运作,为世界各地冲突局势中的患者提供医疗援助。德国主要通过文化和教育——经由歌德学院(Goethe Institute)以及其他一些支持市民社会、教育交流的公共与私人基金会——部署了一种经济版软实力。德国作为欧盟背后的推动力以及欧洲最大的经济体,其公共外交具有强烈的欧洲倾向。

自2015年以来,总部位于伦敦的国际公关公司波特兰传播公司(Portland Communications)与南加州大学公共外交中心展开合作,每年都会发布一份这样的年度调查:评估每个国家的非军事力量在全球兴风作浪的能力。2017年,法国超越美国和英国成为世界顶级软实力。"软实力30强"(Soft Power 30)是衡量一个国家影响力的指数，它将25个国家的民意调查与客观数据结合起来考虑。通过民意调查，测量人们对各国感受上的偏好，涉及的问题包括政府、文化、美食、外交政策、街头暴力、体育实力、数字参与、可感知的经济创新能力以及对游客和留学生的吸引力。

　　这些指数表明，在整个世界，全球公共传播的公司化程度越来越高，这与占主导地位的新自由主义意识形态相关，越来越多的政府采纳并适应了把国家和文化品牌化这种市场理念。国家品牌化作为一个相对较新的概念，于20世纪90年代出现在西方，植根于营销学子领域"地方营销"（place marketing）之中，它运用传统上跨国公司使用的方法，将国家作为优质海外投资品加以推销，抑或去挑战和纠正有关众多发展中国家的媒介与文化成见。跨国公关和营销公司已经制定了关于国家品牌化服务的特别计划。许多政府雇用了专业的公关公司来提升他们的形象或消除大众媒介的负面看法。西蒙·安霍尔特（Simon Anholt）创造了"国家品牌化"（nation branding）这一表述，他认为："正如最佳企业将品牌战略视为其商业战略，治理得最好的国家也应把品牌管理知识放入他们制定的政策中。"（Anholt, 2007: 33）这种以市场为导向的方法（在其中，国家文化被重新构想）将国家文化的表征权威转移给公关公司和品牌专家，以及为其提供资金的商业精英（Aronczyk, 2013; Kaneva, 2011）。媒介在传播软实力方面做出了重要贡献。正如下一章要讨论的那样，全球媒介空间越来越拥挤，并与欧洲-大西洋国际传播传统区域之外的内容展开竞争。

6 全球媒介反向流动

　　西方媒介全球化已经成为在国际上形塑媒介文化的一种主要影响力,并有增强西方文化影响力的趋势。但本章将检视媒介产品流是怎样变得更为复杂的,而非仅仅是单向的。正如我们在前几章中所看到的那样,美国媒体在全球传播领域的影响是深远的:美国公司拥有全球传播基础设施(从卫星到电信枢纽再到网络空间)以及多重网络与生产设施。日益增进的全球移动互联网系统使得内容可以立即在世界范围内传播,其结果是,全球媒介格局还处于转型过程中,西方媒体——尤其是美国媒体的传统统治地位正面临挑战,主要挑战来自非西方国家媒体的可用性,比如:俄罗斯[今日俄罗斯(Russia Today)]和中国[中国国际电视台(CGTN)]提供的英语电视新闻,印度[宝莱坞(Bollywood)]、巴西[电视小说(Telenovelas)]和南非[信息娱乐(infortainment and entertainment)]提供的娱乐节目。随着移动传播技术和内容借由多语言互联网得以融合,这种挑战传统霸权(中国国际电视台开通了非洲服务,"今日俄罗斯"实施了所谓"信息武器化",这些都是绝佳例子)的流动正在增长,并日益受到西方资本的关注。随着更多的人彼此互联,来自非西方国家的内容在媒介领域的影响力正在增长。并且,随着此类媒介的全球化,它们有可能会提出关于全球化的另一种叙事方式。使用来自主要非西方国家的媒介内容,就把有关国际媒介的话语复杂化了,需要新的范式和理论框架来解释这种业已改变的现实。

　　在过去的20年里,媒介世界见证了来自世界绝大多数地方的媒介内容的增长,从日本动画到韩国、印度的电影,从拉丁美洲的肥皂剧到土耳其电视剧与肥皂剧,再到阿拉伯、中国和俄罗斯的新闻,语种和类型日渐丰富。数字技术以及卫星和海底电缆网络的可用性使南方国家的区域广播得以发展,例如:泛阿拉伯中东广播中心(MBC)、全天候新闻网先锋半岛电视台,或使用汉语的凤凰卫视——随全球媒介大中华区的扩展而生,这个大中华区囊括了全球最大的散居侨民。正如联合国教科文组织在2009年发布的《世界文化报告》(*World Culture Report*)所指出的那样:"毫无疑问,全球化作为一扇'世界之窗',扮演了综合性角色,主要是使一些强大的国际企业集团从中获利;而最近的转变正在催生新形式的'自下而上的全球化',并创造了双向流动的传播与文化产品,正是技术创新和新的消费模式推动了这种转变。"(UNESCO,2009:131)

所谓的"次流"(subaltern flows)日益彰显,这就表明了世界权力结构正在发生变化(Thussu, 2007a; Nordenstreng and Thussu, 2015),例如金砖国家集团的出现。这恰好与西方经济的相对衰退相吻合,以补充(如果不是挑战的话)美国在媒介与传播领域的霸权(Nordenstreng and Thussu, 2015)。

"金砖"(BRIC)一词取自巴西、俄罗斯、印度和中国四国英语名称的首字母,现已进入国际词典。高盛集团(Goldman Sachs)主管吉姆·奥尼尔(Jim O'Neill)于2001年创造了该词,用来指称当时发展最为迅猛的四个新兴市场。10年之后,南非应中国之邀请加入,BRIC成为BRICS。尽管从2006年之后,金砖国家作为一个正式组织运行,并且自2009年以来每年都召开年度峰会,但金砖国家的传播实力在很大程度上被西方学术界忽略,部分原因是不同的政治制度和社会文化规范带来的困难,以及该组织中庞大、多元的国家处于不同的发展阶段。尽管最近一些金砖国家(尤其是巴西和南非)的经济增长遭遇挫折,但随着移动传播技术与多语言程度加深的互联网内容的进一步融合(将在下一章中进行讨论),金砖国家的媒介与传播的国际影响力可能会继续扩大。

金砖国家的媒介(来自俄罗斯和中国的电视新闻以及来自印度、巴西和南非的娱乐节目)日益成为全球媒介格局的重要组成部分。巴西的电视小说出口到100多个国家,在葡萄牙语世界中尤其受欢迎,并在其中继续主导着媒介系统(Davis, Straubhaar and Cunha, 2016)。南非的泛非洲网络,例如M-Net电视台和南非报业集团(NASPERS,在线娱乐巨人)在非洲大陆上占有举足轻重的地位。但是,金砖五国内部的媒介交流仍然非常低,只有少数例外(Rai and Straubhaar, 2016)。2014年,中国在上海成立了金砖国家新开发银行(BRICS New Development Bank),还发起了其他一些来自非西方的重要全球倡议。中国也是全球媒介舞台上最重要的新角色之一。

中国媒体的全球化

在过去的20年中,国际传播领域最重要的发展之一就是中国的崛起。作为世界上人口最多的国家和最古老的文明之一,中国在全球化时代具有重要的文化作用(Thussu, de-Burgh and Shi, 2018)。中国媒体在全球范围内的加速发展与中国经济的飞速扩张与国际化并行。到2016年,中国已成为70多个国家/地区的最大进口国,约占全球进口总额的10%。中国公司在全球市场上变得越来越有竞争力,在全球范围内进行了大规模投资和收购。人民币被纳入国际货币基金组织（IMF）的特别提款权（Special Drawing Rights）货币篮子，由此成为世界储备货币之一。根据国际货币基金组织的数据，按购买力平价（PPP）计算，中国在全球GDP中所占的份额，已从1990年的略高于4%增长到2016年的近18%，而七国集团（G7）——美国、日本、德国、英国、法国、加拿大和意大利——从1990年的近51%降至2016年的约31%。中国自2001年加入世界贸易组织以来，在15年中进口价值从2 435.5亿美元激增至1.68万亿美元，年均增长率超过10%（IMF, 2017）。

中国使用一系列策略以确保其观点在全球媒介领域里亮相（Shambaugh, 2013），包括使用电视（Curtin, 2007）、纪录片（Berry, Xinyu and Rofel, 2010）、故事片（Zhao, 2008; Kokas, 2017）。2014年，习近平总书记在中央外事工作会议发表重要讲话，中国应"讲好中国故事，并更好地向世界传播中国的信息"（引自 Xinhua, 2014）。国家资助了"中央媒体"——新华社、中央电视台、中国国际广播电台、《人民日报》和英语的《中国日报》（China Daily），向世界传播中国故事信息（Shambaugh, 2013），为的是让中国建立起具有国际竞争力的媒体集团，使"国际社会听到中国的声音"（Nelson, 2013）。2000年，CCTV-9（中央电视台的国际英语新闻网络）开播；2016年，CCTV-9作为CGTN重新启动，旨在"向世界重塑我们的产品品牌，以应对媒介融合的全球趋势"。CGTN（以法语、西班牙语、俄语和阿拉伯语播出）对自己的使命非常看重："我们覆盖全球，从中国的角度报道新闻。我们的使命是让人们更好地了解世界各地的国际事件，将各大洲联系起来，并为全球新闻报道提供更加平衡的视角。"（CGTN网站）

新华社也扩大了其国际业务，尤其是在发展中国家，并声明要阐述南方国家新闻议程。2017年，中国国际广播电台通过其6个海外地区枢纽和32位记者以61种语言进行广播，并且与70个海外广播电台和18个全球互联网广播服务有合作关系。

运行得比较成功的还有新媒体机构，他们与跨国内容提供商合作，专事娱乐媒介。比如，迪士尼公司与上海传媒集团合作，为全球观众生产电影（Barboza and Barnes, 2016）。尽管中国对进口外国电影和娱乐项目有着严格的限制，但全球媒体巨鳄在强化与世界上最大、发展最快的媒介市场的合作上是极为敏锐的。好莱坞制片厂和中国公司之间的联合制作已变得越来越普遍：2002年至2013年，共制作了42部电影。

之所以合作，部分原因是中国大陆缺乏可出口的娱乐产品。尽管自20世纪70年代以来，香港制作的"动作片"（action films）吸引了国际观众，也有了像李小龙、成龙、张曼玉、杨紫琼和巩俐这样的国际知名演员（Morris, Li and Chan Ching-kiu, 2006），但依然改变不了这一现实。《卧虎藏龙》（2000）、《英雄》（2002）和《十面埋伏》(2004)等影片在全球取得了成功,这些影片通过营销、广告以及与他人共同制作,为国际观众打开了中国电影之门,在推动与好莱坞各大制片厂的营销、广告与合作制作方面,这些影片功不可没。另一种形式的反向流动是中国对好莱坞投资,以弥补这些不足。大连万达集团一直在投资美国和欧洲的电影院,并拥有传奇影业(Legendary Entertainment)等制作公司(Barnes, 2016)。2016年,大连万达集团与索尼影视集团结成战略联盟,共同资助索尼影视集团在中国的发行。它还在青岛万达影城斥资82亿美元,建造了世界上最大的电影摄制棚。

万达集团与其他中国公司也在投资体育媒介——这是最赚钱、最具有全球性的类型之一。中国在全球金融媒介中的影响力也在上升:2017年,一个中国财团①收购了美国的国际数据集团(International Data Group),该数据集团是一家在全球媒体、市场研究与风险投资领域都领先的公司,业务遍及97个国家。中国媒体公司也在为潜在的全球受众开发中文内容,从历史剧、故事片、游戏和聊天节目到新闻与时事(Keane, 2013; Bai and Song, 2015)。在积极的国家政策的推动下,在过去20年里,中国创意产业已迎来了它的时代。在这种经济中,"价值是通过技术科学与美学的创新而产生的"(Chumley, 2016: 2)。

过去10年中,由中国政府支持的项目建立了信息与传播基础设施,从而实现了如上所述种种扩张。建立信息与传播网络是中国重大基础设施计划的一部分,其中最为著名的是雄心勃勃的"一带一路"(One Belt, One Road, OBOR)项目——现称为"一带一路倡议"(Belt and Road Initiative, BRI),这是由中国国家发改委于2015年提出的。建成后,它将有900个项目,价值约1.3万亿美元,并将形成整个欧亚大陆的经济"带",以及一条贯穿东南亚和南亚到中东的海上"丝绸之路",以"深化经济一体化和互联互通"。

全球娱乐业的反向流动

尽管如第4章和第5章所述,全球媒介娱乐业传统上是由好莱坞定义并主

---

① 2017年3月,中国泛海控股集团有限公司完成了对美国国际数据集团(International Data Group, IDG)旗下的IDG媒体传播业务(IDG Communications)和信息技术研究、咨询业务(IDC)的收购。
美国国际数据集团创建于1964年,总部设在美国波士顿,目前业务覆盖110个国家。IDG作为全球领先的科技媒体营销和数据服务公司,拥有超过4 400万IT用户数据,影响着全球最强大的科技类买家,包括企业决策人、技术专家、科技爱好者和终端消费者。IDG在中国合资与合作的领域覆盖信息技术、金融科技、创业投资、文化娱乐等,例如:在信息科技行业拥有国内唯一的合资媒体集团——"计算机世界"(PC World);在科技创投界拥有全国最大的投融资媒体及服务平台——"创业邦";在时尚消费领域拥有着《时尚芭莎》《时尚先生》《时尚旅游》等20个顶尖品牌构建的"时尚传媒"。——译者注

导的,但其他产品,尤其是日本动画,自20世纪70年代以来就开始在世界范围内吸引了年轻一代的注意力(Iwabuchi, 2002; Johnson-Woods, 2010; Berndt and Kummerling-Meibauer, 2013; Brienza, 2015)。在流行电影的世界中,印度电影业数十年来一直是全球瞩目的焦点。

另类好莱坞——印度电影工业

印度是在全球电影市场上占有一席之地的少数非西方国家,其市值25亿美元的印地语电影产业尤其重要,该产业位于印度的商业中心孟买(Mumbai,旧称Bombay),因此也称为"宝莱坞"。就电影生产来说,宝莱坞是世界上最大的电影工业:每年买票看印度电影的人比买票看好莱坞电影的人多10亿,印度是全球除中国之外拥有最多电影观众的国家。考虑到印度12亿人口的规模,以及电影在人们休闲活动中所占据的位置(跨越地区、阶级、性别和代际划分),它仍然是最受欢迎的娱乐形式(Kaur and Sinha, 2005)。除了来自"宝莱坞"的作品外,还有以印度其他主要语言制作电影的强大地域中心,尤其是泰米尔语、孟加拉语、泰卢固语和马拉雅拉姆语。印度每年制作的电影都比好莱坞多,以20种语言制作超过1 000部电影,但其影响力主要局限于印度次大陆和南亚侨民中,尽管近年来许多"跨界"电影已在改变这一情形(Kaur and Sinha, 2005; Schaefer and Karan, 2013)。

在过去20年里,媒介与文化工业迅速自由化、解规制化以及私有化,这改变了印度的播映状况(Athique, 2012; Kohli-Khandekar, 2013; FICCI-KPMG, 2017)。电视空前发展:从1991年仅有一家国家电视台到2017年有800个频道,这跟新兴中产阶级受众群人数的增长有关;同时,全球数字媒介工业以及发行技术的扩展,使印度的娱乐频道和电影能够快速被全球受众看到(Dudrah, 2012; Gera Roy, 2012; Punathambekar, 2013; Schaefer and Karan, 2013; Gehlawat, 2015)。印度的电影制作始于1897年,这是卢米埃尔兄弟(Lumiere brothers)发明电影后不久,并且从20世纪30年代开始将电影出口到世界各国,但直到20世纪90年代和新千年,宝莱坞才成为"全球宠儿"之一。电视频道数量的爆炸式增长极大地推动了电影业,不仅因为出现了许多专门播电影的付费频道,而且鉴于对新频道内容的巨大需求,新频道内容涵盖了电影业本身(Kohli-Khandekar, 2013)。

技术的进步以及卫星和有线电视的利用,确保了印度电影在印度之外的地区定期放映,主导了南亚的电影院,并在印度次大陆和南亚侨民中定义了流行文化。印地语电影在70多个国家放映,并在阿拉伯世界、中亚和东南亚以及许多非洲国家中广受欢迎。但是,就电影出口创收而言,印度不可与美国相提并论——印度在全球电影业中所占的份额非常小。印度电影之所以在其他发展中国家受欢迎，原因之一是其夸张的叙事风格，通常故事脉络强调"贫穷—单纯—公正"与"富裕—都市—不公正"二者之间的对立，辅以活泼的歌舞镜头。电影也为蓬勃发展的流行音乐产业做出了贡献。没有杰出的音乐支持，印度主流电影就不可能成功。尽管大多数电影都是面向社会和家庭的戏剧，但印度电影制片人还尝试了其他主要电影类型，例如历史、神话、喜剧、超自然以及"西式"。

印度电视的全球化使得不同的国际观众能够看到越来越多的印度电影，比如尼日利亚（Larkin, 2003）、俄罗斯（Rajagopalan, 2008）、澳大利亚（Hassam and Paranjape, 2010）和英国（Dudrah, 2012）这些国家中的观众。这使得制片人必须对字幕和配音进行投资，以扩大印度电影的影响力。不断变化的全球播映环境以及数字电视和在线传送系统的利用，确保了新观众有印度电影可看。1999年，B4U即"你的宝莱坞"（Bollywood for You, 英国全天候的印地语电影数字电视频道）开播，这是"北半球第一个南亚数字频道"。印度电影制片人的目标是进入令人垂涎三尺的北美市场，因而对那些吸引侨民观众的剧本给予了特许播放权——到2016年，其出口几乎占行业收入的30%（FICCI, 2016）。

1995年，《勇夺芳心》（Dilwale Dulhaniya Le Jayenge）上映并使沙鲁克·汗（Shah Rukh Khan）一举成名，这是首部关注侨居英国的印度家庭的重要电影，一直到2005年这10年间，该电影在孟买电影院持续热播。在海外市场业绩骄人的是导演卡伦·乔哈尔（Karan Johar）拍摄的爱情故事《怦然心动》（Kuch Kuch Hota Hai, 1998）、家庭剧歌舞片《有时欢乐有时悲伤》（Kabhi Khushi Kabhie Gham..., 2001）以及三角恋故事《爱，没有明天》（Kal Ho Naa Ho, 2003年上映，这是首部完全以西方为场景的印度电影）。这些成功业绩使得人们认为，印度电影是真正意义上的出口赢家。1999年，印度政府通过了免除电影出口税的法律。萨伯哈什·哥亥（Subhash Ghai）的爱情故事《节奏》（Taal）以及巴贾特亚（Sooraj R. Barjatya）颂扬大家庭美德的音乐片《心系一处》（Hum Saath Saath Hain）成为第一批进入美国电影贸易杂志《视相》（Variety）票房排行榜前20名的印度电影。这种利好的结果让侨居海外的电影制片人成为西方与印度大众电影之间的桥梁，这些制片人包括米拉·奈尔（Mira Nair）和生活在英国的顾伦德·查达哈（Gurvinder Chaddha）。前者是《季风婚宴》（Monsoon Wedding）的导演；后者是《我爱贝克汉姆》（Bend It Like Beckham）以及2003年《新娘与偏见》（Bride and Prejudice）的导演，后一部电影在全球的收入超过2 500万美元。

2000年，印度政府正式赋予印度电影业作为一个产业部门的地位，授权印度工业发展银行（Industrial Development Bank of India）为电影制作人提供贷款，以确保电影能够成为收入的主要来源,并成为提升印度软实力的工具。此举还旨在鼓励外国投资者参与印度娱乐业。这种官方支持的结果是,投资开始从电信、软件和媒介部门流入迄今还在一个不透明金融系统中运营的行业中。随后的公司化以及由此产生的协同作用,使得宝莱坞内容可以在卫星、有线、在线和移动等多种平台上得到访问,从而形成了一个复杂的、全球化的生产、销售与消费系统,涵盖了散居于各大洲的3 500万南亚侨民(FICCI-KPMG, 2017)。

在过去的20年中,印度电影的出口一直稳定增长。业内估计表明,2016年印度的娱乐与媒介行业价值190亿美元,并且有望继续增长(FICCI-KPMG, 2017)。印度电影的全球化也可以从非印度演员出现于印度电影中这种趋势中可见一斑,英国演员托比·斯蒂芬斯(Toby Stephens),曾参演在2001年取得市场成功并广受好评的电影《印度往事》(*Lagaan*),并在2005年的历史电影《抗暴英雄》(*Mangal Pandey: The Rising*,背景是殖民时代)中扮演了重要角色;英国女演员彭雅思(Alice Patten)出演了2006年热播电影《芭萨提的颜色》(*Rang De Basanti*)。从那时起,更多的外国演员出现在印地语电影中,如:爱尔兰演员克莱夫·斯坦登(Clive Standen)出演了《你好呀!亲爱的伦敦》(*Namastey London*, 2007),巴西女演员吉塞利·蒙泰罗(Giseli Monteiro)参演了《爱上阿吉·卡勒》(*Love Aaj Kal*, 2009),美国女演员莎拉·汤普森·凯恩(Sarah Thompson Kane)出演了《政治》(*Rajneeti*, 2010),广受好评的肥皂剧女演员、来自乌拉圭的巴巴拉·莫瑞(Bárbara Mori)出演了《风筝》(*Kites*, 2010),澳大利亚女演员丽贝卡·布里兹(Rebecca Breeds)出演了《灵魂奔跑者》(*Bhaag Milkha Bhaag*, 2013),以及中国女演员朱珠(Zhu Zhu)担纲了2017年电影《黎明前的拉达克》(*Tubelight*,以1962年中印边境大规模武装冲突为背景)的女主角。

印度除了出口自己的媒介产品外,日益成为好莱坞和其他美国媒体公司的生产基地,特别是在动画和后期制作服务等领域。印度与美国支配性的跨国媒体公司的文化联系不断增长,这也促进了印度内容的营销与发行。随着媒体行业国际投资的增加,随着跨媒体所有权规则的放宽,好莱坞和宝莱坞之间出现了新的协同效应,印度媒体公司正在投资好莱坞的制作。除了美国之外,印度是世界上第二大国产电影独霸大部分票房(超过85%)的电影市场。鉴于印度市场的规模和经济实力的增长,好莱坞生产商热衷于与印度建立商业联系。随着印度成为美国的亲密盟友——追求新自由主义的市场经济议程,地缘政治形势改变了,这种改变有助于促进美印商业关系(Ernst & Young, 2012; Punathambekar, 2013; FICCI-KPMG, 2017)。

好莱坞、宝莱坞的真正合作始于2002年动作惊悚片《荆棘》(*Kaante*)的发行，这是第一部雇用好莱坞制作人员的主流印度电影，而《抗暴英雄》则成为首部由印度人制作、20世纪福克斯公司在全球发行的电影。从那以后，美国主要制片厂如哥伦比亚三星（Columbia Tristar，属索尼影业）、华纳兄弟、迪士尼影业和福克斯都一直在往宝莱坞投资。像鲁珀特·默多克及其创办的福克斯星空制片厂（Fox Star Studios）这样的跨国媒体，之所以能够在别人失败的地方成就一番事业，就是得益于与新闻集团结盟的公司在印度媒介领域所具有的广泛影响力，尤其是"星空+"电视频道。它还发行了《我的名字叫可汗》（My Name is Khan），这是一部几乎全部在美国拍摄并于2010年上映的电影，它向全球观众叙述了"9·11"事件导致的反穆斯林的歧视问题，这是印度主流电影业日趋成熟的标志。这部电影在64个国家上映，并被《外交政策》杂志列为与"9·11"相关的十大电影之一，为西方普遍的反穆斯林的偏见提供了一种重要的另类视角。另一方面，印度公司也开始在好莱坞投资。2008年，印度实业家领头羊之一安尼尔·安巴尼（Anil Ambani）拥有的信实娱乐（Reliance Entertainment）向史蒂文·斯皮尔伯格（Steven Spielberg）创立的好莱坞旗舰梦工厂投资了5亿美元，这标志着合伙关系的新纪元。他们最杰出的合作是2012年获得奥斯卡奖的电影《林肯》（Lincoln）。

好莱坞巨头日益扩大对印度的参与，并与印度公司建立合资企业，进入印度市场，使印度电影进入全球市场。一个值得注意的例子是迪士尼2016年在宝莱坞制作的《摔跤》（Dangal），在国际市场上的收入为2.17亿美元，中国为这一数字贡献了1.783亿美元，该部电影因此而成为国际上最成功的印度电影。这部电影于2017年5月在中国上映，译名为《摔跤吧！爸爸》，收入约为印度市场收入的五倍。虽然印度电影在中国很受欢迎，但在中国向西方开放并迅速发展自己的电影产业后，印度电影几乎一度消失了。10年前，当《印度往事》的数字化浓缩配音版在中国上映后，这种状况发生了改变。2009年，以校园为基础的喜剧《三傻大闹宝莱坞》（3 Idiots）在中国取得成功，让另一位宝莱坞巨星阿米尔·汗（Aamir Khan）名声显赫，使宝莱坞重回中国人的意识里，尤其是年轻一代。虽然这部电影通过DVD销售和在线观看取得了成功，但2011年，一部用汉语配音的版本在中国各地影院上映。一位驻北京的《印度报》（The Hindu）记者报道了一位中国高级官员的反应："这部电影完全改变了人们的想法，甚至是部长们和整个部委的思想。它使人们着迷，并使他们相信两国之间有很多共同之处，印度的娱乐确实在中国有市场。"（Krishnan, 2012）阿米尔·汗于2015年出演的轻喜剧《我的个神啊》（PK），在中国票房收入近1 700万美元，成为在中国和其他海外市场上最成功的印度电影之一。这部电影在中国的发行拷贝量比在印度还大。

诸如"宝莱坞"之类的新词已经被用来描述这类电影的全球化,印度电影"在其来源、导向和拓展方面,同时在国内外布局"(Kaur & Sinha, 2005: 16)。印度政府和企业界将宝莱坞视为印度软实力的资源(Thussu, 2013a)。宝莱坞品牌是印度企业和政府精英的共同选择,并得到海外侨民的欢迎,它已经开始把印度定义为富有创意而自信的国度。海外社区对其原籍国的电影感到尴尬(东道国的许多人认为它们浮夸而俗气)的时代已经一去不复返了。今天,印地语电影同时在全球发行,其明星为国际广告和娱乐界所熟知(Punathambekar, 2013)。有许多以宝莱坞为中心的节日与活动,著名大学为这种流行文化形式开设课程、开展研究(Gehlawat, 2015)。

随着电视和互联网之间日益融合,印度娱乐频道现在拥有来自全球的观众(Rai, 2009; Dudrah, 2012; FICCI-KPMG, 2017)。人们不仅仅热衷于在影院、也在笔记本电脑和其他移动数字设备上观看宝莱坞电影——亚马逊Prime和Netflix都在为全球观众提供特价印度电影。然而,该行业继续受到各种因素的阻碍,包括糟糕的传播基础设施以及盗版,结果是每年损失大量收入。尽管如此,根据行业估计,到2020年,印度电影业的收入可能达到37亿美元,移动数字传送机制是主要推手(FICCI-KPMG, 2017)。正如印度工商联合会-毕马威(FICCI-KPMG)2017年报告所述:

> 电影和娱乐行业的未来确实会围绕数字化发展。如今,移动电话已遍及该国的每个角落,彰显自己是一种强大的媒介,可以弥合内容消费的社会经济阶层与类别差异。随着政府继续推动数字消费及其付费方式,大规模采用技术已成定局。
>
> (FICCI-KPMG, 2017: 7)

案例研究:惹电视(Zee TV)——印度娱乐业的全球化

近25年来,惹电视一直是印度有线电视和卫星电视的中坚力量。印度企业家萨伯哈什·钱德拉(Subhash Chandra)所拥有的爱索尔集团(Essel Group)于1992年在印度创立了该电视网,并于1994年进入国际市场。2017年,惹娱乐企业有限公司[Zee Entertainment Enterprise Ltd.(ZEEL),旗下拥有惹电视](以下简称惹公司)在170多个国家拥有频道或联合网络,迎合了南亚侨民和当地观众的需要,因此在全球拥有观众超过10亿(见表6.1)。

　　与跨国广播公司不同(这些公司大量节目都是美国制作的,观众是流利地说着英语的都市中产阶级,他们对西方生活充满渴望),惹电视瞄准大众市场,以印地语制作节目,因为大多数印度人在日常生活中使用印地语。惹电视凭借其开创性的电影电视娱乐节目,在整个国家的娱乐生产中开辟出新天地,巧妙地把西方节目模式改变、开发成本地语言版本的衍生品,如游戏和聊天节目、休闲节目和智力竞猜(Thussu, 1998)。绝非巧合的是,惹电视上最受欢迎的两档节目对它们而言都是一种典型的印度之声。第一个节目是《哆来咪发唆》(*Sa Re Ga Ma Pa*),这是一档音乐节目(1995年初推出,在短暂的中断后仍在播出)。在节目中,歌手们在古典音乐家小组面前进行古典乐、民谣和电影歌曲竞赛。该节目为许多有才华的艺术家提供了机遇——特别是莎瑞雅·高沙尔(Shreya Ghoshal),她在2000年获胜并成为宝莱坞最受欢迎的代唱歌手 playback singles之一。另一个特别成功的节目是《歌词接龙》(*Antakshari*),是以唱歌的方式考察印地语电影音乐知识的一种传统测试,于1993年推出。两档节目在印度和南亚都极受欢迎,在其他频道也有克隆版,并在中东、英国、南非和美国开办,有助于在印度和南亚侨民中寻觅新的音乐人才。

表6.1 惹(Zee)世界

当地频道	语言	地区	内容
Zee Aflam	阿拉伯语	中东和北非	宝莱坞
Zee Alwan	阿拉伯语	中东和北非	印度剧系列
Zee TV Russia	俄语	欧洲	综合娱乐
Zee.One	德语	欧洲	宝莱坞
Zee World	英语	非洲	综合娱乐
Zee Magic	法语	非洲	综合娱乐
Zee Sine	塔加洛语和塔加洛英语	菲律宾	宝莱坞
Zee Nung	泰语	泰国	宝莱坞
Zee Bioskop	印尼语	印度尼西亚	宝莱坞

(续表)

当地频道	语 言	地 区	内 容
Zee Hiburan	印尼语	印度尼西亚	综合娱乐
Zee Mundo	西班牙语	美国/拉丁美洲	宝莱坞

资料来源：Zee TV, 2017

与其他跨国媒体公司一样，茲电视在各个领域都实现了最大化协同效应，制作并发行了故事片。2002年，茲电视制作和发行了电影《边关风暴》(*Gadar: Ek Prem Katha*)，该影片在那一年成为印度电影界最热门的大片。茲电视与其前合作伙伴——默多克的星空卫视——一样，也通过印度最大的有线电缆公司 SITI Cable，大量投资自己的传播硬件和节目。除了大众观众外，茲公司还通过 Zee Café 和 Zee Studio 等频道，迎合蕴含商机的中上阶层观众。前者播放西方娱乐节目—主要来自美国，也来自英国广播公司，后者播放原版好莱坞电影。它声称是世界上最大的印地语节目制作者和聚合者，其资料库中的原创节目超过22.2万小时。

到2017年，茲公司在世界各主要地区开展业务，并以9种外语播出，覆盖超过3亿国际观众。在中东以及土耳其和巴基斯坦，茲公司拥有超过6 000万观众，提供2个本地语言频道和3个印地语频道，迎合南亚侨民。美国的茲电视于1998年推出，目前是该国最受瞩目的南亚网络。茲公司在美国以多种语言提供多达37个频道，例如2016年推出的西班牙语频道 Zee Mundo。在欧洲，茲覆盖超过50万观众，在英国有超过40万观众。茲公司在欧洲有7个频道，包括2个本地语言频道：俄语 Zee TV，这是一个24小时播出的俄语娱乐频道；Zee One，一个德语宝莱坞频道，可供德语国家使用。茲公司还为英国提供各种频道，包括 Zee TV、电影频道 Zee Cinema、为旁遮普邦侨民开办的 Zee Punjabi，以及针对英国亚裔的全天候音乐频道 Zing。

Zee 在非洲已有20多年的历史，在非洲大陆提供9个频道，覆盖50个国家的5 000万观众。这些频道包括非洲 Zee TV、Zee Cinema、泰米尔语的 Zee Tamil、Zee 旁遮普、音乐频道 Zing，美食频道 Living Foodz 以及新闻频道 Zee News。此外，Zee World 是一个配音印度内容的英语频道，使其成为世界上第一个印度综合娱乐频道，特别迎合了非洲需要，并在48个国家（和印度洋岛屿）提供服务。2015年，茲公司为法语区非洲推出了法语频道 Zee Magic，为中非和西非的法语国家（以及毛里求斯和留尼汪岛）提供综合娱乐。对于阿拉伯观众来说，惹公司经营着两个专门的渠道，并在亚洲和太平洋地区拥有广泛的业务，覆盖了43个国家。这包括两个印度尼西亚频道——一个在泰国，一个在菲律宾，以配音或者字幕提供印度娱乐。

在印度，惹电视拥有32个频道：它第一个在印度推出24小时印地语新闻频道（Zee News），并以印地语和其他主要印度语言（包括马拉地语、孟加拉语、泰卢固语、泰米尔语和奥迪亚语）播放综合娱乐、电视连续剧和宝莱坞电影，使惹公司成为该国多个地区最多产的广播公司之一。惹公司还通过其服务dittoTV和OZEE扩张到数字领域，允许观众在线播放其内容。由于在全球和全国范围内取得成功，该公司的收入稳步增长——从1999年的1.39亿美元增加到2005年的2.91亿美元，再到2016年的10亿美元，成为印度最大的媒体公司之一（Zee TV, 2017）。

地理语言电视的全球化

随着世界各地人们的迁徙（主要是由于经济活动），基于英语、西班牙语、汉语、印地语、阿拉伯语和法语等语言的主要地理文化市场在跨国传播中正变得日益重要。针对不同国家特定人口/语言人群的网络代表了这样的尝试：以文化和语言亲缘关系为基础，创建超国家公共空间。诸如惹电视网（印地语）、中东广播中心（阿拉伯语）和凤凰卫视（汉语）之类的网络代表着不同的地理语言类别，尽管它们的影响力和影响范围可能并不局限于他们主要针对的讲特定语言的群体。到2016年，中东地区（传统上是处于国家直接控制之下的地区）如雨后春笋般涌现出数百个电视频道和在线媒介。国际内容日益可得并普及，引发了人们对此问题的质疑：某些节目是否适合这块仍然是世界上最保守地区之一的严格规定，尤其是在电视或电影中描绘女性时。在一定程度上，中东广播中心等泛阿拉伯频道是对该地区西方电视普及的一种回应，并已成为阿拉伯广播界的既定组成部分。这些频道的主要目标是向生活在欧洲和北美的阿拉伯人民广播阿拉伯语节目——有超过500万阿拉伯人生活在欧洲，另外200万人生活在北美。这群安居乐业又富有的侨民为阿拉伯广播电视公司创造了一个利润丰厚的市场。阿拉伯世界的内部传播最早是由国际阿拉伯报纸创立的，这些报纸标明了阿拉伯世界的日期变更线，在伦敦编辑并在世界主要首都印刷，诸如《中东日报》(*al-Sharq al-Awsat*, 1978年在伦敦创刊)和《生活日报》[*al-Hayat*,最初是一份贝鲁特(Beirut)报纸,于1988年在伦敦重刊]这样的报纸,报道了阿拉伯读者关注的重要问题。2016年,《生活日报》在伦敦、法兰克福、开罗、巴林、贝鲁特和纽约刊印,总发行量为16万份。

拉丁美洲肥皂剧的跨国化

南方国家出口到北方国家的文化产品,一个重要例子是拉丁美洲的肥皂剧,即电视小说(telenovela①),它的影响力日益覆盖全球。尽管拉丁美洲电视频道上普遍播放的是美国制作的节目、电影和动画片,但电视小说却占据了黄金时段(Fox, 1997; Sinclair and Straubhaar, 2013)。巴西媒体巨头环球电视台(TV Globo)和墨西哥的电视集团(Televisa,世界上最大的西班牙语节目制作者)是这种广受欢迎的电视节目类型的两个主要出口商(Rosser, 2005; Joyce, 2012; Porto, 2012; Dávila and Rivero, 2014)。这种体裁的吸引力在于叙事的通俗性与惯常的简单化,在广泛、多元的文化语境下,观众都能理解并欣赏(Sinclair and Straubhaar, 2013)。

环球电视台把拉丁美洲肥皂剧做成一种出口产品,是环球电视网(Rede Globo)的一部分。后者是世界上最大的多媒体集团之一,拥有巴西一份领军报纸 *O Globo*(成立于1925年)、Globosat卫星、Globo广播系统(于1944年启用)、一家出版公司、一家音乐公司和一家电信公司。环球电视台于1965年与总部位于美国的时代生活(Time-Life)集团合作开办,在建立以美国商业电视文化为基础的国家网络方面发挥了重要作用。在美国的经济、管理和技术帮助下,环球电视台能够将电视带给巴西的大众。尽管时代生活集团于1968年退出,但美国模式仍然是环球电视台的指导原则。早些年,电视小说由跨国公司赞助,如宝洁(Procter & Gamble)、高露洁-棕榄(Colgate-Palmolive)和联合利华(Unilever)。但是,制作逐渐由环球接管。这一变化的部分原因在于巴西政府的大力支持。1964年军事政变后,环球电视台与继任的历届政府结盟。直到1985年,在巴西政治中占主导地位的右翼军事独裁,都使用这种有力的手段使其统治合法化并形成舆论。作为回报,环球集团得到了将军们的特殊待遇——这些将军们不仅大力投资巴西电信基础设施(包括国家卫星网络),而且还把大部分的政府广告投向环球电视台。

1985年,巴西发射了第一颗通信卫星 Brazilsat,这促进了环球电视台的发展。这种政府支持不仅使电视商业化,还有助于建立巴西的民族认同感(Mattelart and Mattelart, 1990; Porto, 2012; Ross-Moreno, 2014)。由于与军事政权的密切联系,环

---

① 在巴西人眼中,巴西的电视剧其实是"电视小说"(telenovela),剧本多改编自小说。

球集团对巴西的媒体拥有实际的垄断权,从而限制了异见在一个社会、经济状况严重分化的国家中出现(Mader, 1993)。随着1975年将电视小说出口到葡萄牙,环球电视网进入国际市场。《加布里埃拉》(*Gabriela*)是一部根据畅销小说改编而成的电视小说,每天在葡萄牙播出,该电视剧成为一部重要的热播剧,但遭致"反殖民化"的指控(Lopez, 1995)。在随后的几年中,巴西的电视小说在葡萄牙变得非常流行,并适应了葡萄牙国内的制作方式。为了在拉丁美洲获得更广泛的受众,环球电视台开始用西班牙语配音,这是拉丁美洲最普遍使用的语言,也是在美国发展最快的语言之一。

随着卫星革命之后电视频道激增,环球电视台在全球范围内扩张了业务。1995年,它与新闻集团和墨西哥的电视集团等建立了一个卫星直播公司联盟,为非洲大陆提供一系列节目。自1993年以来,环球电视台便将电视节目模式出口到了一些知名的广播公司,例如英国广播公司。英国广播公司的一档电视节目《为所应为》(*Do the Right Thing*)就是获得环球电视台的许可后,基于巴西的《由你做主》(*VocêDecide*)的节目模式改编而成;而《由你做主》节目模式已被37个国家改编,包括中国和安哥拉(Moran, 1998)。1977年,环球电视台每年从电视小说的出口中获利100万美元;到2004年,出口利润为2 000万美元。环球电视台2016年的收入为47亿美元,制作了数百部电视小说和"迷你剧集",并将其节目出口到全球130多个国家,每年在国际市场上销售大约26 000小时的节目——从拉丁美洲到南欧、东欧,并走向亚洲、非洲和阿拉伯世界。其最成功的出口产品包括《我们的土地》(*Terra Nostra*,播映权出售给84个国家)、《家庭关系》(*Laços de Família*,出售给了66个国家)和《女奴》(*Escrava Isaura*,出售给了79个国家)。《女奴》在意大利、法国、苏联引起轰动,特别是在中国,有4.5亿观众观看了这部连续剧,该书的中文译本售出了30万册(Oliveira, 1993)。这些成功在于对电视小说进行了编辑,以便人们无需使用较具体的巴西参考资料就能理解它们,并且以不同的语言配音,特别是针对其他拉丁美洲国家(仍然是此类型最大的市场)配成西班牙语(Straubhaar, 2012)。

环球电视台在国际上的成功主要立足于其商业性质(Matos, 2012)。在广告驱动的媒介环境中,几乎没有关于广告内容的规制。环球电视台始终使用其节目来推广消费品,当消费品出现在节目中时,通过演员直接对一个产品进行广告宣传,或通过产品植入,将"商品推销"融入叙事中。除了使用这种粗鲁的商业主义,环球电视台还声称使用所谓的"社会销售规划"(social merchandising),将公共信息(例如对性别权利和节育的认识)编织到情节中(Porto, 2012)。联合国儿童基金会等国际组织已经认识到这种方法对降低巴西婴儿死亡率所具有的重要性。环球电视台在多大程度上反映了巴西生活的现实,这值得商榷。它是美国电视

［一种美国商业文化的"杂拼"（creolization）］的本地化版本吗？有人认为，这种形式的节目在拉丁美洲的大多数电视中都很普遍，可以说发挥了将自由市场资本主义合法化的功能，私人倡议取代了政府霸权，这也被认为是国家和国际文化之间的关键纽带（Martin-Barbero, 1993）。

这种反向流动的另一个方面是，向美国相对富裕的拉丁裔人口出口的电视小说日益增长，这个群体人口占美国人口的13%以上——"是世界上最富有的西班牙裔"。拉丁美洲的电视小说在美国的普及和流行也被称为"反向媒介帝国主义"（reverse media imperialism）（Rogers and Antola, 1985; Dávila and Rivero, 2014）。诸如 Univision 之类的美国网络已经从墨西哥、巴西、哥伦比亚和委内瑞拉进口电视小说。这种反向流动也影响了美国的肥皂剧，导致了"类型转换"（genre transformation），尤其是在日间肥皂剧中。委内瑞拉学者丹尼尔·马托（Daniel Mato）提出，电视小说有助于构建跨国的"西班牙裔"身份（Mato, 2005）。

电视小说在西班牙-葡萄牙消费者主打的"地理语言市场"之外取得了成功，这说明了媒介消费模式的复杂性。这种类型已在国际上流行开来：像《富人也哭泣》（*The Rich Also Cry*）这样的电视小说在俄罗斯非常成功。索尼于2003年为俄罗斯网络 CTC 开发了首部电视小说《可怜的安娜斯塔西娅》（*Poor Anastasia*），而德国的 RTL2 则播放了墨西哥电视集团的《莎乐美》（*Salome*）。一位评论家写道，电视小说的跨国化及其成功，"阐明了全球化的一种反向渠道。对于那些不满好莱坞或美国电视业占主导地位并定义全球化的人来说，电视小说现象仍然足以让人浮想联翩"（Martinez, 2005）。

但是，请务必记住，环球电视台与美国的媒体巨头不同，其主要市场是在拉丁美洲国家，还没有哪一部电视小说能够产生与美国肥皂剧一样的国际影响力，比如美剧《朱门恩怨》，抑或是在国际上产生了偶像崇拜的《老友记》《欲望都市》，再比如近年来播出的《权力的游戏》。正如一位观察家先前指出的那样，美国在世界视听贸易中占有传统统治地位，要说像环球电视台这样的组织对它构成了挑战，仍然"更具概念性，而非现实：也就是说，它与其说达到了实际的商业威胁程度，不如说更多地唤起了我们对那种支配性的理论思考"（Sinclair, 1996: 51）。的确，我们可以这样认为，诸如环球电视台之类的电视频道在使消费主义价值观合法化方面发挥了作用，并且常常是对美国跨国媒体的补充而不是反击。马托斯（Carolina Matos）指出，巴西的威权主义遗产导致了政治在主流媒体中边缘化，而这些主流媒体靠"暴食娱乐饮食"（heavily entertainment diet）得以繁荣（Matos, 2012: 14）。

宝莱坞和拉丁美洲的电视小说在其原籍国以外被消费，这种历史由来已久。在过去的10年中，其他国家已经出现在全球娱乐空间中，下面这部分将讨论来自全球不同地区的三个代表——欧洲、亚洲和非洲，以说明娱乐的新流向。

案例研究：土耳其电视剧的崛起

在制作和全球发行电视娱乐节目——尤其是肥皂剧和历史剧等类型——的全球新参与者中，土耳其已成为重要的后起之秀（Williams, 2013; Christensen, 2013; Yanardağoğlu and Karam, 2013; Selcan, 2015; Yeşil, 2015）。到2015年，全球140多个国家/地区的4亿多人收看了土耳其电视剧（Tali, 2016），在中东尤其受欢迎（Kraidy and Al-Ghazzi, 2013; Al Jazeera, 2014），那里对美国大众文化产品的消费已经明显下降（Edwards, 2016）。

土耳其电视连续剧的成功源于20世纪90年代土耳其电视的自由化和私有化，其娱乐节目在几年内迅速在国内市场流行。从1990年的Star 1频道开始，私人广播公司绕过法律，向土耳其电视台提供商业内容，从而打破了公共广播电视台——土耳其广播电视台（Turkish Radio and Television, TRT）的垄断地位，随后的1994年，法律发生变更，私人电视台合法化。在这个"海盗时期"，土耳其消费者第一次享受到美国的商业电视节目以及国内的"创意创新"，而"创意创新"打破了文化禁忌，挑战了审查制度（Aksoy and Robins, 2000）。结果，土耳其的流行文化在屏幕上得到了反映，相对自由化的电视连续剧在20世纪90年代取得了国内市场的巨大成功。有了这种经验，土耳其制作人便将目光投向国外，并着手在国外出售土耳其电视节目。这基于一项政策，即电视节目的出口价格较低，以便与发展成熟的提供商（美洲和欧洲）展开竞争。对节目内容的需求日益增长，激发了更强的专业精神，因为制作公司感到需要生产更高质量的产品，并应该具有一种跨国视野（Yanardağoğlu and Karam, 2013; Yörük and Vatikiotis, 2013）。

大部分出口节目是肥皂剧，这些剧目在中东、巴尔干以及讲突厥语的中亚国家都有观众。在中东地区的扩张始于2008年，当时MBC首次播放了土耳其电视连续剧《银》（*Gümüş*），讲述了穆罕默德和银的爱情故事，并于2005年至2007年在土耳其获得巨大成功。在阿拉伯世界，该影片的标题是《光》（*Noor*），在阿拉伯银幕上创造了"狂热"，该连续剧的结局吸引了数量空前的观众（15岁以上）——8 500万人，其中有5 000万是女性（Selcan, 2015）。成功的原因之一是连续剧不仅用古典阿拉伯语配音，而且还用阿拉伯世界广泛使用的阿拉伯语的叙利亚方言配音，这就为叙利亚语电视剧《邻居家的门》（*Bab al Hara*）的大获成功奠定了基础。在《欧洲数据年度研究》（Eurodata Annual Study）中，媒介研究中心（Médiametrie）把连续剧《光》列入全球十大电视剧。尽管其中包含经常被剪掉的"不合适的"亲密场景，同时沙特阿拉伯的盛大电影节（Grand Mufti of Saudi Arabia）将《光》形容为"反伊斯兰"（Selcan, 2015），但依然表明了在该地区这些连续剧大受欢迎。

证明土耳其节目流行的另一个例子是《辉煌世纪》（*Muhteşem Yüzyıl*, 2011—2014年），这是一部关于奥斯曼帝国和苏丹王苏莱曼一世（Suleiman the Magnificent）的肥皂剧，苏丹王苏莱曼一世带着他美丽的嫔妃们住在托普卡匹皇宫。这部连续剧已经在包括希腊在内的多个国家/地区上映，其中许多国家都位于前帝国地区（Alankuş and Yanardağoğlu, 2016）。该连续剧由 TIMS 影视公司（TIMS Productions）制作，自2012年以来由全球广告代理机构分发到80多个国家，现已成为"销量最高的土耳其剧"。一些人将这种现象描述为土耳其趋势之一，该趋势被称为"奥斯曼热"（Ottomania），"表现为一些多元化现象，如：'汉堡王苏丹套餐'、各种各样的奥斯曼烹饪手册、带有奥斯曼书法的结婚请柬、新奥斯曼风格的清真寺以及奥斯曼旧建筑的翻新"（Batuman, 2014）。

到2016年，70余部土耳其电视剧吸引了土耳其、中东、北非、东欧、中亚和南亚80多个国家和地区的4亿观众，也在不断打开拉丁美洲这个新市场。这些电视节目在2012年为土耳其带来了1.3亿美元的出口销售额，而2007年仅为100万美元（Williams, 2013）。到2015年，土耳其电视连续剧向全球出口带来3.5亿美元的收入（Tali, 2016）；一些行业估计表明，预计到2019年，土耳其在该领域的全球出口总额将达到5.43亿美元；并且据估计，到2023年将高达10亿美元（PwC *Global Entertainment and Media Outlook* 2015—2019）。肥皂剧《一千零一夜》（*Binbir Gece*）已销往46个国家，其中包括几个拉丁美洲国家，例如，在智利，这是2014年收视率最高的节目（Tali, 2016）。同样，《禁忌之恋》（*Ask-i-Memnu*）改编自奥斯曼背景同名小说，销往50个国家，并出售给 Telemundo 电视台，后者于2013年以《禁止激情》（*Pasión Prohibida*）为题重新制作该剧，并在美国和许多拉丁美洲国家播映。

自2013年以来，土耳其电视剧的影响力已扩展到南亚，并在巴基斯坦的乌尔都语1频道（Urdu 1）播出了电视连续剧《孩子起个名叫法瑞哈》（*Feriha*），随后的2015年，《樱桃季节》（*Kiraz Mevsimi*）以《爱曲》（*Aashiqui*）为剧名，在另一个巴基斯坦频道 ARY Zindagi 上播出。《禁忌之恋》于2008年至2010年在巴基斯坦（以 *Ishq-e-Mamnu* 作为剧名）播出，有5500万观众收看，这是巴基斯坦历史上外国电视剧收视率最高的一次。Zee Zindagi频道于2015年在印度播出了《孩子起个名叫法瑞哈》，每周平均有3 600万观众收看。土耳其语电视剧在伊朗和伊朗侨民中也很受欢迎：自2010年以来，这些电视剧已可在GEM在线电视（GEM Online TV，GEM电视于2006年在伦敦成立，为波斯语观众提供服务）中观看，用波斯语配音或带波斯文字幕，为波斯语市场服务。

土耳其电视剧在前奥斯曼帝国领土上的流行被认为是土耳其日益扩大的区域影响力（表现为一种新奥斯曼外交政策）的延伸。随着世人对土耳其式的穆斯林民主日益增长的关注，而这种民主可作为更广阔地区的模板，土耳其肥皂剧和电视剧在阿拉伯世界和巴尔干半岛都成为一种强有力的软实力形式（Çevik, 2014; Selcan, 2015; Huijgh and Warlick, 2016）。正如2017年的一项研究指出的那样，出口到中东的浪漫肥皂剧，促进了"作为一种理想社会的土耳其形象，此间，伊斯兰与现代并存，男女平等，资本主义和消费主义不侵蚀传统社会与宗教价值观"（Jabbour, 2017: 152）。一些学者将其特征概括为"新奥斯曼酷"（neo-Ottoman cool）（Kraidy and Al-Ghazzi, 2013），意指土耳其在将伊斯兰教与民主成功结合中正在发挥越来越大的软实力作用；而其他人则对此观念提出了质疑，认为这种"新奥斯曼酷"并未表明经济、政治、意识形态和媒介流动之间有可能形成关系的全部动力机制（Alankuş and Yanardağoğlu, 2016）。

土耳其电视连续剧来临之际，正值土耳其在与它有着数百年历史联系的各个地区中变得更有政治影响力。总统雷杰普·塔伊普·埃尔多安（Recep Tayyip Erdoğan）倡导一种全球方针，旨在把该国的影响力扩展到由土耳其前身国所统治的领地上——奥斯曼帝国，并计划建立一个温和而成功的伊斯兰民主版本。学者们认为，尽管阿拉伯世界的大部分地区在奥斯曼土耳其人的统治下生活了400多年，但历史上一直存在紧张局势以及后帝国时期的分裂，而且在冷战时期的大部分时间里，该地区在现代土耳其外交中都被忽视，直到埃尔多安总统掌权。他的政府一直在动员作为土耳其的公共广播机构的土耳其广播电视公司（TRT）为该地区的新奥斯曼话语的传播做出贡献。土耳其广播电视公司于1990年启动了其第一个国际频道TRT-INT，该频道又进一步分为TRT-INT（以迎合欧洲和其他地方的土耳其侨民）和TRT Avrasya（成立于2001年，目标受众是讲土耳其语的共和国；该台出现于苏联解体之后,后来又被称为TRTTürk)。2009年,TRT Avrasya再次更名为TRT Avaz,其明确目标是"向生活在相关地理区域的27个不同国家/地区的人们传播土耳其文化以及安纳托利亚(Anatolian)文化价值观,这些人讲土耳其语、阿塞拜疆土耳其语、哈萨克语、克尔吉兹语、乌兹别克语和土库曼语"(www.trtavaz.com.tr/)。一年后,TRT-ET-Turkiyye(自2015年起称为TRT-ElArabia)成立,其目标是讲阿拉伯语的人群,"从而使分布在阿拉伯地区22个国家及其周围的3.5亿讲阿拉伯语的观众受益"(www.trtarabic.tv/)。但是,虽然土耳其电视节目在中东和希腊的成功扩张已经在这些地区产生了一系列"文化接近性"(cultural proximities)(Straubhaar, 1991),且土耳其已经并能够将其用作软实力,但也有人认为,这种"肥皂剧殖民主义"(soap opera colonialism)并不一定转化为地区霸权,因为土耳其电视软实力的成功并没有带来外交和地缘政治上硬实力的成功(Yörük and Vatikiotis, 2013)。

案例研究:韩流

韩国文化产业(尤其是电视剧、电影和流行音乐)的国际成功始于20世纪90年代后期,后来被称为"韩流"(Korean Wave或Hallyu),标志着东亚文化产品利润丰厚的新时代来临(Huat and Iwabuchi, 2008; Kim, 2011; Kim, 2013; Choi and Maliangkay, 2014; Marinescu, 2014; Yoon and Jin, 2017)。虽然"韩流"一词是1999年由韩国文化观光部首次使用,当时它为中国市场制作了名为《韩国流行音乐》(Korean Pop Music)的一张CD(其中文版本称为《韩流:来自韩国的歌曲》),但是中国记者使这个短语得以流行。如今,它象征着亚洲最成功的文化产品之一,并日益在全球范围内被人们消费(Kim and Kim, 2011; Kim and Choe, 2014; Korean Culture and Information Service, 2015a, 2015b, 2015c; Fuhr, 2015; Jin, 2016; Yoon and Jin, 2017)。韩国文化产品的出口在1998年至2015年增长了20倍以上,从1998年的1.89亿美元增至2014年的40亿美元(Korean Culture and Information Service, 2015a)。

在亚洲传媒市场正在扩大之际(由日益增多的富裕的中产阶级及其消费文化的出现所推动),韩流的兴起与政府的战略性出口政策相当吻合(Kim, 2013: 5)。韩国文化产业及其发行的增长主要归因于20世纪90年代后期以来韩国政府的举措，这些举措为韩国文化产业提供了高水平的援助，包括生产技术的发展、熟练的劳动力以及对分销系统的全球扩展的支持（Kwona and Kimb, 2014: 434; Walsh, 2014）。韩国海外文化宣传院（Korean Culture and Information Service）和韩国国际交流财团（Korea Foundation）等政府机构为全球不同地区的韩国文化提供支持，比如通过免费播送韩国肥皂剧（Walsh, 2014; Kwona and Kimb, 2014）。继日本从电影、流行音乐到食品和时尚的出口而取得文化的全球扩张成功之后，韩国政府把文化看作是对国民经济增长至关重要的部分（Huang, 2011）。韩国政府取消了对韩国企业集团参与电影、音乐和广播行业的限制，该决定使三星、大宇（Daewoo）、现代（Hyundai）、LG和SK等公司涉足文化产业及其出口。

韩国媒介产品（电影、电视剧和流行音乐）日后成为一种反向文化殖民主义典型案例，其产生海外影响力的开端是在前殖民势力的日本（日本从1910年至1945年统治了尚未分裂的朝鲜半岛），如《生死谍变》(Shiri, 2000年上映）在日本非常受欢迎，在该国150个场馆同时放映，总共吸引了130万观众。20世纪90年代末和21世纪初，日本是韩国电影出口的主要目的地：仅在2004年，日本就发行了30部韩国电影；到2005年，该国占韩国电影出口7 599万美元的近80%。韩国电视剧在日本也很受欢迎，尤其是在女性观众中，著名的有出口到20个国家的《冬季恋歌》(Sonata Fuyu no)(Jin, 2015)。之后，电视剧在日本的人气下降，但在中国和其他地方大幅度增长——2016年作为国际热门的僵尸启示录惊悚动作片《釜山行》(Train to Busan) 销往156个国家。国际上取得的另一项重大成就是《大长今》(Jewel in the Palace)，这是背景为朝鲜王朝（1392—1910）的朝鲜中宗（1506—1544）统治时期的时代剧，在超过87个国家中播出，成为"韩国首个真正的全球电视热播节目"（Korean Culture and Information Service, 2015b）。

在正式文件中被描述为"东亚文化圈电影业"（Sinosphere film industry）的联合制作企业已经发展壮大。韩国热门电影《奇怪的她》(Miss Granny, 2014)于2015年为汉语观众以《重返二十岁》为题重新制作，中国演员参演。进行这种联合制作的另一个原因是技术性——韩国在使用3D技术创造视觉效果方面非常专业，基于中国民间故事的《西游降魔篇》(Journey to the West: Conquering the Demons, 2013)和《美猴王》(The Monkey King, 2014)等中国热门电影中都有这种视觉特效（Korean Culture and Information Service, 2015a）。

2015年，韩国"与媒介相关的技术服务"出口（包括与中国大片签订的视觉特效合同）总额超过5 700万美元（Korean Film Council, 2016: 45）。韩国电视剧在中国大陆也很受欢迎，例如电视连续剧《爱情是什么》(*What Is Love?*)于1997年在中央电视台播出，而另一部电视剧《来自星星的你》(*My Love from the Star*)则在2014年通过爱奇艺在中国播出，点击量超过38亿次（Korean Culture and Information Service, 2015b: 13）。

自2003年湖南卫视从韩国MBC购买节目模式并制作了《我是歌手》《爸爸去哪儿？》大电影的中国翻版以来，中国观众也喜欢在线和离线的韩国电视节目。取得了这些成功之后，中国的广电公司已经购买了20多种韩国电视节目模式，并且大多数中国翻拍都安排在黄金时段，而一些节目则被复制为续集和故事片。《爸爸去哪儿？》电影版于2014年1月31日农历新年庆祝活动期间发行，盈利约1亿美元，在中国票房中排名第八（Cho and Zhu, 2017: 2334-2335）。

韩流起先主要作为亚洲国家之间一种地理-文化现象，逐渐演变为韩流2.0，这是数字时代的一种全球媒介影响力，在在线游戏和K-pop等领域尤其明显（Lee and Nornes, 2015; Jin, 2016）。正如金大勇所言："韩流2.0意味着第三空间的潜力，因为动画、在线游戏和K-pop等几种韩国文化形式已经证明了由当地所驱动的杂糅之可能性。"（Jin, 2016: 173）这种现象意味着全球化进程要复杂得多，因为它们是"多向的但仍然是不平衡的"（p.175）。金大勇将韩流概括为两个历史阶段：韩流1.0时代（大约1997—2007），以及从2008年开始的新韩流时代——韩流2.0。金大勇认为，这两个"流"之间的差异可以从"主要的文化出口形式、技术发展、粉丝群和政府文化政策"中看出（p.4）。

公司的支持为韩流流行音乐和电视剧类型的发展做出了贡献，这些类型已扩展到东亚和东南亚、中东、欧洲和北美。互联网的作用还推动了访问和分发摆脱了政府的参与。2012年，韩国流行歌星Psy和他的歌曲《江南style》(*Gangnam Style*)成为全球音乐界前所未有的现象。这首歌在33个音乐排行榜中都排名第一，包括英国的官方单曲前100名排行榜。2013年，Psy的下一首歌《绅士》(*Gentleman*)成为油管上观看次数最快超过1亿的音乐视频。另一个K-pop组合"神奇女孩"（Wonder Girls）与美国最大的娱乐机构"创新艺人经纪公司"（Creative Artists Agency, CAA）签订了合同。K-pop"被公认为全球文化交流与传播的产物";正如韩国政府出版物声称的那样,"K-pop不仅仅属于韩国或亚洲,还属于全世界的年轻流行音乐迷"(Korean Culture and Information Service, 2015c: 115)。韩国网络游戏产业发展迅速,在线游戏是该国最重要的文化出口产品:2014年,韩国游戏产业占该国文化产品出口的67%以上(Jin, 2010; Ministry of Culture, Sports and Tourism, 2015)。

根据韩国电影理事会(Korean Film Council,提供有关韩国电影业年度报告的机构)的数据,2016年,韩国电影的出口总值接近4 400万美元,其中亚洲占63%。对亚洲国家的出口从2007年不温不火的700万美元增长到2016年的2 800万美元。尽管有政府源源不断并值得称道的支持,以及企业给予的先进技术和营销基础设施方面的强大支持,但韩流仍然尚未成为一种全球现象:它在东亚和东南亚地区的影响力仍然有限。尽管其规模在全球影响力上无法与美国娱乐网络相提并论,但流行媒介文化的"亚洲化"提出了与文化全球化有关的趣味横生的理论问题。

案例分析:尼日利亚电影走向全球——诺莱坞

作为非洲人口最多的国家,也是最大的经济体之一,尼日利亚拥有完善而活跃的娱乐媒介舞台(Larkin, 2008; Krings and Okome, 2013; Miller, 2016; Haynes, 2016)。2002年,大西哲光(Norimitsu Onishi)发表在《纽约时报》上的一篇文章称尼日利亚的视频电影业为"诺莱坞","诺莱坞"在整个非洲大陆和非洲侨民中生产并传播娱乐信息,从而创造了"泛非与全球流行文化形式"(Jedlowski, 2013: 31)。

海恩斯(Jonathan Haynes)指出,"促成和塑造诺莱坞"最重要的因素"是尼日利亚电视台(Nigerian television)"(Haynes, 2016: 8)。尼日利亚是撒哈拉以南非洲地区第一个拥有自己的电视台的国家,该台成立于1959年,就在尼日利亚脱离英国独立前一年。与其他非洲国家主要依靠西方的援助或政府对文化生产的补贴不同,尼日利亚的电影制片人对建立电影业是不可或缺的。商业元素是"流动"电影院受欢迎的部分原因,流动电影院在视频厅中播放,这种视频厅在全国范围内有20万。随着电影《奴役生活》(Living in Bondage)于1992年的播出,低预算电影激增,这标志着尼日利亚电影的新时代,并且由于廉价的家用录像系统(Video Home System, VHS)技术的出现而得以赋能。尼日利亚的电影制作是按地区、种族和宗教划分的。约鲁巴语(Yoruba-language)电影是诺莱坞的子行业,豪萨语电影[也称为坎尼坞(Kannywood)]位于卡诺(Kano),也是诺莱坞的子行业。

根据世界银行的估计,尼日利亚发行的DVD中有90%是非法复制品,新发行的DVD在盗版版本大量涌入市场之前,只有两个星期的时间,而政府并未采取有效行动来制止这种情况。诺莱坞非常多产,每年发行超过1 000部电影,尽管该国电影院很少,但大多数电影都是直接以DVD发行并且越来越多地在线发行。因此,尼日利亚电影业是世界上最大的电影业之一,每年为尼日利亚财政带来5亿美元(占尼日利亚国内生产总值的1.4%),并且是该国仅次于农业的第二大就业雇佣部门,2014年,该行业直接或间接雇用超过100万人(Oh, 2016)。

与其他成功的文化进口一样,尼日利亚外交部(Nigerian Foreign Ministry)也在其文化外交努力中开始利用诺莱坞演员的国际明星力量。例如,政府赞助了安大略省的诺莱坞北美电影节(Nollywood North American Film Festival),并邀请尼日利亚演员参加在全球尼日利亚大使馆举行的文化活动。尼日利亚电影通过伦敦和约翰内斯堡等中心在世界范围内发行。为了到达欧洲和英国的大型尼日利亚人散居地,在OBE-TV、BEN-TV、Passion TV和非洲电影频道等卫星频道上都可观看诺莱坞电影。拉姆齐·努瓦(Ramsey Nouah)、奥莫塔拉·贾拉德·埃金德(Omotola Jalade-Ekeinde)、杰塔·阿玛塔(Jeta Amata)和吉纳维芙·纳纳吉(Genevieve Nnaji)等明星无论在尼日利亚还是在全球诺莱坞观众中都是家喻户晓的名字。随着尼日利亚互联网普及率的提高和宽带变得更加可靠,诺莱坞通过诸如IROKOTV(尼日利亚版本的Netflix)这样的发行机制,以象征性的订阅费,越来越多地将诺莱坞电影搬到网络上,传输给全球订户。

然而,除了非洲侨民,诺莱坞很难跨入国际电影界。其监管制作的电影数量虽然庞大,但许多电影的技术和美学质量限制了它们被广泛欣赏的可能性。弱版权法的存在及其实施的不力在很大程度上将诺莱坞电影排除在全球生产与发行网络之外(Hoad, 2015)。具有讽刺意味的是,诺莱坞仍然是世界上最大和最多产的电影产业之一,并且在商业意义上也是非洲电影产生主要影响力的独创者。它的全球化通常通过与另类的、非正式的全球网络的联系，使诺莱坞在全球电影文化中拥有强大的地位(Miller,2016年)。诺莱坞在跨国文化背景下发展，借鉴并改编了好莱坞和宝莱坞等国际电影的叙事方式，并在这种文化混杂的氛围中增添了尼日利亚风情，为媒介跨国主义做出了独特的贡献。这种电影的跨国发行是通过非正式的、经常是盗版的网络实现的，涉及经济、技术、文化和海外侨居等诸多因素(Larkin,2008; Miller, 2016)。

与世界其他主要电影业不同，尼日利亚电影业尚未将其商业活动专业化到产生足够的收入，从而在全球范围内运营。第一部在商业航班上播放的诺莱坞电影是《首席执行官》(The CEO)，直到2016年，才在法航飞往巴黎的航班上放映(该电影是在法航的支持下制作的)。然而，近年来，尼日利亚致力于为侨居海外的观众制作励志电影。一个重要的例子是2013年把奇玛曼达·恩戈齐·阿迪奇埃(Chimamanda Ngozi Adichie)的小说改编成电影《半轮黄日》(Half of a Yellow Sun)，好莱坞演员切瓦特·埃加福特(Chiwetel Ejiofor)出演，该剧被描述为电影向"新诺莱坞"转变的体现(Geiger, 2017)。这部电影在国内或国际上的票房都表现不佳，尽管这是迄今为止最昂贵的诺莱坞电影，制作成本高昂，演员阵容国际化，耗资1 000万美元。为了正确地看待这个数字，有必要指出的是，一部诺莱坞电影的平均生产成本低至20 000美元至50 000美元。有些电影的制作成本低至10 000美元，直接以DVD发行，在街上便宜地出售。有鉴于此，2016年喜剧片《婚礼派对》(The Wedding Party)取得了非凡的成功，该片票房收入为1 150万美元，成为诺莱坞电影收入最高的电影，展示了诺莱坞电影具有创造畅行天下的故事的潜力(Variety, 2017)。诺莱坞演员瓦尔·奥乔(Wale Ojo)告诉美国有线电视新闻网："新尼日利亚电影基本上意味着尼日利亚电影的崛起——高制作成本、良好的叙事方式，以及这些故事抓住了我们作为尼日利亚人和非洲人的本质。这也意味着这些电影可以在任何地方的国际电影节上放映，从多伦多到戛纳再到威尼斯。"(Vese linovic, 2015)

对于某些人来说，海恩斯指出："诺莱坞是尼日利亚自豪感的象征和来源，这是新元气最明显的表现，反映了尼日利亚在整个非洲大陆及其之外更远区域的自我形象。"(Haynes, 2016: xxviii)正如最近一篇有关诺莱坞的新闻报道所述，尼日利亚电影业"将非洲身份前置，投射到全球化的流行文化流中"(Witt, 2017)。然而，诺莱坞的全球化面临许多巨大挑战，这些挑战包括：由于非正式营销，无法促进可持续发展的经济模式；导致电影盗版的销售行为；执行无力的版权法；缺乏传播基础设施。尼日利亚最著名的聊天节目主持人兼"乌木生活电视台"（EbonyLife TV，于2017年在非洲超过49个国家以及英国和一些加勒比海国家开展业务）首席执行官的莫桑莫拉（Mosunmola' Mo' Abudu）说："从一种不同视角去展示非洲，这种视角可以表征其年轻的、不断增长的中产阶级城市居民。"（Cohan and Gbadamosi, 2017）

全球电视新闻的反向流动

如第4章所述，尽管出现了新的参与者为全球事务提供了不同的观点，但全球新闻领域仍然由美英新闻双头垄断主导。中国国际电视台的全球化促进了另一种新闻议程，用他们的词汇来说，其追求的是"建设性的"而不是"批判性的"新闻，后者一直是英美新闻业的标志。在西方世界之外也崛起了一个网络，即半岛电视台，号称最著名的非西方国际广播公司，尽管有来自西方的专业与技术支持。

案例分析：半岛电视台——成为一种全球新闻现象的"岛屿"

在可观看卫星电视之前，阿拉伯世界的区域广播主要是进行政府宣传，是受国家管制的广播公司通过诸如阿拉伯国家广播联盟这样的组织来进行的。在20世纪90年代，随着私有化的阿拉伯卫星广播电视的兴起，出现了新型的泛阿拉伯电视，挑战了国家广播的垄断地位（Sakr, 2001; Lynch, 2006）。1991年海湾战争之后，诸如美国有线电视新闻网这样的全天候新闻取得成功，这种成功促使阿拉伯人寻求一种新的广播市场，这种市场受到美国新闻及其生产价值的影响。半岛（Al Jazeera，阿拉伯的一个岛屿）电视台的总部位于卡塔尔，自1996年成立之后，它重新定义了阿拉伯世界的新闻业，是全球媒介产品反向流动的一个突出例子。到2016年，这个全天候的新闻网络声称已向全球100多个国家/地区的3.1亿户家庭广播，在全球地缘政治最敏感的地区挑战了英美对新闻、时事的主宰地位。如果说1991年美国对伊拉克军事行动的现场直播有助于成就美国有线电视新闻网的全球影响力（请参阅第4章），那么"反恐战争"则将半岛电视台有力地推入国际广播公司的行列，其徽标可以在世界各地的电视屏幕上看到。是半岛电视台播放了"9·11"之后自封为基地组织领导人的奥萨马·本·拉登（Osama bin Laden）的录像带；当美军于2001年10月开始轰炸阿富汗时，半岛电视台是地面上提供实况报道的唯一的电视网络（Sakr, 2001; El-Nawawy and Iskandar, 2002）。但是，在拍摄爆炸所产生的不可避免的毁灭性以及灾难图像时，其摄像头少有克制，这与美国有线电视新闻网、福克斯新闻或英国广播公司环球服务台大相径庭。诽谤半岛电视台的阿拉伯政府，认为半岛电视台的专业性报道对其传统的信息控制方式构成了威胁。

2003年美国入侵伊拉克时，半岛电视台已经演变成一个严肃的甚至是替代性的网络——不仅在阿拉伯世界。它的英语网站成立于"伊拉克自由行动"（Operation Iraqi Freedom）[①]启动之际，对于新闻记者、活动家以及其他对那场冲突的细枝末节感兴趣的人来说，该网站已成为最受青睐的资源。半岛电视台邀请西方专家和以色列专家在其主播间展开辩论，这有助于拓宽阿拉伯媒介话语的词汇与范围，在此过程中也引起了伊斯兰原教旨主义者和该地区左翼舆论的不满。菲利普·塞布写道，半岛电视台和其他新媒体有可能"消除"这种想法：西方与伊斯兰东方处于冲突中（Seib, 2008）。它可能惹恼阿拉伯政治精英，但对于数百万阿拉伯市民而言，其新闻简报和"反潮流"（al-Itijah al-Mua' akis）之类的节目拥有一个忠实而热情的泛阿拉伯受众群。该网络之所以受到人们的认可，其原因之一是其报道的专业性——其跨国员工的核心具有曾为跨国广播公司工作的经验，比如英国广播公司。英国广播公司于1994年与沙特拥有的Orbit电视网一起开播英国广播公司阿拉伯频道，从而开创了泛阿拉伯电视新闻的理念。该频道于1996年被废止，当时英国的英国广播公司本部播出了在沙特阿拉伯看来是令人反感的故事，包括其旗舰时事节目"全景"（*Panorama*）上的一篇报道，该报道探讨了沙特阿拉伯的死刑问题。英国广播公司的损失是阿拉伯世界的收获。但是，

[①] 2003年3月20日，由美国领导的联军在伊拉克采取了军事行动"伊拉克自由"行动，其所宣称的直接目标是推翻萨达姆·侯赛因政权，并摧毁其使用大规模杀伤性武器或将其提供给恐怖分子的能力。——译者注

由于广告商倾向于远离有争议的网络,因此该网络的财务稳定性不是那么好。在该网络成立之初,卡塔尔首长国埃米尔(国家元首)哈马德·本·哈利法·萨尼(Hamad bin Khalifa al-Thani)提供了1.4亿美元,这原本能够让它在五年内自给自足的,但这一目标并未实现。

围绕半岛电视台的争议远不止这些(Zayani, 2005; Lynch, 2006),它还被称为"恐怖主义网络"和"本·拉登的发声筒"。不管该频道有多少不足,但使卫星电视新闻重获新生,并改变了以前目光短浅的阿拉伯媒体。该网络招致美国政府的愤怒:其喀布尔办事处被炸;在"伊拉克自由行动"中,其巴格达办事处被一架美式战机投放的一枚导弹击中,通讯员塔里克·阿尤布(Tareq Ayoub)被炸死;其马德里通讯员也因为被指控与基地组织有联系而入狱。截至2017年,其几名记者因被指控以穆斯林兄弟会的名义散布虚假新闻未经起诉就被羁押,或被收监于埃及。半岛电视台由于播出了本·拉登的录音带讯息而被妖魔化为奥萨马·本·拉登的频道,尽管如此,但它为更广阔的世界提供了另类信息源,这些信息来自富含新闻价值的舞台(Rinnawi, 2006)。

在区域性新闻市场中,半岛电视台面临激烈竞争,其竞争对手包括阿布扎比电视台,而最大的挑战者是MBC旗下的阿拉伯卫星电视台(al-Arabiya)。自2003年成立以来,阿拉伯卫星电视台一直在迪拜运营24小时新闻网络,声称是"阿拉伯现代主义"(Arab modernism,其亲西方取向的代号)的典范,声称自己是"理性的,但又不是食古不化的;信息是丰富的、大胆的,但又是无可争议的"。有批评的声音说半岛电视台持有政治偏见[例如,在报道巴勒斯坦起义时,称自杀炸弹手为沙希德(shaheed, 烈士)];为了反击批评,半岛电视台发布了《道德守则》,其中包括的目标是:"以应有的尊重对待我们的观众;在处理每个问题或故事时,给予应有的关怀,以呈现出清晰、真实、准确的全貌,同时充分考虑犯罪、战争、迫害和灾难的受害者及其亲属以及我们的观众的感受,并充分考虑个人隐私和公共礼节。"

英国广播公司意识到英语频道只吸引了很小的一部分人,尽管它对社会有很大影响,于是在2005年宣布提供免费的全天候电视新闻服务,专门针对阿拉伯地区,这是英国广播公司推出的第一个由政府直接资助的国际电视服务。该消息宣布的同时,半岛电视台的英语版于2006年启动;同年,半岛电视新闻变得"随时随地可以通过SMS访问"。由于其大部分员工是英国人，半岛电视台国际频道（Al Jazeera International，后来更名为半岛电视台英语频道）已觉得自己在全球范围内占有了一席之地（Seib, 2008; Powers and el-Nawawy, 2009; Seib, 2012; Figenschou, 2014; Bebawi, 2016; Youmans, 2017）。半岛电视台英语频道声称为"重塑全球媒介"做出了贡献。在2008年以色列入侵加沙地带期间，半岛电视台在地记者人数超过了任何国际网络，是提供有关冲突现场报道的唯一新闻渠道。一些人认为，该频道对中东战争的报道影响了以美国为主导的西方新闻媒体报道冲突的方式（Samuel-Azran, 2010）。菲根舒（Tine Ustad Figenschou）认为，该频道从其所宣扬的"南方国家"的角度，报道未被充分报道的故事，"扩大了精英来源的范围，并记录了平民的苦难、愤怒与抗议"（Figenschou, 2014）。萨巴·贝巴维（Saba Bebawi）对一组故事的分析发现，半岛电视的新闻报道大部分与英国广播公司和美国有线电视新闻网的报道非常相似，偶尔会在讲述中东的重要故事时使用替代性框架（Bebawi, 2016）。其他人则将该网络视为阿拉伯世界与西方之间跨文化传播的工具（Powers and el-Nawawy, 2009）。2013年，半岛电视台美洲部成立，当时该网络以5亿美元收购了阿尔·戈尔（Al Gore）的时事电视（Current TV）网络，但因未能留住足够的观众，只持续了不到3年的时间（Loudis, 2017）。然而，这导致了半岛电视台数字媒体频道AJ+的产生，作为以青年为导向的虚拟新闻视频的制作者，AJ+发展得风生水起（Youmans, 2017）。

除了新闻报道具有国际性和包容性之外，半岛电视台在纪录片领域也表现出色，许多部纪录片都获得了久负盛名的奖项，包括获得国际艾美奖最佳纪录片奖的《被射杀的矿工》(Miners Shot Down, 2015)和《断层线：霍乱时期的海地》(Fault Lines: Haiti in a Time of Cholera, 2014)。然而，许多阿拉伯国家（尤其是沙特阿拉伯和埃及）感到，卡塔尔政府正在利用这一网络的力量来推动自己的外交政策议程，但牺牲了自己国家在该地区的影响力。还有些人指出，该网络避开了针对卡塔尔王室的任何批评性报道。一些人还批评了其所谓的亲伊斯兰主义的编辑政策，特别是在支持埃及穆斯林兄弟会（Muslim Brotherhood）方面。实际上，沙特阿拉伯、埃及和约旦已经关闭了半岛电视台在它们国家的办事处，并逮捕了为该网络工作的记者，而沙特阿拉伯还禁止酒店播放该频道。

半岛电视台与以色列的关系也很紧张：2017年，以色列试图关闭半岛电视台在耶路撒冷的办事处；而同年，沙特阿拉伯要求拆除该网络，这是针对卡塔尔的一项更广泛行动和制裁的一部分，因为该网络被视为是阿拉伯领导集团的一个对手。半岛电视台针对此类批评的回应是发表了一封公开信，公开信称："我们被指控有偏见，催化了阿拉伯之春，在进行议程设置，以及偏爱一个团体而不是另一个。我们拒绝这些指控，我们的屏幕见证了我们的气节。"

不管有何批评，毫无疑问的是：没有大量资源就无法维持昂贵、专业化运作的全球业务。正如菲利普·塞布指出的那样，"因为半岛电视台的加入，新闻世界变得更加丰富"（Seib, 2012: 2），半岛电视台英语频道"就像世界上其他地方的人一样，不愿发表可能冒犯所有人或商业赞助商的故事"（p.3）。卡塔尔政府认为该网络是促进其地缘政治、经济利益的有用工具（Samuel-Azran, 2016; Eggeling, 2017）。可能正是由于半岛电视台作为一个全球性网络，在相对短暂的时间里就爆发出巨大的编辑力量，其已被指控"反西方、亲以色列、伊斯兰主义者、亲伊朗、反宗教，并得到美国中央情报局的资助"（Loudis, 2017）。

"RT 效应"

RT（今日俄罗斯，前称是 Russia Today），用俄罗斯总统弗拉基米尔·普京（Vladimir Putin）的话来说，其重点是除了传达克里姆林宫的立场外，还向全球观众提供一种对西方的批判性见解，并挑战盎格鲁-撒克逊媒介的霸权。他在2013年访问RT总部时说："我们想打破盎格鲁-撒克逊大众媒介在全球信息流中的垄断地位。"

RT于2005年启动，预算为3 000万美元，在过去10年中增长至3亿美元。RT已成为全球新闻领域重要的另类声音之一，并且成为国际新闻媒介反向流动的绝佳例子。最初，该网络主要关注俄罗斯故事或俄罗斯取向的故事，但由于乌克兰东部地区冲突，西方与俄罗斯的关系恶化，RT的编辑立场转向一种反美态度。由于要在不同的地理以及地理语言市场中进行扩张，因此有必要增加预算。RT阿拉伯语部（Rusiya Al-Yaum）于2007年推出，RT 西班牙部（RT Actualidad）于2009年成立。"今日俄罗斯"于2009年更名为RT，旨在摆脱"是俄罗斯附庸的任何外在假象"。RT的主编是玛格丽特·西蒙尼扬（Margarita Simonyan），她曾入选《福布斯》

2017年"全球100位最有影响力的女性"榜单，从而证明了这一改变的合理性："国家诉求太狭隘了：谁有兴趣整天观看俄罗斯新闻？"（引自Twickel, 2010）纪录片频道RTDoc于2011年启动，而RUPTLY则是一家从莫斯科政府获得补贴的视频新闻社，以广播公司负担得起的价格为它们提供专业制作的视频（Der Spiegel, 2014）。此外，以第一枚苏联卫星（Sputnik）命名的卫星通讯社也开始报道"针对国际受众的全球政治、经济新闻"。

于2014年启动的RT英国部接待了许多英国政客，包括乔治·加洛韦（George Galloway）和苏格兰民族党前领导人亚历克斯·萨尔蒙德（Alex Salmond）（这二人都主持有自己的节目秀）等左翼人士，以及右翼政客，特别是奈杰尔·法拉奇（Nigel Farage）。该网络因缺乏编辑平衡而受到英国媒体监管机构——英国通信管理局（Ofcom）的批评。维基解密（WikiLeaks）的创建者朱利安·阿桑奇（Julian Assange）在RT上有自己的节目秀，而著名的批判性知识分子诺姆·乔姆斯基和记者约翰·皮尔格（John Pilger）也经常亮相RT，许多右翼的西方政治家和评论员也是常客。好莱坞电影制片人奥利弗·斯通（Oliver Stone）一直是显赫人物——他甚至制作了一部有关普京的精彩纪录片。该频道的旗舰辩论节目《对辩》（CrossTalk）由美国人彼得·拉韦尔（Peter Lavelle）主持，也相当受欢迎。尽管哥伦比亚新闻学院开展了一项名为RT Watch的项目，把RT的新闻品牌描述为"戏仿新闻"（mock journalism），也就是把"硬新闻与轻率的虚假"混淆起来（RT Watch, 2015年），但实际上，RT为支配性话语提供了一种明显的另类方案，并由一群国际工作人员专业性地表现出来。拉里·金（Larry King）是最著名的聊天节目主持人之一，他在美国有线电视新闻网工作了将近25年，自2013年以来在RT上主持着两档节目秀[《拉里·金现场秀》（Larry King Now）;《拉里·金政治秀》（Politicking with Larry King）]，这是由他自己的公司Ora制作的，而著名记者阿夫辛·拉坦西（Afshin Rattansi）则主持着每周播出的节目——《转入地下》（Going Underground）。正如其网站所称，"RT为想提出更多问题的观众创造了优势新闻。RT报道了主流媒体忽略的故事，提供了对时事的另类视角，并让国际观众了解俄罗斯对重大全球事件的看法"。

到2017年，RT运营着7个频道，以英语、西班牙语、阿拉伯语、德语和法语播送，由22颗卫星和230多个运营商承载，覆盖100多个国家的7亿人口。RT在16个国家/地区设有21个局，包括华盛顿、纽约、伦敦、巴黎、基辅、新德里、开罗和巴格达。根据2015年益普索（Ipsos）的调查，每周有7 000万观众收看RT频道，每天有3 500万浏览量。RT还在稳步扩大其在线影响力：该网络于2007年在油管上注册；到2017年，它声称其视频在油管上的观看次数超过50亿次。根据RT的说法，其所有油管内容的总观看量是英国广播公司频道的五倍,是美国有线电视新闻网频道的近两倍。2016年,RT率先在国际空间站上发布了一个360度高清视频,而用于发布360度内容的特殊应用程序RT360在2017年获得了肖蒂奖(Shorty Award)最佳照片奖和视频应用程序奖。

　　RT十分重视其欧洲业务,声称在欧洲拥有最大的区域受众,每周在10个欧洲国家/地区中有3 600万人收看RT。RT还在美国最受欢迎的国际电视新闻频道中名列前五名,每周观众超过800万人;而在中东和非洲,观众人数为1 100万人。根据谷歌分析(Google Analytics),每天有超过300万的独立访问者访问RT.com的多语言新闻内容。最佳RT广播内容可在其油管频道上找到,该油管频道于2013年成为油管历史上第一个获得10亿观看次数的电视新闻频道(RT, 2016)。《明镜周刊》(Der Spiegel)2016年的一份报告说,德语RT频道(于2014年启动)在脸书上已经获得超过170 000次点赞,而英语版本有330万次点赞(Der Spiegel, 2016)。美国前驻俄罗斯大使、斯坦福大学教授迈克尔·麦克福尔(Michael McFaul)告诉《纽约时报》:"某些国家对这种另类观点有需求,胃口特别,我们这些自负的美国人不应该对它满不在乎。"(Erlanger, 2017: A1)

　　如此受欢迎的原因之一是RT为重大国际事件提供了一种另类视角与一种反向叙事,比如乌克兰和叙利亚的战争,突显了美国主导的西方主流媒体的局限性。它也从一个更为批判性的角度报道了来自美国、英国和欧洲的故事,但批评性视角可能不适用于他们自己的国内新闻。反西方媒体议程是该网络的特征,这种议程也反映在其口号中——"质疑更多",这实际上意味着质疑主流西方媒体的话语和叙述,而无视俄罗斯内部对独立媒体的限制。它通过两个大型广告运动来推销这种立场,主要是针对美国和英国。2010年,一则引人注目的竞选广告提到了伊朗核计划的辩论,该广告对美国总统巴拉克·奥巴马和伊朗总统艾哈迈迪·内贾德(Mahmoud Ahmadinejad)瞠目而视的脸进行了特写,并带有该网络的徽标和口号"RT新闻:质疑更多"。文字内容是:

> 谁构成更大的核威胁?对一种未知威胁的担忧会削弱世界上最大的核武库的存在吗?答案并不总是清晰明朗。而且,只有在您了解更多信息的情况下,才能做出平衡的判断。通过挑战公认的观点,我们揭示了新闻中您通常不会看到的那一面。因为我们相信:您质疑得越多,也就越明白。

该广告在美国被禁,而英国广告协会(British Advertising Association)则为该活动颁发了"月度广告"奖(Twickel, 2010)。

2014年的一项广告活动标志着其英国版(RT UK)的启动,其标语是"修订:意见一律时必会发生",明确批评了西方主流媒体。其中一则广告聚焦于为了证明2003年入侵伊拉克的正当性而对事实所进行的歪曲。该广告对英国前首相托尼·布莱尔、美国前总统乔治·W.布什及其国务卿科林·鲍威尔(Colin Powell)做了素描特写。随附的文字说:"当意见一律时,这就发生了。伊拉克战争:没有大规模杀伤性武器,造成141 802名平民死亡。"RT的主编西蒙尼扬告诉美国有线电视新闻网驻莫斯科办事处前处长吉尔·多尔蒂(Jill Dougherty),RT专注于"反主流媒体……我们感到,很多年来,世界状况一直以一种非常偏颇、非常狭隘而短视的方式呈现"。她还补充说,她的频道弥补了主流媒体的欠缺(Dougherty, 2015)。

毫不奇怪,这样的反叙事激起了西方政府及其媒体的强烈反响,甚至影响了政策。在全球新闻流的政治语境下,这是一个有趣的发展,可能宣告了数字时代一个宣传新阶段的来临,这个新阶段肇始于曾经处于共产主义统治下的俄罗斯,这架统治机器在苏联以及苏联之外高度发达,且得以无情实施。"美国有线电视新闻网效应"被"半岛电视台效应"(Al Jazeera effect)补充(在2003年伊拉克遭受入侵后),如今的新补充者可能叫作"RT效应"(RT effect),尤其是在西方世界。《纽约时报》报道,许多西方人认为:"RT是广泛而又通常是隐蔽的虚假信息运动的制作中心,它诡计多端,旨在播下对民主制度的怀疑种子,并破坏西方的稳定。"(Erlanger, 2017: A1)《时代》杂志报道说:"普京在电视上以及在线上创造了一种替代性现实,彻底把俄罗斯塑造为受害者,把西方塑造为恶棍。这种替代性现实经由RT在油管上传播,观看量超过世界上其他任一新闻频道。"(Shuster, 2015)当RT在2017年12月推出法国频道时,《纽约时报》报道该新闻的标题是"法国是俄罗斯信息战中的最新前沿阵地吗?"(Erlanger, 2017)。其他西方媒体网络也几无二致地附和了这一观点,无论是美国(Delman, 2015; Dougherty, 2015; Erickson, 2017; Moore, 2017)、英国(Kennedy, 2016; *Economist*, 2017),还是德国(*Der Spiegel*, 2016)。

智库的智力支持强化了对RT的看法,例如总部位于美国的大西洋理事会(Atlantic Council)就俄罗斯媒体在欧洲的影响力发表了两份《克里姆林宫的特洛伊木马》(*The Kremlin's Trojan Horses*)报告。第一份于2016年首次出版,聚焦于法国、德国和英国;而第二份则是关于评估俄罗斯媒体在希腊、意大利和西班牙的影响力。这些报告旨在提醒决策者们"跨越大西洋去关注克里姆林宫的影响力运行的深度与广度,以及这些活动对跨大西洋稳定与安全的威胁"(Polyakova et al., 2017: 4)。第一份报告的态度是明确的:"通过其国家赞助的全球媒体网络(该网络以俄语播出,并且以越来越多的欧洲语言播出),克里姆林宫追求的是传播虚假信息；通过混合事实、虚构事实，把谎言陈述为事实，以及利用西方关于提供多种观念的新闻价值观。"(Polyakova et al., 2016: 3)

这种叙事也影响了政策的变化。欧盟已提出措施，以反击所谓的俄罗斯"虚假信息"(disinformation)运动(Surana, 2016)，并成立了东方战略传播行动组(East StratCom Task Force)，这是一个反宣传部门；而北约则于2014年在里加(Riga)设立了卓越战略传播中心(Strategic Communications Centre of Excellence)，对俄罗斯的"信息战役"(information campaigns)进行"事实甄别"，并予以解构(*Der Spiegel*, 2016)。这种"效果"最明显体现在美国政府(于2010年启动的)对RT美洲频道的态度：2017年，美国政府根据《外国代理人注册法案》(Foreign Agents Registration Act, FARA)强制其注册。该法案是国会于1938年通过的，旨在打击纳粹宣传。法案规定：寻求影响美国公众舆论并进行游说活动的外国实体必须向司法部提交有关其资金及其运作情况的详细报告。国家情报局局长办公室2017年1月报告颁发了该强制注册令，指控RT干涉了2016年美国总统大选。该报告的7页附件专门介绍了RT及其对选举的影响，"充当克里姆林宫向俄罗斯以及国际观众传达信息的平台"。它声称该网络使用互联网和社交媒介进行"俄罗斯政府的战略信息传递"(ODNI, 2017)。强制注册令援引了RT的"外国代理人"身份，以取消其所拥有的、由国会山做出的认证资格。俄罗斯作出了所谓的"对等回应"，其中通过了一项新法律，用以保障在俄罗斯营运的任何外资新闻媒体都被要求注册为外国实体，并披露财务细节和新闻活动。

正如一篇法国报道所述："RT的编辑政策有几个关键点：促进多极世界和捍卫主权价值观，批评大西洋主义和美国霸权主义心愿，并谴责'俄罗斯恐惧症'。"(Audinet, 2017)但是，RT的覆盖面在西方世界之外不过是零敲碎打的。自2015年俄罗斯对叙利亚内战进行军事干预以来，RT一直广泛涉足报道该地区。但是，就对其他南方国家的覆盖范围而言，它仍然大大弱于西方主流媒体，甚至不及中国国际广播电视台或半岛电视台的覆盖范围。尽管如此，RT在全球事务上提供了一种强有力的(尽管是赤裸裸的)反叙事。

反向流动还是补充流动？

这些媒介产品反向流动的例子表明，与20世纪相比，全球媒介领域更加活跃，并开始显得更加民主。但是，除了RT之外，本章讨论的其他示例还表明，与美国主导的西方媒体相比，它们与其说是"逆向的"(contra)，不如说是"补充的"(complementary)。它们继续从西方获得管理和技术支持以及市场和广告支持。许多公司与西方网络和媒体组织紧密合作。因此,这并不一定表明西方媒体的统治地位业已式微。有一种诱惑,甚至是一种勇气,认为这种潮流有可能在全球范围内发展反霸权渠道,从而平衡霸权。确实,正如我们从惹电视案例中所看到的,这些频道是以跨国公司的频道为模型的,并与跨国媒体集团紧密合作。它们的产出也相对较小,全球影响力仅限于其主要目标市场——侨民社区。许多这类频道都是市场驱动的私人组织,对于它们而言,最重要的考量因素是牟取利润。

迄今为止,区域性参与者的出现并没有促成一种"去中心化的"(decentred)文化帝国主义,并未对西方的全球媒介文化霸权产生任何重大影响。尽管如此,已经出现了边界融合,类型、语言混合以及文化产品从外围到中心的反向流动。所谓"跨文化、杂糅化和本土化"的过程(Lull, 1995: 153)有时使学者们热衷于探讨发展平行文化话语的可能性,尽管是西方在继续设定国际文化议程,但非西方文化比以往任何时候都更加显眼。国际上对中国和韩国电影的兴趣、非洲加勒比海音乐风格的全球化以及卡拉OK的日益流行都表明了这一趋势。在全球化时代,印度电影制片人谢卡尔·凯普尔(Shekhar Kapur)可以导演一部典型的英语故事片《伊丽莎白》(*Elizabeth*),而在中国台湾出生的导演李安则可以导演"西方"电影,例如简·奥斯丁的《理智与情感》(*Sense and Sensibility*),以及获得奥斯卡奖的牛仔电影《断背山》(*Brokeback Mountain*)。印度电影音乐家拉赫曼(A. R. Rahman)为英国和美国的观众创作了一部流行音乐剧《孟买之梦》(*Bombay Dreams*),也为中国电影创作音乐。好莱坞热门影片如《黑客帝国》借鉴了东京和香港的电影套路。西非的节奏混合着阿拉伯的曲调,印度电影歌曲改编了阿拉伯曲调,加纳人观看巴西肥皂剧,太极拳和瑜伽在许多西方人中是流行的活动。所有这些都表明了所谓的后现代敏感性。媒体和学术界经常提到"世界音乐""世界电影"和"全球文化"等类别。但是,体验新事物的愿望被保护文化主权的愿望夷平。正如印度反殖民运动的领袖、和平与非暴力运动的使徒圣雄甘地曾经说过的那样:"我不希望我的屋子四面都被围起来,我不希望我的窗户都被壅塞住。我希望所有土地上的文化都尽足够在我的屋子周围自由飘散。但是我拒绝被任何文化席卷而去。"(引自UNESCO, 1995)

侨民文化与"移民"媒介

跨国媒体扩散的原因之一是人们的物理移动——阿帕杜莱(Arjun Appadurai)称之为"民族景观"(ethnoscape),即人们从一个地理位置迁徙到另一个地理位置,并携带着他们自己的文化。作为贸易、宗教扩张和移民的结果,文化一直受到外部因素的影响,从佛教、基督教和伊斯兰教的扩张到殖民主义和去殖民化,都可以看到这个过程。21世纪,英国的南亚人、法国的北非人、德国的土耳其人和美国的拉丁美洲人占居住地人口甚多。大量迁徙发生在南方国家内部。例如,阿拉伯联合酋长国人口的70%以上是外国工人,其中大多数来自印度次大陆。这使石油资源丰富的海湾地区成为印度传媒组织的主要目标,电视频道、在线媒介端口以及电影发行网络相互竞争,向始终富裕的市场提供文化产品。此外,跨国公司、国际非政府组织和多边官僚机构雇用的专业劳动力日益国际化。结果,除了少数例外,21世纪的大多数国家都有相当数量的少数民族,许多国家使用多种语言。移民在各个领域都表现出了自己的才能:谷歌的联合创始人谢尔盖·米哈伊洛维奇·布林(Sergey Mikhaylovich Brin)是来自俄罗斯的移民,而该公司2017年的首席执行官是出生于印度的桑达尔·皮查伊(Sundar Pichai),微软的首席执行官萨蒂亚·纳德拉(Satya Nadella)也出生于印度。

根据世界银行的数据,2016年,世界上七分之一的人口是移民,总共有2.5亿国际移民(包括2 100万注册难民)和7.5亿国家内部移民(World Bank, 2016a)。根据联合国难民署高级专员办事处[United Nations High Commissioner for Refugees (UNHCR),简称联合国难民署]的数据,2017年非洲有超过1 140万人在自己的国家流离失所,470万难民和140万庇护寻求者。在整个历史上,冲突是大规模人口流动的核心。据联合国难民署称,2016年,受影响最严重的国家是内战或军事冲突频繁的地区,叙利亚有一半以上的人口流离失所,其难民人数在全球难民数量中占比最大。尽管移民和难民危机已成为美国和英国等国家的重大政治问题——被用来获取选举利益(美国的特朗普当选和英国的脱欧是两个典型的例子),但接纳世界上89%难民的却是发展中国家(World Bank, 2016b)。2017年,土耳其的难民人口居世界之首,有340万难民和庇护寻求者,其中绝大部分(315万)来自叙利亚;而巴基斯坦是130万登记在册的阿富汗难民的家园,他们占全球220万阿富汗难民的一半以上。联合国难民署称,在非洲,乌干达是最大的难民收容国,难民占该国总人口的3.5%。

尽管移民已经学会了与他们的东道主文化共处,并且大多数社区也基本上接受了他们的存在,但至少在文化上,他们仍然被视为"不同"。然而,对许多发展中国家而言,移民也带来了切实的经济收益:他们寄回母国的汇款超过官方的发展援助。根据世界银行的数据,2016年,全球排名前五位的汇款接收国是印度(630亿美元)、中国(610亿美元)、菲律宾(300亿美元)、墨西哥(290亿美元)和巴基斯坦(200亿美元)。而在诸如吉尔吉斯斯坦、尼泊尔和利比里亚等国家,汇款占国内生产总值的比重高达30%。

南方存在于世界大都会中心，是由所谓的"去疆域化"（deterritorialization）过程带来的，加西亚·坎克里尼（Garcia Canclini）将去疆域化描述为"文化与地理-社会疆域失去'自然'联系"（1995：229），这种现象最引人注目。身份问题对于移民的生活方式至关重要，因为他们经常在"不同文化间"生活（Bhabha, 1994）。移民在东道国具有双重身份，同时又渴望成为原籍国文化（有时是一种假想的"家园"）一分子，这二者之间展开对决，使移民容易接受文化杂糅（Anderson, 1991）。正如马丁·巴贝罗（Martin Barbero）所论证的那样，文化融合的本质可能导致文化的一种杂糅。

过去，侨民社区使用各种类型的媒介与其母国文化保持联系——从信件、书籍、报纸和杂志，到录音带、视频和电影DVD。卫星电视使跨国广播公司有可能迎合特定地理语言群体（Karim, 2003; Chalaby, 2005）。例如，马来西亚华裔可以接收来自中国的节目，法国的阿尔及利亚人可以观看阿尔及利亚频道和其他阿拉伯语频道。于1995年由库尔德流亡者在伦敦成立的Med-TV声称是库尔德工人党（PKK）的喉舌，在土耳其政府的压力下（土耳其政府认为PKK是恐怖组织），该频道于1999年关闭，在比利时又以Medya TV（1999—2004）之名复活，然后转移至丹麦，成为Roj TV（2004—2012）。目前，该频道是库尔德侨民的电视台，不过只以数字形式存在。对此类频道的需求还反映出，主流媒体和国家广播公司为少数族群社区提供的服务是匮乏的。随着宽带技术的革命，只需轻触数字传输设备的按钮，移民就可获得远比从前丰富的内容。

一个普遍的谬论是，此类内容的日益普及促使人们对世界大都会中心的文化差异有了更多的了解，并促成一种多元文化主义趋势。尽管有些广告商发现这类频道是吸引作为潜在商机的受众的有用手段，但通常得不到东道国多数成员的关注，这进一步导致了受众的分散和少数族群的贫民窟化。对于移民及其家庭而言，正在发生的传播与信息技术的革命——"众多互联网和移动平台的出现，例如电子邮件、即时消息（IM）、社交网站（SNS）和通过互联网语音的网络摄像头协议（VOIP）"——都改变了其媒介消费方式，并使"互联的跨国家庭"享受所谓的"多媒体"世界（Madianou and Miller, 2012: 1）。

互联网媒介的影响力也改变了国际传播所处的政治、经济和文化语境，这是本书最后一章的主题。

7 数字时代的国际传播

如果说火车和轮船促进了加工产品从世界的一方流向另一方,那么互联网则通过光纤、卫星和云计算在全球范围内即时地进行信息与传播的穿梭与交换。从电报到电话,从广播到电视、电脑,再到移动互联网,国际传播都受到技术创新的影响。结合计算能力的显著进步以及相应的成本降低,计算和传播技术的融合创造了前所未有的全球互联性,1999年,《商业周刊》欢呼雀跃地称之为新的"互联网时代"(*Business Week*, 1999)。互联网[Internet,"网络间"(inter-network)的简称]源于美国国防部1969年创建的高级研究计划署的网络(阿帕网,ARPANET),作为一个传播网络,该网络连接美国政府的高层防务和民间分支机构,以防遭受苏联核攻击。1983年,阿帕网分为军事部分和民用部分,后者引发了互联网的诞生。在接下来的10年中,它作为美国大学和研究基金会的内部网络来运作。互联网使用的爆炸式增长是随着1989年万维网(World Wide Web, WWW)的建立而兴起的,它始于多个服务器连成的一个网络,使用由欧洲核研究组织(总部位于日内瓦)的英国计算机专家蒂姆·伯纳斯-李(Tim Berners-Lee)开发的一套通用接口协议。使用这些协议的任何个人都可以在网络上设置自己的"主页"。每个页面或网站都有一个唯一的地址或URL(universal resource locator, 统一资源定位等),并且超文本传输协议(hypertext transfer protocol, http)允许文本、音频和视频文件进行标准化传输,同时超文本标记语言(hypertext mark-up language, html)的使用使得一个文档到另一个文档的链接在网络上无处不在。人们经常忽视这一点:早在互联网成为美国大众的媒介的10年之前,即1983年,法国就有数百万用户在使用电信服务Minitel,这是一个电子传播与商业网络。由于无力与美国因特网巨头竞争,它于2012年关闭(Mailland and Driscoll, 2017)。

在传播史上,电台花了近40年的时间才获得5 000万观众,电视用了15年的时间获得相同数量观众,但是万维网仅用了3年就获得了它的第一个5 000万用户。互联网的采纳过程相当特别:1995年其全球用户仅为2 000万,到2017年已超过30亿;1993年,世界上只有400个网站,到2000年有2亿个网站。传播技术革命使互联网成为现实——20世纪70年代,数字传输要耗资15万美元;而1999年,耗资仅为12美分,而微处理器的速度每18个月翻一番。互联网是"增长最快的传播工具",已成为全球媒介;使用者从

1995年不到1%的世界人口到2017年达到了52%以上,即40亿人(见表7.1)。

表7.1　互联网:20年来的巨大增长

年　份	使用者数量(百万计)	占世界人口的百分比
1995	16	0.4
2000	361	5.1
2005	1 018	15.7
2010	1 971	28.8
2015	3 366	46.4

资料来源:数据汇编自国际电信联盟和世界银行(ITU and World Bank)。

移动、无缝的智能传播

通过卫星和海底电缆实现的互联网和移动电话的融合,构成了一场新的电信革命。世界银行于2012年发表的一份名为《移动最大化》(*Maximizing Mobile*)的报告指出:"可以说,移动传播在短时间内对人类产生的影响都比人类历史上的任何其他发明更大。"(World Bank, 2012: 11)固定电话网络需要130多年的时间才能达到10亿用户量,而移动行业仅用了15年的时间就从1990年的1 100万用户增长到2005年的20亿,而那一年,移动电话的数量超过了世界上的固定电话的数量。到2017年,全球手机用户总数已经超过60亿,并且地球上的绝大多数人都可以使用移动设备(参见图7.1)。

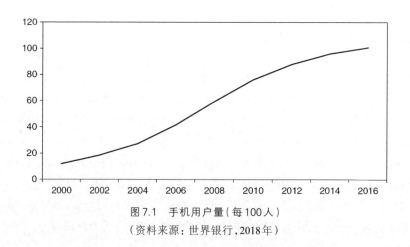

图7.1　手机用户量(每100人)
(资料来源:世界银行,2018年)

这些移动电话已越来越不仅仅是电话,还是视频播放质量高的微型智能计算机,可以在多种文化、政治和社会语境下以多种语言执行多种任务(Goggin, 2010; Hjorth, Burgess and Richardson, 2012; Farman, 2016; Morley, 2017)。对于5G移动设备来说,从第一代到第五代网络,移动技术的容量呈指数级增长——从每秒2 000比特增长到每秒10吉比特(每秒100亿比特)。5G移动设备将在2020年投入使用(见表7.2)。

表7.2 移动互联网速度的增长(比特/秒)

年 份	代	速 度
1981	1G	2 Kbps
1992	2G	64 Kbps
2001	3G	2 Mbps
2010	4G	100 Mbps
2020	5G	10 Gbps

资料来源:美国无线通信与互联网协会(CTIA)《5G竞赛》(*The Race to 5G*),2018年。

智能手机产业的销售量已从2007年的1.24亿部增长到2016年的14.7亿部,总市值达到4 180亿美元。2016年,全球有38亿用户;到2020年,这一数字预计将达到58亿,发展中国家对智能手机的采用是增长的主要动力。从2011年开始,全球智能手机销售市场的最初主导者品牌——诺基亚和黑莓(BlackBerry)被美国的苹果和韩国的三星所取代,而迟至2010年才进入市场的中国移动公司华为在2015年就业已跃居第三——见表 7.3(WIPO, 2017a)。

表7.3 全球智能手机市场份额,按销售量的百分比

品 牌	国 家	2007	2010	2013	2016
三 星	韩 国	1.8	7.5	31.1	21.1
苹 果	美 国	3.01	5.6	15.1	14.6
华 为	中 国	—	0.6	4.8	9.5
LG	韩 国	—	—	4.7	3.7
小 米	中 国	—	—	1.8	3.6
联 想	中 国	0.0	0.2	4.5	3.5
摩托罗拉	美 国	6.1	4.6	1.2*	—

(续表)

品牌	国家	2007	2010	2013	2016
宏达电子	中国台湾	2.4	7.2	2.2	1.0
诺基亚	芬兰	49.2	32.8	3.0*	—
黑莓	加拿大	9.9	16.0	1.9	0.05

资料来源：WIPO, 2017a。

注：1. 破折号表明该公司当时不存在。

2. *诺基亚的智能手机业务被微软收购，而摩托罗拉则被联想收购。

数字资本主义以及一种"自由流动的商业"

技术发展与贸易和电信自由化相结合，成为电子商务和移动商务的催化剂。此事成真，多半是借世界贸易组织协议的签订之东风（已在第3章讨论过），使得电信服务和信息技术产品在全球市场开放，这是"电子商务的基石"。互联网大大降低了交易成本，促进了在线跨国零售和直销。在一个"以网络为中心的世界"中运营的"电子公司"（ecorporations）使企业不用被地理限制。在线贸易的增长令人瞩目（见表7.4）。

表7.4　在线购物的增长

年份	全球电子商务零售额（10亿美元）	电子商务在全球零售总额中所占的比例（%）
2014	1 336	—
2015	1 548	7.4
2016	1 845	8.6
2017	2 304	10.2
2018*	2 842	11.9
2019*	3 453	13.7
2020*	4 135	15.5
2021*	4 878	17.5

资料来源：电子市场分析（eMarketer），2018年。

注：*预估。

2017年，全球零售电子商务销售额达2.3万亿美元，电子零售收入预计将在2021年增长至4.88万亿美元（表7.4）。网上购物是全球最受欢迎的在线活动之一，但使用情况因地区而异——据估计，中国2016年总零售额的19%来自互联网，但在日本，这一比例仅为6.7%。2017年，台式电脑仍然是人们在线购物时最受欢迎的设备，但移动设备（特别是智能手机）正在迎头赶上。

第五代移动通信系统（5G）已经实现了高速互联网接入，并且满足了对语音、视频和宽带数据服务的移动接入的巨大需求。这创造了一个全球性的行业。全球领先的移动电话制造商和运营商已与网络设备公司建立联盟，建立全球无线互联网。在这个数字世界中，一种便携式设备，无论是手机、平板电脑还是可穿戴技术，都可以提供从电子商务、娱乐到社交媒介的服务。虽然它以更积极的方式为观众使用内容提供了更多的选择和更大的自由，但这种技术也可以使消费者容易受到直接营销和广告的利用，并且对安全和隐私产生影响。随着计算机在20世纪90年代在西方世界的普及，微软几乎垄断了计算机编程及其系统。随着互联网的扩张，谷歌和脸书等数字公司已经成为议程设置机构，而苹果和谷歌分割了移动操作系统（苹果、三星以及中国华为等新厂商主导了智能手机硬件市场）。全球数字经济领域的领军参与者仍然以美国为基地：苹果（移动设备）、谷歌（搜索引擎）、亚马逊（电子商务）、脸书（社交媒介）和微软（云计算）（Lee and Jin, 2018）。

联合国贸易和发展会议2017年《世界投资报告》(*World Investment Report*)聚焦数字经济，将数字经济定义为"将基于互联网的数字技术应用于商品和服务的生产与贸易"（UNCTAD, 2017: 156）。会议将跨国数字企业（digital multinational enterprises）分为两类：完全在数字环境中运营的纯数字参与者（互联网平台，例如搜索引擎、社交网络和其他共享平台以及数字解决方案供应商），以及将一个突出的数字维度与物理维度相结合的混合参与者（电子商务和数字内容——包括数字格式的商品与服务的生产商和分销商，涵盖数字媒介和游戏，以及数据及其分析）。信息与传播技术公司（包括销售硬件和软件的IT公司，以及电信公司）提供强有力的基础设施与联结，使个人和企业可以访问互联网。跨国数字公司的特点是互联网在其运营和分发模式中具有核心地位（UNCTAD, 2017: 165）。联合国贸易和发展会议还指出，全球主要数字公司中有三分之二在美国，这些公司的子公司约有40%也在美国（p.174）。即使在美国，这种以传播和信息为中心的数字资本主义也越来越多地集中在越来越少的人手中（Schiller, 2011, 2014; McChesney, 2013; Mosco, 2014）。

"大数据"的积累与利用在过去10年中不断增长，造就了所谓的"监控资本主义"（surveillance capitalism），这是一种新形式的"信息资本主义"，旨在预测和改变人类行为，以此作为产生收入和控制市场的手段（Zuboff, 2015: 75）。在这种传播环境中，广告和节目之间的界限不断变得模糊。互动媒介和在线零售意味着广告商不再需要进行昂贵且颇为耗时的市场研究,因为它们可以获得有关个人休闲和消费习惯的相关信息(Turow,2011)。谷歌引领着全球商品化道路,这种商品化的特征是个人化、个性化传播日益增长,且富有成效。

案例研究:全球传播的"谷歌化"

谷歌源于数学术语古戈尔(Googol)(1之后跟100个0),是世界上最大、运行最快的互联网搜索引擎,每天搜索量超过35亿,覆盖数十亿个网页。它成立于1998年,2004年成为上市公司,到2017年市值为7 800亿美元,年收入1 110亿美元。谷歌对消费者提供友好的服务,这使得它成为在线搜索引擎的领导者,并改变了全球信息的访问、处理和使用方式。如果说微软在20世纪80年代和90年代主导了全球电子传播,并且在21世纪仍然是软件业和云计算领域的全球领导者,那么谷歌在过去20年中已经成为无可争议的互联网传播领导者。来自斯坦福大学的两位研究生——拉里·佩奇(Larry Page)和谢尔盖·布林(Sergey Brin)在很短的时间内获得了全球标杆地位(Battelle, 2005; Vise and Malseed, 2005; Lanchester, 2006; Carr, 2010; Vaidhyanathan, 2011; Morozov, 2013)。

鉴于谷歌提供的搜索与服务范围——从电子邮件到电子商务,从学术资源到新闻、音乐、电影和娱乐节目、地图和图像以及翻译服务,再到讨论组,它已成为任何人寻求在线信息的第一站。其影响力是如此之广泛,以至于"谷歌"已成为一个动词。谷歌在互联网用户中的空前普及给企业和政府敲响了警钟。例如,人们对其高分辨率卫星图像表示担忧,包括敏感位置的详细地图,这些地图可供国内和国际上的敌对团体使用(Kumar, 2010)。媒体和电信公司已经失去了观众,他们都成为谷歌新闻的观众,而谷歌新闻的内容来自数千个新闻来源。出版商也失去了收入,因为任何人都可以搜索到谷歌提供的日益增多的所有世界读物的全文。谷歌已经把世界各地图书馆数百万本图书数字化,并提供了对版权外版本的访问权限。谷歌学术(Google Scholar)是研究人员获取学术文章和文献的普遍来源,为全世界数百万学生提供了获取知识的途径。然而,批评者声称,数字搜索系统有利于那些易于测量的学术研究,并创造了一种数字等级制(digital hierarchy);这一等级制下的学术事业"很大程度上取决于发表能力以及被他人引用的能力"(Morozov, 2013: 249)。其他人则认为,追求速度也可能导致人们懒于思考,抄袭剽窃;倾向于对问题不求甚解的一代人正在成长。一位评论家指出:"它所开创的知识技术促进了信息进行快速、肤浅的跳跃,阻止了人们对任意一个论点、观念或叙述的深入持久的参与。"(Carr, 2010: 156)

还有一些关于隐私的担忧——谷歌的桌面搜索工具能够搜索用户自己计算机上的信息,每一次搜索都记录在谷歌的数据库上并被无限期存储(Trottier, 2012)。该公司还在所有使用者的计算机上安装了一个cookie,以记录该用户的搜索历史,并且由于每台计算机都有一个唯一的IP地址,因此对网站的访问可以追溯到制作它们的计算机。移动数字设备存在类似的机制。作为最强大的互联网搜索公司和世界上最受欢迎的网站,谷歌可以收集数十亿用户的数据,可以被视为"大数据"的先驱(Mayer-Schönberger and Cukier, 2013)。每个个人用户的互联网搜索、电子邮件流量、个人观看和媒介消费偏好的精确日志(包括用户可能已发送或已收到的每张图片或视频)都留在了谷歌上。谷歌会记录和存储与谷歌硬件兼容的任何设备上的搜索历史记录,存储在谷歌云端硬盘中的文件,依然登录在谷歌日历上所参与的活动,以及存储在谷歌相册上的照片,也都会被记录和存储。

如果消费者使用的是运行谷歌安卓(Android)操作系统的智能手机(2017年,世界上有超过80%的智能手机使用该系统),其地理位置可以被跟踪和记录,就像电话和讯息一样。谷歌浏览器默许网站能够访问计算机的摄像头和麦克风。谷歌产品,特别是油管、安卓系统、谷歌浏览器和谷歌地图(每一个产品都拥有超过10亿用户)为这家巨型公司提供了一种非凡的能力,可以塑造全球众多消费者的传播行为。虽然精通技术的消费者通过操作智能手机或其他数字设备的设置菜单来应对这种侵入,但其他用户,特别是发展中国家的用户,可能不知道这种数据挖掘、存储和交易以及传播监控的存在,在需要时这些东西都可以共享——因为人们似乎觉得接受这种状况很划算,可以获得更好、免费的服务。

谷歌以提供免费服务而自豪,但这些都是由广告来支付的,即"赞助商链接"。在窄播时代,消费者会根据专家化内容进行自我选择,他们的购买模式和偏好很容易被广告商监控并货币化。尽管广告拦截器的使用越来越多,减少或消除了广告的无处不在,但是由于使用了各种形式的高清流媒体服务——模因(memes)、自动播放、动图(GIF)、动画和不同种类的图形,在线广告变得越来越精准。广告商正在使用创新方法来销售产品,包括制作"广告电影、广告游戏以及其他形式的广告",以便消费者下载其广告或复制、转发其网址,从而得以更广泛地扩散。截至2016年,全球在线广告已超过2040亿美元。

与脸书一样,谷歌主导了这类广告收入,排除了其他媒体公司。谷歌董事长埃里克·施密特(Eric Schmidt)和谷歌创意总监贾里德·科恩(Jared Cohen)对这种取舍进行了合法化表述:"在一种社会契约中,用户自愿放弃他们在物理世界中所珍视的东西——隐私、安全、个人数据——以获取与虚拟世界如影随形的好处。"(Schmidt and Cohen, 2013: 257)还有些人指出"硅谷通过提高效率、透明度、确定性和完美性,寻求为我们所有人量身定制一件数码紧身衣",这会危机四伏,因为人类不是机器人(Morozov, 2013: xiii)。一位评论家担心传播速度及其所导致的分心,认为由于谷歌的利润"与人们信息摄入的速度直接相关",因此"我们点击所查看的网页的速度越快,谷歌就有更多机会收集我们的信息以及为我们提供广告",而且,"毫不夸张地说,谷歌在于一项专伺人类分心的事业"(Carr, 2010: 157)。

欧洲最大的报纸出版商阿克塞尔·施普林格(Axel Springer)的首席执行官马蒂亚斯·德普夫纳(Mathias Döpfner)指责谷歌滥用其垄断地位,建立了一个"超级国家",认为谷歌的商业模式类似"一种收取保护费的勾当"(protection racket),因为谷歌在搜索结果的排名中歧视其竞争者(Oltermann, 2014)。谷歌算法产生了很多争议,世界各地的各种反托拉斯机构都试图审查谷歌算法的任性妄为:推销并前置其算法所偏好的产品。2017年,由于谷歌为自有的购物比较服务提供了便利,欧盟委员会对谷歌处以27亿美元的罚款,这是该委员会历史上最大的一笔罚单。

谷歌还对传播基础设施进行投资,通过推出"气球网络"(network of balloons)在发展中国家拓展服务,为世界上互联网接入费用仍然过于昂贵的地区和国家提供互联网接入服务。2014年,谷歌以5亿美元收购了卫星公司——天盒成像公司(Skybox Imaging),以加强其在线地图服务。同年,谷歌收购了美国太阳能无人机制造商泰坦航空(Titan Aerospace)。谷歌的业务是"组织全球信息",正如一位评论家指出的那样:"总的来说,谷歌不断增加的服务构成了一套资产,其战略的、技术的以及经济的手段是其他互联网公司难以企及的。"(Stross, 2008: 197)随着数字连接的增进与进一步深化,互联网变成多声部,传播的"谷歌化"(Googlization)可能会进一步全球化(Vaidhyanathan, 2011)。

脸书效应

在互联网时代，与谷歌处于同样能量级的是脸书。"脸书效应"（Facebook effect）似乎已经定义了传播，并且有增无减地定义着文化。"作为一种全新的传播方式，脸书产生了新的人际关系与社会影响。当脸书的服务把人们彼此（通常是出其不意地）相联时，脸书效应就产生了，人们之间产生联系是由于一段相似经历、兴趣、问题或原因……脸书的软件使信息得以病毒式传播。"（Kirkpatrick, 2010: 7）这个社交网络已经演变成一家大型的全球媒体公司，因其在国际和跨文化传播中的作用而毁誉参半。脸书拥有超过20亿用户，其全球影响力颇为巨大，并呈指数级增长——从2004年的100万增加到2014年的超过12亿稳定用户（意味着每月至少使用一次）。截至2017年底，该网络拥有20亿用户（如果它是一个国家，就是世界上人口数量最大的国家），大部分用户都在南方国家。其创始人马克·扎克伯格（Mark Zuckerberg）已成为世界上最年轻的亿万富翁之一。他于2003年从哈佛大学退学，去追求为大学生创建社交媒介网络的梦想，由此而闻名的他于2010年成为好莱坞电影《社交网络》（*The Social Network*）中的主角。

脸书不断拓展其业务范围，2012年以190亿美元收购Instagram，2014年以20亿美元收购Oculus VR。脸书的用户继续增长，主要是在北美和欧洲这些市场已经饱和地区之外。社交媒介在过去10年中飞速发展，大为流行。2011年的阿拉伯之春以及美国总统竞选活动（2008年、2012年，特别是2016年），引发了人们对社交媒介如何影响公民参与市政和政治生活的关注。2006年，该公司推出"信息流"（News Feed）服务，把新闻称为"在脸书上凸显你社交圈中发生的事情"。从2012年起，该公司开始在"信息流"中展播广告。引入广告对公司的财富产生了巨大影响——彼时其广告收入为40亿美元，到2016年飙升至270亿美元。2011年，脸书推出了《华盛顿邮报》和《卫报》的"社交新闻阅读器"（social news reader）应用软件；三年后，该公司推出了一款名为"新闻纸"（Paper）的独立应用程序。然而，在社交网络上发生了一系列虚假新闻和恶作剧案件之后，该公司承诺在2015年开始打击此类活动；同时在这一年，脸书与《纽约时报》和"嗡嗡喂"等合作伙伴推出了"即时文章"（Instant Articles），这一功能使移动网页加载速度更快。

批评人士声称，脸书已经在"趋势话题"（trending topics）中表现出政治偏见，这些主题被篡改，使之有利于自由主义观点，贬低了保守主义新闻网站。这在2016年美国总统大选期间成为一个巨大争议点。在这次事件中，俄罗斯被指控通过世人皆知的"假新闻"进行社交媒介干预,滥用脸书等平台来影响竞选和选举结果。2016年,"嗡嗡喂"报告证据表明,比起主流媒体中最受欢迎的故事,捏造的故事中最受欢迎的那些得到了更广泛的分享——比起真实新闻网站的20篇热门新闻,脸书上的20大假新闻故事的分享、点赞和评论数更多(Silverman, 2016)。2017年,脸书向美国当局承认,"俄罗斯巨魔"(Russian trolls)购买了脸书的政治广告。他们还宣布了与新闻事实核查机构一道开发"脸书新闻项目"(Facebook Journalism Project)并启动"新闻诚信方案"(News Integrity Initiative),旨在帮助记者更充分地利用数字新闻源。

2018年,脸书宣布对"信息流"进行改造,不再看重媒体机构的帖子,以支持用户之间进行"有意义互动",并表示这可能导致一些出版商的流量大幅下降(Ingram, 2018)。《纽约时报》和伦敦《观察家报》进行的一项调查显示,脸书与特朗普竞选团队以及英国脱欧竞选活动合作,"收割"了数百万美国选民的脸书档案,并利用这些数据建立了一个"预测和影响投票箱选择"的软件程序。这个调查发布之后,脸书于2018年暂停了与剑桥分析公司(Cambridge Analytica)——一家数据分析公司——的交易。剑桥分析公司在印度、肯尼亚、马来西亚和尼日利亚等国家采用了类似的数据收集策略(Cadwalladr and Graham-Harrison, 2018; Rosenberg, Confessore and Cadwalladr, 2018)。

这种挫折加上被指控做假新闻,脸书被迫做出回应。在2017年4月发布的一份报告中,脸书的"处置威胁的智囊"(Threat Intelligence)团队将"信息操作"(information operations)定义为,有组织的行为者(政府或非国家行为者)采取的、扭曲国内或国外政治情绪的行动,最常见的是实现一种战略的和/或地缘政治结果。这些操作可以使用多种方法的组合,例如虚假新闻、虚假信息或旨在操纵公众舆论的虚假账户网络。为了处理该报告所谓的"虚假放大器"(false amplifiers),它建议"监控那些在脸书上对公民话语进行负面操纵者的行为;识别虚假账户并扩展安全、隐私设置及其选项;告知并教育用户如何保护信息安全;支持围绕媒介素养而展开的市民社会计划"(Weedon, Nuland and Stamos, 2017)。

扎克伯格于2017年2月发表了一份5 700词的"公司宣言",名为"建立全球社区"(building global community)。在这份宣言中,他表示,他们有责任"扩大良好效果并减轻不良效果——继续增加多样性,同时加强我们的共识,以便我们的社区能够对世界产生最大的积极影响"。接着,他描述了在"世界各地近期展开的运动——从印度和印度尼西亚到欧洲,到美国……"中,"我们已经看到,那些在脸书上拥有参与者数量最大且参与度最高的候选人通常会获胜。正如电视在20世纪60年代成为公民传播的主要媒介一样,社交媒介正在21世纪成为这样的媒介"（Zuckerberg, 2017）。现实情况是，像脸书这样的组织拥有20亿人这样硕大无比的实时数据库，他们可以对这些数据进行个性化处理，从而垄断用户的注意力，使其利润丰厚的平台对广告商以及政府和政客极具吸引力，进而控制并影响人际传播与国际传播。2018年的纪录片《"脸书独裁国"：脸书，你在想什么？》（*'Facebookistan': What's on Your Mind, Facebook?*）凸显了脸书个人数据商品化所引发的问题。

为了进一步扩展到南方国家，脸书于2013年推出了 Internet.org。该计划为其用户提供免费访问脸书确定的某些网站，可在旧设备且带宽有限的情况下访问，目标是改善世界各地的互联网接入，并由此"连接下一个10亿"，就像扎克伯格所言："我相信互联性是一项人权。"由于其名字的缘故，Internet.org 在互联网治理领域受到了攻击，该名字暗示着它提供了对整个互联网的访问，并且使脸书在决定列出哪些网站方面担当了守门人角色。在脸书《2015年互联状况》（*State of Connectivity 2015*）报告中，它呼吁政府、公司、学术界和机构收集更好、更准确的互联网数据，并解决实现普遍互联性的障碍。2015年，脸书将 Internet.org 变成了一个平台，称它将以一种"更加透明和包容"的方式提供服务，减少自身作为看门人的角色，并更名为"免费基础"（Free Basics），有超过40个发展中国家使用它。对于批评者来说，它违反了网络中立原则，即所有数据应该得到平等对待，没有不合理的阻止或付费。截至2016年，印度拥有世界最大的脸书和 WhatsApp 的用户群；同年，印度电信监管局禁止了"免费基础"，尽管脸书开展了广泛的广告"闪电战"，花费了数百万美元来销售"免费的"互联网概念，但还是受到了打击（Shahin, 2017）。脸书还参与提供传播基础设施，特别是"天鹰座"（Aquila）计划，以打造太阳能无人机项目，从而为发展中国家数百万人发射互联网接入信号。

中国的互联网发展

中国拥有全球最大数量的互联网用户，2017年网民数量超过7.8亿。在网络世界相关问题上，就电子商务、互联网基础设施及其治理方面，中国声音变得越来越有影响力。在过去10年中，该国作为一种主要的网络力量而出现，它对国际传播造成的社会文化、政治、经济影响也随之出现。

四大互联网公司——百度、阿里巴巴、腾讯和新浪（合称 BATS，取自这几个公司英文名称的首字母缩写组合）——改变了中国互联网，数亿中国消费者每天使用着它们提供的各种社交媒介与电子商务平台。根据《福布斯》，腾讯首席执官马化腾和阿里巴巴的马云位列2016年世界上最富有的20人名单上，净资产分别为453亿美元和390亿美元。2011年，腾讯推出了通信服务应用程序——微信，一年后推出了一款名为WeChat的英文版，以向国际推广该品牌。从那时起，该应用程序已经提供了主要语言的翻译版，包括西班牙语、俄语、葡萄牙语、土耳其语、日语、韩语、波兰语和印地语，尽管其大多数用户都在中国大陆。截至2017年底，该应用程序的用户已达10亿，当时这家于香港上市的公司市值已近5 350亿美元，超过了脸书，并成为第一家闯入5 000亿美元阵营的亚洲公司。腾讯也是游戏行业中非常重要的参与者。中国拥有六亿游戏玩家，主导着全球电子体育市场：2017年，中国成为全球最大的个人电脑游戏与移动游戏市场。

与脸书的WhatsApp等西方同行不同，微信不仅允许其用户拨打电话和发送信息，还可以支付账单、购物（包括许多海外商店）、订购商品与服务以及转账。根据中国政府的数据，2017年中国的手机支付总额达12.77万亿美元，居于世界首位。超过90%的交易是通过手机支付应用程序——阿里巴巴的支付宝和腾讯的财付通进行的。随着越来越多的中国游客、学生和商务人士出国旅游，这些服务正日益全球化。

总部位于杭州的阿里巴巴集团2017年的市值为5 270亿美元，是全球最大的电子商务公司，也是全球最具价值的中国品牌之一（Erisman, 2015）。据《福布斯》杂志报道，中国十大富豪中有六位是互联网相关公司的创始人或高管（*Forbes*, 2016）。2016年，百度、华为、腾讯和阿里巴巴被《麻省理工科技评论》（*MIT Technology Review*）列入全球50家"最智能的"企业，这些企业将创新技术与有效的商业模式相结合，以创造新机遇。这些公司和其他同类公司现在日益走向全球。

尽管中国的网络公司在中国创建了世界上最大的数字市场，但在境外取得的成功却是有限的。两个突出的例子：2013年，搜索引擎百度尝试推出日本版本，并向埃及和泰国等地进军；新闻门户网站新浪尝试推出英语服务（Negro, 2017: 194）。一些公司与西方主要公司合作，以协助自己的全球化进程。小米向全球视频内容提供商和移动游戏应用等领域里的初创企业投资，其中包括印度的此类企业。小米和当地合作伙伴一道，把本地化互联网服务和内容引入到印度智能手机上，而印度是全球第二大智能手机市场。到2017年，维沃（Vivo）、联想、小米和欧珀（Oppo）等中国企业占印度智能手机的近一半（Lashinsky, 2017: 17）。

中国公司也在半导体和人工智能等领域投入巨资。到2018年，阿里云在中国以外建立了许多数据中心，包括美国、日本、澳大利亚、德国和阿联酋的迪拜。它在微软和亚马逊主导的竞技场中排名世界第五。中国政府和企业正在大力投资面向未来的通信技术，包括人工智能、5G网络、IPv6协议、虚拟现实（VR）和物联网（IoT）。根据世界知识产权组织（World Intellectual Property Organization, WIPO）的数据，在2016年全球提交的300万件专利申请中，中国约占236 600件，或占附加备案的98%，其次是美国，申请量约为16 200件。2016年，中国国家知识产权局收到130万件专利申请，数量超过美国专利商标局（605 571）、日本专利局（318 381）、韩国知识产权局（208 830）以及欧洲专利局（159 358）之总和。这前五大知识产权局共同占有2016年世界专利总数的84%（WIPO, 2017b）。

中国于2015年推出的"互联网+"战略，旨在深化互联网与中国经济几乎所有领域之间的联系，并为中国互联网企业的全球化提供支持。

互联网与政治传播

互联网的商业化曾被欢呼为民主的甚至是颠覆性的传播工具，但一些人认为，它背叛了创造一个"全球公共领域"和另类论坛的初衷。在早期，互联网被视为一种大众媒介，其基本原则是基于对免费信息的访问以及去中心化的信息网络。对于许多人来说，互联网开辟了全世界数字对话的可能性（Negroponte, 1995; Cairncross, 1997），并且最大程度上推动了自美国宪法第一修正案以来的言论自由。在线传播与传统传播不同，传统传播遵循自上而下的一对多模式，而在线传播是一种多对多的对话，因此在本质上更加民主。在数字媒介世界中，消费者可以创建自己的内容并将其分发给全球受众。虽然这些内容大部分都没有免于世俗与平庸，但通过社交媒介进行的政治传播也有了非同寻常的增长（Benkler, 2006; Shirky, 2010, 2011）。

这也影响到全球公共传播。正如沃尔克默所指出的那样："互联性不仅存在于'当地'（localities）之间，也存在于'观察者'和'行动者'之间。'行动者'与不断打磨的语境结果以及'事件'的'意义'进行直接'现场'（live）互动，通过这些互联性的主观节点对相关性进行'重新排序'（reordering）。"（Volkmer, 2014：8）在信息系统仍然被不那么民主或不民主的政权控制的国家，博客博主的作用非常重要，例如在伊朗（Sreberny and Khiabany, 2010），或阿拉伯国家（Howard and Hussain, 2013; Khatib and Lust, 2014; Kraidy, 2016）。然而，这种互联性也为极端主义组织提供了一个平台，从以电子方式传播纳粹商品和仇恨宣传，到毫不犹豫地在其网站上展示斩首视频的伊斯兰极端主义团体（Archetti, 2013; Simpson and Duxies, 2015; Aly et al., 2016）。五花八门的利益群体、装备和虚拟社区越来越多地在网络上诞生，正在创造另类的叙事与网络（Downing, 2001; Atton, 2004）。这一趋势始于1994年世界上第一个"信息游击运动"——萨帕塔民族解放运动（Zapatista），这是一场争取在墨西哥的恰帕斯州（Chiapas）实现自治的运动，其领导人司令官马科斯（Marcos）在很大程度上是在运动中利用互联网而成为国际英雄的，该运动已被世界各地其他激进团体与运动所复制、扩展（Castells, 2000b）。

互联网已经成为促进来自世界各地的非政府组织之间、社团之间以及政治活动家之间联系的一种关键手段（Earl and Kimport, 2011; Bennett and Segerberg, 2013; Howard and Hussain, 2013; Shah et al., 2015; Mutsvairo, 2016; Segura and Waisbord, 2016）。这方面的早期例子是20世纪90年代的"反全球化运动"（anti-globalization movements），该运动利用在线动员获得国际支持，以反对多边投资协议以及反对公司控制全球贸易的增长趋势，导致世界贸易组织于1999年在西雅图举行的部长级会议陷入僵局，随后的世界银行会议、国际货币基金组织和世界贸易组织会议以及七国集团年度峰会都陷入僵局。世界社会论坛（World Social Forum）是一个各种民间社会团体的联合组织，自2001年以来每年举行会议，推动"改变全球化"。诸如此类的一些组织已扩大到包括Change.org和美国的Avaaz组织，这是一场"全球网络运动，旨在用人民主权的政治推动各地的决策"。Avaaz自2007年投入运营以来，在10年间收获了超过4 700万的全球会员。虽然它声称自己没有政治偏见，但在其开展的一些国际活动中具有强烈的政治色彩——特别是在美国2009年大选期间，向反伊朗政府支持者提供了代理服务器；为2011年利比亚反卡扎菲（Ghaddafi）叛乱提供了培训和传播设备；未经叙利亚政府批准，派西方记者前往叙利亚报道战争。

互联网政治也在新型行动中发挥了作用：瑞典海盗党（Swedish Pirate Party）就是一个例子。该党于2006年出现，当时一群软件程序员和文件共享极客们抗议警察压制瑞典的海盗湾（The Pirate Bay）——海盗湾是瑞典一个文件共享搜索引擎。随后发生的其他类似例子有德国海盗党（German Pirate Party），其特征是呼吁"自由文化"（free culture），这与欧盟的"网络自由运动"（cyber-libertarian movement）法律体系相冲突（Burkart, 2014）。在西班牙，2011年发生的"愤怒者"（los indignados）运动要求"真正的民主，立刻！马上！"，这个口号呼应了美国发生的占领抗议活动中所提出的"我们是那99%"（Castells, 2012）。基于互联网的传播网络对"网络左派"（cyber left）发挥的作用也至关重要，正如印度媒介（Indymedia）的案例所示——它是"全球社会正义运动"（Global Social Justice Movement）的一部分，经过十多年的全球运行后，于2012年停运（Wolfson, 2014）。2012年，《科尼2012》（Kony 2012）纪录片在线发布，凸显了乌干达军阀约瑟夫·科尼（Joseph

Kony)所犯下的暴行,尤其是针对"儿童兵"的暴行,在推特信息流和名人支持的几周内获得了国际响应:截至2017年,该纪录片的观看量已超过1亿次(Meikle, 2014)。同样的,2016年,美国当时的第一夫人米歇尔·奥巴马在社交媒介上发布了自己的照片,标签为"#把我们的女孩还给我们"(#BringBackOurGirls),指的是2014年在一所学校被绑架的276名女孩,绑架实施者是尼日利亚一个激进组织——"博科圣地"(Boko Haram)。这引起了人们对这些女孩所面临的困境的关注,其全球影响力相当可观。 推特成立于2006年,已成为政治传播的一种重要媒介,每个政治家或团体都使用它与支持者沟通,名人用它与粉丝沟通。世界上有许多这样的案例:一个推特标签将活动家和普通市民聚集到一起,去追求共同的政治目标,从而增强了贝内特(Lance Bennett)和塞格伯格(Alexandra Segerberg)所说的"数字网络化的**联结行动**(connective action),该行动使用具有广泛包容性、易于个人化操作的行动框架,这些框架是技术辅助网络化的一个基础"(2013:6,黑体为引文所注)。他们认为,"技术支持的网络","本身可以成为充满活力的组织",从而"**作为组织来传播**"(communication as organization, p.8,黑体为引文所注)。标签已被有效地用于社会运动,例如"阿拉伯之春"和"占领华尔街"。然而,一些学者认为,标签行动主义是一种"懒人行动主义"(Slacktivism)形式,因为它关乎的是人们在安稳的家里上网谈论的东西,而不是真实地采取行动。"懒人行动主义"通常用于描述旨在进行政治或社会变革的在线行动,但极少做出参与的努力,如注册一场在线请愿或加入一次社交媒介讨论。

其他一些人认为,数字媒介技术在政治传播中的作用往往被夸大了。莫罗佐夫认为,尽管存在与在线行动主义相关的炒作,但互联网并不是特别适合大规模的政治活动,因为互联网的大多数用户是出于非政治原因而参与互联网的,他们消费、分发或制作的是诸如"跳舞的猫"这样的内容,而不是政治素材。他认为,通过在线而组织起来的任何成功行动主义实例都是"偶然的,只具有统计意义上的确定性,而不是一项真正的成就"(Morozov 2011: 180)。尽管西方话语和媒体报道众口一词地夸大社交媒介的作用,但在所谓的"阿拉伯之春"期间,在那些动荡的时刻,在人口最多的阿拉伯国家——埃及,使用推特和脸书的人数却极低:2011年3月,只有0.001%的埃及人口使用推特,这正如许多评论家所评价的那样,"不过是以一种西方视角,通过西方技术的棱镜来看非西方国家正在发生的事情"(Fuchs, 2014: 180)。一些学者把"阿拉伯之春"看作是独裁政权传统统治地区民主化的预兆(Howard and Hussain, 2013)。然而,同样不假的是,在那个时期反抗诸多阿拉伯国家政体的抗议中,社交媒介是引发泛阿拉伯国际意识的一个重要组成部分(Khatib and Lust, 2014)。

所谓的"反恐战争"也在数字领域展开：伊斯兰国家对社交媒介的利用就是一个很好的例子(Farwell, 2014; Atwan, 2015; Stern and Berger, 2015)。一些人认为，由于新技术能够实时塑造公众对冲突的看法，通过社交媒介进行的"叙事战争"(narrative war)变得比实体战争更重要。社交媒介的传播带来了"虚拟大规模征兵"(virtual mass enlistment)的情况，这种情况为平民提供了与国家宣传机器一样多的权力(Patrikarakos, 2017)。但是，关于代理的论调可能无法得到关于冲突报道的既有事实的证实。乔治·华盛顿大学为美国和平研究所(US Peace Institute)制作的一份关于叙利亚社交媒介的报告指出："社交媒介创造了一种关于无中介信息流动的危险错觉。那些关注油管视频、叙利亚推特账户或脸书帖子的人可能会认为他们正在收到有关冲突的准确而全面的报道。但这些流动是由活动家网络精心策划与设计的，旨在制作特定的叙述。实际上，社交媒介网络中的关键策划中心现在可能发挥着一种守门作用，而这个作用和当年电视生产者和报纸专栏编辑扮演的角色一样强劲有力。"(Lynch, Freelon and Aday, 2014: 6)

政府在部署社交媒介方面的作用也不应低估。美国公共外交与公共事务部副部长理查德·斯坦格尔(Richard Stengel)于2015年担任国务院战略反恐传播中心的首脑，他用一篇英语推特推文"想想还是算了吧"("Think Again Turn Away")来反击"伊斯兰国"组织(ISIS)的招募宣传。斯坦格尔告诉《广告时代》："最终的战斗不是在军事战场上，而是在信息空间……我们需要在这场公关战中招募广告和营销方面的专家、能人与干将。"(Bruell and Sebastian, 2015)还有人认为，大多数"在线集体行动"的尝试可能有助于动员，但其有效性仍然值得怀疑，这就说明，"数据科学"和"用社会数据做实验"可以对这些行为作出更好的理解(Margetts et al., 2015)。正如富山健太郎(Toyama Kentaro)所说的那样："缺陷不在技术或技术官僚本身，而是我们对他们将要实现什么样的社会变革持有错误的、过于乐观的信念。"(2015: 217)

社交媒介的政治化也受到国际非政府组织的影响，这些组织在国际互动、政策影响和媒体话语影响方面变得越来越重要。他们中的许多人在推动在线行动方面发挥了重要作用(Willetts, 2011)。然而，尽管他们声称自己是国际性的组织，但许多组织代表并反映了西方对全球问题的看法，有些人甚至沉浸在殖民主义思想中——一项对英国国际非政府组织的研究发现，他们的信息投射出"诸多殖民话语"(Dogra, 2012)。在更正式的政治传播中，互联网也极大地影响了政治话语。政党利用社交媒介操纵选举进程以赢得选举。美国总统唐纳德·特朗普使用他的推特账户来竞选,并与其团队和数百万粉丝进行沟通,这是一种新型"数字蛊惑"(digital demagogy)骇人听闻的例子(Fuchs, 2018)。在2013年的意大利大选中,作为博客博主、由喜剧演员转变为政治人物的贝佩·格里洛(Beppe Grillo)及其"五星运动"(Movimento 5 Stelle)采用了将新技术与老式行动主义相结合的策略,赢得了25%的全国选票。他使用了"网络民主"这个概念以及诸如脸书、推特这样的社交媒介,以便吸引身处这种语境中的大多数人,这是"一个民主国家开展互联网政治行动最为精彩的案例"(D'Arma, 2015)。

在更大规模上,于2014年在世界上最大的民主国家之一——印度举行的选举中,纳伦德拉·莫迪(Narendra Modi)掌权,而部署社交媒介是竞选的核心。作为全球第一次,"莫迪还在一场'同时在150个地点'召开的3D竞选集会上,以一幅全息图像发表演讲;而政治活动家和政党工作人员的一支网络军队正在使用多种数字平台和应用程序,以多种印度语言管理并发送有关竞选的讯息"(Ullekh, 2015: 4)。

在西班牙,由巴勃罗·伊格莱西亚斯(Pablo Iglesias)等学者于2014年发起的"我们可以"(Podemos)运动创建并使用了在线新闻网站"我发表"(Publico)来推动他们的事业(Tremlett, 2015)。在英国公关公司贝尔·波廷格(Bell Pottinger)的支持下,网络喷子(internet trolls)①也利用社交媒介平台来捕捉南非的种族紧张局势,以回击来自前总统雅各布·祖马(Jacob Zuma)的批评(Wasserman, 2017)。在拉丁美洲的许多地方,使用数字技术的公民媒介运动和传播活动家为制定一个更民主、更多元化的媒介政策做出了贡献(Segura and Waisbord, 2016)。

互联网也以更具创新性的方式用于政治传播。例如,2011—2012年,俄罗斯的互联网在线论坛发出另类的反对声(Oates, 2013)。在中国,博客在中国互联网上呈指数级增长。例如用户生成内容的流行视频平台bilibili,民众可以在其中创建个性化频道,发布实时评论,发送私人信息。这种联通性用于抵制美国主导的西方媒体对中国现实的歪曲。关于数字媒介的这种使用,有个值得注意的例子是,2008年为了回应西方的不公正报道,网民们创建了一个叫"anti-cnn.com"的网站(Jiang, 2012)。

---

① internet trolls,这个字眼常见于英文媒体报道,是在美国互联网上比较常见的一类网络群体,他们的爱好是在网络上(主要是论坛上)发布、回复一些煽动性、挑衅性且常与主帖主题无关的言论,并以此为乐。internet troll 的英文释义为:在互联网上通过与他人打嘴仗或招惹他人来制造紊乱(a person who causes discord on the Internet by arguing with or upsetting people)。我们可以将之意译为"网络挑衅者"或"网络喷子"。——译者注

案例研究:"假新闻"的全球化

考虑到全球化传播环境中信息传播的速度和规模,基于互联网的新闻媒体也遭遇了准确性的挑战——无论是事实还是语境。在急于首发新闻时,主流新闻营运者与数字新闻提供者以及非国家行动者展开了竞争。这种联通性被极端主义团体滥用,破坏了新闻业:《时代》杂志于2016年用一个封面故事解释了"为何我们让互联网在仇恨文化面前败下阵来?"。2017年,一份题为《信息失序:迈向研究和决策的一个跨学科框架》的报告(*The Information Disorder: Toward an Interdisciplinary Framework for Research and Policy Making*)警告说,在这种数字环境中存在新型的"全球信息污染",该报告受欧盟委员会指派,并与首稿(First Draft)以及哈佛大学媒介、政治与公共政策舒伦斯坦研究中心(Shorenstein Center on Media, Politics and Public Policy)合作完成。"全球信息污染"来自"一张创造、传播和消费这些'污染'信息的复杂动机网络;无数的内容类型与夸大内容的技术;无数平台托管和复制这些内容;以及在可信赖同伴之间极危险又高速的传播"(Wardle and Derakhshan, 2017)。它确定了三种不同类型的"信息失序(information disorder):错误信息(mis-information),是指共享了错误信息但没有造成伤害时;虚假信息(dis-information),是指明知是错误信息还分享并造成伤害时;不良信息(malinformation),是指共享了真实信息并造成伤害时,通常是把私密信息放进公共领域里"(p.5)。

在国际新闻界,西方媒体还指控肇始于俄罗斯的假新闻——"虚假讯息"(dezinformatsiya)(Pomerantsev, 2015)。一个突出例子是,2016年美国总统大选期间,人们见识了这种信息失序,非传统媒体似乎形塑了竞选话语(Silverman, 2016)。其他研究,特别是哈佛大学的一项研究,证实了右翼网络出版物如布赖特巴特新闻网(Breitbart)在制定选举议程中的作用(Benkler et al., 2017)。

在美国之外,许多国家已经注意到了这种现象。牛津大学的牛津互联网研究所进行的计算宣传研究项目,研究了"算法、自动化以及人工策展"的使用,"旨在有目的地在社交媒介网络上分发误导信息";该研究揭示了计算宣传在2014年巴西总统选举中以及在对前总统迪尔玛·罗塞夫(Dilma Rousseff)的弹劾中所发挥的作用;乌克兰在社交网站VKontkte、脸书和推特上对乌克兰公民发动了在线虚假信息活动,这些研究者称之为"可能是全球最先进的计算宣传案例"。根据他们的研究,"最强大的计算宣传形式涉及算法传播和人工策划——机器人和网络喷子合作完成"(Woolley and Howard, 2017)。

这种基于互联网的操纵行为甚嚣尘上,专业媒体组织由此提高了警惕,专业媒体组织的可信度因社交媒介的压力而受到侵蚀。在假新闻问题出现之后,美国和欧盟出现了大量的事实核查组织(Graves, 2016),仅欧盟在2016年就有34个事实核查业务,其中大部分都是非营利组织(Graves and Cherubini, 2016)。政府也已做出了一些努力来应对从俄罗斯发出的网络信息战。2015年,欧盟各国政府成立了"欧洲对外行动服务局东方战略传播行动组"(European External Action Service East StratCom Task Force),旨在挑战俄罗斯的"虚假信息",该机构一直在运行一个叫"欧盟对虚假信息"(EU vs. Disinformation)的网站,是一场更好地预报、解决和回应亲克里姆林宫的"虚假信息"运动的一部分。该组织与其合作伙伴通力合作,每周都会制作一份《虚假信息评述》(*Disinformation Review*),借由该评述,2017年之前它已经确定并汇编了3 500多起虚假信息案例。

人工智能也可用于处理日益增长的假新闻,乱喷和无节操的在线传播比清醒的分析更能获得"点击"。因此,在线服务提供者几乎没有动力去阻止这些话语,因为这些话语会促进浏览与评论,并有可能成为病毒性传播。令人毛骨悚然的(恐怖主义宣传)、恶作剧的(政治竞选)或简单的错误信息(业内的意见领袖)——无论是由人类还是机器人操作的信息机器生成的——都可以使用人工智能技术予以监控和调节。麻省理工学院的研究人员分析了2006—2017年超过300万人发布的126 000个被验证为真实的和虚假的新闻故事,他们发现虚假的东西比真相传布得更远、更快、更深、更广(Vosoughi, Roy and Aral, 2018: 1146)。其他人则表示,推特还"培育了基于广泛弱联系网络的创新社会形态,这些网络在灾难期间使世界保持信息更新,或通过众包集体智慧帮助解决问题"(Murthy, 2013: 153)。

网络如何影响新闻业

互联网从根本上改变了记者和新闻业的实践活动。在文本、数据、音频和视频融合的多媒体环境中,记者可以用更具吸引力的方式去讲述他们的故事。通过几次点击,今天的记者可以收集信息,研究故事,验证故事,找到有质量的数据,以及搜索社交媒介——在旅途中,在全球范围内,以甚至在10年前无法想象的速度。通过有吸引力的、互动的方式进行实时博客、推特推送、数据可视化,以及运用3D地图,这些都成为数字新闻的重要组成部分。

技术还提供几乎即时的反馈,从而人们有机会进行更正、更新和反驳。互联网也成为策划新闻的绝佳来源——记者可以几乎即刻访问竞争对手的网络,利用用户生成的内容或众包作业。像Google Drive或Dropbox这样的数字归档和存储资源也是非常有用的工具。正如"数据化"(datafication)的爱好者所说:"就像互联网通过向计算机添加传播而彻底改变世界一样,大数据也会改变生活的基本面,赋予生活前所未有的量化维度。"(Mayer-Schönberger and Cukier, 2013: 12)

人工智能也正快速进入新闻编辑室,特别是在专业化和数据驱动的新闻领域,例如体育报道或财经新闻。像路透社这样的国际新闻运营者创建了"机器控制化的"(cybernetic)新闻编辑室,并使用了语言生成软件。这种软件不仅可以筛分大量数据(包括来自社交媒介),还可以编写新闻报道,甚至可以为故事提供一种新闻角度,就像勤奋、敬业的研究人员所做的那样。到2017年,多语种的英国广播公司环球服务台已经在使用史迪奇翻拍系统(Stitch Reversioning System),该系统使记者能够创建多种语言的字幕视频版本。危险在于,在这种由机器生成的新闻中,自动化和算法可能会定义应该共享、偏向或压制何种新闻,以及怎样共享、偏向或压制。

数字新闻的出现,对这些变化产生了影响。数字新闻在过去10年中迅速增长,美国主导了这种现象。美国是全球领先的数字新闻参与者大本营,例如《赫芬顿邮报》(Huffington Post)、《商业内幕》(Business Insider)、"嗡嗡喂"、Vice和石英新闻(Quartz),这些机构与传统媒体以及国际合作伙伴加强合作,并给予慷慨资助,确保了此类迎合各个主要国家和地区市场的实体单位日益全球化。该领域的先驱者《赫芬顿邮报》成立于2005年,于2018年成为威瑞森电信的一部分(并拥有十几个全球版本);《商业内幕》于2009年创立,并在16个国家以7种语言出版,其所有人是阿克塞尔·施普林格。Vice杂志除了每周在HBO中播出新闻节目外,还为各种广播公司和在线客户制作纪录片。这些由信息娱乐驱动的、以青年为中心的终端,在全球化的过程中并非没有遇到挑战,这些挑战如:全球化与本地化压力之间产生的张力,合作还是单干的决定,在多语言版本中保持品牌和格调的一致性以适应间或迥异的市场,以及协调全球新闻编辑室的艰难(Nicholls, Shabbir and Nielsen, 2017)。

在业务方面,数字化也影响了新闻机构的业务模式。随着阻止在线广告的新型有效方法的出现，媒体组织一直依赖"付费"或"本地"广告以及"赞助"内容。这种状况下，编辑部内容与广告内容之间的界限一直是模糊的，甚至被刻意模糊。甚至资源丰富的报纸，例如《纽约时报》和《华盛顿邮报》已将把广告商付费内容与记者生产的内容区分开来的标签最小化，这一趋势在世界各地的新闻机构中都得到了体现。"嗡嗡喂"由《赫芬顿邮报》的联合创始人乔纳·佩雷蒂（Jonah Peretti）于2006年创立，在过去的10年中已发展成为一家全球数字媒体公司，在伦敦、巴黎、柏林、马德里、悉尼、孟买、东京、圣保罗和墨西哥城设有办事处，全球受众超过1.5亿。"嗡嗡喂"的广告收入取决于被赞助的内容，因此常被标注为"由……推广"或"品牌出版商"（brand publisher）。

一些在线新闻端口起着不同的编辑作用，旨在扩大和深化新闻分析。总部位于纽约的"为了公众"（ProPublica）是一家非营利的调查性新闻机构，自2008年开始运营，其独特之处在于，它是2010年首个获得普利策奖的在线新闻组织。"为了公众"的总裁及创始总经理理查德·托费尔（Richard Tofel）将此成功归结于其"探索性新闻"，他这样定义其编辑方法："探索性新闻主要是寻求阐明，而调查性新闻（即使有时只是含蓄地）是寻求改变，因此所产生的影响也有所不同。通过测量读者的意识或理解增加了多少，探索性新闻的影响得以确定；而调查性新闻的影响则必须通过读者以外的变化来判断。这两种新闻活动，为了公众都参与其中。"（Tofel, 2013: 4）其他非营利性的、只有在线新闻业的例子可能包括印度的有线（The Wire），其创立前提是"如果好的新闻业要生存和发展，就只能在编辑与财务上保持独立。这意味着主要依靠读者和有情怀的公民做出贡献，他们除了为高质量的新闻保有领地之外没有任何其他利益"。

数字化网络新闻业对国际新闻流做出的另一重要贡献是吹哨人、黑客、社会活动家和新闻记者的融合。一个引人注目的案例是，维基解密在2010年发布了一系列机密外交电报缓存，这是"美国历史上最大的机密文件泄漏"，在全世界引发了政治风波（McCurdy, 2013: 123）。有人认为，维基解密改变了新闻实践，鼓励了国际合作。维基解密要成为国际新闻，只有在由主要国际报纸——《纽约时报》、《卫报》、《国家报》（El Pais）、《世界报》和《明镜周刊》——所支持和资助的项目中，对原始且乏味的数据进行编辑并将其转换为新闻故事时（Beckett and Ball, 2012）。同样，德国日报《南德意志报》（Süddeutsche Zeitung）报道了"2016年巴拿马文件"丑闻，该丑闻发布了巴拿马律师事务所莫萨克·冯赛卡（Mossack Fonseca）的内部文件，揭露了世界金融和政治精英用来避税的离岸银行账户和避税天堂的国际网络，之后该丑闻由国际调查记者协会（International Consortium of Investigative Journalists）在全球发布。在网络化传播时代，这种国际合作越来越有可能并且令人期待，可以丰富新闻和公共传播。

用户生成内容或"公民"新闻以及"目击"越来越为主流新闻所采纳，发挥了在线传播的积极、进步作用（Allan and Thorsen, 2009; Allan, 2013; Thorsen and Allan, 2014; Mortensen, 2015）。尽管公民记者可能缺乏正式的培训以及编辑守门素质，但他们受益于价格低廉且无处不在的移动性、广播性的数字设备（以及向全球公众即时分发内容的可能性）。但是，他们也可能导致"新闻业的去专业化"（de-professionalization of journalism）。无论如何，新闻作为一个行业承受着巨大的压力：美国的研究表明，公共关系或更广泛意义上的传播服务业比新闻业要大得多，资源和报酬都更好。在这种媒介环境中，存在这样的危险：在社交媒介时代，公共关系公司可以养成并塑造推特的"趋势"、脸书的"信息流"或谷歌的搜索结果；公关公司对人们消费新闻与信息的方式的影响可能会增加，并建构叙事。有人认为，新闻和信息的"有针对性的个性化"可以助长意识形态建构或社会建构的"滤泡"（filter bubbles, Pariser, 2011）。吴修铭用令人回味的短语作为其2016年出版的那部书的标题，即《注意力商人》（Attention Merchants），描述了数字技术如何为消费资本主义提供了最强大的工具，通过这个工具，我们的时间被"收割"了（Wu, 2016）。另一位评论员指出："计算机屏幕消除了我们对其好处和便利的质疑。它把我们服侍得如此之好，以至于发现它同时也是我们的主人这一点，似乎会让人恼怒。"（Carr, 2010: 4）为了市场营销目的而抓住观众的注意力也已成为商业化以及电视与在线新闻全球化的推手。

作为信息娱乐和教育娱乐的国际传播

新闻的商品化，特别是从公共服务转向评级意识/广告驱动内容，已引起人们对信息娱乐的担忧。信息娱乐是一个新词，指的是新闻和时事中"信息"和"娱乐"的类型混合。这种节目因其新闻内容而具有特色，其新闻内容是风格胜过实质，呈现方式——加速的动作镜头、夺人眼球的视觉效果与标题——变得比新闻本身更重要（Thussu, 2007b）。信息娱乐日益普及的一个迹象是混合类型的非虚构类电视的全球扩展，如纪录肥皂片（docu-soaps）和"真人秀"，它们通常巧妙地将纪录片叙事的事实方法与电视剧的娱乐价值相结合，从而模糊了事实与虚构之间的界限。虽然这种传播方式可能更具包容性和民主性，但批评者认为，软新闻优胜于严肃分析的取向导致了哈贝马斯意义上的公共领域遭受侵蚀，消费者因而无法区分公共信息与企业宣传。此外，有人认为，在媒介网络上，特别是电视上的政治话语水平"极具争议""高度极化"，并转向"不文明话语"，即"违反一种给定文化的礼貌规范的传播"(Mutz, 2015: 6)。欧洲媒介中信息娱乐内容的增长引起了类似的担忧(Albæk et al., 2014)。表明信息娱乐取得成功的一个典型案例是，2016年唐纳德·特朗普当选为美国总统，这个从未担任过公职的亿万富翁商人声称，自己之所以出名，是由于举办了电视真人秀节目《学徒》，《纽约时报》的一篇报道称其为"真人秀总统"(Grynbaum, 2018)。

案例研究：信息娱乐2.0

在线新闻的增长极大地改变了新闻的生产与消费(Küng, 2015; Newman et al., 2017)。"嗡嗡喂"是信息娱乐公司一个引人注目的例子，该公司在纽约的新闻业务与其在洛杉矶的娱乐制片厂紧密合作。它的"全球跨平台网络包括其站点和移动应用、脸书、Snapchat、油管和许多其他数字平台"(Shifman, 2014)。除了发布调查性的政治故事外，该公司还制作名人八卦、鸡零狗碎和各种梗(memes①)，并编纂清单体文章(listicles)、罗列照片以吸引观众(Shifman, 2014)。甚至主流媒体组织都试图将其报道外包给在线信息娱乐驱动的供应商，两个突出的例子：一是美国有线电视新闻网于2010年播出的以自相残杀为主题的报告《利比里亚Vice指南》(*Vice Guide to Liberia*，利用在线视频制作平台Vice制作出来的)；二是2014年英国广播公司的严肃夜间时事新闻《新闻之夜》(*Newsnight*)，也使用了*Vice*的一个故事，讲述了一种叫作咖特(khat)的草药兴奋剂，该产品在英国被禁止，但在东非却得以广泛消费。

我用"信息娱乐2.0"(Infotainment 2.0)来命名数字时代的信息娱乐新版本，它们是以某种形状或形式在或大或小的、公共的或私人的媒介屏幕上出现，是原版的、翻译的、蚕食的、杂糅的、杂交的以及本地化的版本。在所有传统媒体和只提供在线服务的新闻站点上，人们都可以看到网页文章下的链接行，这些链接通常带有引人注目的照片和激发人好奇心的大标题，都是些关于最新健康提示、名人新闻或摆脱财务压力的内容。这些链接通常以"推广故事"(Promoted Stories)或"网络热点"(Around the Web)等标签组合在一起，通常是广告，它们装扮得看起来像人们可能想读的故事。通过嵌入来自所谓内容推荐公司的窗口小部件，这些链接为主要新闻媒体(包括《时代》、

---

① memes直译是"模因"，英语使用非常普遍，但在中国使用并不普遍，很让人费解。如果音译成"谜因"，比"模因"更好理解，是指不明缘由的网民因为别人传播而传播，就像谜一样令人无法理解。结合中国网络语境，翻译为"梗""恶搞""表情包"似乎更合适。——译者注

美国有线电视新闻网、《福布斯》和《卫报》在内)提供了急需的收入,从而使广大广告商以相对负担得起的方式抵达大量且通常优质的受众。未经培训的用户在观看内容广告时,可能会被引导到类似垃圾邮件的"点击诱饵"网站或由营销公司创建的虚假健康新闻网站。点击此类广告有时可能会被导向由未知实体运营的可疑网站(Hess, 2017)。

《纽约时报》的一项调查表明,许多"钓鱼"网站通常带有性暗示或干扰性图片的广告以及质量较低的推荐小插件(Maheshwari and Herrman, 2016)。此类广告的全球市场(也称为"本地广告")预计在2018年将超过600亿美元,相关公司几乎与脸书或谷歌一样强大。实际上,它们对于此类社交网络站点的成功至关重要。像脸书一样,这些公司还监视和管理"预测算法",这些"预测算法"把每个在线用户和置顶的内容项匹配起来,在线用户在随后的消费中最可能对这些置顶内容项感兴趣。利润丰厚的信息娱乐系统的主要参与者是塔波拉(Taboola,2016年,每月提供3 600亿条推荐建议)和外脑(Outbrain,每月提供2 000亿条推荐建议),它们都已经运行了10多年。塔波拉自称是"世界上最大、最先进的发现平台",从其在纽约、洛杉矶、伦敦、特拉维夫、新德里、圣保罗、上海、东京和曼谷这些诸多办事处最具创新性和高访问量的网站上,每月向超过10亿用户发布个性化推荐。它将原生广告(native advertising)定义为"在任何情况下,品牌信息都可以和其周围环境完美契合,从而吸引受众而不破坏用户体验"。2018年,塔波拉与中国智能手机制造商中兴通讯签署了一项协议,将采用一项新功能,在一些使用安卓系统的用户手机上显示塔波拉的推荐链接(可能会在亚洲打开巨大的市场)(Mullin, 2018)。

这个领域的另一个主要全球参与者"外脑",于2017年在美国、英国、法国、巴西、印度和日本等55个国家/地区开展业务,通过世界上最领先的出版商的个性化推荐建议,将"营销人员与目标受众联系起来"。从信息内容到有趣的视觉图像("取悦您的眼睛"),其输出内容林林总总,尤其是那些让人发笑的内容,各类"怎么做"小贴士,以及产品推荐。还有一家在信息娱乐里有着全球影响力的品牌是"值得"(Upworthy),它结合了动图和梗,声称以一种"善解人意的讲故事风格"讲述"令人振奋的故事","这种风格使哪怕是庞大而艰巨且因而难以解决的全球性问题变得人性化"。可爱的婴幼儿、宠物和美人是这类信息娱乐的主要餐点。由于视频激活了人脑中的"镜像神经元机制",因此与文字相比,动图和声音会更有效地让人们分享高情感参与的甚或至于付费的视觉形象:微信在中国的流行以及WhatsApp在印度的流行,就是恰当的例子。曾经与一年一度的"愚人节"相关的视觉恶作剧如今已通过数字讯息嵌入日常生活中。

另一个对信息娱乐2.0产生影响的是取得巨大成功的在线游戏产业,有人建议将其用于新闻制作,使新闻更具吸引力,特别是对"采用游戏作为设计和创作新闻的方式"的年轻一代。利用计算机和VR系统,许多新闻机构(尤其是《纽约时报》)一直在使用3D技术为新闻事件提供VR效果。已经有很多例子,包括《连线》(Wired)杂志于2009年刊发的游戏《残酷的资本主义》(Cutthroat Capitalism),内容涉及索马里的盗版行为;还有2016年中国财新传媒的新闻游戏《像市长一样思考》。正如一份研究报告所言:"由于新兴平台与发行服务,传播新闻屡试不爽的模式正在被侵蚀。"(Foxman, 2015: 57)在一个"搜索引擎无处不在,知情意味着要超越滚动标题的喧嚣"的时代,该报告建议新闻应"迎合个性化,同时保留其告知、教育公众的使命。游戏可能是记者和用户应对这一新现实的途径之一"(p.57)。这种新闻游戏虽然在商业上可行,但可能会产生严重的美学和文化后果。一位评论家写道:"与其说它培育了一种复兴,不如说它创造了一种以自拍为中心的窥视癖自恋文化。"(Keen, 2015: xiv)

视觉图像通过基于图像的社交网络(例如Instagram、Pinterest、Tumblr、Snapchat和脸书等),正日益驱动着当代传播环境,影响着我们的社交能力(Silverman, 2015)。在移动应用程序、多平台和多屏幕集成度越来越高的时代,"联网观看"(connected viewing)的体验正在媒介消费者和制作人之间建立新的关系,包括政治、经济、社会和性关系(Holt and Sanson, 2014)。在过去的10年中,以口号"广播你自己"(broadcast yourself)为号召的油管已经成为开放式广播或窄播的主要平台。自从《外交政策》的编辑莫塞斯·奈姆(Moises Naim)于2009年创造了"油管效应"(the YouTube effect)一词以来,该词在新闻媒体中就成为一种约定俗成的叙事方式(Naim, 2009)。在娱乐界,油管效应的牵引力更大,在来自世界各地的"油管儿"(YouTubers)现象反映出这一点,成为这种联通性的指针,并创造出新一代的网络名人。这些"油管儿"会以各种语言处理多样化类型,如喜剧、烹饪、时尚、游戏、音乐、旅行和其他生活方式等,以覆盖其各自的受众群体(Burgess and Green, 2009; Helft,

2013；Cunningham，Craig and Silver，2016）。在使用英语的"油管儿"中，2017年最受欢迎的是PewDiePie（真名是Felix Arvid Ulf Kjellberg）。他是一名来自瑞典的年轻喜剧演员和游戏玩家，其油管频道的订阅人数超过6 100万，收入高达1 200万美元。为了确保尽可能多的人观看其内容，此类明星会利用各种类型的点击诱饵，包括醒目的标题、图片和视频剪辑。这些观看、订阅和评论可被利用来获得广告收入，甚至与希望通过直接有效的广告覆盖此类受众的公司达成赞助协议。根据《经济学人》的观点，如果"影响者"拥有超过700万的跟随者，收入就可以高达30万美元（*Economist*，2016）。有人认为，这些名人会导致"市场逻辑渗透到日常社会关系中"（Marwick，2013：5）。

另一些人认为，"信息时代传播的无知与知识一样多"；而在这个新时代，"战时宣传等非常古老的思想可能不仅存在而且会蓬勃发展"（Mohammed，2012：2）。在国际内部以及国家之间的不平等加剧的时代，信息娱乐2.0淹没了公共话语，平等主义的方方面面就此被新闻媒介边缘化。

全球教育娱乐

在充满媒介的世界中，教育也已经商品化和全球化，因为互联网为国际上的教育服务提供了新市场。随着高速互联网访问变得越来越负担得起，远程学习具有更大的潜力，特别是对于发展中国家而言，这些国家可以从多媒体大学中受益：许多大学已开始提供在线课程。由全球领先的远程学习机构——英国的开放大学（Open University）——制定的标准，被全球在线教育领域的新参与者遵循。然而，在商业化体系中存在这种危险：如果教育在服务贸易总协定框架中成为一种服务业，并向市场开放，大学可能会失去其传统作用，跨国私立教育企业可能会破坏公共教育。

在不牺牲质量的情况下，寓教于乐可以带来切实的好处，例如在世界各地播出的美国儿童节目《芝麻街》。英国广播公司的许多黄金时段纪录片都是与开放大学一起制作的，被定位为"学习之旅"的第一阶段，该旅程希望观众参与该主题并鼓励他们参加后续的学业课程。有人认为，可以通过所谓的娱乐-教育范式成功地驾驭媒介用于教育。娱乐-教育范式被定义为"这样一个过程：目标明确地设计和利用一条媒介讯息，既实现娱乐功能也实现教育功能，以增加受众对一个教育问题的知识，创造良好态度，改造社会规范并改变公开的行为"（Singhal and

Rogers, 2004: 5）。远程学习具有革新教育的潜力，尤其是在发展中国家。虽然全世界见证了识字水平的逐步提高，但仍有数百万人仍然是文盲或半文盲。教育在线传播的潜力仍未得到充分探索，南方国家的许多地区缺乏信息和技术基础设施使这一事实雪上加霜。

联合国教科文组织提出了"互联网普遍性"（internet universality）的概念，该概念可以被当作一条基线，从头到尾贯穿在互联网相关的四个关键社会维度中，即这种设施在多大程度上立足于普遍规范：以人权为基础的、开放、全民可获取、多利益相关方参与。简而言之，这些维度首字母组成的就是"漫游"（R-O-A-M）[权利（Rights）、开放（Openness）、可及（Accessibility）、多方（Multi-stakeholder）]（UNESCO, 2013）。"互联网的普遍性"与联合国特别调查员作出的"促进和保护意见及表达自由权"的报告相呼应，并与联合国人权理事会于2012年通过的"关于在互联网促进、保护和享有人权"的决议相呼应。

在联合国机制之外，免费在线教育的供给不断增加——尤其是在创造共识（Creative Commons）、大规模开放在线课程（MOOCS）、TED演讲以及可汗学院（Khan Academy）上的资料，可以彻底改变学习方式，但正如某些人所言，这也可能会在世界上制造两极教育系统（van Mourik Broekman et al., 2014）。其他人则认为，在高等教育中部署计算机游戏和社交媒介，以吸引、保留、教育学生并使学生社会化（Tierney et al., 2014）。尽管数字连接不断增长，但访问和负担能力不平等问题仍然存在。牛津互联网研究所（Oxford Internet Institute）执行的一项研究表明，维基百科是世界上最易见并最多被使用的百科全书之一，其特点是地理分布不均且丛聚——内容并未涉及世界上多少地方。阿拉伯语是维基百科上最不具有代表性的主要世界语言，而所有主要语言对撒哈拉以南非洲的呈现都严重不足（Graham et al., 2014）。

数字时代的治理与监管

如第3章所述，治理和监管仍然是数字时代一个有争议的领域，尤其是自从关乎网络安全和数字产权的新问题在一个网络化、全球化和移动性的电子商务舞台中引发关注以来。两个彼此对抗的观点分别是"主权主义者"和"多利益相关方"，持有"主权主义者"观念的民族政府对治理和监管作出重大决策，而以美国为主导的、以市场为导向的私有化网络则倡导"多利益相关方"路径（Mueller, 2010; DeNardis, 2014）。有人认为，新传播领域的美国监管模式将"新自由主义逻辑作为其重建跨国霸权传播系统之事业的一部分"（Bhuiyan, 2014:

38)。另一些人警告道:"网络提供者和内容平台有能力通过控制网络以及控制所发送内容的编排来塑造人们获取知识、思想与信仰的方式。"(Horten, 2016: 137) 2014年,爱德华·斯诺登(Edward Snowden)揭露了美国国家安全局(US National Security Agency, NSA)的广泛监控计划和全球移动电话追踪系统,自此以后,安全和隐私问题在互联网治理争议中脱颖而出。一些西方互联网组织——如互联网名称与号码地址分配机构、互联网工程任务组及其上级机构国际互联网协会(Internet Society)、所有五个地区互联网地址注册机构,以及万维网联盟(World Wide Web Consortium, W3C)——发布了一项声明,谴责美国国家安全局的行为,并呼吁互联网名称与号码地址分配机构和互联网号码分配机构职能要"全球化"。

很大一部分监管涉及全球电子商务,其中包括知识产权的销售和许可,特别是在计算机编程和软件、音乐、电影、视频、数据库和出版等领域。在数字时代,版权被侵犯已经变得更加普遍,因为任何"被编码为数字数据流"的知识产权都可以被复制。因此,需要对版权、专利和商标予以保护的有效国际协议来防止或阻止盗版。

国际性的保护版权条约,特别是《保护文学和艺术作品伯尔尼公约》(Berne Convention for the Protection of Literary and Artistic Works),为各国提供了根据自己的法律保护受版权保护作品的手段。1996年,世界知识产权组织(一个促进知识产权保护的联合国专家机构)通过采纳两项新条约——《世界知识产权组织版权条约》(WIPO Copyright Treaty)和《世界知识产权机构表演与录音制品条约》(WIPO Performances and Phonograms Treaty)(二者通常统称为"国际互联网条约"),升级了《伯尔尼公约》,并为录音制品表演者和制作人提供了新的保护。这两项条约于2002年生效,包括有关技术保护和版权管理信息的条款,并促进在线数字传播的商业应用(Halbert, 2005, 2014; Bannerman, 2016)。

尽管世界知识产权机构拥有充分的国际权威,但其议程依然促进发达国家的利益,或"其所代表的市场主体的利益"(Bannerman, 2016: 151)。美国一直迫使各国签署这两个世界知识产权条约,并实施世界贸易组织于1996年生效的世界贸易组织《知识产权贸易协定》(TRIPS)。它要求所有国家制定法律和法规,以保护受版权保护的作品,并实施、执行这些法律法规。国际知识产权联盟(International Intellectual Property Alliance, IIPA)是一个要求严格监管知识产权的主要游说团体,自1984年开始运作,代表美国版权产业——电影、视频、录音、音乐、商业软件、互动娱乐软件、书籍和杂志。国际知识产权联盟由娱乐软件协会(Entertainment Software Association)、美国出版商协会(Association of American Publishers)、独立电影和电视联盟(Independent Film and Television Alliance)、美国唱片业协会(Recording Industry Association of America)以及美国电影协会组成。

国际知识产权联盟等组织致力于将"与贸易有关的知识产权协定"纳入关贸总协定乌拉圭回合,大多数发展中国家必须在2000年之前完全遵守"与贸易有关的知识产权协定"要求。这一国际知识产权制度的延伸引起了许多发展中国家的关注,这些发展中国家把这些条款看作新的知识税,旨在使跨国数字公司得利(Bettig, 1996; Halbert, 2005, 2014; Bannerman, 2016; Reddy and Chandrashekaran, 2017)。

另一个值得关注的领域是互联网域名之间存在冲突的可能性,互联网域名在互联网上起着源标识符的作用,如果相似商品(或服务)在不同国家注册了相同或相似的商标,则这些域名归为知识产权和商标权。基于更发达经济体的国家和公司主导着域名这一点,富国和穷国之间在主机数量方面的差距是惊人的。2017年,世界上总域名数超过10亿(参见图7.2)。

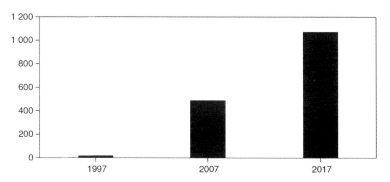

图7.2　全球域名增长情况:1997—2017年(互联网主机数量,单位:百万)
[资料来源:互联网软件联盟(Internet Software Consortium)]

数字时代的贸易是由"全球价值链"(global value chains)定义的,其中信息传播技术是"在多个地点实现分散生产的关键",贸易通过快速降低的传播成本和强大的计算技术而得以加速。智能手机就是最常见的例子,因为它们是"由一些手机制造商组成的全球价值链生产的,这些手机制造商依靠大量传播技术、组件和软件供应商"(WIPO, 2017a: 22, 95)。诺基亚、爱立信、高通、InterDigital、华为、三星、NTT DoCoMo和中兴等领先的移动公司拥有开发互操作性和联通标准的专利技术,如手机第四代(4G)和第五代(5G)长期演进(Long-Term Evolution,简称LTE)标准。三星、华为以及其他公司使用谷歌开发的安卓,而苹果拥有自己的

iOS系统。据世界知识产权组织（WIPO, 2017a）称，自1990年以来，与智能手机有关的专利非常多，在全球所有专利中占比高达35%。

2015年，计算机技术是全球已公布专利申请中最常用的技术，约有187 000个已发布的应用程序，而数字传播就占了123 300个。在过去10年（2005—2015）中，数字传播增长了近9%（WIPO, 2017b）。

公共政策私有化

这种增长的驱动力是私营公司，它在联合国的战略思想和运行发布中发挥着越来越重要的作用，并出现在一些关键文件中，如《2030年可持续发展议程》（2030 Agenda for Sustainable Development）和联合国难民署《2017—2021战略方向》（Strategic Directions）。私营部门的首要地位也体现在"宽带可持续发展委员会"的路径中，该委员会于2010年由国际电信联盟和联合国教科文组织设立。它的目标是"促进在世界各国采用有效和包容的宽带政策和做法"，同时推荐"有利于投资的法规"，并建议政府可以"促进竞争以刺激投资，并通过税收优惠、补贴贷款、普遍服务补助金和购买力平价为宽带投资提供财政支持"（Broadband Commission, 2017: 80）。在越来越多的人连接到互联网的时候，宽带政策极为重要——2016年的一些评估表明，到2025年，互联网的经济贡献为4.2万亿美元，而物联网可带来超过11.1万亿美元的经济增长和效益提升。

西方智库，如全球互联网治理委员会（Global Commission on Internet Governance）——2014年由国际治理创新中心（Centre for International Governance Innovation）和查塔姆研究所[①]（Chatham House）发起——呼吁"一种新型全球社会契约，以便为所有人发展出一个单一、开放又安全的互联网"。它指出："如果数字空间不够安全，并且所有参与者不能更好地讲究数字'卫生'，那么个人自由、经济增长和创新将会走下坡路，特别是在物联网中。"它警告"如果系统的设计与部署在本质上不安全，没有活力"，那么，世界可能会变成一个"具有威胁力的互联网"，"而不是一个'令人信任的互联网'"（Global Commission on Internet Governance, 2016: vi）。

在2017年的一份报告中，互联网协会自诩已成为"世界上最值得信任的独立领导力来源，这是为了互联网政策、技术标准和未来发展的领导力"。该报道警告说："民族主义的兴起正在挑战我们对全球互联性的基本观念，并产生了把全球互联网'碎片化'的威胁。"（Internet Society, 2017: 9）它建议消除"跨境数据流的障碍，以确保每个人都有同样的机会参与全球互联网经济，并从中受益。应该

---

① 或称之为英国皇家战略研究所。——译者注

采取全球的竞争政策以反映现代互联网经济的复杂性,在评估一家公司的市场影响力时,把其数字影响力、数据收集及其公民利用状况考虑进去"(Internet Society,2017: 108)。

互联网协会是"唯一一个专门代表全球领先的互联网公司的贸易协会,旨在处理公共政策问题",在形成全球互联网政策中,是又一个强大的私人游说团体。自2012年开始运营的互联网协会,其使命是"通过自由、开放的互联网,促进创新,促进经济增长,赋予人们权力",其成员包括互联网经济的巨头——谷歌、微软、亚马逊、脸书、Netflix和易趣。该游说团体反对对互联网进行任何形式的政府监管,或反对联合国所支持的对网络空间进行监管的任何方案,"支持促进跨境信息自由流动的贸易政策,因为信息自由流通符合互联网的全球性本质"。它认为:"促进国内外消费品及其服务广阔市场的因素是:强有力的知识产权政策,在线中介的豁免权及其限制,以及跨境数据的自由流动。"(Internet Association, 2018)

施密特和科恩曾预言互联网将"断裂并碎片化",其结局是互联网的"巴尔干化"(Balkanization),国家体系"共存,有时重叠;但在重要方面,却是分离的"。正如他们所指出的那样,在每个"互联网巴尔干"中的互联网,"将具有其国家特色……这个过程'刚开始几乎不会被用户察觉,但随着时间的推移,互联网会石化并最终重建'"(Schmidt and Cohen, 2013: 85)。另一种形式的"互联网巴尔干化"具有更严重的经济影响,特别是在2017年12月美国联邦通讯委员会批准了一项提议之后;该提议是由一些互联网服务提供商(知名的有康卡斯特、威瑞森和美国电话电报公司)提出的,旨在为"付费优先"创建快速的数字通道。由此,取消了2015年通过的网络中立规则,网站可以就其快速提供的优质内容向订户收取费用。考虑到技术变革的速度与规模,如人工智能、5G网络、IPv6协议、虚拟现实和物联网等,这对私人权力与公共政策领导者提出了严峻挑战(Mosco, 2017)。

迄今为止,互联网监管中还有一个被忽视的领域,即作为全球传播与商业动脉的全球海底传播电缆网络。该网络包括50万英里(约80.5万公里)的光纤:这些光纤每天带来10万亿美元的资金转移,这在数据驱动的资本主义时代至关重要。构成全球传播基础设施支柱的200多个有线系统(其中大部分由私营公司拥有、安装和运营),在很大程度上不受管制,因为联合国海洋法公约(UN Convention on the Law of the Sea)不具备充分职责来保障数字时代的这一重要组成部分。因此,对此制定国际公约的必要性已迫在眉睫。

然而,新的监管规则的发展的最重要成果之一不是私有化——欧盟《通用数据保护条例》(*General Data Protection Regulation*)于2018年开始实施,该条例确保消费者拥有其私人信息,并因此有权控制其使用,而互联网公司有义务为消费者提供行使控制权的工具。适用于欧盟28个成员国的该条例要求公司在收集消费者信息时给消费者提供"选择加入"的选项。该条例还赋予消费者这样的权利:查看被收集的个人信息,并能够删除这些信息。这将产生更大的影响力,远远超出欧盟国家范围。

全球传播:隐蔽的监视与公开的监控

控制国际信息的斗争一直是国际传播的一个关键主题。如第1章所述,国际传播手段(电缆和无线电)一直发挥着重要的战略作用,特别是在战争时期。在冷战时期发射的卫星中有70%以上用于防御,而两个超级大国都使用卫星来监视彼此的核能力。在后冷战时代,美国军方意识到信息传播技术仍然是一种重要的武器,特别是与"心理打击"(Psychological Operations, PSYOPS)(Taylor, 1997: 148)相关,后者越来越多地在网络战中以电子方式进行。先进的间谍卫星提供有关"信息战斗空间"(information battlespace)的信息,而无人驾驶的电子战机会对敌人的雷达进行干扰或提供虚假图像,以及阻挡或拦截数字传输。可以通过"电子邮件炸弹"和病毒把敌人的计算机系统搞瘫痪,特别是那种运行着一国之金融网络的系统。到20世纪末,美国陆军已经开发出了一种电子"陆地勇士"(Land Warrior)。在1999年北约轰炸南斯拉夫期间(被称为互联网上的第一场战争),来自双方的黑客扰乱了塞尔维亚和北约的网站,而美国的"信息打击"(Information Operations)把南斯拉夫政府的电子邮件系统搞瘫痪了。

美国国家安全局领导了一项名为埃施朗(Echelon)的广泛国际监控行动。通过间谍卫星和数字监控设备的组合,它可以拦截移动电话呼叫,并从敏感的监听站窃听国际电子传播——电话、电传、电子邮件和所有无线电信号、航空公司和海事频率。在和盎格鲁-撒克逊主要国家(美国、澳大利亚、英国、加拿大和新西兰)签订一份秘密协议后,埃施朗系于1948年成立,其主要基地位于英国的曼威斯山(Menwith Hill)和莫文斯托(Morwenstow)、太平洋沿岸的亚基马(Yakima)和美国东海岸的舒格格罗夫(Sugar Grove)、加拿大的利特里姆(Leitrim)、澳大利亚的浅滩湾(Shoal Bay)和杰拉尔顿(Geraldton)以及新西兰的怀霍派(Waihopai)。美国国家航空航天局与英国政府通信总部(Government Communications Headquarters)合作,在英国的曼威斯山建立了最大的电子间谍基地,为美、英在采购、处理国际情报与传播方面提供竞争优势。监测伊斯兰激进分子是全球监测机构的一个主要焦点。在私有化的全球传播环境中,卫星图像行业与国防部队进行了广泛的合作,后者利用商业公司的卫星情报,如1994年成立的美国公司——空间成像(Space Imaging)公司。该公司由洛克希德·马丁公司、雷神公司以及谷歌地球公司所创建,这些公司从这个商业化、高利润的全球卫星成像市场中赚得盆满钵满。

美国卫星与互联网运营商在如下领域有着突出地位:侦察、监控和成像系统以及整合空间、空中和地面信息与传播系统,这就确保了美国对国际传播的控制——"全频谱统治"(full spectrum domination),这种控制既是软娱乐的,也是硬军事的。欧盟为了在一定程度上减轻其对美国全球定位系统(GPS)的依赖,开发了自己的伽利略卫星导航系统,第一颗卫星于2005年发射。俄罗斯也有自己的全球卫星导航系统(Global Navigation Satellite System, GLONASS),中国开发了北斗卫星导航系统。

数字联通的这种增长已经改变了全球监视与监控,并迫切需要对信息资产与传播系统保障网络安全。正如帕斯奎尔(Frank Pasquale, 2015)所说,个人在线行为的"诸点被公司连接起来",这是通过复杂而有效的算法来跟踪、存储和交易数据来完成的,而这些数据可用于制造或破坏声誉、经济、政治与社会过程及结果。除了这些数据挖掘者,强大的国家、非国家行为者和非政府组织也参与了网络宣传和黑客攻击,这引起了人们对数字领域安全的担忧(Franklin, 2013)。随着"物联网"开始变得更加稳固,国家、公司和个人越来越急于保护他们的网络资产(US Government, 2014)。据研究公司加特勒(Gartner)称,2013年全球各地的组织在信息安全方面花费了670亿美元。尽管对电网与传播网络,有人认为应担心网络战或恐怖袭击(比如一场"网络9·11"),但有人却认为,真正的威胁是间谍、破坏与颠覆(Rid, 2013)。

然而,被指控进行数字破坏的不是无国界的恐怖主义组织,而是民族国家的政府。一个早期例子发生于2007年,据称当时俄罗斯对爱沙尼亚发起了网络攻击,爱沙尼亚的传播与互联网网络瘫痪,生活秩序遭到破坏;该国由于实施其"电子斯托尼亚"(E-Stonia)项目,而成为电子联系最紧密的社会之一(Pomerantsev, 2015)。另一个突出例子发生于2010年,当时美国和以色列"软件专家"的"大作","被称为震网(Stuxnet)的一个计算机程序,破坏了伊朗的核设施离心机"(Economist, 2014)。俄罗斯涉嫌影响2016年美国总统大选以及前面提到的黑客行动,这些行动揭示了网络的破坏性以及干扰西方民主进程的潜力(Soldatov and Borogan, 2017)。

美国、以色列、俄罗斯和伊朗等国家涉嫌开发、部署网络武器。一些非西方国家日益主张重塑网络领域,旨在挑战西方对这一领域的统治地位。曾为英国对外情报局军情六处（Military Intelligence 6，MI6）工作的因克斯特（Nigel Inkster）提出，西方将被迫适应这样一个世界：其技术优势正在迅速消逝，并且不再被视为理所当然（Inkster，2016）。随着网络空间成为地缘政治的新的前沿阵地，各国政府赞助、部署和利用黑客——"网络代理人"（cyber proxies）——作为投射或保护国家利益的渠道，在这方面政府已成为企业家（Maurer，2018）。

斯诺登事件是最突出的例子，揭示了在一个民主而自由的互联网中，大规模监控的存在（Greenwald，2014）。《华盛顿邮报》进行的一系列特别调查（后来出版成一本电子书），揭示了美国国家安全局实施的广泛监控计划以及全球范围内移动电话跟踪系统。这使隐私问题凸显出来。美国国家安全局合同工爱德华·斯诺登称，互联网是一部"监视你的电视"，并指责政府"秘密滥用（它），超越了必要、适当的权力"（Washington Post，2014）。特别引起争议的是美国国家安全局的"棱镜"（PRISM）计划，该计划允许美国情报机构从谷歌、脸书和苹果等公司获取信息。美国政府的一份报告还显示（The NSA Report，2013），在《外国情报监控法》的框架下，美国政府收集了"位于美国境外的非美国人士"的"电子传播内容，包括电话和电子邮件"。

众多机构正在"清空那些他们曾经筛选、分类和存储的数据"，美国国家安全局只是其中的一个（Andrejevic，2013：1）。其他人已对监控状态下新闻业的未来表示担忧（Bell and Owen，2017）。总部位于纽约的人权观察组织（Human Rights Watch）指出，这种对"个人信息和个人传播内容空前规模"的监控也"损害了美国在国际上倡导互联网自由的可信度，而至少从2010年开始美国就将互联网自由列为重要的外交政策目标"（Human Rights Watch，2014：3）。

学者们认为，既然互联网具有"全频谱监控和信息中断"潜力，人类战争演变的下一个阶段就是利用控制论（cybernetics[①]），并且，美国已经为网络战做好了充分准备（Singer and Friedman，2014）。根据安全公司思科的说法，垃圾邮件占全球电子邮件总量的近三分之二并且还在增长，"2016年观察到的全球垃圾邮件"高达10%"可归类为恶意邮件"（Cisco，2017：5）。根据美国安全解决方案提供商赛门铁克（Symantec）发布的《互联网安全威胁报告》（Internet Security Threat Report，

[①] 在词典以及有限的中文翻译文献中，这个词被翻译为"控制论"，但似乎不能涵盖其意思，甚至会给读者带来误解——维纳1948年提出了控制论，在传播技术环境迥异的今天，此控制论与彼控制论显然无法等量齐观。假如把cybernetics翻译为"控制论"，那cybernetic又该翻译为什么呢？维基百科解释说，该词指的是一种关于跨学科的思维模式，以及关于反馈机制的问题，而"控制"更多是由此而产生的一种结果。当维纳意义上的控制论刚刚传入中国时，中国学者最初将cybernetics翻译为"机械大脑论"，但由于这个理论被苏联直接定性为"反动的伪科学"，所以并没有广泛传播开来。本翻译者倒觉得用这个翻译比"控制论"更能贴切今天的传播技术语境。——译者注

ISTR），诸如恶意软件、垃圾邮件、网络钓鱼和勒索软件，以及加密数据挖掘器等网络风险正在全球范围内稳步增长；美国是最脆弱的，2017年，它所记录的威胁占全球的26%以上；其次是中国和印度（ISTR, 2018）。

人工智能和机器学习能力的全球化有助于强化快速的全球传播——例如进行机器翻译，或推进医学图像分析。然而，部署在监控、政治宣传和媒体操纵中的人工智能也开始影响国际传播。2018年，来自西方顶级大学、智库和非政府组织［包括电子前哨基金会（Electronic Frontier Foundation）］的专家撰写了一份报告《人工智能的恶意使用：预测，预防与缓解》（*The Malicious Use of Artificial Intelligence: Forecasting, Prevention and Mitigation*），该报告审查了三个安全"领域"（数字的、物理的和政治的）。它研究了人工智能如何通过篡改视觉内容来平衡或操纵政治传播。报告指出，"利用人工智能可以使监控任务（例如分析大量收集到的数据）、说服（例如制作有针对性的宣传）以及欺骗（例如操纵视频）自动化，这可能会扩大与隐私侵犯、社交操纵相关的威胁"（Electronic Frontier Foundation, 2018: 6）。发表在《科学美国人》（*Scientific American*）杂志上的另一项研究警示了机器控制的后果，研究指出了人们"更为成功地进行着远程控制"，并且趋势是：正在用一种"数字权杖"（digital scepter），"从监管计算机到监管人"；这个权杖使人们能够"有效地治理群众，而不必让公民参与民主进程"。该研究指出，其基本要求是"整合、收集数据并进行传播"。把人和物都连接到"万物互联网"（Internet of Everything）是获取所需数据的理想方式，只管输入网络控制策略就可以了（Helbing et al., 2017）。

为了发展的传播

围绕公共Wi-Fi问题，发展中国家的政府和私人都有诉求，这就使得手机和数字平台的使用日益增长，使用的增长以一种强劲的发展维度拓展了数字传播。由此，数百万农民和微企业家获益，他们代表了"国际发展所经历的最快、最广泛与最深刻的技术变革"（Heeks, 2018）。使用手机进行数字支付正成为许多发展中国家的一个特征，特别是自2007年以来肯尼亚使用了"移动货币"（M-Pesa, Pesa是斯瓦希里语"钱"的意思）（World Bank, 2012; Vokes, 2018）。中国的支付宝是移动金融的成功案例，正在不同发展中国家推广。另一个主要的发展项目是印度的"基金"（Aadhaar, 梵语），这是世界上最大的生物识别系统，由印度唯一身份识别管理局运营，它为每个印度公民提供一个唯一的识别号码，以确保他们在各种福利计划中以透明的方式获得应享权利（Aiyar, 2017）。

联合国儿童基金会（UNICEF）的"促进发展的传播"（Communication for Development, C4D）方案采用集社会动员、倡导与社会变革于一体的战略，针对从健康、卫生到教育与儿童权利等问题。"促进发展的传播"方案相信，"可持续的、长期的行为与社会变革"可以通过"参与性的、基于人权的社会转型过程"来实现（UNICEF, 2017）。2015年，联合国批准了《2030年可持续发展议程》（简称《2030年议程》）以落实并跟进千年发展目标，该目标设置了一个全球发展议程，基于经济繁荣、社会包容以及环境可持续性。该议程确定了17个可持续发展目标（Sustainable Development Goals, SDGs），并将信息与传播技术视为一种"实施手段"，贯穿于教育、性别平等、基础设施和伙伴关系等可持续发展目标中。一些人强调，必须认识到媒介在促进发展话语中的首要性，并将这种首要性定义为"战略地使用媒介，把媒介当作推进个人知识、态度和实践积极变革的工具，以获得发展成果"（Scott, 2014: 13），而其他人则敦促在发展话语中更加重视性别问题（Wilkins, 2015）。

有一种观点认为，非洲国家应该关注媒介发展的模式，这些模式不应是衍生物，而应充分考虑地方问题及其复杂性（Onwumechili and Ndolo, 2013），包括种族和民族方面（Mano, 2015）。在有着多达数百种土著语言的非洲大陆中，有必要保护与促进媒介及其传播，这也是发展的优先选项（Salawu and Chibita, 2016）。有些人建议采用更加综合的方法（Manyozo, 2012），而其他人则强调"公民视角"的首要性，反对"对变革过程采取功能主义做法，以及随之而来的对促进发展与社会变革的传播采取功能主义做法"（Tufte, 2017: 2）。还有人建议要对南方国家的情况保持更大程度的敏感性（Lugo-Ocando and Nguyen, 2017; Seneviratne, 2018），并在报道非洲人道主义危机时努力追求一种以和平与人权为核心的新闻（Shaw, 2012）。

近几十年来，中国在非洲大陆的影响力不断增长，这正在推动一种新型新闻——"建设性新闻"（constructive journalism），非洲由此在国际媒介中的形象也发生了大改观（Bunce, Franks and Paterson, 2016）。这种新闻与由美国主导的西方媒体所使用的批判性新闻形成对比（Zhang and Matingwina, 2016）。

批评者质疑了"发展意识形态"，他们宣称该"意识形态"被"一种千篇一律的终极结果观念所支配，也就是所有社会已实现的那种结果：一种都市化、工业化的富足状态，由处理世俗事务的高层专家通过一个'理性'的官僚机构进行治理，并得到资本密集型技术的支持"（Kothari, 1989: 5）。其他人，特别是莫汉·杜塔认为，发展传播的政治经济学应该受到更严格的审查，应该强调的是贫困的根源，而不是不发达症状。西方主导的国际机构及其以项目为基础的呼吁阐明了这些症状，但在为社会变革而部署传播时并不是特别成功（Dutta, 2011; 也见 McAnany,

2012)。

中国等国家的崛起也影响了发展话语,人们越来越认识到需要"中国与其他新兴市场经济体之间这样的南-南发展合作"。有人认为,"在减少贫困以及实现包容性、可持续增长中,这种合作更有可能带来'快赢'(quick wins)局面"(Lin and Wang, 2017: 6)。世界银行前首席经济学家林毅夫及其合作者王燕要求"发展思维的民主化",提出"几种不同范式可以共存,发展中国家可以根据其自身的发展需要,从各种选项中选择发展范式"(Lin and Wang, 2017: 14)。

"中印"效应

亚洲崛起之际,正是西方相对衰落之时,这为重构国际传播,特别是发展话语打开了可能性。中国和印度的崛起代表了一种叫作"东方化"(Easternization)的东西,这种崛起体现在"全球经济力量的长期转变中"——这使得西方更难以"产生把秩序强加给世界所必须的军事、政治和意识形态资源"(Rachman, 2016: 6)。媒介与传播是管理"东方化进程"的重要意识形态资源(p.255)。

虽然特朗普支持一种保护主义的、反全球化的议程,以及英国讨价还价要求退出势弱的欧盟,但中国和印度等国家则要求更深入、更迅速的全球化。中国国家主席习近平在2017年的达沃斯世界经济论坛(Davos World Economic Forum)上表示:"搞保护主义如同把自己关进黑屋子,看似躲过了风吹雨打,但也隔绝了阳光和空气。"这是世界经济和政治精英年度聚会历史上,中国领导人第一次发表主题演讲。在2018年的论坛上,印度总理纳伦德拉·莫迪是主题演讲人,强调了进一步全球化之必要。

美国政府和布雷顿森林机构所引导的全球化,是以经济自由化、放松管制和私有化为特征的。正当这种被称为"华盛顿共识"的全球化面临挑战之时,在作为全球增长主要动力的美国和欧洲似乎衰落之际,新兴国家正成为新自由主义全球化呼声的推波助澜者。另外两个近期变化是,美国退出跨太平洋伙伴关系协定(TPP),将欧盟与美国联系在一起的跨大西洋贸易与投资伙伴协定(TTIP)的未来晦暗不明,这种变化表明了西方的相对退场。尽管跨太平洋伙伴关系以亚洲为重点,但中国和印度都被排除在外。

如上所述,中国互联网以及以互联网为基础的产业都在快速增长。互联网的增长在印度也非常明显,在那里,互联网用户的数量从1 000万增长到1亿用了10年,但仅仅用了3年就将这一数字翻了一倍,达到2亿。到2018年,这一数字达到了5亿,使印度成为仅次于中国的世界上第二大互联网市场。据估计,每个月有

200万新用户加入印度的社交媒介网络,印度的脸书用户最多,超过了美国。鉴于印度的人口红利——超过70%的印度人年龄低于35岁,在未来几十年内,源于印度的内容在全球电子高速公路上很可能持续增长。莫迪政府雄心勃勃的"数字印度"(Digital India)计划于2015年启动,旨在通过信息技术,改造"整个公共服务生态系统"(Sen Narayan and Narayanan, 2016: 14)。"数字印度"计划得到了全印度的大力支持,承诺投入710亿美元建设急需的数字基础设施,以改善联通性。这种公私合作关系可能为印度雄心勃勃的国家光纤网络带来新的生机,该网络一旦完成,将为250 000个乡村自治委员会(gram panchayats)提供宽带连接,为60万个村庄和超过11.5亿人提供服务。这不仅可以提高市民获得服务的机会,还可以改善基层收集到的信息质量。尽管印度的传播基础设施薄弱,但在过去10年中已成为全球电子传播和外包服务提供商的主要节点,例如:2015年,美国从印度进口了价值141.5亿美元的电信、计算机和信息服务,而它只向印度出口了价值约10亿美元的服务。

中国在太空和卫星计划领域取得了显著增长,随着第三代北斗卫星的部署,到2020年中国将拥有一整套全球卫星基础设施。印度空间研究组织以可承受的价格建造并发射了一系列卫星(包括2014年以一部好莱坞大片的成本将一艘飞船成功地送往火星),从而能够提供传播基础设施,以反制这一传统上由美国和欧盟主宰的领域。中国的经济规模是印度的五倍,其经济足迹已遍布全球,是世界上最大的发展中国家。在诸多南方国家中,中国一直把发展传播基础设施摆在优先位置。这个战略的一个关键组成部分是加强对外援助:2013年,中国对全球发展援助总额贡献了4%,其中近一半用于非洲国家,旨在建立基础设施,包括传播基础设施(Li, 2017)。中国与非洲的贸易呈指数级增长——从2000年的100亿美元增加到2015年的2 800亿美元。在有关网络空间和可持续发展之间的新兴协同关系的对话中,中国和印度可以作出重大贡献。尽管中国和印度都是全球化和多边主义的倡导者,但他们坚信国家具有重要作用,这种信念有助于限制多边世界贸易组织体制的自由化进程,例如在多哈回合贸易谈判期间。

丹尼尔·贝尔认为,中国发展模式是一种可行的治理模式(Bell, 2015)。随着美国削减其国际援助以及国际广播预算并离开联合国教科文组织,中国和印度等国家可能会找到更多空间来推广其全球化版本。在联合国教科文组织、国际电信联盟和世界知识产权组织等全球论坛上,中国和印度可能是阐述南方国家观点与视角的重要声音。这些声音涉及如下多元而充满争议的问题:在数字环境和保护网络安全与商业这种环境中的可持续发展与气候变化问题、多元文化主义问题和知识产权问题。中印的这种角色有助于巩固一个多极世界。中国和印度作为具有大洲规模的大国,已经越来越有能力在联合国系统内(中国甚于印度,鉴于它是安全理事会中拥有一票否决权的成员国之一)和世界贸易组织中发挥作用,并有助于形成全球治理规则的修订版,而这些规则主要由西方设计并实施。

中国、印度的经济增长令人印象深刻(Kohli, 2012),但也面临着挑战:可持续发展和贫富差距。根据世界银行2017年《可持续发展目标图集》(Atlas of Sustainable Development Goals)的数据,1990年中国有7.56亿公民生活在极端贫困中(每天不到2美元),但到2013年这个数字仅为2 500万;在短短20多年内,中国使7亿多人摆脱贫困(World Bank, 2017)。然而,国际媒体对这一成就的报道是微不足道的。随着移动传播技术通过一个改造过的多语种互联网与内容的不断融合,中、印声音的国际影响力可能扩大——这得益于世界上数量最大以及第二大侨民人口的帮助。互联网上英语的主导地位也可能受到挑战,从而形成互联网碎片化的趋势。当前,移动技术和宽带的融合为各种媒介与传播服务提供了高速互联网接入。2008年,互联网名称与号码地址分配机构批准了国际域名,此后,以阿拉伯语、西里尔语和梵文以及汉语、日语和韩语等表意文字系统录写的文本流量在网络空间激增。

大型非西方文明势力的崛起,我们有必要重新评估一种势力是如何将现代性的进展想象为欧洲观念的一种体现(见2010年"全球媒体与传播"专题中相关文献)。体制性教育的全球历史可能必须考虑到知识创造及其传播的非欧洲轨迹。

国际传播研究的国际化

通过在迪拜、新加坡和上海等地建立国际高等教育中心,教师和学生日益全球化,传播课程的国际化也开始兴起。欧盟的伊拉斯谟世界计划(Erasmus Mundus)等方案正在推动联合硕士课程项目,以赞助国际学生,并且许多大学依赖国际学生才有了经济保障。国际化的教学和研究议程还鼓励研究人员通过专业组织,促进学术与专业联系,以便推行联合项目,以更精细化的方式调查跨国传播、媒介与文化现象。然而,以美国-英国为中心的认识论在媒介与传播研究中占有持续的主导地位,这引起许多学者的普遍不安感(Thussu, 2009; Curtin and Shah, 2010; Nyamnjoh, 2011; Rodriguez, 2011; Chakravartty and Roy, 2013; Kraidy, 2013; Wasserman, 2018)。需要重振迅速发展并全球化的媒介与传播领域,扩大其职责范围,并与非西方理论与方法以及其他社会科学进行跨学科对话(Hobson, 2012)。

由于中国和印度等国家的崛起,全球媒介与传播格局发生转变,这就挑战了传统的西方媒介理论的分析框架——无论是自由主义的还是批判性的,尽管两者都提出了有益的见解（Curran and Park, 2000; Hallin and Mancini, 2012; Christians and Nordenstreng, 2014）。媒介与传播研究领域仍然深深植根于西方话语中，部分原因在于英语具有全球传播语言的主导地位，以及"传播"这一主题出现在美国这一事实。美国传播与媒介学院在该领域发行了大部分教科书和期刊出版物，紧随其后的是英国。因此，世界各地，特别是在南方国家，媒介与传播课程都采用了美国/英国的方法，"现代化范式"影响了大学课程、教学与研究（Sparks, 2007）。

尽管媒介与传播行业受到马克思主义批判传统的影响，该传统关注的是跨国权力结构及其所有制与生产模式，但许多学者依然受到冷战意识形态的制约。冷战意识形态将世界分为两大阵营：一个由美国领导的资本主义西方，一个以莫斯科为中心的共产主义集团。在这样的表述中，"威权主义"与"自由主义"的媒介理论辩论塑造了学术话语，而没有注意到像中国和印度这样大而复杂的国家并不符合一个两极化世界的模式（Thussu, 2009）。苏联解体削弱了批判性研究的政治边缘，因为后现代的、身份驱动的话语迅速流行和全球化，进入俄罗斯、中国、印度以及其他发展中国家这些迄今还蒙着神秘面纱的国度（Abbas and Erni, 2005; Waisbord and Mellado, 2014; Nordenstreng and Thussu, 2015）。

许多学者主张将媒介与传播研究扩大化并国际化，亚洲媒介与传播转型有必要这么做（Miike, 2006; Gunaratne, 2009; Thussu, 2009; Chen, 2010; Wang, 2011; Iwabuchi, 2014; Lee, 2015）。语言多样性不断增长的全球互联网促使一些学者要求把互联网的研究国际化（Goggin and McLelland, 2009），而最近的研究表明："去西方化的研究可能需要超越这种思路：调整并修改西方理论。"（Chan and Lee, 2017: 2）

媒介与传播学术研究，无论是在中国还是印度，都是相对较新的学科，且在迅速增长。到2018年，中国大学开展了800多个传播与媒介项目，其中包括该领域有许多期刊出版，包括自2009年开始发行的《中国传播学刊》（*Chinese Journal of Communication*），2016年启动的《全球媒体与中国》（*Global Media and China*），以及在成熟的国际期刊中提高有关中国文献的知名度。印度媒体部门的大规模增长促使学术界和政策机构鼓励并支持对该领域的研究与学习（Rajagopal, 2009; Sundaram, 2013; Sen Narayan and Narayanan, 2016; Athique, Parthasarathi and Srinivas, 2018a, 2018b）。中国和印度为媒介与传播学生提供了待遇丰厚的就业市场，而这两个国家向西方大学输出了大批研究生。许多西方大学正在与中国和印度的高等教育机构开发新课程与合作项目，而一些大学已在中国设立校区——尤其是宁波的诺丁汉大学和上海的纽约大学。2018年，北京大学在牛津开设了校区——北京大学汇丰商学院英国校区，这是中国教育领军者的首个海外学习基地。

学生和教师的流动性日益增长，短期课程与交流项目的组织也促成了这种跨国学术互动。然而，这些项目通常出于经济考虑而非智识考虑。鉴于国际化这一主题以及媒介与传播业的全球化，从理想状况来说，国际化本应成为媒介与传播教学与研究不可分割的一部分；然而，在此之际，对中国和印度这样的"文明国度"有着知识好奇心的却只限于专家。根植于代表南方国家话语中的许多学者，提出了超越源于西方范式的新路径（Nyamnjoh, 2011; Chakravartty and Roy, 2013; Wasserman, 2018）。一些人认为有必要对媒介与传播研究"去殖民化"（Wasserman, 2018），更具体地说，对互联网研究的"去殖民化"（Willems and Mano, 2017），而其他人则强调在一个全球化世界中讲究伦理的必要性（Rao and Wasserman, 2015; Ward, 2015）。

亚洲的崛起要求对过去至少两个世纪的教育学指标以及对历史和现代性的西方叙事进行彻底重新评估。全球传播史将包括非欧洲国家与文化之间的传播。例如，它会注意到，那烂陀大学（Nalanda）的高等教育中心（5世纪到12世纪之间，印度的一所国际佛教大学，最近作为一个泛亚项目之一部分而复兴，该项目将中国与印度以及一些其他亚洲国家连接起来）在欧洲建立大学之前已经存在了1 000年；它会注意到，中国对佛教思想与文本的兴趣产生了伟大的中国学者（和译者），如著名的玄奘（602—664）曾经访问那烂陀，就法律、哲学和政治问题交换思想，将数百份手稿从梵语翻译成汉语。这种文化互动使梵文的《金刚经》被翻译成中文，这是世界上第一部纸质印刷书籍，出版于9世纪。这两个亚洲巨人之间有着悠久的历史联系，这有助于缓解它们在有争议的边界争端上的对抗关系。中国是印度最大的贸易伙伴，印度和中国是金砖国家（巴西、俄罗斯、印度、中国和南非）集团的主要成员。自2017年以来，印度也加入了由中国领导的地缘政治集团——上海合作组织。正如沈丹森（Tansen Sen）所说，对中印关系的分析必须超越传统的民族国家或双边主义框架，建议印度与中国之间的联系必须"置于亚洲和世界历史的语境中，并参考全球相互依存关系来分析其当代关系"（2017: 4）。

国际传播：沿袭与流变

1858年8月5日，第一条跨大西洋电报沿着2 000英里长的海底电缆从英国传到美国，花了17个小时才到达。到2018年，跨越同样的距离仅仅需要不到60毫秒。据麦肯锡全球研究院（McKinsey Global Institute）估计，**每秒**有543兆兆位的数据跨越国界，跨境数据流对全球GDP的贡献大于货物贸易（Lund and Manyika, 2017，黑体为引文所注）。跨境数据流——商务和个人传播、数字娱乐和信息娱乐交易、政府宣传和企业公关信息——正在激增,并把更多国家、社区和文化连接在一起。2005年使用的跨境数据带宽为每秒4.7太字节(Tbps);到2014年,它增长了45倍,达到每秒211.3太字节。国际传播的速度和数量使企业、政府和社会受益,如果电报和电话是现代性和现代化的预兆,那么在今天,数据就是数字资本主义的生命线。

跨境数据流的规模和价值都在迅猛增长,这种增长被称为"数字全球化"(digital globalization),正如前面所揭示的那样,它主要由美国的数字公司所主导——无论是软硬件还是服务与支持系统。这并不奇怪,因为互联网出现在美国,其基础设施以及经济和技术治理依然由美国的数字公司所主导。然而,就用户而言,发生了巨大变化:1995年,全球使用互联网的人中有60%以上生活在美国;到2017年,这一数字已缩减至不到互联网总用户的10%。正如麦肯锡全球研究院的报告所指出的那样:"新兴经济体在历史上首次占全球贸易流量的一半以上,而南-南贸易是增长最快的一种联系。"今天,中国拥有世界上数量最多的互联网用户,超过7.2亿,紧随其后的是印度。互联网地址与域名分配机构估计,到2020年,全球将有63%的人口上网(50亿用户),其中许多人不会使用拉丁语键盘(Cerf et al., 2014)。

这种多语言的互联网将推动其姗姗来迟的国际化,并激发那些超越英语国家路径的研究(Goggin and McLelland, 2009)。然而,"数字种姓制度"(digital caste system)将可能持续(Schmidt and Cohen, 2013: 254),因为美国对互联网的支配地位在可预见的未来不太可能消失,尽管互联网将与以往大不同——中国和印度将占新移动互联网用户的近一半(Jeffrey and Doron, 2013)。

商业、传播和旅游从未像今天这样如此深刻地联系在一起,但全球化的格局正在发生变化。贸易曾由有形商品支配,主要局限于发达经济体及其大型跨国公司。如今,全球数据流量激增,数字平台允许更多国家和小型企业参与(McKinsey, 2016)。在这个相互关联的世界中,随着越来越多的个人、政府和企业依赖于"以算法方式"创建信息以及其他类型的"机器传播",人们担心算法可能会破坏"人性和人类的判断力",并制造更危险的新数字鸿沟(Pew Research Centre, 2017)。云计算、大数据分析和物联网的融合可能充当一种催化剂,催化"一种民主的、去中心化的以及开源性的互联网走向衰落"(Mosco, 2017: 5)。

全球联通性在贸易流动、信息交换以及跨文化理解方面,为世上各个社会带来了巨大利益,世界比以往任何时候都更加富裕。正如世界贸易组织所指出的那样:

> 自1990年以来,世界经济规模翻了一番,这是历史上最大规模的扩张,尽管2007年发生了大萧条。虽然全球经济整体在重振旗鼓并向前发展,但中

国、印度以及其他新兴巨头（占全人类的三分之一）正在迅速赶上发达国家。包括最贫困人口在内的全球数十亿人的发展、福利和生活水平正在以前所未有的速度得到提高。

(WTO, 2017: 14)

尽管如此，仍有超过12亿人生活在赤贫之中，不平等现象正在增长（Deaton, 2013; Piketty, 2013）。世界上最富有的1%人口拥有全球约40%的资产，而底层那一半人口拥有的资产不超过1%（Deaton, 2013）。这种不平等具有强烈的性别维度。世界经济论坛于2006年提出了"全球性别差距指数"（Global Gender Gap Index），这种衡量基于性别差异的框架。据该指数估计，"到2025年全球国内生产总值将增加5.3万亿美元，将经济参与中的性别差距缩小25%"（World Economic Forum, 2017）。正如普赖斯所指出的那样，全球化也拓展并放大了"自由"的概念，自由不仅仅是"更多的言论，不仅仅是更自由的言论，而是各种力量的杂耍。这些力量为某些人创造了机会的同时，又为另一些人制造了残酷与野蛮的竞争"（Price, 2015: 251）。一些人建议对诸如互联网这样的"关键公用事业进行公共控制"，并建议通过对跨国数字公司征税来为这项公共服务提供资金，美其名曰叫"瑟夫税"（Cerf Tax），以纪念使互联网成为现实的互联网协议之父温特·瑟夫（Vint Cerf）（Curran, 2012: 185）。

数字资本主义在过去20年中已在全球范围内扩展，可能会进入物联网时代，这可能是"进行大规模监控最有效的基础设施"（Howard, 2015: xvii），并且是一种"对政府和企业来说强有力的工具包"（p.255）。如果下一阶段是数字自动化扩展到社会、经济和政治领域，谁拥有数字权力的问题将变得至关重要。可持续发展论点也十分紧迫：如果"碳资本主义"（carbon capitalism）所延续的模式继续有增无减，那么它在资源有限的世界中能持续多久？随着印度、巴西、尼日利亚和印度尼西亚等人口众多的国家进一步采用不可持续的消费主义生活方式，在一个全球资源库快速枯竭之际，地球将如何满足能源需求？媒介与传播技术本身需要高水平的能源供应。包括美国、德国、中国和印度在内的许多国家投资于技术，以便有效并经济地利用替代性能源（特别是太阳能），这些投资显示出一些希望迹象（Sivaram, 2018）。在一个多语言的多极世界中，传播这些替代性观点和愿景至关重要。在一个彼此联系的数字星球中，在一个以人为中心、负责任的体系中，相互联系的传播（connected communication）应该鼓励相互联系的行动，以便为所有人维护并促进全球正义、平等以及可持续繁荣。

词 汇 表

高级移动电话系统（Advanced Mobile Phone System, AMPS） 原始的北美蜂窝系统。现在用于北美洲、拉丁美洲、澳大利亚以及俄罗斯和亚洲的部分地区。

联营（Affiliate） 播送某家广播电视网络的节目和广告，但不从属于该网络的广播电视台。

算法（Algorithm） 用于解决问题的一组有序步骤，例如数学公式或程序中的指令。

美国信息交换标准码（American Standard Code for Information, ASCII） 在计算机和数据通信系统中使用的二进制数字代码。

模拟（Analogue） 一种通过连续变化的信号存储、处理或传输信息的方法。

天线（Antenna） 用于拾取卫星信号并将其传送到接收器的装置，通常为碟形。

人工智能（Artificial Intelligence, AI） 计算机或计算机控制的机器人执行通常与智能（人类）有关的任务的能力。

阿斯特拉（ASTRA） 拥有和运营ASTRA卫星系统的欧洲卫星公司的商标和商业名称。

非对称数字用户线（Asymmetric Digital Subscriber Line, ADSL） 一种宽带通信技术，使普通电话线能够高速连接到Internet。

异步传输模式（Asynchronous Transfer Mode, ATM） 基于高带宽、低延迟，面向连接，类似分组的交换和多路复用技术的超高速数据传输技术。

带宽（Bandwidth） 在发射机和接收机之间传输的信道或信号的宽度（即频率范围）：带宽越宽，可以传输的信息越多。

波特率（Baud rate） 数据传输速度的量度，以每秒的信息单位数为单位；计算机使用通信软件通过调制解调器传输数据的速度。

波束（Beam） 从卫星发射的定向电磁射线。

博客（Blog） 通常由个人维护的网站，包含定期更新的评论和新闻，配有图片。读者可以在交互式论坛中发表评论。

蓝牙（Bluetooth） 一种围绕新芯片构建的无线电技术，可以在不使用电线的情况下在计算机和手持设备之间短距离传输信号。

增强器（Booster） 在同一频道上接收、放大和重发信号的电视或FM广播电台。

宽带（Broadband） 使用能够承载复杂系统的宽带的信道。用于描述数字技术为消费者提供对高速语音、数据、视频和交互式服务的集成访问的潜力。宽带也用于指提供多个信道的**模拟**传输技术。

广播（Broadcast） 将信号从单点发送到多个接收器。

浏览器（Browser） 一种用于查询、搜索和查看互联网信息的软件程序。

字节（Byte） 一组以单位运行的二进制数字。一个字节等于八个比特。

有线电视（Cable television） 一种电视广播系统，信号通过电缆传输到用户的设备（另请参阅社区天线电视）。

载波（Carrier） 传输信息信号的基本无线电信号，占用单个无线电频率（另请参阅**公共载波**）。

电视节目回看功能（Catch-up TV） 使观众能够访问已经播出的节目并在选择时观看它们。

社区天线电视（Community Antennae Television, CATV） 电视广播系统，信号在一个卫星接收器上接收，并通过电缆转发给订户。

C波段（C-band） 大多数通信卫星使用的4～6 GHz（每秒十亿个周期）的频率范围。

蜂窝移动无线电电话系统（Cellular mobile radio telephone system） 一种移动无线电电话传输系统，它使用多个短波无线电发射器来覆盖定义的服务区域（或小区），并在用户旅行时将信号从一个区域转发到另一个区域。

云计算（Cloud computing） 一种在远程服务器上存储应用程序、服务或内容并将其提供给用户，而不是用户将其存储在自己的设备上的一种方法。

公共载波（Common carrier） 在非歧视的基础上向公众提供通信传输服务的供应商，例如电话和电报。

通信卫星公司（COMSAT） 由美国国会特许成立的公司，是美国国际电信卫星频道的独家提供商。COMSAT在国际通信卫星组织（Intelsat）中也代表美国。

光盘（Compact disc, CD） 一种五英寸的光盘，上面刻有数字音频信号，因此可以通过计算机或CD播放器中的激光束设备读取。

压缩（Compression） 一种减少要传输的数据量，从而减少传输视频或音频所需的带宽，从而增加卫星转发器容量的技术。压缩工作的主要方式是消除信号中的一些冗余数据。

Cookie文件 Cookie由访问过的网站创建的小文本文件（最多4 KB），仅存储在用户计算机上用于该会话的文件，或永久存储在硬盘上（永久cookie）。Cookies为网站提供了一种识别用户并跟踪其偏好的方式。

覆盖范围（Coverage） 卫星的"覆盖范围"为接收至少一个由其传输的信道的主机的数量。

文化领域（Cultural domains） 可以归为以下分类的一组共同的文化生产行业、活动和实践：A. 文化和自然遗产；B. 表演和庆典；C. 视觉手工艺品；D. 书籍和出版社；E. 视听和互动媒体；F. 设计和创意服务。

文化商品（Cultural goods） 传达思想，符号和生活方式的消费品，即书籍、杂志、多媒体产品、软件、唱片、电影、视频、视听节目、手工艺品和时装。

文化遗产（Cultural heritage） 包括文物、古迹、一组建筑物和遗址，具有多种价值，包括象征性、历史性、艺术性、审美性、民族学或人类学、科学以及社会等层面的意义。

文化服务（Cultural services） 政府、私人和半公共机构或公司向社区提供的用于文化实践的总体活动和支持设施。此类服务的示例包括推广表演和文化活动、视听发行活动、文化信息服务，以及书籍、唱片和手工艺品（在图书馆、文献中心、博物馆中）的保存。文化服务可以免费提供或以商业为基础。书籍和从互联网上下载音乐或电影被视为服务。

网络空间（Cyber space） 由科幻小说家威廉·吉布森（William Gibson）于1984年引入的术语。"网络空间"是人类通过电子邮件、游戏或模拟方式在计算机网络上进行交互的地方。

网络战（Cyberwar） 在**网络空间**进行的信息战。

数据包（Data packet） 沿单个给定网络路径传播的单个包中的数据单元。数据包在互联网协议（IP）传输中用于导航万维网及其他类型网络中的数据。

数据保护法（Data Protection） 赋予个人（数据主体）对其个人数据的某些权利，为收集、使用和存储个人数据框定条件，并提供监督和监视系统。

解码器（Decoder） 对受**加密**保护的信号进行**解密**，该信号通常与**智能卡**一起使用，以允许访问服务。

数字系统（Digital） 这种系统中来自任何介质或来源的信息或数据都以二进制形式编码（1或0，对应开或关状态）。数字数据在传输中具有较少的冗余（错误），因此可以压缩为比模拟信号窄的带宽（请参见**压缩**）。

数字音频广播（Digital audio broadcasting, DAB） 使用数字调制和数字源编

码技术的无线电广播。

直播卫星（Direct broadcast satellite, DBS） 将电视信号直接传输到观众家中的碗碟。通常是只需要小碟子的高功率卫星。

域名（Domain name） 确定一个或多个互联网地址的名称。后缀指示它属于哪个顶级域。顶级域名数量有限，例如".com"".org"。

下行链路（Downlink） 从卫星到地面站的下行链路传输；也指用于接收的碟形天线。

下载（接收）[Download (receive)] 从另一台计算机接收数据。相反则是**上传**。

DSAT（Digital satellite transmission） 数字卫星传输。

直接到户（Direct To Home, DTH） 观看者家中的卫星碟形天线直接接收卫星电视节目（另请参见**直播卫星**）。

地球站（Earth station） 地面上发射和接收卫星通信信号所需的碟形天线、接收机、发射机和其他设备。

电子商务（e-commerce） 通过电子网络（特别是互联网）进行产品的生产、广告、销售和流通。

电子数据交换（Electronic data interchange, EDI） 以计算机可处理的格式交换日常业务交易。

电子资金转账（Electronic funds transfer, EFT） 一种电子系统，可以转账并记录财务交易，从而取代了纸张的使用。

电子节目指南（Electronic programme guide, EPG） 一种屏幕上的节目和其他服务的交互式指南，可以帮助观看者选择他们所选择的节目。

电子邮件（Email） "电子的邮件"（electronic mail）的缩写，指从发件人到收件人的文本传输。用户可以将邮件发送给单个收件人或多个用户，并可以在邮件中附加和传输计算机文件。

加密（Encryption） 一种编码信息的方法，只有发送者和接收者才能理解它。计算机交换加密的信息时，会使用复杂的数学算法以及指定的"数字密钥"。这允许更大的私密性，还可以验证发送者和接收者的身份。

传真（fax） 通过电话系统进行电子打印材料的电子传输。在发射点扫描图像，并在接收站重建图像，在此可以生成打印副本。

光纤（Fibre optics） 通过沿超薄柔性硅或玻璃纤维传播的光脉冲传输信号，几乎没有衰减，并提供了远大于铜线的容量。

足迹（Footprint） 卫星所覆盖的地理区域，其范围取决于通信质量，这和航天器的天线方向图、信号功率或地球曲率有关。

外国子公司(Foreign affiliates) 可以指一家在项目所在国的企业由不在该国内的机构单位所控制,也可以指一家不在项目所在国的企业由在该国内的机构单位所控制。

频率(Frequency) 在给定时间段内通过给定点的电磁波的振荡次数。它等于光速除以波长,并以赫兹(每秒周期数)表示。

七国集团(G7) 七个主要工业国家组成的集团,包括加拿大、法国、德国、意大利、日本、英国和美国。

七十七国集团(G77) 1964年在第一次联合国贸易和发展会议结束时成立的(最初有77个成员国,现在已超过130个国家)。

网关(Gateway) 用户可以通过它找到并访问各种计算机服务的单一来源。网关通常提供通过它们可用的服务目录,并为这些服务提供计费。

对地静止卫星(Geostationary satellite) 一种在地球36 000公里处的赤道上绕地球旋转的卫星,因此以与地球自转相同的轨道速度行进,因此它在天空中看起来是静止的(另请参见**地球同步轨道**)。这样一来,就可以始终在同一颗卫星上对准卫星天线,并可以提供24小时的服务。

地球同步轨道(Geosynchronous orbit) 距地球36 000公里的卫星轨道与地球自转同步。每天可以在同一颗卫星上对准卫星接收器24小时,而不必移动以跟踪其轨道。

全球定位系统(Global Positioning System, GPS) 由美国国防部开发的无线电发射卫星网络,可用于对实体(例如个人、车辆)的地理位置追踪。

全球移动通信服务系统(Global System for Mobile Communications Service, GSM) 最广泛采用的数字蜂窝技术,它使用时分和频分技术来优化无线网络的呼叫承载能力。

主题标签(Hashtag) 一种在文本和聊天消息中提供公共主题标识符(人物、事件、想法)的方法,以便将它们作为一个类别进行搜索。常用在推文中,主题标签使用数字符号(#)前缀后跟文本。

高频段(High-band) 用于11.70~12.75 GHz的卫星传输的频段。ASTRA卫星系统仅用该频段传输数字服务。

高清晰电视(High-definition television, HDTV) 一种改进的电视系统,其分辨率约为现有电视标准的两倍。它还提供接近35毫米胶片的视频质量,以及与光盘相同的音频质量。

主页(Home page) 网站的主要页面。通常,主页充当站点上存储的其他文档的索引或目录。

混合卫星(Hybrid satellite) 承载两个或多个不同通信有效载荷(即C波段和Ku波段)的卫星。

超媒体(Hypermedia) 意味着使用链接在多媒体和超媒体对象之间导航的功能。

超文本电子文本(Hypertext) 从一个文档链接到互联网上的另一个文档。

超文本标记语言(HTML) HTML是一种用于在**万维网(WWW)**上设计和展示网站的编程语言,它使超文本链接可以链接到其他文档。

超文本传输协议(HTTP) 一种用于在互联网上传输"超文本"文件的方法,一端需要HTTP程序,而另一端需要服务器。

信息高速公路(Information superhighway) 该术语描述了将世界各地的人们与信息、企业、政府和彼此联系起来的集成电信系统网络。

综合业务数字网(ISDN) 提供端到端的数字连接的交换网络,可以使用国际定义的标准通过多个通信通道同时传输语音和/或数据。

知识产权(Intellectual property) 思想的所有权,包括文学和艺术作品(受版权保护)、发明(受专利保护)、区分企业商品的标志(受商标保护)和其他工业产权要素。

互联网(Internet) 由小型网络组成的大型网络。全球互联网包括遍布100多个国家/地区的近10亿个网页、电子邮件和相关服务器。

互联网协议(IP)地址(Internet Protocol addresses) 用于网络(例如互联网)上的计算机或设备的标识符。在隔离的网络中,只要每个IP地址都是唯一的,就可以随机分配IP地址。但是,将专用网络连接到互联网需要使用注册的IP地址(称为互联网地址),以避免重复。

互联网服务提供商(Internet Service Provider, ISP) 为个人或公司提供互联网访问,作为进入全球网络的入口点。ISP通常为客户提供几种访问方式,包括拨号调制解调器、DSL和ISDN。

互联网协议电视(Internet protocol television, IPTV) 一种通过互联网分发直播和点播电视内容的方法。

Ka波段(Ka-Band) 用于**高清晰电视(HDTV)**的频率范围,介于17.7 ~ 20.2 GHz和27.5 ~ 30.0 GHz之间,也称为20/30 GHz频段。

Ku波段(Ku-band) 用于**直播卫星(DBS)**电视的频率范围,介于10.7 ~ 13.25 GHz和14.0 ~ 14.5 GHz之间,也称为11/14 GHz和12/14 GHz频段。

L波段(L-band) 用于**数字音频广播(DAB)**的频率范围,介于0.39 ~ 1.55

GHz之间的,也称为1.5 GHz频段。

局域网(Local Area Network, LAN) 一组互联的计算机终端或节点,通常作为单个网络从单个点进行配置和管理。

低地球轨道(Low-Earth Orbit, LEO) 距地球不超过800公里的轨道。一个卫星群使用此轨道来提供全球范围的移动电话服务。

恶意软件(Malware) malicious software的缩写,一种旨在安装计算机病毒,以此破坏计算机或计算机系统的软件。

大规模开放式在线课程(Massive Open Online Course, MOOC) 这是一种在线课程,可以无限参与并且可以通过网络进行开放访问,其中在线提供了教学和材料,并为讲师和学生提供了交互式论坛。

移动IP(Mobile IP) 一种旨在支持主机移动性的互联网协议,其目标是使主机无论位置在哪里都能保持与互联网的连接。

移动卫星服务(Mobile satellite service, MSS) 通过卫星传输的服务,可直接向用户提供移动电话、寻呼、消息传递、传真、数据和位置定位服务。

调制解调器(Modem) "调制器-解调器"(modulator-de-modulator)的缩写。调制解调器将数字信号转换为模拟信号(反之亦然),从而使计算机能够通过电话网络发送和接收数据。

调制(Modulation) 相对于要传输的数据值的更改。模拟卫星传输使用FM调制。

组播(Multicast) 与广播不同,是将消息发送给选定的一组接收者,而不是向与网络连接的每个人发送消息。

多媒体(Multimedia) 各种形式的媒体(文本、图形、动画、音频等)的组合,用于传达信息。该术语还指包括文本、音频和视觉内容的信息产品。

彩信(Multimedia Messaging Service, MMS) 一种消息传递形式,包括文本、声音、图像和视频的组合。

多路传输(Multiplex) 将两个或多个独立信号组合到一个传输通道中;在一个卫星转发器上传输的组合数字信号。

多点分发服务(Multipoint distribution services, MDS) 具有双向传输语音、数据和其他视频信息的功能。MDS可以提供双向交互式视频、高级电话会议、远程医疗、远程通勤和高速数据服务。

窄带(Narrowband) 指仅能传送语音、传真图像、慢速扫描视频图像和数据传输的电信设施的术语。该术语适用于语音级模拟设施和低速运行的数字设施。

窄播(Narrowcasting) 针对特定受众的网络或节目;与广播相反。

国家电视标准委员会（National Television Standard Committee, NTSC） 在美国和亚洲部分地区使用的电视传输标准。

网络中立（Net neutrality） 互联网服务提供商（ISP）应当平等对待所有数据，并且不得出于任何原因（包括商业和政治原因）而对数据或服务进行优先处理的原则。

在线（Online） 基于计算机的系统的按需电子可获得性。

过顶传输服务（Over the top, OTT） 视听服务通过宽带网络直接提供给消费者，绕过已建立的地面设施、电缆和卫星电视平台。

分组交换（Packet switching） 一种将数据划分为较小的一系列片段进行传输，以提高网络传输效率的系统。数据包需要由接收计算机以正确的顺序放回。

帕尔制（Phased Alternate Line, PAL） 用于电视传输的模拟信号标准，主要在欧洲使用。

按次付费节目（Pay-per-view） 订户特别要求收看的单次付费节目（通常是电影或特殊事件），该费用不适用于订阅。

付费墙（Paywall） 在线加密报纸内容，因此只有付费订阅的消费者才能使用。

个人数字助理（PDA） 可用于查看和编辑文档的手持计算机。

PIN 个人识别码。

盗版（Piracy） 未经授权，出于商业目的复制版权材料，以及未经授权就复制材料进行商业交易。

像素（Pixel） "图片元素"（picture element）的缩写，是屏幕上显示的数字图像中的物理点。

协议（Protocol） 一组规则或约定，它们控制数据通信系统并使设备能够相互通信。

公用电话交换网（Public switched telephone network, PSTN） 任何提供公共用户之间电路交换的**公共载波**网络。

射频（Radio frequency） 高于音频但低于红外频率的频率，通常低于20 KHz。

无线电报（Radiotelegraphy） 使用无线电波向远处传输消息的无线电报。

实时（Real time） 通常用于描述两个或两个以上的人同时通过计算机上的键盘进行交互而不是异步通信（例如电子邮件）的情况。

接收器（Receiver） 卫星接收器，是接收设备的一部分，用于调谐到卫星广播的单个频道。

分辨率（Resolution） 在广播图像中可以看到的细节量。电视屏幕的分辨率由屏幕显示的**像素**水平线数和每行像素数定义。

卫星（Satellite） 环绕地球运行的无线电中继站，用于在地球站之间进行通信。卫星接收始发地球站发送的信号，然后将该信号重新发送到目标地球站。卫星用于传输由**公共载波**、广播电视公司和**社区天线电视（CATV）**节目素材的发行商发出的电话、电视和数据信号。

卫星载波（Satellite carrier） 拥有或租赁卫星或卫星服务设施以建立和操作用于电视台信号的点对多点分配的通信信道的实体。

碟形卫星天线（Satellite dish） 一种天线，用于拾取卫星广播的信号。

扰频器（Scrambler） 一种以电子方式更改节目信号的设备，只有具有适当解码设备的用户（通常是付费用户）才能看到该信号。

搜索引擎（Search engine） 一种程序，用于在**万维网（WWW）**上的文档中搜索指定的关键字，并返回找到关键字的文档列表。

塞康制（Secam） Sequence Coleur à Mémoire（按顺序传送与存储彩色），法国的广播标准。

信号（Signal） 随时间变化的物理能量值，用于通过传输线传输信息。

短信服务（Short Message Service, SMS） "发短信"（Text Messaging）是一种允许向移动电话发送简短文字信息（最多160个字符）的机制。

智能卡（Smart card） 置于解码器或内置解码器的接收器中，用于对加密广播进行解扰的卡。

社交媒介（Social media） 各种互联网应用程序的统称，允许用户创建内容并彼此交互，发布消息和图像以及共享信息。

蜘蛛（Spider） 一种在网络上搜索信息的程序，也被称为"爬虫""机器人"（bot）和"智能代理"。

流传输（Streaming） 一种传输数据的技术，以便可以将数据作为稳定且连续的流进行处理。流传输技术使用户可以更快地访问与快速下载大型多媒体文件，因为客户端浏览器或插件可以在传输整个文件之前开始显示数据。

用户识别模块（SIM卡） GSM手机中必须存在的用户可移动印刷电路板和芯片组卡，以使它能被GSM网络识别。SIM保存可标识网络订户的信息。

冲浪（Surfing） 用遥控器在电视之间切换频道。也用于描述浏览互联网上站点的过程。

电信（Telecommunications） 通过电线、无线电、光学或其他电磁系统进行的任何形式的标志、信号、文字、图像、声音或任何智能的传输、发射或接收。

电话会议（Teleconferencing） 通过通信系统将音频、视频或计算机设备组合在一起使用，以允许地理位置分散的个人参加会议或讨论。

电话（Telephony） 这个词用来描述通过电信网络传输语音的科学。

图文电视（Teletext） 在常规电视信号中视频帧之间的垂直消隐间隙插空播送的文本和图形信息。

电传（Telex） 一种公共交换服务，其中为电传打字机工作站提供到中心局的线路，以访问其他工作站。

地面广播电台（Terrestrial broadcasters） 通过无线电波从一个地球上的天线传输到另一天线的广播电台。

地面传输（Terrestrial transmission） 与卫星和电缆相反，它使用位于地面的发射器进行传输。模拟电视节目首先通过地面传输进行传输。

跨大西洋贸易与投资伙伴关系协定（Transatlantic Trade and Investment Partnership, TTIP） 欧盟与美国之间拟议的贸易条约。

代码转换器（Transcoder） 将信号从一种广播标准转换为另一种广播标准的设备。例如，从**帕尔制**（PAL）转到**塞康制**（Secam）。

传输控制协议（Transmission Control Protocol, TCP） 用于连接互联网上主机的通信协议套件。

转发器（Transponder） 卫星设备，它通过一个上行链路通道从**地球站**接收信号，将其放大，转换频率并改变极化，然后将其重新广播回地球。

超高频（Ultra high frequency, UHF） 300～3 000 MHz的无线电频谱的一部分，包括电视频道以及许多陆地移动和卫星服务。

统一资源定位符（Uniform Resource Locator, URL） 给出互联网上任何资源的地址的标准方法，是**万维网**（WWW）一个组成部分。

通用移动通信系统（Universal Mobile Telecommunications System, UMTS） 几乎是第三代移动电话普遍认可的标准。

上行链路（Uplink） 从**地球站**发送到卫星的信号。

上传（Upload） 通过电信将文本文件或软件程序发送到另一台计算机。

用户组（Usenet groups） 也被称为"新闻组"或"讨论组"。用户通常在"聊天室"中交换信息。

用户名（User name） 在互联网服务提供商的系统上分配给用户的唯一名称。

增值网络（Value-added network, VAN） 专门设计用于承载数据通信的增强型网络。增值网络为客户提供特殊服务，例如访问数据库。

甚高频（Very high frequency, VHF） 30～300 MHz的无线电频谱的一部分，包括电视频道、FM广播频段以及一些海洋、航空和陆地移动服务。

甚小孔径终端（Very small aperture terminal, VSAT） 一种卫星接收天线，通常口径为60厘米或更小，用于高速数据通信。

视频压缩（Video compression） 将模拟电视信号压缩和压缩为数字流的数据，以允许通过单个应答器广播几个频道。

视频点播（Video-on-demand, VOD） 提供一份标题菜单，将电影以数字方式提供给订户。电影根据订户的要求开始播放。

虚拟现实（Virtual reality） 一种计算机模拟，通常通过头盔、护目镜和感官手套进行，使用户可以体验存在于计算机生成的环境中并与其中显示的图像进行交互。

网络广播（Web-casting） 使用互联网[尤其是**万维网**（WWW）]广播信息。

广域网（Wide Area Network, WAN） 通用术语，指的是跨越一个国家或世界范围的大型网络。和公共移动通信系统一样，互联网也是广域网。

宽屏（Widescreen） 宽高比大于传统电视标准宽高比的电视或电视信号。宽屏电视为16∶9，而传统的是4∶3。

无线应用协议（Wireless Application Protocol, WAP） 允许移动设备访问无线服务（包括访问互联网）的一系列协议。

万维网（World Wide Web, WWW） 在瑞士创建的万维网是一种客户机/服务器软件，它使连接到互联网的计算机能够使用**超文本传输协议**（HTTP）访问和交换文档和图像。

X波段（X-band） 介于7.25～7.75 GHz和7.9～8.4 GHz之间的频率范围，也称为7/8 GHz频段。通常用于电信。

［本词汇表中的定义来自各种基于Web的资源，包括国际电信联盟、美国联邦通讯委员会、休斯公司、阿斯特拉、爱立信和亚洲卫星公司，以及罗伯特·福特纳的著作（Robert Fortner, 1993）。］

附录一　国际传播编年表

公元前

4000　苏美尔人在黏土板上的文字。
3000　早期的埃及象形文字。
2500　莎草纸取代了埃及的黏土板。
1500　西亚使用语音字母。
　300　腓尼基人将语音字母带到希腊。
　100　罗马字母从希腊模式发展而来。

公元

　100　中国发明了造纸。
　150　使用羊皮纸,书籍开始取代纸卷。
　600　中国发明了书籍印刷。
　618　中国的唐朝(618—907)创造了正式的手写出版物"邸报"(官方报纸),将信息传播给精英人士。
　676　阿拉伯人和波斯人使用纸和墨水。
1000　中国有了由黏土制成的活字模。
1150　摩尔人将纸张从中国带到欧洲。
1170　阿拉伯数字被引入欧洲。
1453　谷登堡印刷《圣经》。
1465　第一批印刷乐谱。
1476　英国开设了第一家印刷车间。
1511　奥斯曼帝国有了第一台印刷机。
1535　墨西哥成立了美洲第一家出版社。
1578　印度有了第一台印刷机。
1644　民间报房开始在中国写作并以印刷版本发行官方新闻,名为《京报》。
1650　世界第一份每日发行出版物《新到新闻》(*Einkommende Zeitung*)在莱

比锡创刊。

1665　英格兰首次出版报纸。

1703　第一份俄国报纸《新闻报》(Vedomosti)创刊。

1704　第一个报纸广告刊登在《波士顿新闻通讯》(Boston News Letter)上。

1742　《综合杂志》(General Magazine)印刷了第一个美国杂志广告。

1777　法国有了第一家正规报纸。

1780　《孟加拉公报》(Bengal Gazette)在印度创刊。

1783　美国第一份日报《宾夕法尼亚晚邮报》(Pennsylvania Evening Post)创刊。

1785　伦敦《泰晤士报》(Times)创刊号。

1789　《人权宣言》第十一条宣布"思想和观点的自由传播"。埃及第一家阿拉伯报纸《每日活动》(Al-Hawadith al-Yawmiyah)。

1791　美国宪法第一修正案为新闻自由提供了样板。英国创办了现存最古老的星期日报纸《观察家报》(Observer)。

1793　法国光学电报就绪。

1821　《曼彻斯特卫报》(Manchester Guardian)创刊。

1822　法国现代天主教传教报刊的开端。

1823　世界领先的医学杂志《柳叶刀》(The Lancet)发行。

1826　法国最古老的全国性报纸《费加罗报》(Le Figaro)创刊。

1827　摄影术被发明。智利的全国性报纸《信使报》(El Mercurio)创刊。

1828　美国第一家非裔美国人报纸《自由报》(Freedom's Journal)发行。

1831　《悉尼先驱晨报》(The Sydney Morning Herald)创刊。奥斯曼帝国第一部土耳其报纸《事件年鉴》(Almanac of Events)出版。

1833　《纽约太阳报》(New York Sun)的第一期——便士新闻开始。

1835　全球首家通讯社哈瓦斯社创立。卡尔·贝塔斯曼(Carl Bertelsmann)在德国成立了贝塔斯曼出版社。

1837　塞缪尔·莫尔斯(Samuel Morse)发明电报。

1838　《印度时报》(Times of India)创刊。英格兰第一个商业电报联网。

1840　英国发明不干胶邮票并进行邮政改革。

1843　第一家现代美国广告公司创建。《经济学人》(The Economist)创刊。

1844　第一封商业电报在华盛顿和巴尔的摩之间传送。

1845　《科学美国人》(Scientific American)创刊号。

1848　美联社成立。

1849　德国沃尔夫社成立。

1851	法国-英国水下电缆连接。路透社成立。
1852	哈瓦斯社进军广告业,此时还是广告业发展初期。
1854	克里米亚战争中军队使用电报。第一家海外中文报纸在旧金山创刊。
1855	出版商查托与温都斯书局(Chatto & Windus)成立。
1856	英国颁布法令,规范克里米亚战争期间新闻界与军队之间的关系。
1858	《海峡时报》(Straits Times)作为日报在新加坡开始发行。
1860	电报被广泛用于发布有关美国内战的新闻报道。英国和印度通过电报联系起来。
1861	《纽约时报》(New York Times)创刊。
1865	国际电报联盟成立,这是第一个电报规范组织。美国广告代理商智威汤逊(J. Walter Thompson)创立。采用国际莫尔斯电码。西班牙第一个新闻通讯社通讯记者中心(The Centre for Correspondents)成立。
1866	第一条跨大西洋电缆开始运行。打字机被发明。
1869	美国新闻社(APA)成立,也就是后来的合众新闻社(UPI)。
1870	通讯社卡特尔(哈瓦斯社、路透社、沃尔夫社)划分世界市场。以印度语出版的报纸超过140种。
1871	中国和日本海域铺设了水下电缆。
1872	《出版商周刊》(Publishers Weekly)发行。
1874	南大西洋海域铺设了电缆网络。
1875	国际度量衡局成立。万国邮政联盟成立。《金字塔报》(Al-Ahram)在开罗创刊。
1876	贝尔(Alexander Graham Bell)获得电话专利。《布宜诺斯艾利斯先驱报》(Buenos Aires Herald)在阿根廷创刊。《意大利晚邮报》(Corriere della Sera)在意大利创刊。
1878	留声机被发明。美国铺设了第一条电话线。
1880	《纽约平面设计》(New York Graphic)印制出首批半色调照片。
1881	法国通过了确立新闻自由的法律。
1884	采用格林威治标准时间作为世界标准时间。伦敦《金融时报》(Financial Times)创刊。①
1885	柏林电报会议:首次对国际电话服务做出规定。美国电话电报公司(AT & T)成立。

---

① 原文有误,应为 Financial News。——译者注

1886	莱诺铸排机（linotype）被发明。伯尔尼国际版权公约。
1888	英国《金融时报》（Financial Times）创刊。
1889	《华尔街日报》（Wall Street Journal）创刊。美国推出可口可乐。
1890	法国流行日报《小日报》（Le Petit Journal）发行量达100万份。《朝日新闻》（Asahi Shimbun）在日本创刊。
1891	《巴西日报》（Jornal do Brasil）创刊。
1893	在伯尔尼成立国际保护知识产权联合局（以法语缩写BIRPI闻名）。在芝加哥举行第一次国际新闻发布会。
1894	俄罗斯第一家通讯社俄国电讯社（Rossiiskoe Telegrafnoe Agentstvo, RTA）成立。第一批漫画出现在美国报纸上。
1896	彩色印刷漫画。卢米埃尔兄弟（Lumière Brothers）发明电影摄影机。英国第一家大众报纸《每日邮报》（Daily Mail）创刊。阿道夫·奥克斯（Adolph Ochs）在《纽约时报》上采用新闻的一种"信息"风格。
1897	留声机公司（EMI的前身）在伦敦成立。马可尼（Marconi）获得无线电报专利。
1898	法国的德雷福斯事件（The Dreyfus Affair）和古巴的美西战争都被新闻界广泛报道。
1899	智威汤逊（J. Walter Thompson）在伦敦成立了"销售局"。孙中山创办了《中国日报》。
1901	第一条跨大西洋无线电报从英格兰传输到加拿大。
1902	人类声音首次经无线电传输。
1905	在日俄战争中使用了无线电报。美国第一家公共电影院——电剧院（Electric Theatre）——在匹兹堡开业。
1906	柏林无线电报大会：国际无线电报联盟创立。电磁频谱分为不同服务频段。法国开设第一家公共电影院。
1907	法国新闻社百代（Pathé）成立。
1909	首个用于发行漫画、填字游戏以及其他属性的辛迪加（Syndicate）成立。
1911	美国出现第一家营销公司。伍德伯里香皂（Woodbury Soap）在《女士家庭杂志》（Ladies Home Journal）上推出了"您喜欢触摸的皮肤"（"The skin your love to touch"）广告系列，这标志着性吸引力首次被用于广告。好莱坞建立了第一家电影制片厂。
1912	《真理报》（Pravda）创刊号。美国电影公司福克斯和环球公司成立。
1913	印度首部电影《哈里什昌德拉国王》（Raja Harishchandra）发行。

1914	美国成立了发行审计局,规范了审计程序并收紧了有偿发行的定义。
1915	第一家外国广告公司在上海成立。国王图片辛迪加(King Features Syndicate)创立,以及开始了漫画的国际化。
1917	美国广告代理商协会成立。《福布斯》(Forbes)创刊。彼得格勒电报社被宣布为苏联政府中央信息机构。广播用于宣布共产主义革命的胜利。
1918	柯达研发出便携式相机。法国成立了"对外审美宣传"特别委员会。
1919	苏俄开始国际广播。美国通过无线电与日本连接。通用电气创建了美国无线电公司,以接管美国马可尼公司的垄断,并创建了第一个跨国的美国通信集团。《卫报周刊》(Guardian Weekly)创刊。
1920	德国出版了第一本插图新闻杂志。匹兹堡的KDKA(美国第一个商业广播电台)开播了。IBM生产出第一台电动打字机。国际电话电报公司成立。非洲的第一个广播电台在约翰内斯堡成立。土耳其通讯社阿纳多卢通讯社(Anadolu Ajansi)成立。
1921	共产国际成为国际传播的一种渠道。KDKA播送在世界上首个宗教广播。
1922	纽约开通了首个定期广播,并首次进行了商业广播。《读者文摘》(Reader's Digest)第一期正式发行。美国电影协会(MPAA)成立。
1923	第一本新闻杂志《时代》(Time)创刊。
1924	巴黎成立了国际电话咨询委员会(CCIF)。哥伦比亚影业成立。迪士尼创作了第一部电影动画片。
1925	塔斯社(TASS)成立。巴黎成立国际电报咨询委员会(CCIT)。巴西的《环球》(O Globo)报纸创刊。
1926	有声电影出现。NBC开始网络广播,把美国21个城市的25个电视联系在一起。美国和英国之间通过长波无线电进行了首次商业电话服务。日本放送协会(NHK)成立。
1927	在华盛顿举行的国际无线电电报大会上:国际无线电咨询委员会(CCIR)成立。英国广播公司成立。流行肥皂剧《一个人的家》(One Man's Family)始于美国,一直持续到1959年。两个国际广告网络(智威汤逊和麦肯世界集团)首次建立。中国出现第一个广播电台。美联社开始发布新闻图片。美国哥伦比亚广播公司成立。
1928	第一部全篇有对话的有声电影——《纽约之光》(Lights of New York)。迪士尼首次公开展示有声的米老鼠动画。
1929	苏联首次在国外进行定期广播,先是用德语、法语,然后是用英语。《商业周刊》(Business Week)发行。大东电报局(Cable & Wireless)成

立,合并了所有英国国际传播业务。

1930　第一家现代超市在纽约开业。

1931　国际宗教广播始于"梵蒂冈广播电台"的创立。印度发行了第一部有声电影《阿拉姆·阿拉》(Alam Ara)。中国的新华社成立。

1932　英国广播公司帝国频道成立。电报联盟将名称更改为国际电信联盟(ITU)。盖洛普民意测验机构(Gallup Poll)成立。

1933　美国总统罗斯福(Franklin Roosevelt)首次使用广播媒体进行了"炉边谈话"。欧洲第一家主要商业广播公司卢森堡广播电台开播。《新闻周刊》(Newsweek)开始发行。

1934　美国成立了联邦通讯委员会。苏联开始定期传输电视。伊朗第一个通讯社波斯通讯社(Pars Agency)成立。

1935　意大利开始向中东进行阿拉伯语广播。法国开始为海外听众提供短波无线电广播。日本放送协会开始国际广播。

1936　《生命》(Life)创刊号。盖洛普在一次政治运动中进行民意测验。英国广播公司电视演播室开幕。

1937　第一个民族主义报纸《西非向导报》(West African Pilot)在尼日利亚创刊。美国第一部广播肥皂剧《指引之光》(Guiding Light)在美国播出。迪士尼的第一部电影《白雪公主和七个小矮人》(Snow White and the Seven Dwarfs)首映。

1938　《关于在和平事业中使用广播的国际公约》(The International Convention Concerning the Use of Broadcasting in the Cause of Peace)生效。国际广告协会在纽约成立。在美国,广播电台超越了杂志,成为广告收入的来源。阿拉伯语频道成为英国广播公司帝国服务的首个外语部门。《读者文摘》的第一个国际版在伦敦发行。

1939　电视首次在美国播出。平装书引发出版革命。西班牙通讯社埃菲社(Agencia EFE)成立。

1941　第一个电视广告在美国播出。中国国际广播电台成立。

1942　美国之音成立。美国组建了战争广告委员会,以帮助那些为战争做贡献的公益广告。有效的纪录片宣传系列《我们为何而战》(Why We Fight)问世。

1944　法新社成立。《世界报》(Le Monde)创刊号。

1945　联合国教科文组织成立。法国创建了国际商业电台蒙特卡洛广播电台(Radio Monte Carlo)。日本新闻社共同通讯社(Kyodo)成立。

1946	美国建造出第一台大型电子数字计算机——电子数值积分计算机（ENIAC）。美国出现首个体育赛事的电视赞助。
1947	晶体管被发明。国际摄影公司玛格兰图片社（Magnum）在美国成立。国际标准化组织成立。德国新闻杂志《明镜周刊》（Der Spiegel）开始发行。
1948	联合国信息自由会议。《人民日报》在中国开始发行。首家开设不下车服务窗口的麦当劳餐厅——"快餐"一词由此诞生。
1949	电视网络（Network TV）在美国开始。美国首个电视问答节目《音乐停下》（Stop the Music）开播。
1950	自由欧洲电台（Radio Free Europe）首播。第一张国际信用卡——大莱俱乐部（Diners Club）——被发行。
1951	美国全国广播公司的《今日》（Today）节目开播，融合了新闻和特写。国际新闻研究所成立。
1952	通过了《世界版权公约》（Universal Copyright Convention）。索尼在日本开发立体声广播。世界上最大的新闻工作者组织——国际新闻工作者联合会创立。
1953	美国新闻署（USIA）成立。德国之声（Deutsche Welle）开始广播。自由电台（Radio Liberty）首播。
1954	美国生产出第一台晶体管收音机。麦卡锡在电视上举行听证会。哥伦比亚广播公司成为世界上最大的广告媒体。位于美国的全球福音广播电台——环球广播电台（Trans World Radio）从摩洛哥开始广播。彩色电视广播始于美国。法国《外交世界》（Le Monde diplomatique）月刊发行。
1955	世界上最畅销的卷烟万宝路的"万宝路男人"广告开始投放市场，它成为20世纪的顶级广告标识。第一家迪士尼乐园开业。独立电视（ITV）在英国开始播放。
1956	第一条跨大西洋水下电话电缆问世。
1957	苏联发射了第一颗太空人造卫星——"斯普特尼克"（Sputnik），从太空发射出第一束无线电信号。
1958	联合国建立了和平利用外层空间委员会。
1959	国际电信联盟日内瓦会议首次为空间传播分配了射频。
1960	电视转播尼克松-肯尼迪辩论。美国国家航空航天局（NASA）发射了第一颗通信卫星ECHO-1。机舱内电影登上航线。
1962	美国电话电报公司（AT&T）发射了第一颗私有运转通信卫星

	Telstar-1，该卫星将美国与欧洲连接在一起。通过卫星 ECHO-1，首次电话传播和电视广播。
1963	国际电信联盟在日内瓦组织了第一届世界空间无线电通信会议。休斯公司设计并发射了世界上第一颗地球同步通信卫星 SYNCOM-Ⅱ。
1964	国际通信卫星组织（Intelsat）成立。苏联发射了它的第一颗通信卫星［闪电号（Molnya）］。国际新闻社（Inter Press Service）成立。美国发出第一封电子邮件。
1965	国际通信卫星组织发射了其系统的第一颗地球同步通信卫星——早鸟（Early Bird）。
1966	施乐公司（Xerox）推出了传真机。西班牙新闻社埃菲社的拉丁美洲新闻社成立。
1967	美国和苏联签署了《和平利用外层空间条约》。
1968	便携式录像机问世。路透社启动了世界上第一个计算机化的新闻发布服务。
1969	作为一个由美国国防部支持的实验性网络——互联网诞生，被称为阿帕网（高级研究计划局网络）。巴西电视公司环球集团（Globo）成立。国际通信卫星组织为五亿人提供了有关阿波罗登月的全球电视报道。
1970	首次引入了伦敦和纽约之间的国际直拨电话。
1971	国际电信联盟的空间通信会议通过了 428A 条例，以防止未经该国事先同意而将卫星广播信号溢出到这个国家。苏联建立了国际太空传播组织（Intersputnik），这是一个连接社会主义国家的卫星电信网络。英特尔推出了第一个微处理器——"计算机芯片"。
1972	在联合国教科文组织和联合国大会上就管理直播卫星的协议进行辩论。联合国教科文组织通过了关于卫星广播的原则声明，其中包括要求直接卫星广播在发送国和接收国之间事先达成协议。
1973	迈向世界信息与传播新秩序（NWICO）的辩论第一波开始。
1974	发射了第一颗直播卫星 ATS 6。民意调查显示，对于大多数美国人来说，电视已取代报纸成为新闻的主要来源。
1975	建立不结盟国家新闻通讯社联合。欧洲航天局成立。开发出光纤传输。电缆将多频道电视带到了美国。法国国际广播电台（Radio France Internationale）成立。微软公司成立。
1976	印度启动了卫星教育电视实验（SITE）项目，将卫星用于教育。联合国教科文组织在内罗毕会议通过了建立世界信息与传播新秩序的呼

声。苹果电脑上市销售。

1977　在肖恩·麦克布赖德（Sean MacBride）推动下，联合国教科文组织创立了国际传播问题研究委员会。欧洲通信卫星公司（Eutelsat）成立。

1978　图文电视（videotext）被开发出。日本发射了第一枚尤里（Yuri）卫星。国际通信卫星组织为42个国家/地区的10亿人提供了世界杯足球赛的报道。

1979　国际电信联盟在日内瓦召开的世界无线电行政大会（WARC）审查了无线电法规。国际海事卫星组织成立。中国电视上出现了第一个消费广告。索尼发明了随身听（Walkman）。

1980　麦克布赖德委员会的报告出版。特德·特纳（Ted Turner）推出了全球首个新闻网络美国有线电视新闻网（CNN）。

1981　IBM推出了第一台个人计算机。全音乐频道——音乐电视网（MTV）开播。《中国日报》发行。

1982　福克兰群岛战争（Falklands War）——首次出现有组织的新闻记者采访团。印度国家卫星（INSAT）通信卫星发射。日本推出了光盘播放器。

1983　世界传播年。欧洲通信卫星公司发射了第一颗卫星。五角大楼在美国对格林纳达的干预期间，对信息进行封锁。美国新闻署的全球公共事务、信息与文化电视网络——"世界网络"（Worldnet）——正式启动。美国启动反古巴广播电台——马蒂广播电台。蜂窝（移动）电话在美国出现。

1984　欧盟撰写了《无国界电视》绿皮书。美国巨型航天公司休斯公司发射了"租赁卫星"（Leasat），创建了一个全球军事传播网络。印度尼西亚发射了第一颗卫星帕拉帕（Palapa）。美国联邦通信委员会授予泛美卫星（PanAmSat）发射和利用私人卫星系统的权利。中国开发出第一个中文计算机操作系统。法国开通了第一个付费电视频道Canal+。迈克尔·杰克逊（Michael Jackson）的《颤栗》（*Thriller*）专辑的销售数量超过迄今为止任何其他专辑。

1985　美国退出了联合国教科文组织。美国建立了第一个替代性国家计算机网络——和平网（PeaceNet）。阿拉伯卫星通信组织（Arabsat）发射了第一颗通信卫星。巴西成为南美第一个发射自己的卫星——巴西卫星（Brazilsat）——的国家。CNN国际频道开启。路透社开始提供新闻图片服务，并控制电视新闻通讯社——维斯新闻社（Visnews）。

	大都会美国广播公司（Capital Cities）收购了美国广播公司，从而创建了世界上最大的娱乐公司。"无国界记者组织"（Reporters Sans Frontières）在巴黎成立。美国在线（AOL）成立。
1986	关贸总协定乌拉圭回合谈判开始。英国退出联合国教科文组织。美国建立了第一个替代性卫星网络——深碟电视（Deep Dish TV）卫星网络。中国的国家卫星电信网络开始运营。
1987	欧盟关于电信的绿皮书。苏联结束了对美国之音的干扰。
1988	欧洲一家私人组织发射了第一颗阿斯特拉（ASTRA）卫星。泛阿拉伯报纸《生活日报》（Al-Hayat）在伦敦发行。苏联结束了对德国之声俄罗斯频道的干扰。
1989	时代和华纳兄弟公司合并。索尼收购了哥伦比亚影业公司。美国发射了第一颗私人卫星。英国推出第一个卫星电视台——天空电视台（Sky）。国际文传电讯社（Interfax）开始在苏联提供新闻，主要是向外国人提供新闻。联合国教科文组织发布了第一份《世界传播报告》。英国研究员蒂姆·伯纳斯-李（Tim Berners-Lee）创建了万维网。
1990	亚洲发射首颗商业卫星ASIASAT。美国创建马蒂电视台。CNN成为海湾危机下的全球新闻网络。微软发布了Windows 3.0操作系统。
1991	英国广播公司推出世界台，后者是一家商业公司。第一个泛亚电视网络——星空电视——开播。法国发射了电信2A卫星。俄语版《读者文摘》推出。
1992	土耳其的TRT Avrasya频道通过卫星向中亚讲土耳其语的国家播放节目。索马里的"重建希望"行动得到了媒体的后勤保障。浏览器Mosaic使非专业技术人员的计算机用户可以使用互联网。国际电信联盟组织了有关频率分配的世界无线电行政大会（WARC-92）。国际通信卫星组织和美国宇航局共同执行太空任务。西班牙发射了Hispasat卫星。塔斯社更名为俄通社-塔斯社（ITAR-TASS）。欧洲视听观察组织成立，以便"收集和分发有关欧洲视听行业的信息"。
1993	世界无线电网络在欧洲阿斯特拉（ASTRA）上启动。东欧广播公司联盟的前身——国际广播和电视组织（OIRT）——与欧洲广播联盟合并。（国际电信联盟）在赫尔辛基举行第一届世界电信标准化大会。与日本连接的中国第一个国际光缆系统开始运行。第一个泛欧洲新闻网络欧洲新闻电视台（Euronews）推出了五种语言服务：英语、德语、西班牙语、法语和意大利语。

1994　CD-ROM成为个人计算机上的标准功能。土耳其拥有的卫星Turksat发射升空。世界贸易组织成立。全球视频新闻收集机构APTV成立。克林顿签署了《国际广播法》，成立了国际广播局。英国广播公司的商业分支BBC环球公司（BBC Worldwide）成立。美国的DirecTV在美国推出了首个数字直播卫星（DBS）服务。雅虎（Yahoo!）上线。

1995　泛美卫星（PanAmSat）发射了第三颗卫星——PAS-4，成为全球第一家提供全球卫星服务的私人公司。《与贸易有关的知识产权协定》（TRIPS）生效。彭博电视台开播。第一部计算机动画片《玩具总动员》（*Toy Story*）发行。

1996　CNN成为时代华纳的一部分，这使后者成为全球最大的媒体公司。美国通过了《电信法》。法国国际广播电台接管了蒙特卡洛广播电台。世界知识产权组织与世界贸易组织签署了一项合作协议，以执行《与贸易有关的知识产权协定》。美国启动了自由亚洲电台（Radio Free Asia）。世界贸易组织内签署了《信息技术产品协定》，以开放全球信息技术贸易。法国Canal卫星成为欧洲第一个数字平台。微软和美国国家广播公司推出微软全国有线广播电视公司（MSNBC），提供有线和在线新闻服务。网络杂志*Slate*发布。日本推出了数字多功能光盘（DVD）视频播放器。

1997　欧盟修订了《电视无国界》的行政指令。欧洲委员会发布关于《电信、媒体和信息技术行业融合》的绿皮书。洛克希德·马丁公司与国际太空传播组织的合资企业——洛克希德·马丁空间系统公司（Lockheed Martin Intersputnik）——正式成立。世界贸易组织发布电信协议。泛美卫星和休斯银河（Hughes Galaxy）合并运营。

1998　国际电信联盟的世界电信发展大会启动了针对发展中国家的电子商务项目。自由欧洲电台/自由电台推出自由伊拉克电台。美联社接管全球电视新闻（Worldwide Telecision News）。互联网曝出莫妮卡·莱温斯基（Monica Lewinsky）的故事。英国财团On-Digital推出了世界上第一个地面数字电视服务。谷歌成立。

1999　北约在科索沃战争中，使用万维网宣传。互联网广告达到30亿美元产值。全球移动卫星通信提供商国际海事卫星组织成为第一个转变为商业公司的政府间组织。维亚康姆与哥伦比亚广播公司合并。马云创立阿里巴巴。

2000　数十亿人在全球电视上观看千禧年庆典。美国之音与时代华纳合并。百代唱片（EMI）和时代华纳音乐公司合并，组成了世界第二大音乐公司。手机可以访问互联网。英国的沃达丰（Vodafone）与德国的曼内斯曼（Mannesmann）合并，组成了世界上最大的电信公司。服务贸易总协定谈判开始。

2001　纽约和华盛顿发生恐怖袭击。国际通信卫星组织私有化。半岛电视台因其在阿富汗的报道而闻名国际。可视电话投入使用。在线百科全书维基百科（Wikipedia）上线。

2002　美国的"福克斯新闻"重新定义了广播新闻业。《华氏9·11》（*Fahrenheit 9/11*）成为最成功的纪录片。《开放天空条约》生效。

2003　短信使SARS成为国际知晓的流行病。在入侵伊拉克之后，美国启动了宣传渠道——赫拉电视台（Al-Hurra）。

2004　网络博客（Weblog）在美国总统大选期间变得很重要。中国成为世界上最大的信息技术产品出口国。韩国拥有全球最高的宽带普及率。

2005　全世界移动电话超过了固定电话。播客出现。电视公司开始为移动电话提供内容。南方电视台（Telesur）是第一个覆盖拉丁美洲的公共新闻网络。国际通信卫星组织接管泛美卫星。互联网治理主导着联合国信息社会世界峰会。莫斯科开播俄罗斯电视台（Russia TV），这是一个英语国际频道。联合国教科文组织通过了《保护和促进文化表现形式多样性公约》。欧盟发射了伽利略全球导航项目的第一颗卫星。移动电话用户突破20亿大关，全球移动电话普及率达到31%。在线讨论论坛——Reddit上线。企鹅中国成为第一家在中国设有办事处的外国出版商。油管（Youtube）上线。

2006　半岛电视台开始提供英语国际频道。海事卫星组织启动了宽带全球局域网（Broadbard Global Area Network）。索尼推出了它的电子阅读器。谷歌收购油管。俄罗斯社交媒体网站VKontakte上线。

2007　苹果推出了它的首款"智能手机"。印度第一家电商Flipkart创建。亚马逊推出Kindle阅读器。伊朗英语新闻电视台（Press TV）开播。

2008　英国广播公司推出阿拉伯电视频道。音乐流媒体服务Spotify在瑞典上线。巴拉克·奥巴马娴熟地利用社交媒体成功地进行了总统竞选活动。记者未能预测美国金融危机及其全球影响。

2009　德国新闻周刊《明镜周刊》在线英文版发行。英国广播公司波斯频道开播。社交通信服务WhatsApp上线。中国微博平台"新浪微博"

上线。韩国电信巨头三星发布了盖乐世（Galaxy）智能手机。

2010　照片共享应用程序和服务 Instagram 上线。彭博社收购《商业周刊》，并将其更名为《彭博商业周刊》。欧洲新闻电视台开始提供土耳其语和波斯语服务。苹果公司为 iPad 和 iPhone 提供电子书服务 iBooks。4G 智能手机发布。

2011　康卡斯特收购了美国全国广播环球公司。中国社交通信网络微信上线。社交媒体（尤其是脸书和推特）为所谓的"阿拉伯之春"做出了贡献。维基解密公布了美国外交电报，被称为历史上"最大的泄密事件"。多媒体通信程序 Snapchat 推出。

2012　BSkyB 推出天空新闻阿拉伯台（Sky News Arabia）。中国的移动通信应用微信推出了英文版 WeChat。油管已成为叙利亚内战宣传中不可或缺的一部分。脸书收购了 Instagram。

2013　国际海事卫星组织推出了 Global Xpress 卫星系列，这是世界上第一个特别用于移动通信的高速商业 Ka 波段宽带卫星网络。新闻集团将其业务划分为 21 世纪福克斯和新闻集团。贝塔斯曼和培生将其图书出版业务（兰登书屋和企鹅集团）合并，成立了世界上最大的贸易出版集团。电子商务巨头亚马逊收购《华盛顿邮报》。脸书推出了 Internet.org，为发展中国家提供负担得起的互联网访问服务，后来更名为"免费基础"（Free Basic）。《华盛顿邮报》和《卫报》报道了爱德华·斯诺登对美国国家安全局全球监视和间谍计划的揭秘。《纽约时报》国际版发行。

2014　ITAR-TASS 更名为塔斯社（TASS）。中国互联网巨头阿里巴巴首次公开募股 250 亿美元，是迄今为止全球最大的首次公开募股。

2015　美国电话电报公司收购了 DirecTV，成了美国最大的付费电视提供商。日本经济新闻社（Nikkei）以 13 亿美元收购了伦敦的《金融时报》。威瑞森电信（Verizon）收购美国之音。阿里巴巴收购了香港的《南华早报》。中国启动了"互联网+"计划。土耳其发起全天候英语新闻网络 TRT World。德国之声推出了"德国之声新闻"（DW News），它是全天候的英语频道。

2016　《纽约时报》西班牙语版发行。脸书旗下的通信应用程序 WhatsApp 拥有 10 亿用户。经过 10 年的运作，推特的用户数突破 3 亿大关。在不到 6 年的时间里，印度为其 10 亿公民提供了唯一的身份识别号码（Aadhaar）。流媒体服务亚马逊视频（Amazon Video）在全球范围内上线。

2017　美国总统唐纳德·特朗普将推特用作个人和公共传播的主要工具。"今日俄罗斯"发行法文版。全球一半的人口在线。中国发起了"一带一路"倡议。互联网引发的"假新闻"流行在全球范围内打击了新闻业。美国宣布退出联合国教科文组织。

2018　视频流媒体服务Netflix在全球拥有2亿用户。脸书被指控收集全世界超过8 500万人的数据。

附录二 有用的网站

国际组织

Broadband Commission for Sustainable Development	www.broadbandcommission.org
ILO	www.ilo.org
IMF	www.imf.org
ITU	www.itu.int
OECD	www.oecd.org
UN	www.UN.org
UNCTAD	www.unctad.org
UNDP	www.undp.org
UNESCO	www.UNESCO.org
WIPO	www.wipo.org
World Bank	www.worldbank.org
WTO	www.WTO.org

政府和政府间组织

Asia-Pacific Broadcasting Union	www.abu.org.my/
Department of Commerce (US)	www.doc.gov
European Audiovisual Observatory	www.obs.coe.int
European Broadcasting Union	www.ebu.ch
European Union	www.europa.eu
Federal Communications Commission	www.fcc.gov
Indian Space Research Organisation	www.isro.gov.in
Institut National de l'Audiovisuel	www.ina.fr
NASA	www.nasa.gov
Ofcom	www.ofcom.org.uk

非政府组织和商业组织

AC Nielsen	www.nielsen.com
Adbusters	www.adbusters.org
AMIC	www.amic.asia
BBC Monitoring Service	www.monitoring.bbc.co.uk
British Film Institute	www.bfi.org.uk
Fairness and Accuracy in Reporting	www.fair.org
International Intellectual Property Alliance	www.iipa.org
Internet Society	www.isoc.org
Internet Software Consortium	www.isc.org
Motion Picture Association of America	www.mpaa.org
NASSCOM (India)	www.nasscom.org
One World.Net	www.oneworld.net
Open Democracy	www.opendemocracy.net
TV France International	www.tvfi.screenopsis.com/en
World Wide Web Consortium	www.w3.org
Zenith Media	www.zenithmedia.com

卫星组织/公司

Arabsat	www.arabsat.com
Asiasat	www.asiasat.com
Eutelsat	www.eutelsat.org
Hispasat	www.hispasat.es
Hughes	www.hughes.com
Inmarsat	www.inmarsat.com
Intelsat	www.intelsat.com
Intersputnik	www.intersputnik.com
Lockheed Martin	www.lockheedmartin.com
Loral Space & Communications	www.loral.com
SES-Global	www.ses-global.com

多媒体公司

Bertelsmann	www.bertelsmann.com

Comcast	www.corporate.comcast.com
Disney	www.thewaltdisneycompany.com
News Corporation	www.newscorp.com
Sony Corporation	www.sony.net
Time Warner	www.timewarner.com
Viacom	www.viacom.com

计算机与电子传播公司

Apple	www.apple.com
AT&T	www.att.com
Cisco Systems	www.cisco.com
Dell Computer	www.dell.com
Ericsson	www.ericsson.com
IBM	www.ibm.com
Intel	www.intel.com
Microsoft Corporation	www.microsoft.com
Motorola	www.motorola.com
Network Solutions	www.netsol.com
Nokia	www.nokia.com
Oracle	www.oracle.com
Samsung	www.samsung.com
Sun Microsystems	www.sun.com

新闻通讯社

Agence France Presse	www.afp.com
APTN	www.aptn.com
Associated Press	www.ap.org
Bloomberg	www.bloomberg.com
Inter Press Service	www.ipsnews.net
Tass	www.tass.com
Reuters	www.reuters.com
United Press International	www.upi.com
XinhuaNet	www.xinhuanet.com/english

广播电台

All India Radio	www.allindiaradio.gov.in
BBC World Service	www.bbc.co.uk/worldservice
China Radio International	www.english.cri.cn
Deutsche Welle	www.dwelle.de
Radio France International	www.rfi.fr
Radio Free Europe/Radio Liberty	www.rferl.org
Voice of America	www.voa.gov
World Radio Network	www.wrn.org

电视频道

Al Jazeera	www.aljazeera.com
American Broadcasting Corporation	abc.go.com
ARD (Germany)	www.ard.de
Asahi Broadcasting Corporation (Japan)	www.tv-asahi.co.jp
Australian Broadcasting Corporation	www.abc.net.au
BBC World	www.bbc.co.uk/news
Black Entertainment Television	www.betnetworks.com
B4U (Bollywood for You)	www.b4utv.com
Canadian Broadcasting Corporation	www.cbc.ca
Canal Plus	www.canalplus.fr
Cartoon Network	www.CartoonNetwork.com
China Global Television Network	www.cgtn.com
CNBC	www.cnbc.com
CNN	www.cnn.com
Columbia Broadcasting System (CBS)	www.cbs.com
Deutsche Welle	www.dw.com/en
DirecTV	www.directv.com
Discovery	www.discovery.com
Doordarshan News (India)	www.ddinews.gov.in
El Pais (Spain)	www.elpais.com/elpais/inenglish
ESPN	www.espn.com
Euronews.	www.euronews.com

Fox Network	www.fox.com
Foxtel (Australia)	www.foxtel.com.au
France 24	www.france24.com/en
Globo (Brazil)	www.redeglobo.com
Independent Television News (UK)	www.itn.co.uk
Korean Broadcasting System	www.english.kbs.co.kr
Middle East Broadcasting Centre (MBC)	www.mbc.net
MNet (South Africa)	www.m-net.dstv.com
MSNBC	www.msnbc.com
Music Television (MTV)	www.mtv.com
National Broadcasting Company (NBC)	www.nbc.com
NDTV (New Delhi Television)	www.ndtv.com
News 24 (South Africa)	www.news24.com
Nickelodeon	www.nick.com
Nippon Hoso Kyokai (NHK World — Japan)	www3.nhk.or.jp/nhkworld
Phoenix Chinese Channel	http://phtv.ifeng.com/english/phkc.shtml
Press TV (Iran)	www.presstv.com
Public Broadcasting Services	www.pbs.com
RT	www.rt.com
Sky News	www.news.sky.com
Sony Entertainment Television	www.setindia.com
South African Broadcasting Corporation	www.sabc.co.za
Star TV	www.startv.com
Televisa (Mexico)	www.televisa.com
TRT World (Turkey)	www.trtworld.com
ZDF (Germany)	www.zdf.de
Zee TV (India)	www.ozee.com/zeetv

报纸和杂志

Al-Ahram (Egypt)	www.english.ahram.org.eg eg
al Hayat (Saudi Arabia)	www.alhayat.com
Bloomberg Businessweek	www.bloomberg.com/businessweek

China Daily	www.chinadaily.com
Editor & Publisher	www.editorandpublisher.com
Filmfare (India)	www.filmfare.com
Fortune	www.fortune.com
Frontline (India)	www.frontline.in
India Today	www.india-today.com
Le Monde diplomatique (English edition)	www.mondediplo.com
Newsweek	www.newsweek.com
People's Daily (China)	www.en.people.cn
Reader's Digest	www.rd.com
Slate	www.slate.com
South China Morning Post	www.scmp.com
Speigel (International)	www.spiegel.de/international/
Time	www.time.com
The Economist	www.economist.com
Financial Times	www.ft.com
The Guardian	www.theguardian.com
The Hindu (India)	www.thehindu.com
The New Straits Times (Singapore)	www.straitstimes.com
The New York Times	www.nyt.com
The Times	www.thetimes.co.uk
The Times of India	www.timesofindia.indiatimes.com
The Washington Post	www.washingtonpost.com
Variety	www.variety.com
The Wall Street Journal	www.wsj.com

出版商

Amazon.com	www.amazon.com
Barnes&Noble	www.barnesandnoble.com
International Data Group	www.idg.net
McGraw-Hill	www.mcgraw-hill.com
Pearson Group	www.pearson.com
Random House	www.randomhouse.com

Reed Elsevier　　　　　　　　　　　　www.relx.com
Wolters Kluwer　　　　　　　　　　　www.wolterskluwer.com

学术刊物

Asian Journal of Communication	www.tandfonline.com/toc/rajc20
Brazilian Journalism Research	www.bjr.sbpjor.org.br/bjr
Canadian Journal of Communication	www.cjc-online.ca
Chinese Journal of Communication	www.tandfonline.com/loi/rcjc20
Columbia Journalism Review	www.cjr.org
Communication Research and Practice	www.tandfonline.com/loi/rcrp20
Ecquid Novi: African Journalism Studies	www.tandfonline.com/toc/recq20
European Journal of Communication	www.journals.sagepub.com/home/ejc
Foreign Affairs	www.foreignaffairs.com
Foreign Policy	www.foreignpolicy.com
Global Media and China	journals.sagepub.com/home/gch
Global Media and Communication	journals.sagepub.com/home/gmc
Harvard International Journal of Press/Politics	journals.sagepub.com/home/hij
International Communication Gazette	journals.sagepub.com/home/gaz
International Journal of Communication	www.ijoc.org/index.php/ijoc
International Journal of Cultural Studies	journals.sagepub.com/home/ics
Javnost — The Public	www.tandfonline.com/loi/rjav20
Journal of African Media Studies	www.intellectbooks.co.uk/journals/view-Journal,id=166/
Journal of Communication	www.onlinelibrary.wiley.com/journal/14602466
Journal of Creative Communications	journals.sagepub.com/home/crc
Journalism	journals.sagepub.com/home/jou
Media, Culture & Society	journals.sagepub.com/home/mcs
Middle East Journal of Culture and Communication	https://brill.com/view/journals/mjcc/mjcc-overview.xml
Media International Australia	journals.sagepub.com/home/mia
New Media & Society	journals.sagepub.com/home/nms
Nordicom Review	www.nordicom.gu.se/en

Political Communication	www.tandfonline.com/toc/upcp20
Public Culture	read.dukeupress.edu/public-culture
Russian Journal of Communication	www.tandfonline.com/toc/rrjc20
Television & New Media	journals.sagepub.com/home/tvn
Theory, Culture & Society	journals.sagepub.com/home/tcs

社交媒介

Baidu	www.baidu.com
Facebook	www.facebook.com
Google	www.google.com
Instagram	www.instagram.com
Tumblr	www.tumblr.com
Pinterest	www.pinterest.com
Twitter	www.twitter.com
WeChat	web.wechat.com
WhatsApp	www.whatsapp.com
Yahoo!	www.yahoo.com
YouTube	www.youtube.com

注：网址在原书出版时有效。

附录三 讨论题

第1章
- 全球电报网络发展的动力是什么？它产生了什么影响？
- 说新闻通讯社路透社是"大英帝国内的帝国"是什么意思？
- 冷战期间秘密广播电台的作用是什么？它们是否有效？
- 冷战时期的"第三世界"中,"现代化"项目是否属于西方宣传工作的一部分？
- 为什么美国反对20世纪70年代对"世界信息与传播新秩序"的要求？这些辩论在21世纪有多重要？
- 以美国为首的西方媒体在多大程度上推动了苏联解体？
- 日益增长的商业化要求在多大程度上影响了后共产主义国家广播公司的"新闻价值"？

第2章
- 在理解世界上的信息不平等时,媒介帝国主义的概念有多重要？
- 全球化是传播技术普及的必然结果吗？
- 全球化在多大程度上是后现代的一种特征？哪些媒介体现了全球化的主要方面？
- 殖民主义也许已经结束,但是可以说文化殖民主义继续存在吗？
- 依附理论在理解西方媒体组织的全球化方面有多重要？
- 评估"公共领域"的概念与有关当代政治传播的争议之间的相关性。
- 您对"数字"资本主义有什么了解？谁在驾驭它,为什么？
- 传播和文化的全球化是否使我们更加世界化（cosmopolitan）？如果是这样,如何解释文化和宗教身份的复兴？
- 诸如中国和印度这样人口众多、经济快速增长的力量是如何影响全球化话语的？

第3章

- 广播的私有化是否扩大了全世界观众的选择范围？
- 世界贸易组织在电子传播全球化中发挥了什么作用？
- 全球媒体公司在多大程度上进行了联姻？这对于传播的民主流动是否有益，还是应该对其进行监管？
- 国际通信卫星组织为什么私有化？谁从中受益？谁可能是输家？
- 跨国电子媒介对空间、地点和时间有何影响？
- 谁控制互联网的基础设施？互联网硬件私有化对公共传播有何影响？
- 您对"网络中立性"有什么了解？政府应该鼓励还是阻止？
- 移动传播技术如何影响民主国家的选举政治？

第4章

- 在如此少的跨国集团中，媒体权力集中化趋势对政治和经济产生了什么影响？
- 新闻全球化过程与娱乐全球化过程之间是否存在重大差异？这对听众意味着什么？
- 美国媒体公司在国际电视节目市场上是否具有竞争优势？
- 可以说美国主导的西方新闻媒体影响着全球新闻议程吗？
- 媒体集团（例如新闻集团）采取了哪些策略进入亚洲媒体市场？
- 在全球广播时代，"公共服务"概念有多重要？
- 哪些品牌和产品最适合全球广告活动？为了成功，必须克服哪些问题？
- "全球性的"媒体是否正有助于建立一个全球公共领域？
- "文化帝国主义"的概念与理解英美媒体的全球化有关吗？

第5章

- 有哪些全球性报纸和杂志？它们与"本地"报纸和杂志有何不同？
- 说好莱坞霸权是否公平？美国主导全球电影生产和发行的原因可能是什么？
- 欧盟在多大程度上以何种方式有助于建立一个统一的媒介与传播市场？
- 在全球化过程中，"本地"是什么？"本地"与"全球"有什么关系？
- 为什么英语是全球商业与传播的主要语言？
- 为什么西方世界以外的作家获得诺贝尔文学奖的作家如此之少？
- 是否有证据表明媒介与文化产品的杂糅？

- 跨国电视和互联网是否正在创造一种统一的"全球"文化？
- 什么是"软实力"？如何有效地传播软实力？

第6章
- 为什么肥皂剧在世界各地流行？
- 数字和移动技术如何影响国际广播？
- 凤凰卫视（Phoenix）之类的电视网络是否仅针对地理语言市场？它们将如何扩大受众范围？
- 半岛电视台（Al Jazeera）等非西方新闻网络在多大程度上挑战了美国/英国版的"全球反恐战争"？
- 非印度人会看印度电影吗？如果会，为什么？如果不，为什么不呢？
- 为什么韩国媒体节目在东亚很受欢迎？它们的韩国特色是什么？
- 在国际媒体市场上，巴西、埃及和土耳其等国家在多大程度上是独立参与者？
- 尼日利亚电影业是如何发展的？
- 为什么在油管的所有新闻频道中，俄罗斯新闻网——RT的收视率最高？

第7章
- 全球公民社会是什么意思？互联网如何为创建这样的社会做出了贡献？
- 您对"全球数字鸿沟"有什么了解？发展中国家互联网扩散的主要障碍是什么？什么会促进互联网的扩散？
- 可以说"政变和地震综合征"继续主导着国际媒体对非洲的报道吗？
- 市民社会团体应采取什么策略来抵制日益增多的对数字隐私和公共监控的侵犯？
- 是否应建立一个国际法定机构来规范全球媒体？
- 数字媒介是否推进了"假新闻"的全球化？
- 市场主导的"信息娱乐"的兴起是否导致人们与政治进程脱节？
- 谁应该管理互联网？应该受到监管吗？如何监管？
- 是否需要使媒介与传播研究国际化？怎么做？

参考文献

Abbas, Ackbar, and Erni, John (eds) (2005) *Internationalizing Cultural Studies: An Anthology*. Oxford: Blackwell.

Ackerman, Elise (2012) The U.N. Fought the Internet — and the Internet Won; WCIT Summit in Dubai Ends. *Forbes*, 14 December.

Ad Age (2016) *Advertising Age: Marketing Fact Pack, 2017*. Available at http://gaia.adage.com/images/bin/pdf/marketingfactpack_web.pdf (accessed 20 February 2018)

Adorno, Theodor (1991) *The Culture Industry: Selected Essays on Mass Culture*. London: Routledge.

Adorno, Theodor, and Horkheimer, Max (1979) *Dialectic of Enlightenment*. London: Verso. Originally published in German in 1947.

Agrawal, Binod (ed.) (1977) *Satellite Instructional Television Experiment, Social Evaluation: Impact on Adults*, 2 vols. Bangalore: Indian Space Research Organisation.

Agrawal, Binod (1978) *Satellite Instructional Television Experiment: Television Comes to Villages*. Bangalore: Indian Space Research Organisation.

Ahmad, Aijaz (1992) *In Theory: Classes, Nations, Literatures*. London: Verso.

Aiyar, Shankkar (2017) *Aadhaar: A Biometric History of India's 12-Digit Revolution*. Chennai: Westland.

Aksoy, Asu, and Robins, Kevin (2000) Thinking across spaces: Transnational television from Turkey. *European Journal of Cultural Studies*, 3 (3): 343–365.

Alankuş, Sevda, and Yanardağoğlu, Eylem (2016) Vacillation in Turkey's popular global TV exports: Toward a more complex understanding of distribution. *International Journal of Communication*, 10: 3615–3631.

Albæk, Erik, van Dalen, Arjen, Jebril, Nael, and de Vreese, Claes (2014) *Political Journalism in Comparative Perspective*. Cambridge: Cambridge University Press.

Albarran, Alan (2017) *The Media Economy*, 2nd edn. New York: Routledge.

Albornoz, Luis (2016) The International Fund for Cultural Diversity: A new tool for cooperation in the audiovisual field. *International Journal of Cultural Policy*, 22 (4): 553–573.

Alexandre, Laurien (1993) Television Marti: 'Open skies' over the south, pp. 343–367. In Nordenstreng, Kaarle, and Schiller, Herbert (eds) *Beyond National Sovereignty: International Communication in the 1990s*. Norwood, NJ: Ablex.

Alia, Valerie (2009) *The New Media Nation: Indigenous Peoples and Global Communication*. New York: Berghahn Books.

Al Jazeera (2014) *Kismet: How Soap Operas Changed the World*. [TV programme] Al Jazeera English, 15 January.

Allan, Stuart (2013) *Citizen Witnessing: Revisioning Journalism in Times of Crisis*. Oxford: Wiley-Blackwell.

Allan, Stuart, and Thorsen, Einar (eds) (2009) *Citizen Journalism: Global Perspectives*, vol. 1. New York:

Peter Lang.
Allan, Stuart, and Zelizer, Barbie (eds) (2004) *Reporting War: Journalism in Wartime*. London: Routledge.
Althusser, Louis (1971) *Lenin and Philosophy and Other Essays*. London: New Left Books.
Aly, Anne, Macdonald, Stuart, Jarvis, Lee, and Chen, Thomas (eds) (2016) *Violent Extremism Online: New Perspectives on Terrorism and the Internet*. London: Routledge.
Amin, Samir (1976) *Accumulation on a World Scale: A Critique of the Theory of Underdevelopment*. New York: Monthly Review Press.
Amin, Samir (1988) *Eurocentrism*. Translated by R. Moore. New York: Monthly Review Press.
Amin, Samir (1997) *Capitalism in the Age of Globalization*. London: Zed Books.
Amrith, Sunil (2011) *Migration and Diaspora in Modern Asia*. Cambridge: Cambridge University Press.
Anderson, Benedict (1991) *Imagined Communities: Reflections on the Origin and Spread of Nationalism*, 2nd edn. London: Verso.
Andrejevic, Mark (2013) *Infoglut: How Too Much Information Is Changing the Way We Think and Know*. London: Routledge.
Anduaga, Aitor (2009) *Wireless and Empire: Geopolitics, Radio Industry, and Ionosphere in the British Empire, 1918–1939*. New York: Oxford University Press.
Anholt, Simon (2007) *Competitive Identity: The New Brand Management for Nations, Cities and Regions*. New York: Palgrave Macmillan.
Appadurai, Arjun (1990) Disjuncture and difference in the global cultural economy. *Public Culture*, 2 (2): 1–24.
Appadurai, Arjun (1996) *Modernity at Large: Cultural Dimensions of Globalization*. Minneapolis: University of Minnesota Press.
Appadurai, Arjun (2001) Grassroots globalization and research imagination, pp. 1–21. In Appadurai, Arjun (ed.) *Globalization*. Durham, NC: Duke University Press.
Appadurai, Arjun (2013) *The Future as Cultural Fact: Essays on the Global Condition*. London: Verso.
Archetti, Cristina (2013) *Understanding Terrorism in the Age of Global Media: A Communication Approach*. London: Palgrave Macmillan.
Archibugi, Daniele, and Held, David (eds) (1995) *Cosmopolitan Democracy*. Cambridge: Polity.
Aronczyk, Melissa (2013) *Branding the Nation: The Global Business of National Identity*. New York: Oxford University Press.
Artz, Lee (2015) *Global Entertainment Media — A Critical Introduction*. Malden, MA: Wiley-Blackwell.
Associated Press (2016) *Associated Press Annual Report 2016*. Associated Press.
Athique, Adrian (2012) *Indian Media: Global Approaches*. Cambridge: Polity.
Athique, Adrian, Parthasarathi, Vibodh, and Srinivas, S. V. (eds) (2018a) *The Indian Media Economy, Vol. I: Industrial Dynamics and Cultural Adaptation*. New Delhi: Oxford University Press.
Athique, Adrian, Parthasarathi, Vibodh, and Srinivas, S. V. (eds) (2018b) *The Indian Media Economy, Vol. II: Market Dynamics and Social Transactions*. New Delhi: Oxford University Press.
Atkinson, Dave, and Raboy, Marc (eds) (1997) *Public Service Broadcasting: The Challenges of the Twenty-First Century*. Paris: UNESCO.
Atton, Chris (2004) *An Alternative Internet: Radical Media, Politics and Creativity*. Edinburgh: Edinburgh University Press.
Atwan, Abdel-Bari (2015) *Islamic State: The Digital Caliphate*. London: Saqi Books.
Audinet, Maxime (2017) *Propaganda or Alternative Worldview? RT, Russia's Voice to the World*. Le Monde diplomatique, April.

Ayers, Alison (ed.) (2008) *Gramsci, Political Economy, and International Relations Theory: Modern Princes and Naked Emperors*. New York: Palgrave Macmillan.

Bâ, Maty Saër, and Higbee, Will (2012) Introduction: De-westernizing film studies, p. 115. In Bâ, Maty Saër, and Higbee, Will (eds) *De-Westernizing Film Studies*. New York: Routledge.

Bai, Ruoyun, and Song, Geng (eds) (2015) *Chinese Television in the Twenty-First Century: Entertaining the Nation*. New York: Routledge.

Bagdikian, Ben (2004) *The New Media Monopoly*, 7th edn. Boston: Beacon.

Baker, Edwin (2007) *Media Concentration and Democracy: Why Ownership Matters*. Cambridge: Cambridge University Press.

Bakker, Gerben (2008) *Entertainment Industrialised: The Emergence of the International Film Industry, 1890–1940*. Cambridge: Cambridge University Press.

Banks, Jack (1996) *Monopoly Television: MTV's Quest to Control the Music*. Boulder, CO: Westview Press.

Bannerman, Sara (2016) *International Copyright and Access to Knowledge*. Cambridge: Cambridge University Press.

Baran, Paul (1957) *The Political Economy of Growth*. New York: Monthly Review Press.

Barbier, Frederic (2017) *Gutenberg's Europe: The Book and the Invention of Western Modernity*. Cambridge: Polity. Originally published in French in 2006.

Barboza, David, and Barnes, Brooks (2016) Seeing Is Tomorrowland, Disney Courted China. *New York Times*, 15 June: A1.

Bardhan, Pranab (2010) *Awakening Giants, Feet of Clay: Assessing the Economic Rise of China and India*. Princeton, NJ: Princeton University Press.

Bardhan, P., Bowles, S., and Wallerstein, M. (eds) (2006) *Globalization and Egalitarian Redistribution*. Princeton, NJ: Princeton University Press.

Barkin, Gareth (2014) Commercial Islam in Indonesia: How television producers mediate religiosity among national audiences. *International Journal of Asian Studies*, 11 (1): 1–24.

Barnes, Brooks (2016) A Chinese Carrot for Hollywood. *New York Times*, 18 October: B1.

Battelle, John (2005) *The Search: How Google and Its Rivals Rewrote the Rules of Business and Transformed Our Culture*. London: Nicholas Brealey.

Batuman, Elif (2014) Ottomania: A Hit TV Shows Reimagines Turkey's Imperial Past. *The New Yorker*, 17 February: 50–58.

Baudrillard, Jean (1994) *The Illusion of the End*. Translated by C. Turner. Cambridge: Polity. First published in 1992 as *L'illusion de la fin*, Paris: Editions Galilee.

Bayly, Christopher (2004) *The Birth of the Modern World, 1780–1914: Global Connections and Comparisons*. Malden, MA: Blackwell.

BBC (2017) *Transformation: BBC Worldwide Annual Review 2016–2017*. London: British Broadcasting Corporation.

Bebawi, Saba (2016) *Media Power and Global Television News: The Role of Al Jazeera English*. London: I. B. Tauris.

Beck, Ulrich (2006) *Cosmopolitan Vision*. Cambridge: Polity.

Beckett, Charlie, and Ball, James (2012) *WikiLeaks: News in the Networked Era*. Cambridge: Polity.

Bell, Daniel (1973) *The Coming of Post-Industrial Society: A Venture in Social Forecasting*. New York: Basic Books.

Bell, Daniel (2015) *The China Model: Political Meritocracy and the Limits of Democracy*. Princeton, NJ: Princeton University Press.

Bell, Emily, and Owen, Taylor (eds) (2017) *Journalism after Snowden — The Future of the Free Press in the Surveillance State*. New York: Columbia University Press.

Beniger, James (1986) *The Control Revolution: Technological and Economic Origins of the Information Society*. Cambridge, MA: Harvard University Press.

Benkler, Yochai (2006) *The Wealth of Networks: How Social Production Transformed Markets and Freedom*. New Haven, CT: Yale University Press.

Benkler, Yochai, Faris, Robert, Roberts, Hal, and Zuckerman, Ethan (2017) Study: Breitbart-Led Right-Wing Media Ecosystem Altered Broader Media Agenda. *Columbia Journalism Review*, 3 March. Available at: https://www.cjr.org/analysis/breitbart-media-trump-harvard-study.php. Accessed 30 January 2018.

Bennett, Lance, and Segerberg, Alexandra (2013) *The Logic of Connective Action: Digital Media and the Personalization of Contentious Politics*. Cambridge: Cambridge University Press.

Berenger, Ralph (ed.) (2013) *Social Media Go to War: Rage, Rebellion and Revolution in the Age of Twitter*. Spokane, WA: Marquette Books.

Berkhoff, Karel (2012) *Motherland in Danger: Soviet Propaganda during World War II*. Cambridge, MA: Harvard University Press.

Bernays, Edward ([1928] 2005) *Propaganda*. Brooklyn, NY: Ig Publishing. Originally published in New York by Liveright in 1928.

Berndt, Jaqueline, and Kummerling-Meibauer, Bettina (eds) (2013) *Manga's Cultural Crossroads*. London: Routledge.

Berry, Chris, Xinyu, Lu, and Rofel, Lisa (2010) *The New Chinese Documentary Film Movement: For the Public Record*. Hong Kong: Hong Kong University Press.

Bettig, Ronald (1996) *Copyrighting Culture: The Political Economy of Intellectual Property*. Boulder, CO: Westview Press.

Bettig, Ronald, and Hall, Jeanne Lynn (2012) *Big Media, Big Money: Cultural Texts and Political Economics*, 2nd edn. Lanham, MD: Rowman & Littlefield.

Bhabha, Homi (1994) *The Location of Culture*. London: Routledge.

Bhuiyan, Abu (2014) *Internet Governance and the Global South: Demand for a New Framework*. London: Palgrave Macmillan.

Bielby, Denise, and Harrington, Lee (2008) *Global TV: Exporting Television and Culture in the World Market*. New York: New York University Press.

Birkinbine, Benjamin, Gomez, Rodrigo, and Wasko, Janet (2016) *Global Media Giants*. New York: Routledge.

Boggs, Carl, and Pollard, Tom (2016) *The Hollywood War Machine: U.S. Militarism and Popular Culture*, 2nd edn. New York: Routledge.

Bolaño, César (2015) *The Culture Industry, Information and Capitalism*. London: Palgrave Macmillan.

Bonnell, Victoria, and Freidin, Gregory (1995) Televorot — The role of television coverage in Russia's August 1991 coup, pp. 22–51. In Condee, N. (ed.) *Soviet Hieroglyphics: Visual Culture in Late-Twentieth Century Russia*. Bloomington: Indiana University Press, and London: British Film Institute.

Boyd-Barrett, Oliver (1977) Media imperialism: Towards an international framework for the analysis of media systems, pp. 116–135. In Curran, J., Gurevitch, M., and Woollacott, J. (eds) *Mass Communication and Society*. London: Edward Arnold.

Boyd-Barrett, Oliver (1980) *The International News Agencies*. London: Constable.

Boyd-Barrett, Oliver (1998) Media imperialism reformulated, pp. 157–176. In Thussu, Daya (ed.) *Electronic*

Empires: Global Media and Local Resistance. London: Arnold.

Boyd-Barrett, Oliver (2014) *Media Imperialism*. London: Sage.

Boyd-Barrett, Oliver, and Rantanen, Terhi (eds) (1998) *The Globalization of News*. London: Sage.

Braman, Sandra (ed.) (2004) *The Emergent Global Information Policy Regime*. Basingstoke: Palgrave Macmillan.

Brandt Commission (1981) *North-South: A Programme for Survival.* The Report of the Independent Commission on International Development Issues under the Chairmanship of Willy Brandt. London: Pan Books.

Breckenridge, Carol, Pollock, Sheldon, Bhabha, Homi, and Chakrabarty, Dipesh (2002) *Cosmopolitanism*. Durham, NC: Duke University Press.

Brevini, Benedetta (2013) *Public Service Broadcasting Online: A Comparative European Policy Study of PSB 2.0*. Basingstoke: Palgrave Macmillan.

Brienza, Casey (ed.) (2015) *Global Manga: Japanese' Comics without Japan?* Farnham: Ashgate.

Briggs, Asa (1970) *A History of Broadcasting in the United Kingdom, Vol. III: The War of Words*. Oxford: Oxford University Press.

Brinkerhoff, Jennifer (2009) *Digital Diasporas: Identity and Transnational Engagement*. Cambridge: Cambridge University Press.

British Council (2013) *The English Effect: The Impact of English, What It's Worth to the UK and Why It Matters to the World*. London: British Council.

British Film Institute (2017) *The UK Film Economy: BFI Statistical Yearbook 2017*. London: British Film Institute.

Broadband Commission (2017) *The State of Broadband 2017: Broadband Catalyzing Sustainable Development*. Geneva: Broadband Commission and ITU.

Brown, Ian, and Marsden, Christopher (2013) *Regulating Code: Good Governance and Better Regulation in the Information Age*. New Haven, CT: Yale University Press.

Brousseau, Eric, Marzouki, Meryem, and Méadel, Cécile (eds) (2012) *Governance, Regulation, and Powers on the Internet*. Cambridge: Cambridge University Press.

Bruell, Alexandra, and Sebastian, Michael (2015) Should Adland Join the Communications War on ISIS? State Department Has Informal Contacts with Marketers. Advertising Age, 2 March.

Bryman, Alan (2004) *The Disneyization of Society*. London: Sage.

Bunce, Melanie, Franks, Suzanne, and Paterson, Chris (eds) (2016) *Africa's Media Image in the 21st Century — From the 'Heart of Darkness' to 'Africa Rising'*. London: Routledge.

Burgess, Jean, and Green, Joshua (2009) *YouTube: Online Video and Participatory Culture*. Cambridge: Polity.

Burkart, Patrick (2014) *Pirate Politics: The New Information Policy Contests*. Cambridge, MA: MIT Press.

Burson-Marsteller (2017) *Twiplomacy: Heads of State and Government and Foreign Ministers on Twitter July 2017*. Geneva: Burson-Marsteller. Available at: http://twiplomacy.com/wp-content/uploads/2014/06/_MASTER_twip_2014.pdf.

Business Week (1999) The Internet Age, Special Section. *Business Week*, 4 October: 40–113.

Butsch, Richard, and Livingstone, Sonia (eds) (2014) *Meanings of Audiences: Comparative Discourses*. London: Routledge.

Bygrave, Lee, and Bing, Jon (eds) (2009) *Internet Governance: Infrastructure and Institutions*. Oxford: Oxford University Press.

Cadwalladr, Carole, and Graham-Harrison, Emma (2018) Revealed: 50 Million Facebook Profiles Harvested for Cambridge Analytica in Major Data Breach. *The Observer*, 18 March.

Cairncross, Frances (1997) *The Death of Distance: How the Communications Revolution will Change Our Lives*. London: Orion Business Books.

Calhoun, Craig (ed.) (1992) *Habermas and the Public Sphere*. Cambridge, MA: MIT Press.

Carr, Nicholas (2010) *The Shallows: How the Internet Is Changing the Way We Think, Read and Remember*. London: Atlantic Books.

Castells, Manuel (2000a) *The Information Age: Economy, Society and Culture, vol. 1: The Rise of the Network Society*, 2nd edn. Oxford: Blackwell.

Castells, Manuel (2000b) *The Information Age: Economy, Society and Culture, vol. 3: End of Millennium*, 2nd edn. Oxford: Blackwell.

Castells, Manuel (2004) *The Information Age: Economy, Society and Culture, vol. 2: The Power of Identity*, 2nd edn. Oxford: Blackwell.

Castells, Manuel (2008) The new public sphere: Global civil society, communication networks and global governance. *The Annals of the American Academy of Political and Social Science*, 616: 78–93.

Castells, Manuel (2009) *Communication Power*. Oxford: Oxford University Press.

Castells, Manuel (2012) *Networks of Outrage and Hope: Social Movements in the Internet Age*. Cambridge: Polity.

Cerf, Vinton, et al. (2014) *Strategy Report: ICANN's Role in the Internet Governance Ecosystem*. ICANN. Available at: http://goo.gl/9Wr0CD.

Çevik, Senem (2014) Turkish soap opera diplomacy: A western projection by a Muslim source. *Exchange: The Journal of Public Diplomacy*, 5 (1): 78–103.

Chakrabarti, Santanu (2012) The avatars of Baba Ramdev: The politics, economics, and contradictions of an Indian televangelist, pp. 149–172. In Thomas, Pradip, and Lee, Phillip (eds) *Global and Local Televangelism*. New York: Palgrave Macmillan.

Chakravartty, Paula, and Zhao, Youzhi (eds) (2008) *Global Communications: Towards a Transcultural Political Economy*. Lanham, MD: Rowman & Littlefield.

Chakravartty, Paula, and Roy, Srirupa (2013) Media pluralism redux: Towards new frameworks of comparative media studies beyond the west. *Political Communication*, 30 (3): 349–370.

Chalaby, Jean (ed.) (2005) *Transnational Television Worldwide — Towards a New Media Order*. London: I. B. Tauris.

Chalaby, Jean (2015) *The Format Age: Television's Entertainment Revolution*. Cambridge: Polity.

Chan, Joseph, and Lee, Francis (2017) Introduction, pp. 1–11. In Chan, J. and Lee, F. (eds) *Advancing Comparative Media and Communication Research*. New York: Routledge.

Chanan, Michael (1985) The Reuters factor: Myth and realities of communicology: A scenario. In Radical Science Collective (eds) *Making Waves: The Politics of Communications*. London: Free Association Books.

Chandler, Robert (1981) *War of Ideas: The US Propaganda Campaign in Vietnam*. Boulder, CO: Westview Press.

Charry, Eric (ed.) (2012) *Hip Hop Africa: New African Music in a Globalizing World*. Bloomington: Indiana University Press.

Cheng, Dean (2016) *Cyber Dragon: Inside China's Information Warfare and Cyber Operations*. Santa Barbara, CA: Praeger.

Cho, Younghan, and Zhu, Hongrui (2017) Interpreting the television format phenomenon between South Korea and China through inter-Asian frameworks. *International Journal of Communication*, 11: 2332–

2349.

Cheah, Pheng, and Robbins, Bruce (eds) (1998) *Cosmopolitics: Thinking and Feeling beyond the Nation*. Minneapolis: University of Minnesota Press.

Chen, Kuan-Hsing (2010) *Asia as Method: Toward Deimperialization*. Durham, NC: Duke University Press.

Chen, Kuan-Hsing, and Chua, Beng Huat (eds) (2007) *The Inter-Asia Cultural Studies Reader*. London: Routledge.

Cherry, Colin (1978) *World Communication: Threat or Promise? A Socio-Technical Approach*. New York: Wiley.

Choi, JungBong, and Maliangkay, Roald (eds) (2014) *K-pop — The International Rise of the Korean Music Industry*. New York: Routledge.

Christensen, Miyase (2013) New media geographies and the Middle East. *Television and New Media*, 14 (4): 267–270.

Christians, Clifford, and Nordenstreng, Kaarle (eds) (2014) *Communication Theories in a Multicultural World*. New York: Peter Lang.

Chumley, Lily (2016) *Creativity Class: Art School and Culture Work in Postsocialist China*. Princeton, NJ: Princeton University Press.

Chwieroth, Jeffrey (2010) *Capital Ideas: The IMF and the Rise of Financial Liberalization*. Princeton, NJ: Princeton University Press.

Ciochetto, Lynne (2011) *Globalisation and Advertising in Emerging Economies: Brazil, Russia, India and China*. London: Routledge.

Cisco (2015) *Cisco Visual Networking Index: Global Mobile Data Traffic Forecast Update, 2014–2019*, White Paper. San Jose, CA: Cisco.

Cisco (2017) *Cisco 2017 Annual Cybersecurity Report*. San Jose, CA: Cisco. CNBC (2017) *CNBC Annual Report 2017*. New York: CNBC.

CNC (2017) *Results 2016: Films, Television Programs, Production, Distribution, Exhibition, Exports, Video, New Media*. Paris: Centre National du cinéma et de l'image animée, Research & Statistics Department Centre.

CNN (2016) *CNN Annual 2016*. Atlanta: Cable News Network.

Cohan, Michelle, and Gbadamosi, Nosmot (2017) *Mo Abudu: The Nigerian Media Mogul with a Global Empire*. CNN, 29 March.

Cohen, Akiba (ed.) (2013) *Foreign News on Television: Where in the World Is the Global Village?* New York: Peter Lang.

Cohen, Bernard (1963) *The Press and Foreign Policy*. Princeton, NJ: Princeton University Press.

Cohen, Robin (2008) *Global Diasporas: An Introduction*, 2nd edn. London: Routledge.

Cole, Charlotte, and Lee, June (eds) (2016) *The Sesame Effect: The Global Impact of the Longest Street in the World*. New York: Routledge.

Colino, Richard (1985) Intelsat: Facing the challenge of tomorrow. *Journal of International Affairs*, 39 (1): 129–146.

Collis, Christy (2012) The geostationary orbit: A critical legal geography of space's most valuable real estate, pp. 61–81. In Parks, Lisa, and Schwoch, James (eds) *Down to Earth : Satellite Technologies, Industries, and Cultures*. New Brunswick, NJ: Rutgers University Press.

Comor, Edward (2013) Digital engagement: America's use (and misuse) of Marshall McLuhan. *New Political Science*, 35 (1): 1–18.

Constantinou, Costas, Richmond, Oliver, and Watson, Alison (2008) Editors' introduction: International relations and the challenges of global communication. *Review of International Studies*, 34: 5–19.

Couldry, Nick (2012) *Media, Society, World: Social Theory and Digital Media Practice*. Cambridge: Polity.

Cowhey, Peter, and Aronson, Jonathan (2007) Trade in services: Telecommunications, pp. 389–36. In Mattoo, Aaditya, Stern, Robert, and Zanini, Gianni (eds) *A Handbook of International Trade in Services*. Oxford: Oxford University Press.

Cowhey, Peter, and Aronson, Jonathan (2009) *Transformation Global Information and Communication Markets: The Political Economy of Innovation*. Cambridge, MA: MIT Press.

Crane, Diana (2014) Cultural globalization and the dominance of the American film industry: Cultural policies, national film industries, and transnational film. *International Journal of Cultural Policy*, 20 (4): 365–382.

Crawford, Robert, Brennan, Linda, and Parker, Lukas (eds) (2017) *Global Advertising Practice in a Borderless World*. New York: Routledge.

Critchlow, James (1995) *Radio Hole-in-the-Head: Radio Liberty: An Insider's Story of Cold War Broadcasting*. Washington, DC: American University Press.

Croteau, David, and Hynes, William (2005) *The Business of Media: Corporate Media and the Public Interest*, 2nd edn. London: Sage.

Crothers, Lane (2018) *Globalization and American Popular Culture*, 4th edn. Lanham, MD: Rowman & Littlefield.

Crystal, David (2003) *English as a Global Language*, 2nd edn. Cambridge: Cambridge University Press.

Cull, Nicholas (2009a) *The Cold War and the United States Information Agency: American Propaganda and Public Diplomacy 1945–1989*. Cambridge: Cambridge University Press.

Cull, Nicholas (2009b) *Public Diplomacy: Lessons from the Past*. Los Angeles: University of Southern California, Figueroa Press.

Cummings, Richard (2010) *Radio Free Europe's Crusade for Freedom: Rallying Americans behind Cold War Broadcasting, 1950–1960*. Jefferson, NC: McFarland.

Cunningham, Stuart, Craig, David, and Silver, Jon (2016) YouTube, multichannel networks and the accelerated evolution of the new screen ecology. *Convergence*, 22 (4): 376–391.

Curran, James (2012) Reinterpreting the Internet. In Curran, James, Fenton, Natalie, and Freedman, Des (eds), *Misunderstanding the Internet*. London: Sage.

Curran, James, and Couldry, Nick (eds) (2003) *Contesting Media Power: Alternative Media in a Networked World*. Lanham, MD: Rowman & Littlefield.

Curran, James, and Park, Myung-Jin (2000) Beyond globalization theory, pp. 3–18. In James Curran, James, and Park, Myung-Jin (eds) *De-Westernizing Media Studies*. London: Routledge.

Curran, James, and Seaton, Jean (1996) *Power without Responsibility: The Press and Broadcasting in Britain*. London: Routledge.

Curtin, Michael (2007) *Playing to the World's Biggest Audience: The Globalization of Chinese Film and TV*. Los Angles: University of California Press.

Curtin, Michael (2016) Regulating the global infrastructure of film labor exploitation. *International Journal of Cultural Policy*, 22 (5): 673–685.

Curtin, Michael, and Shah, Hemant (eds) (2010) *Reorienting Global Communication: Indian and Chinese Media beyond Borders*. Chicago: University of Illinois Press.

Curtin, Michael, and Sanson, Kevin (eds) (2016) *Precarious Creativity: Global Media, Local Labor*. Berkeley: University of California Press.

Curwen, P. (1997) *Restructuring Telecommunications: A Study of Europe in a Global Context*. London:

Macmillan.

Cushion, Stephen, and Lewis, Justin (eds) (2010) *The Rise of 24-Hour News Television: Global Perspectives*. New York: Peter Lang.

Cushion, Stephen, and Sambrook, Richard (eds) (2016) *The Future of 24-Hour News: New Directions, New Challenges*. New York: Peter Lang.

Dahlgren, Peter (2003) *Media and Civic Engagement*. Cambridge: Cambridge University Press.

Dahlgren, Peter (2009) *Media and Political Engagement: Citizens, Communication and Democracy*. Cambridge: Cambridge University Press.

Darling-Wolf, Fabienne (2014) *Imagining the Global: Transnational Media and Popular Culture beyond East and West*. Ann Arbor: University of Michigan Press.

D'Arma, Alessandro (2015) *Media and Politics in Contemporary Italy: From Berlusconi to Grillo*. Lanham, MD: Lexington Books.

Davies, Nick (2014) *Hack Attack: How the Truth Caught Up with Rupert Murdoch*. London: Chatto & Windus.

Dávila, Arlene, and Rivero, Yeidy (eds) (2014) *Contemporary Latina/o Media Production, Circulation, Politics*. New York: New York University Press.

Davis, Aeron (2011) Mediation, financialization, and the global financial crisis: An inverted political economy perspective, pp. 241–254. In Winseck D., and Jin, D. Y. (eds) *The Political Economies of Media: The Transformation of the Global Media Industries*. London: Bloomsbury Academic.

Davis, Stuart, Straubhaar, Joseph, and Cunha, Isabel (2016) The construction of a transnational Lusophone media space: A historiographic analysis. *Popular Communication*, 14 (4): 212–223.

Dayan, Daniel, and Katz, Elihu (1992) *Media Events: The Live Broadcasting of History*. Cambridge, MA: Harvard University Press.

Deaton, Angus (2013) *The Great Escape: Health, Wealth, and the Origins of Inequality*. Princeton, NJ: Princeton University Press.

De Beukelaer, Christiaan, and Pyykkönen, Miikka (2015) Introduction: UNESCO's 'Diversity Convention' — Ten years on, pp. 1–10. In De Beukelaer, Christiaan, Pyykkönen, Miikka, and Singh, J. P. (eds) *Globalization, Culture, and Development: The UNESCO Convention on Cultural Diversity*. London: Palgrave Macmillan.

de Bruin, Joost, and Zwaan, Koos (2012) Introduction: Adapting idols, pp. 1–10. In Zwaan, Koos, and de Bruin, Joost (eds) *Adapting Idols: Authenticity, Identity and Performance in a Global Television Format*. London: Routledge.

de Jong, Wilma, Shaw, Martin, and Stammers, Neil (eds) (2005) *Global Activism, Global Media*. London: Pluto.

Delli Carpini, Michael, and Williams, Bruce (2011) *After Broadcast News: Media Regimes, Democracy, and the New Information Environment*. Cambridge: Cambridge University Press.

Delman, Edward (2015) When Is a TV Channel a Foreign Agent? *The Atlantic*, 22 April.

DeNardis, Laura (ed.) (2011) *Opening Standards: The Global Politics of Interoperability*. New Haven, CT: Yale University Press.

DeNardis, Laura (2014) *The Global War for Internet Governance*. New Haven, CT: Yale University Press.

Der Darian, James (2009) *Virtuous War: Mapping the Military-Industrial-Media-Entertainment Network*, 2nd edn. New York: Routledge.

Der Spiegel (2014) The Opinion-Makers: How Russia Is Winning the Propaganda War. *Der Spiegel*, 30 May.

Der Spiegel (2016) The Hybrid War: Russia's Propaganda Campaign against Germany. *Der Spiegel*, 5

February.

Deshpande, Shashi (2000) Dear Reader. *The Hindu*, 2 January.

Desmond, Robert (1978) *The Information Process: World News Reporting to the Twentieth Century*. Iowa City: University of Iowa Press.

Dicken, Peter (2011) *Global Shift: Mapping the Changing Contours of the World Economy*, 6th edn. London: Sage.

DiMaggio, Anthony (2015) *Selling War, Selling Hope: Presidential Rhetoric, the News Media, and US Foreign Policy Since 9/11*. New York: SUNY Press.

Discovery (2016) *Discovery Network*. https://ir.corporate.discovery.com/financial-information/annual-reports.

Disney (2017) *Walt Disney Company Reports 2017*. https://www.thewaltdisneycompany.com/walt-disney-company-reports-fourth-quarter-full-year-earnings-fiscal-2017/.

Dogra, Nandita (2012) *Representations of Global Poverty: Aid, Development and International NGOs*. London: I. B. Tauris.

Doherty, Thomas (2013) *Hollywood and Hitler, 1933–1939*. New York: Columbia University Press.

Dorfman, Ariel, and Mattelart, Armand (1975) *How to Read Donald Duck: Imperialist Ideology in the Disney Comic*. New York: International General Editions.

Dougherty, Jill (2015) How the Media Became One of Putin's Most Powerful Weapons. *The Atlantic*, 21 April.

Dourish, Paul (2015) Protocols, packets, and proximity: The materiality of Internet routing, pp. 183–204. In Parks, Lisa, and Starosielski, Nicole (eds) *Signal Traffic: Critical Studies of Media Infrastructures*. Chicago: University of Illinois Press.

Downing, John (1996) *Internationalizing Media Theory: Transition, Power, Culture*. London: Sage.

Downing, John (2001) *Radical Media: Rebellious Communication and Social Movements*. Thousand Oaks, CA: Sage.

Downey, John, and Mihelj, Sabina (eds) (2012) *Central and Eastern European Media in Comparative Perspective: Politics, Economy and Culture*. Farnham: Ashgate.

Doyle, Gillian (2013) *Understanding Media Economics*, 2nd edn. London: Sage.

Dragomir, Marius, and Thompson, Mark (eds) (2014) *Mapping Digital Media: Global Findings. Digital Journalism: Making News, Breaking News*. London: Open Society Foundations.

Drake, William, and Price, Monroe (eds) (2014) Beyond NetMundial: The Roadmap for Institutional Improvements to the Global Internet Governance Ecosystem. August. Available at: www.global.asc. upenn.edu/app/uploads/2014/08/BeyondNETmundial_FINAL.pdf, Accessed 12 January 2018.

Duara, Prasenjit (2014) *The Crisis of Global Modernity: Asian Traditions and a Sustainable Future*. Cambridge: Cambridge University Press.

Dubrofsky, Rachel, and Magnet, Shoshana (eds) (2015) *Feminist Surveillance Studies*. Durham, NC: Duke University Press.

Dudrah, Rajendra (2012) *Bollywood Travels, Culture, Diaspora and Border Crossings in Popular Hindi Cinema*. London: Routledge.

Dunnett, Peter (1990) *The World Television Industry: An Economic Analysis*. London: Routledge.

Durham, Meenakshi Gigi, and Kellner, Douglas (eds) (2006) *Media and Cultural Studies: Key Works*, 2nd edn. Oxford: Blackwell.

Dutta, Mohan (2011) *Communicating Social Change: Structure, Culture and Agency*. New York: Routledge.

Dwyer, Tessa (2017) *Speaking in Subtitles: Revaluing Screen Translations*. Edinburgh: Edinburgh

University Press.

Dyson, Kenneth, and Humphreys, Peter (eds) (1990) *The Political Economy of Communications: International and European Dimensions*. London: Routledge.

Earl, Jennifer, and Kimport, Katrina (2011) *Digitally Enabled Social Change: Activism in the Internet Age*. Cambridge, MA: MIT Press.

Eckstein, Lars, and Schwarz, Anja (eds) (2014) *Postcolonial Piracy: Media Distribution and Cultural Production in the Global South*. New York: Bloomsbury Academic.

Economist (2014) Defending the Digital Frontier: A Special Report on Cyber-Security. *The Economist*, 12 July.

Economist (2016) Celebrities' Endorsement Earnings on Social Media. *The Economist*, October. Available at: https://www.economist.com/blogs/graphicdetail/2016/10/daily-chart-9.

Economist (2017) RT's Propaganda Is Far Less Influential than Westerners Fear. *The Economist*, 19 January.

Edwards, Brian (2016) *After the American Century: The Ends of U.S. Culture in the Middle East*. New York: Columbia University Press.

Eggeling, Kristin (2017) Cultural diplomacy in Qatar: Between 'virtual enlargement', national identity construction and elite legitimation. *International Journal of Cultural Policy*, 23 (6): 717–731.

Eisenstein, Elizabeth (1979) *The Printing Press as an Agent of Change*, 2 vols. Cambridge: Cambridge University Press.

Electronic Frontier Foundation (2018) *The Malicious Use of Artificial Intelligence: Forecasting, Prevention, and Mitigation*. San Francisco: Electronic Frontier Foundation. Available at: https://www.eff.org/files/2018/02/20/malicious_ai_report_final.pdf.

Ellinghaus, William, and Forrester, Larry (1985) A U.S. effort to provide a global balance: The Maitland Commission Report. *Journal of Communication*, 35 (2): 14–21.

El-Nawawy, Mohammed, and Iskandar, Adel (2002) *Al-Jazeera: How the Free Arab News Network Scooped the World and Changed the Middle East*. Cambridge, MA: Westview Press.

Erickson, Amanda (2017) If Russia Today Is Moscow's Propaganda Arm, It's Not Very Good at Its Job. *Washington Post*, 12 January.

Ericsson (2017) *Ericsson Mobility Report 2017*. Stockholm: Ericsson.

Erisman, Porter (2015) *Alibaba's World: How a Remarkable Chinese Company Is Changing the Face of Global Business*. New York: Palgrave Macmillan Trade.

Erlanger, Steven (2017) Is France the Latest Front in Russia's Information War? *New York Times*, 20 December: A8.

Ernst & Young (2012) *Film Industry in India: New Horizons*. New Delhi: Ernst & Young.

Esser, Frank, and Hanitzsch, Thomas (eds) (2012) *Handbook of Comparative Communication Research*. New York: Routledge.

European Audiovisual Observatory (2005) *Focus 2005: World Film Market Trends*. Strasbourg: European Audiovisual Observatory.

European Audiovisual Observatory (2016) *Focus 2016: World Film Market Trends*. Strasbourg: European Audiovisual Observatory.

European Commission (1998) *Telecommunications: Liberalized Services*. The Single Market Review, Subseries III — Impact on Services, vol. 6. Luxembourg: Office for Official Publications of the European Communities.

European Commission (2007) *Directive 2007/65/EC, Audio-Visual Media Services (AVMS) Directive*.

Brussels: European Commission.

European Commission (2010) *Digital Agenda for Europe*. Brussels: European Commission.

European Commission (2014) *Internet Policy and Governance: Europe's Role in Shaping the Future of Internet Governance*. Brussels: European Commission.

European Commission (2014) *Digital Agenda for Europe: Broadband Strategy & Policy*. Brussels: European Commission.

Ewen, Stuart (1976) *The Captains of Consciousness: Advertising and the Social Roots of the Consumer Culture*. New York: McGraw-Hill.

Fanon, Frantz (1967) *Black Skin, White Masks*. Translated by Charles Lam Markman. New York: Grove Press. First published in 1952.

Fanon, Frantz (1970) *A Dying Colonialism*. Harmondsworth: Pelican. Originally published in the UK in 1965 under the title *A Study in Dying Colonialism*. London: Monthly Review Press.

Farman, Jason (ed.) (2016) *Foundations of Mobile Media Studies: Essential Texts on the Formation of a Field*. New York: Routledge.

Farwell, James (2014) The media strategy of ISIS. *Survival*, 56 (6): 49–55.

FCC (1999) A New FCC for the 21st Century. Available at: http://www.fcc.gov/21stcentury/.

FCC (2015) In the Matter of Protecting and Promoting the Open Internet. FCC: 15–24. Available at: http://transition.fcc.gov/Daily_Releases/Daily_Business/2015/db0312/FCC-15-24A1.pdf. Accessed 12 December 2017.

Febvre, Lucien, and Martin, Henri-Jean (1990) *The Coming of the Book: The Impact of Printing 1450–1800*. Translated by D. Gerard. London: Verso. Originally published in 1958 as *L'Apparition du livre*, Paris: Editions Albin Michel.

Fenton, Natalie (ed.) (2009) *New Media, Old News: Journalism and Democracy in the Digital Age*. London: Sage.

FICCI-KPMG (2016) *The Future: Now Streaming*. FICCI/KPMG Indian Media and Entertainment Industry Report 2016. Mumbai: Federation of Indian Chambers of Commerce and Industry.

FICCI-KPMG (2017) *The Media for the Masses: The Promise Unfolds*. FICCI/KPMG Indian Media and Entertainment Industry Report 2017. Mumbai: Federation of Indian Chambers of Commerce and Industry.

Figenschou, Tine Ustad (2014) *Al Jazeera and the Global Media Landscape: The South Is Talking Back*. New York: Routledge.

Finney, Angus, and Triana, Eugenio (2015) *The International Film Business: A Market Guide beyond Hollywood*, 2nd edn. London: Routledge.

Fisher, Ali, and Lucas, Scott (eds) (2011) *Trials of Engagement: The Future of US Public Diplomacy*. Brill: Martinus Nijhoff.

Fiske, John (1987) *Television Culture*. London: Routledge.

Fitzgerald, Scott (2012) *Corporations and Cultural Industries: Time Warner, Bertelsmann and News Corporation*. Lanham, MD: Lexington Books.

Fitzgerald, Scott (2016) Time warner, pp. 51–71. In Birkinbine, B., Gomez, R., and Wasko, J. (eds) *Global Media Giants*. New York: Routledge.

Flew, Terry (2007) *Understanding Global Media*. Basingstoke: Palgrave Macmillan.

Flew, Terry (2012) *The Creative Industries*. London: Sage.

Flournoy, Don, and Stewart, Robert (1997) *CNN: Making News in the Global Market*. Luton: University of Luton Press.

Fontaine, Gilles, and Grece, Christian (2016) *Origin of Films and TV Content in VOD Catalogues in the EU & Visibility of Films on VOD Services*. Strasbourg: European Audiovisual Observatory.

Fontaine, Gilles, and Kevin, Deirdre (2016) *Media Ownership: Towards Pan European Groups?* Strasbourg: European Audiovisual Observatory.

Forbes (2016) The 2016 Rio Summer Olympics: By the Numbers. *Forbes*, 5 August.

Fortner, Robert (1993) *International Communication: History, Conflict and Control of the Global Metropolis*. Belmont: Wadsworth.

Fortune (2017) Fortune Global 500. *Fortune*, August.

Fossum, John Erik, and Schlesinger, Philip (eds) (2007) *The European Union and the Public Sphere: A Communicative Space in the Making?* London: Routledge.

Fox, Elizabeth (1997) *Latin American Broadcasting: From Tango to Telenovela*. Luton: University of Luton Press.

Foxman, Maxwell (2015) *Play the News: Fun and Games in Digital Journalism*. New York: Tow Center for Digital Journalism. Available at: https://towcenter.org/research/play-the-news-fun-and-games-in-digital-journalism/.

Franklin, M. (2013) *Digital Dilemmas: Power, Resistance, and the Internet*. Oxford: Oxford University Press.

Fraser, Nancy (1990) Rethinking the public sphere: A contribution to the critique of actually existing democracy. *Social Text*, 25/26: 56–80.

Fraser, Nancy (2014) Transnationalizing the public sphere: On the legitimacy and efficacy of public opinion in a post-Westphalian world, pp. 8–42. In Nash, Kate (ed.) *Transnationalizing the Public Sphere*. Cambridge: Polity. First published in 2007.

Frau-Meigs, Divina, Nicey, Jérémie, Palmer, Michael, Pohle, Julia, and Tupper, Patricio (eds) (2012) *From NWICO to WSIS: 30 Years of Communication Geopolitics Actors and Flows, Structures and Divides*. Bristol: Intellect.

Frederick, Howard (1992) Global Communication and International Relations. Belmont: Wadsworth.

Freedman, Des (2008) *The Politics of Media Policy*. Cambridge: Polity.

Freedman, Des (2014) *The Contradictions of Media Power*. New York: Bloomsbury Academic.

Freedman, Des, and Thussu, Daya Kishan (eds) (2012) *Media and Terrorism: Global Perspectives*. London: Sage.

Freire, Paolo (1974) *Pedagogy of the Oppressed*. Translated by M. Ramos. New York: Seabury Press. Originally published in 1970.

French Senate (2014) *Internet: le Sénat veut democratiser sa gouvernance en s'appuyant sur une ambition politique et industrielle européenne*. Paris: French Senate. Available at: www.senat.fr/presse/cp20140709b.html.

Frieden, Robert (1996) *International Telecommunications Handbook*. Boston: Artch House.

Frieden, Rob (2010) *Winning the Silicon Sweepstakes: Can the United States Compete in Global Telecommunications?* New Haven, CT: Yale University Press.

Fu, Wayne, and Govindaraju, Achikannoo (2010) Explaining global box-office tastes in Hollywood films: Homogenization of national audiences' movie selections. *Communication Research*, 37 (2): 215–238.

Fuchs, Christian (2008) *Internet and Society: Social Theory in the Information Age*. New York: Routledge.

Fuchs, Christian (2014) *Digital Labour and Karl Marx*. New York: Routledge.

Fuchs, Christian (2018) *Digital Demagogue: Authoritarian Capitalism in the Age of Trump and Twitter*. London: Pluto.

Fuhr, Michael (ed.) (2015) *Globalization and Popular Music in South Korea: Sounding Out K-Pop*. London:

Routledge.

Fukuyama, Francis (1992) *The End of History and the Last Man*. London: Hamish Hamilton.

Galal, Ehab (2016) Friday Khutba without borders: Constructing a Muslim audience, pp. 86–102. In Mellor, Noha, and Rinnawi, Khalil (eds) *Political Islam and Global Media: The Boundaries of Religious Identity*. London: Routledge.

Galtung, Johan (1971) A structural theory of imperialism. *Journal of Peace Research*, 8 (2): 81–117.

Gao, Henry (2012) The shifting stars: The rise of China, emerging economies and the future of world trade governance, pp. 74–79. In Bellmann, Meléndez-Ortiz Christophe, and Mendoza, Miguel Rodriguez (eds) *The Future and the WTO: Confronting the Challenges*. Geneva: International Centre for Trade and Sustainable Development.

Garcia Canclini, Nestor (1995) *Hybrid Cultures: Strategies for Entering and Leaving Modernity*. Minneapolis: University of Minnesota Press. Original Spanish edition published in 1989 as Culturas hibridas: estrategias para entrar y salir de la modernidad, Mexico City: Grijalbo.

Garnham, Nicholas (1990) *Capitalism and Communication: Global Culture and the Economics of Information*. London: Sage.

Garnham, Nicholas (2007) Habermas and the public sphere. *Global Media and Communication*, 3 (2): 201–214.

Gates, Kelly (2011) *Our Biometric Future: Facial Recognition Technology and the Culture of Surveillance*. New York: New York University Press.

Gehlawat, Ajay (2015) *Twenty-First Century Bollywood*. New York: Routledge.

Geiger, Jeffrey (2017) Media refashioning: From Nollywood to new Nollywood, pp. 59–72. In Stone, R., Cooke, P., Dennison, S., and Marlow-Mann, A. (eds) *The Routledge Companion to World Cinema*. London: Routledge.

Gentzoglanis, Anastassios, and Henten, Anders (eds) (2010) *Regulation and the Evolution of the Global Telecommunications Industry*. Cheltenham: Edward Elgar.

Geradin, Damien, and Luff, David (eds) (2004) *The WTO and Global Convergence in Telecommunications and Audio-Visual Services*. Cambridge: Cambridge University Press.

Gera Roy, Anjali (ed.) (2012) *The Magic of Bollywood: At Home and Abroad*. New Delhi: Sage

Gershon, Richard (1990) Global cooperation in an era of deregulation. *Telecommunication Policy*, 14 (3): 249–259.

Giddens, Anthony (1990) *The Consequences of Modernity*. Cambridge: Polity.

Gilboa, Eytan, Jumbert, Maria, Miklian, Jason, and Robinson, Piers (2016) Moving media and conflict studies beyond the CNN effect. *Review of International Studies*, 42 (4): 654–672.

Global Commission on Internet Governance (2016) *One Internet: Final Report of the Global Commission on Internet Governance*. London: Centre for International Governance Innovation.

Global Media and Communication (2010) 'Chindia' and Global Communication, special themed issue. *Global Media and Communication*, 6 (3): 243–389.

Grynbaum, Michael (2018) Trump, the Television President, Expands His Cast. *New York Times*, 17 March.

Goggin, Gerard (2010) *Global Mobile Media*. London: Routledge.

Goggin, Gerard, and McLelland, Mark (eds) (2009) *Internationalizing Internet Studies: Beyond Anglophone Paradigms*. London: Routledge.

Golding, Peter, and Murdock, Graham (eds) (1997) *The Political Economy of the Media*, 2 vols. Cheltenham: Edward Elgar.

Goldsmith, Jack, and Wu, Tim (2006) *Who Controls the Internet?* New York: Oxford University Press.

Goody, Jack (2010) *The Eurasian Miracle*. Cambridge: Polity.

Gouldner, Alvin (1976) *The Dialectic of Ideology and Technology*. London: Macmillan.

Government of China (2010) *The Internet in China*, chapter 6. Beijing: Information Office of the State Council of the People's Republic of China. Available at: http://www.gov.cn/english/201006/08/content_1622956.htm.

Graddol, David (2006) *English Next: Why Global English May Mean the End of 'English as a Foreign Language'*. London: British Council.

Graham, Mark, Hogan, Bernie, Straumann, Ralph, and Medhat, Ahmed (2014) Uneven geographies of user-generated information: Patterns of increasing informational poverty. *Annals of the Association of American Geographers*, 104 (4): 746–764.

Gramsci, Antonio (1971) *Selections from the Prison Notebooks*. Edited and translated by Hoare, Quintin, and Smith, Geoffrey Nowell. London: Lawrence & Wishart.

Graves, Lucas (2016) *Deciding What's True: The Rise of Political Fact-Checking in American Journalism*. New York: Columbia University Press.

Graves, Lucas, and Cherubini, Federica (2016) *The Rise of Fact-Checking Sites in Europe*. Oxford: Reuters Institute for the Study of Journalism. Available at: http://reutersinstitute.politics.ox.ac.uk/publication/risefact-checking-sites-europe.

Gray, Jonathan, Sandvoss, Cornel, and Harrington, C. Lee (eds) (2017) *Fandom: Identities and Communication in a Mediated World*, 2nd edn. New York: New York University Press.

Greenwald, Glenn (2014) *No Place to Hide: Edward Snowden, the NSA, and the U.S. Surveillance State*. New York: Metropolitan.

Gripsrud, Jostein, Moe, Hallvard, Molander, Anders, and Murdock, Graham (eds) (2010) *The Idea of the Public Sphere: A Reader*. New York: Lexington Books.

Guback, Thomas (1969) *The International Film Industry: Western Europe and America Since 1945*. Bloomington: Indiana University Press.

Gumbert, Heather (2014) *Envisioning Socialism: Television and the Cold War in the German Democratic Republic*. Ann Arbor: University of Michigan Press.

Gunaratne, Shelton (2009) Globalization: A non-Western perspective: The bias of social science/communication oligopoly. *Communication, Culture & Critique* 2 (1): 60–82.

Gunder Frank, Andrew (1969) *Capitalism and Underdevelopment in Latin America*. New York: Monthly Review Press.

Gunder Frank, Andrew (1998) *ReORIENT: Global Economy in the Asian Age*. Oakland: University of California Press.

Haas, Elizabeth, Christensen, Terry, and Haas, Peter (2015) *Projecting Politics: Political Messages in American Films*, 2nd edn. New York: Routledge.

Habermas, Jürgen (1989) *The Structural Transformation of the Public Sphere: An Inquiry into a Category of Bourgeois Society*. Cambridge: Polity. Original German edition published in 1962.

Hachten, William (1999) *The World News Prism: Changing Media of International Communication*, 5th edn. Ames: Iowa State University Press.

Hackett, Robert, and Zhao, Yuezhi (eds) (2005) *Democratizing Global Media: One World, Many Struggles*. Lanham, MD: Rowman & Littlefield.

Hafez, Kai (2007) *The Myth of Media Globalization*. Cambridge: Polity.

Halbert, Debora (2005) *Resisting Intellectual Property*. New York: Routledge.

Halbert, Debora (2014) *The State of Copyright: The Complex Relationships of Cultural Creation in a

Globalized World. New York: Routledge.

Hale, Julian (1975) *Radio Power: Propaganda and International Broadcasting*. London: Paul Elek.

Hall, Stuart (1980) Encoding and decoding in the television discourse, pp. 128–140. In Hall, S., Hobson, D., Lowe, A., and Willis, P. (eds) *Culture, Media, Language*. London: Hutchinson.

Hall, Stuart (1991) The local and the global: Globalization and ethnicity, pp. 19–40. In King, A. (ed.) *Culture, Globalization and the World-System: Contemporary Conditions for the Representation of Identity*. London: Macmillan.

Hallin, Daniel (1986) *The Uncensored War: The Media and Vietnam*. Oxford: Oxford University Press.

Hallin, Daniel (1994) *We Keep America on Top of the World: Television Journalism and the Public Sphere*. New York: Routledge.

Hallin, Daniel, and Mancini, Poulo (2004) *Comparing Media Systems: Three Models of Media and Politics*. Cambridge: Cambridge University Press.

Hallin, Daniel, and Mancini, Paolo (eds) (2012) *Comparing Media Systems beyond the Western World*. Cambridge: Cambridge University Press.

Halloran, James (1997) International communication research: Opportunities and obstacles, pp. 27–47. In Mohammadi, Ali (ed.) *International Communication and Globalization: A Critical Introduction*. London: Sage.

Halper, Stefan (2010) *The Beijing Consensus: How China's Authoritarian Model Will Dominate the Twenty-First Century*. New York: Basic Books.

Hamelink, Cees (1979) Informatics: Third World call for new order. *Journal of Communication*, 29 (3): 144–148.

Hamelink, Cees (1994) *The Politics of World Communication: A Human Rights Perspective*. London: Sage.

Hamelink, Cees (2000) *The Ethics of Cyberspace*. London: Sage.

Hamelink, Cees (2015) *Global Communication*. London: Sage.

Hanitzsch, Thomas (2013) Comparative journalism research: Mapping a growing field. *Australian Journalism Review*, 35 (2): 9–19.

Hannerz, Ulf (1997) *Transnational Connection*. London: Sage.

Hanson, Elizabeth (2008) *The Information Revolution and World Politics*. New York: Rowman & Littlefield.

Harasim, Linda (ed.) (1994) *Global Networks: Computers and International Communication*. Cambridge, MA: MIT Press.

Hardt, Michael, and Negri, Antonio (2000) *Empire*. Cambridge, MA: Harvard University Press.

Hardt, Michael, and Negri, Antonio (2004) *Multitude: War and Democracy in the Age of Empire*. London: Penguin.

Hardy, Jonathan (2014) *Critical Political Economy of the Media: An Introduction*. London: Routledge.

Harley, William (1984) Memorandum presented by Harley, William G, Communication consultant, United States Department of State, 9 February 1984, reflecting the views of the state department on what the US government is thinking and doing about UNESCO. *Journal of Communication*, 34 (4): 89.

Harris, Phil (1981) News dependence and structural changes, pp. 356–368. In Richstad, J., and Anderson, M. (eds) *Crisis in International News: Policies and Prospects*. New York: Columbia University Press.

Harvey, David (1989) *The Condition of Postmodernity*. Oxford: Blackwell.

Harwit, Eric (2008) *China's Telecommunications Revolution*. New York: Oxford University Press.

Hassam, Andrew, and Paranjape, Makand (eds) (2010) *Bollywood in Australia: Transnationalism and Cultural Production*. Crawley, WA: University of Wollongong Publishing.

Hayden, Craig (2012) *The Rhetoric of Soft Power: Public Diplomacy in Global Contexts*. Lanham, MD: Lexington Books.

Haynes, Jonathan (2016) *Nollywood: The Creation of Nigerian Film Genres*. Chicago: University of Chicago Press.

Hroub, Khaled (2012) *Religious Broadcasting in the Middle East*. New York: Columbia University Press.

He, Huifeng (2012) The Voice of China Reality Television Show Attracts More Than 120 Million Viewers. *South China Morning Post*, 19 August.

Headrick, Daniel (1981) *The Tools of Empire: Technology and European Imperialism in the Nineteenth Century*. New York: Oxford University Press.

Headrick, Daniel (1991) *The Invisible Weapon: Telecommunications and International Politics, 1851–1945*. New York: Oxford University Press.

Heeks, Richard (2018) *Information and Communication Technology for Development (ICT4D)*. London: Routledge.

Helbing, Dirk, Frey, Bruno, Gigerenzer, Gerd, Hafen, Ernst, Hagner, Michael, Hofstetter, Yvonne, Hoven, van den Jeroen, Zicari, Roberto, and Zwitter, Andrej (2017) Will Democracy Survive Big Data and Artificial Intelligence? *Scientific American*, 25 February.

Held, David, and McGrew, Anthony (eds) (2003) *The Global Transformations Reader — An Introduction to the Globalization Debate*, 2nd edn. Oxford: Polity.

Held, David, McGrew, Anthony, Goldblatt, David, and Perraton, Jonathan (1999) *Global Transformations: Politics, Economics and Culture*. Cambridge: Polity.

Helft, Miguel (2013) How YouTube Changes Everything. *Fortune*, 12 August: 34–41.

Hendy, David (2013) *Public Service Broadcasting*. Basingstoke: Palgrave Macmillan.

Hepp, Andreas (2013) *Cultures of Mediatization*. Cambridge: Polity.

Hepp, Andreas (2015) *Transcultural Communication*. Oxford: Wiley-Blackwell.

Herman, Edward, and Chomsky, Noam (1994) *Manufacturing Consent: The Political Economy of the Mass Media*. London: Vintage. Originally published in 1988 by Pantheon, New York.

Herman, Edward, and McChesney, Robert (1997) *The Global Media: The New Missionaries of Corporate Capitalism*. London: Cassell.

Hesmondhalgh, David (2013) *The Cultural Industries*, 3rd edn. London: Sage.

Hess, Amanda (2017) Lost in the Digital Swamp, Link by Link. *New York Times*, 17 May.

Hickman, Tom (1995) *What Did You Do in the War, Auntie?: The BBC at War 1939–45*. London: BBC Books.

Hill, Richard (2014) *The New International Telecommunication Regulations and the Internet: A Commentary and Legislative History*. Berlin: Springer.

Hindman, Matthew (2008) *The Myth of Digital Democracy*. Princeton, NJ: Princeton University Press.

Hirst, Paul, and Thompson, Grahame (1999) *Globalization in Question: The International Economy and the Possibilities of Governance*, 2nd edn. Cambridge: Polity.

Hjarvard, Stig (2004) The globalization of language. How the media contribute to the spread of English and the emergence of medialects. *Nordicom Review*, 25 (1–2): 75–97.

Hjarvard, Stig (2013) *The Mediatization of Society and Culture*. New York: Routledge.

Hjorth, Larissa, Burgess, Jean, and Richardson, Ingrid (eds) (2012) *Studying Mobile Media: Cultural Technologies, Mobile Communication, and the iPhone*. London: Routledge.

Hoad, Phil (2015) Meet 'Nollywood': The Second Largest Movie Industry in the World. *The Guardian*, 24 June.

Hobson, John (2004) *The Eastern Origins of Western Civilization*. Cambridge: Cambridge University Press.

Hobson, John (2012) *The Eurocentric Conception of World Politics: Western International Theory 1760–2010*. Cambridge: Cambridge University Press.

Hochfelder, David (2012) *The Telegraph in America, 1832–1920*. Baltimore: Johns Hopkins University Press.

Hoekman, Bernard, and Kostecki, Michel (1995) *The Political Economy of the World Trading System: From GATT to WTO*. Oxford: Oxford University Press.

Hoffmann, Stanley (2002) Clash of globalizations. *Foreign Affairs*, 81 (4): 104–115.

Hoge, James, and Rose, Gideon (2005) *Understanding the War on Terror*. New York: Council on Foreign Relations.

Holden, John (2013) *Influence and Attraction: Culture and the Race for Soft Power in the 21st Century*. London: British Council.

Holt, Jennifer, and Sanson, Kevin (eds) (2014) *Connected Viewing: Selling, Streaming, & Sharing Media in the Digital Era*. New York: Routledge.

Holt, Jennifer, and Vonderau, Patrick (2015) Where the Internet lives: Data centers as cloud infrastructure, pp. 71–93. In Parks, Lisa, and Starosielski, Nicole (eds) *Signal Traffic: Critical Studies of Media Infrastructures*. Chicago: University of Illinois Press.

Holub, Robert (1991) *Jürgen Habermas: Critic in the Public Sphere*. London: Routledge.

Horten, Gerd (2002) *Radio Goes to War: The Cultural Politics of Propaganda during World War II*. Berkeley: Stanford University Press.

Horten, Monica (2016) *The Closing of the Net*. Cambridge: Polity.

Hoskins, Colin, and Mirus, R. (1988) Reasons for the US dominance of the international trade in television programmes. *Media, Culture and Society*, 10: 499–515.

Howard, Philip (2010) *The Digital Origins of Dictatorship and Democracy: Information Technology and Political Islam*. New York: Oxford University Press.

Howard, Philip (2015) *Pax Technica: How the Internet of Things May Set Us Free or Lock Us Up*. London: Yale University Press.

Howard, Philip, and Hussain, Muzammil (2013) *Democracy's Fourth Wave? Digital Media and the Arab Spring*. Oxford: Oxford University Press.

Huang, Shuling (2011) Nation-branding and transnational consumption: Japan-mania and the Korean wave in Taiwan. *Media, Culture & Society*, 33 (1): 3–18.

Huat, Chua Beng, and Iwabuchi, Kōichi (eds) (2008) *East Asian Pop Culture: Analysing the Korean Wave*. Hong Kong: Hong Kong University Press.

Hugill, Peter (1999) *Global Communications Since 1844: Geopolitics and Technology*. Baltimore: Johns Hopkins University Press.

Huijgh, Ellen, and Warlick, Jordan (2016) *The Public Diplomacy of Emerging Powers — Part 1: The Case of Turkey*. Los Angeles: Figueroa Press.

Human Rights Watch (2014) *With Liberty to Monitor All: How Large-Scale US Surveillance Is Harming Journalism, Law, and American Democracy*. Washington, DC: Human Rights Watch.

Huntington, Samuel (1993) The clash of civilizations? *Foreign Affairs*, 72 (3): 22–49.

IFPI (2017) *Global Music Report 2027*. London: International Federation of the Phonograms Industry.

ILO (2017) *World Employment Social Outlook — Trends 2017*. Geneva: International Labour Organization.

IMF (2017) *World Economic Outlook: Seeking Sustainable Growth: Short-Term Recovery, Long-Term Challenges*. Washington, DC: International Monetary Fund.

Ingram, Mathew (2018) The Facebook Armageddon: The social network's increasing threat to journalism. *Columbia Journalism Review*, Winter.

Inkster, Nigel (2016) *China's Cyber Power*. London: Routledge.

Innis, Harold (1972) *Empire and Communications*, rev. edn. Toronto: University of Toronto Press. Originally published in 1950 by Oxford University Press.

Intelsat (1999) *Annual Report 1998*. Washington, DC: International Telecommunications Satellite Organization.

Internet Association (2018) internetassociation.org.

Internet Society (2017) *2017 Internet Society Global Internet Report: Paths to Our Digital Future*. Geneva: Internet Society.

Internet World Stats (2018) www.internetworldstats.com.

Iosifidis, Petros (ed.) (2010) *Reinventing Public Service Communication: European Broadcasters and Beyond*. London: Palgrave Macmillan.

Iosifidis, Petros (2011) *Global Media and Communication Policy: An International Perspective*. London: Palgrave Macmillan.

Iqani, Mehita (2016) *Consumption, Media and the Global South: Aspiration Contested*. Basingstoke: Palgrave Macmillan.

ISTR (2018) *ISTR Internet Security Threat Report, vol. 18*. Mountain View, CA: Symantec.

Ito, Youchi (1981) The *Johoka Shakai* approach to the study of communication in Japan, pp. 671–698. In Wilhoit, G., and de Bock, H. (eds) *Mass Communication Review Yearbook*, vol. 2. London and Beverley Hills: Sage.

ITU (1985) *The Missing Link*. Report of the Independent Commission for World-wide Telecommunications Development (Maitland Commission). Geneva: International Telecommunication Union.

ITU (1999) *Trends in Telecommunication Reform*. Geneva: International Telecommunication Union.

ITU (2011) *Telecommunications Regulation Handbook*. Geneva: International Telecommunication Union.

ITU (2012a) *Document 47-E, Proposal by Algeria, Saudi Arabia, Bahrain, China, UAE, Russia, Iraq and Sudan*. World Conference on International Telecommunications, 11 December. International Telecommunication Union. Available at: http://files.wcitleaks.org/public/S12-WCIT12-C0047!!MSW-E.pdf. Accessed 12 June 2015.

ITU (2012b) *Final Acts of the World Conference on International Telecommunications*. Dubai: International Telecommunication Union. Available at: https://www.itu.int/en/wcit-12/Documents/final-acts-wcit-12.pdf.

ITU (2015) *Trends in Telecommunication Reform Report 2015*. Geneva: International Telecommunication Union.

ITU/UNESCO (2014) *The State of Broadband 2014 — Broadband for All: A Report by the Broadband Commission for Digital Development*. Geneva: ITU.

Iwabuchi, Koichi (2002) *Recentering Globalization: Popular Culture and Japanese Transnationalism*. Durham, NC: Duke University Press.

Iwabuchi, Koichi (2014) De-westernization, inter-Asian referencing and beyond. *European Journal of Cultural Studies*, 17 (1): 44–57.

Jabbour, Jana (2017) Winning hearts and minds through Soft Power: The case of Turkish soap operas in the Middle East, pp. 145–164. In Lenze, Nele, Schriwer, Charlotte, and Jalil, Zubaidah Abdul (eds) *Media in the Middle East: Activism, Politics, and Culture*. London: Palgrave.

Jacobs, Andrew, and Richtel, Matt (2017) How Big Business Got Brazil Hooked on Junk Food. *New York Times*, 16 September.

Jakubowicz, Karol, and Sükösd, Miklós (eds) (2008) *Finding the Right Place on the Map: Central and Eastern European Media Change in a Global Perspective*. Bristol: Intellect.

Jameson, Fredric (1991) *Postmodernism, or, the Cultural Logic of Late Capitalism*. London: Verso.

Jarvie, Ian (1992) *Hollywood's Overseas Campaign: The North Atlantic Movie Trade, 1920–1950*. Cambridge: Cambridge University Press.

Jedlowski, Alessandro (2013) From Nollywood to Nollyworld: Processes of transnationalization of the Nigerian video film industry, pp. 25–45. In Krings, Matthias, and Okome, Onookome (eds) *Global Nollywood: The Transnational Dimensions of an African Video Film Industry*. Bloomington: Indiana University Press.

Jeffrey, John (1978) The Third World and the Free Enterprise Press. *Policy Review*, 5: 59–70.

Jeffrey, Robin, and Doron, Assa (2013) *The Great Indian Phone Book: How the Cheap Cell Phone Changes Business, Politics, and Daily Life*. London: Hurst.

Jenkins, Henry (2006) *Convergence Culture: Where Old and New Media Collide*. New York: New York University Press.

Jenkins, Henry, Ford, Sam, and Green, Joshua (2013) *Spreadable Media: Creating Value and Meaning in a Networked Culture*. New York: New York University Press.

Jenkins, Tricia (2012) *The CIA in Hollywood: How the Agency Shapes Film and Television*. Austin: University of Texas Press.

Jiang, Ying (2012) *Cyber-Nationalism in China. Challenging Western Media Portrayals of Internet Censorship in China*. Adelaide: University of Adelaide Press.

Jin, Dal Yong (2010) *Korea's Online Gaming Empire*. Cambridge, MA: MIT Press.

Jin, Dal Yong (2015) *Digital Platforms, Imperialism and Political Culture*. New York: Routledge.

Jin, Dal Yong (2016) *New Korean Wave: Transnational Cultural Power in the Age of Social Media*. Urbana: University of Illinois Press.

Johnson, Derek (2013) *Media Franchising: Creative License and Collaboration in the Culture Industries*. New York: New York University Press.

Johnson, Ross (2010) *Radio Free Europe and Radio Liberty: The CIA Years and Beyond*. Berkeley, CA: Stanford University Press.

Johnson, Ross, and Parta, Eugene (eds) (2010) *Cold War Broadcasting — Impact on the Soviet Union and Eastern Europe: A Collection of Studies and Documents*. Budapest: Central European University Press.

Johnson-Woods, Tony (ed.) (2010) *Manga: An Anthology of Global and Cultural Perspectives*. New York: Continuum.

Jowett, Garth, and O'Donnell, Victoria (2015) *Propaganda & Persuasion*, 6th edn. Los Angeles: Sage.

Joyce, Samantha (2012) *Brazilian Telenovelas and the Myth of Racial Democracy*. New York: Lexington books.

Kabbani, Rana (1986) *Europe's Myths of Orient*. London: Pandora Press.

Kachru, Braj (1982) *The Other Tongue: English Across Cultures*. Urbana: University of Illinois Press.

Kahin, Brian, and Nesson, Charles (eds) (1997) *Borders in Cyberspace: Information Policy and the Global Information Infrastructure*. Cambridge, MA: MIT Press.

Kaldor, Mary (2003) *Global Civil Society: An Answer to War*. Cambridge: Polity.

Kamalipour, Yahya (ed.) (2007) *Global Communication*. Belmont: Thomson Wadsworth.

Kaneva, Nadia (ed.) (2011) *Branding Post-Communist Nations: Marketing National Identities in the 'New' Europe*. London: Routledge.

Kantar (2016) *China Social Media Impact 2016*. London: Kantar.

Kanzler, Martin (2016) *The Circulation of European Films outside Europe: Key Figures 2015: A Report by the European Audiovisual Observatory*. Strasbourg: European Audiovisual Observatory.

Karim, H. Karim (ed.) (2003) *The Media of Diaspora: Mapping the Global*. London: Routledge.

Kashlev, Yuri (1984) *Information Imperialism*. Moscow: Novosti Press.

Katkin, Kenneth (2005) Communication breakdown?: The future of global connectivity after the privatization of INTELSAT. *Vanderbilt Journal of Transnational Law*, 38: 1323–1401.

Katz, Elihu, and Liebes, Tamar (1990) *The Export of Meaning: Cross-Cultural Readings of Dallas*. New York: Oxford University Press.

Kaur, Ravinder, and Sinha, Ajay (eds) (2005) *Bollywood: Popular Indian Cinema through a Transnational Lens*. New Delhi: Sage.

Keane, John (2003) *Global Civil Society?* Cambridge: Cambridge University Press.

Keane, Michael (2013) *Creative Industries in China: Art, Design and Media*. Cambridge: Polity.

Keane, Michael (2015) *The Chinese Television Industry*. London: Palgrave and BFI.

Keen, Andrew (2015) *The Internet Is Not the Answer*. London: Atlantic Books.

Kenez, Peter (1985) *The Birth of the Propaganda State: Soviet Methods of Mass Mobilization, 1917–1929*. New York: Cambridge University Press.

Kennedy, Dominic (2016) Putin TV Channel Twists the Thinking of Western Viewers. *The Times*, 1 August.

Kennedy, Paul M. (1971) Imperial cable communications and strategy, 1879–1914. *English Historical Review*, 86: 728–752.

Kessler, K. M. (1998) The Latin American Satellite Market: A Prophecy Fulfilled. *Via Satellite*, March.

Khatib, Lina, and Lust, Ellen (eds) (2014) *Taking to the Streets: The Transformation of Arab Activism*. Baltimore: Johns Hopkins University Press.

Kim, Kyung Hyun (2011) *Virtual Hallyu: Korean Cinema of the Global Era*. Durham, NC: Duke University Press.

Kim, Youna (ed.) (2013) *The Korean Wave: Korean Media Go Global*. London: Routledge.

Kim, Do Kyun, and Kim, Min-Sun (eds) (2011) *Hallyu: Influence of Korean Popular Culture in Asia and Beyond*. Seoul: Seoul National University Press.

Kim, Kyung Hyun, and Choe, Youngmin (eds) (2014) *The Korean Popular Culture Reader*. Durham, NC: Duke University Press.

Kirkpatrick, David (2010) *The Facebook Effect: The Inside Story of the Company That Is Connecting the World*. New York: Simon & Schuster.

Kohli, Atul (2012) *Poverty amid Plenty in the New India*. Cambridge: Cambridge University Press.

Kohli-Khandekar, Vanita (2013) *The Indian Media Business*, 4th edn. New Delhi: Sage.

Kokas, Aynne (2017) *Hollywood Made in China*. Los Angeles: University of California Press.

Koltsova, Olessia (2006) *News Media and Power in Russia*. London: Routledge.

Koopmans, Ruud, and Statham, Paul (eds) (2010) *The Making of a European Public Sphere: Media Discourse and Political Contention*. Cambridge: Cambridge University Press.

Korean Culture and Information Service (2015a) *K-MOVIE: The World's Spotlight on Korean Film*. Seoul: Korean Culture and Information Service, Ministry of Culture, Sports and Tourism.

Korean Culture and Information Service (2015b) *K-drama: A New TV Genre with Global Appeal*. Seoul: Korean Culture and Information Service, Ministry of Culture, Sports and Tourism.

Korean Culture and Information Service (2015c) *K-Pop beyond Asia*. Seoul: Korean Culture and Information Service, Ministry of Culture, Sports and Tourism.

Korean Film Council (2016) *Status and Insight: Korean Film Industry 2016*. Seoul: Korean Film Council (KOFIC).

Kothari, Rajni (1989) *Rethinking Development: In Search of Humane Alternatives*. Lanham, MD: Rowman & Littlefield.

Kraidy, Marwan (2005) *Hybridity, or, the Cultural Logic of Globalization*. Philadelphia, PA: Temple University Press.

Kraidy, Marwan (ed.) (2013) *Communication and Power in the Global Era: Orders and Borders*. New York: Routledge.

Kraidy, Marwan (2016) *The Naked Blogger of Cairo: Creative Insurgency in the Arab World*. Cambridge, MA: Harvard University Press.

Kraidy, Marwan, and Al-Ghazzi, Omar (2013) Neo-Ottoman Cool: Turkish popular culture in the Arab public sphere. *Popular Communication*, 11 (1): 17–29.

Krige, John, Callahan, Angelina Long, and Maharaj, Ashok (2013) *NASA in the World: Fifty Years of International Collaboration in Space*. New York: Palgrave Macmillan.

Krings, Matthias, and Okome, Onookome (eds) (2013) *Global Nollywood: The Transnational Dimensions of an African Video Film Industry*. Bloomington: Indiana University Press.

Krishnan, Ananth (2012) Zee TV Becomes First Indian Channel to Land in China. *The Hindu*, 12 April.

Kruger, Lennard (2014) *Internet Governance and the Domain Name System: Issues for Congress*. Washington, DC: Congressional Research Service.

Kumar, Sangeet (2010) Google Earth and the nation state: Sovereignty in the age of new media. *Global Media and Communication*, 6 (2): 154–176.

Küng, Lucy (2015) *Innovators in Digital News*. London: I. B. Tauris.

Kuppens, An (2013) Cultural globalization and the global spread of English: From 'separate fields, similar paradigms' to a transdisciplinary approach. *Globalizations*, 10 (2): 327–342.

Kwon, Seung-Ho, and Kimb, Joseph (2014) The cultural industry policies of the Korean government and the Korean Wave. *International Journal of Cultural Policy*, 20 (4): 422–439.

Lahiri, Nayanjot (2015) *Ashoka in Ancient India*. Princeton, NJ: Princeton University Press.

Lahiri Choudhury, Deep (2010) *Telegraphic Imperialism: Crisis and Panic in the Indian Empire, c.1830–1920*. London: Palgrave Macmillan.

Lai, Hongyi, and Lu, Yiyi (eds) (2012) *China's Soft Power and International Relations*. London: Routledge.

Lanchester, John (2006) The global id: Is Google a good thing? *London Review of Books*, 28 (2): 3–6.

Lankshear, Colin, and Knobel, Michael (2010) DIY media: A contextual background and some contemporary themes, pp. 1–25. In Knobel, Michael, and Lankshear, Colin (eds) *DIY Media: Creating, Sharing and Learning with New Technologies*. New York: Peter Lang.

Larkin, Brian (2003) Itineraries of Indian cinema: African videos, Bollywood, and global media, pp. 170–192. In Shohat, Ella, and Stam, Robert (eds) *Multiculturalism, Postcoloniality and Transnational Media*. New Brunswick, NJ: Rutgers University Press.

Larkin, Brian (2008) *Signal and Noise: Media, Infrastructure, and Urban Culture in Nigeria*. Durham, NC: Duke University Press.

Lash, Scott, and Lury, Celia (2007) *Global Culture Industry: The Mediation of Things*. Cambridge: Polity.

Lashinsky, Adam (2017) How Alibaba's Jack Ma Is Building a Truly Global Retail Empire, *Fortune*, 24 March.

Lasswell, Harold (1927) *Propaganda Techniques in the World War*. New York: Alfred Knopf.

Latouche, Serge (1996) The Westernization of the World: The Significance, Scope and Limits of the Drive toward Global Uniformity. Translated by R. Morris. Cambridge: Polity.

Lawrenson, John Ralph, and Barber, Lionel (1985) *The Price of Truth: The Story of the Reuters £££ Millions*. London: Mainstream Publishing.

Lazarsfeld, Paul (1941) Remarks on administrative and critical communications research. *Studies in*

Philosophy and Social Sciences, 9: 2–16.

Lebow, Richard (2009) *A Cultural Theory of International Relations*. Cambridge: Cambridge University Press.

Lee, Sook Jong, and Melissen, Jan (eds) (2011) *Public Diplomacy and Soft Power in East Asia*. New York: Palgrave Macmillan.

Lee, Chin-Chuan (ed.) (2015) *Internationalizing International Communications: A Critical Intervention*. Ann Arbor: University of Michigan Press.

Lee, Micky, and Jin, Dal Yong (2018) *Understanding the Business of Global Media in the Digital Age*. London: Routledge.

Lee, Sangjoon, and Nornes, Abé Markus (eds) (2015) *Hallyu 2.0: The Korean Wave in the Age of Social Media*. Ann Arbor: University of Michigan Press.

Lennon, Alexander (ed.) (2003) *The Battle for Hearts and Minds: Using Soft Power to Undermine Terrorist Networks*. New Haven, CT: MIT Press.

Lessig, Lawrence (1999) *Code and Other Laws of Cyberspace*. New York: Basic Books.

Lessig, Lawrence (2006) *Code: And Other Laws of Cyberspace, Version 2.0*. New York: Basic Books.

Lerner, Daniel (1958) *The Passing of Traditional Society: Modernizing the Middle East*. New York: Free Press.

Levinson, Paul (1999) *Digital McLuhan: A Guide to the Information Millennium*. New York: Routledge.

Levinson, Paul (2012) *New New Media*, 2nd edn. New York: Penguin.

Lewis, Sian (1996) *News and Society in the Greek Polis*. London: Duckworth.

Lewis, Tania, Martin, Fran, and Sun, Wanning (2016) *Telemodernities: Television and Transforming Lives in Asia*. Durham, NC: Duke University Press.

Li, Mingjiang (ed.) (2009) *Soft Power: China's Emerging Strategy in International Politics*. New York: Lexington Books.

Li, Shubo (2017) *Mediatized China-Africa Relations: How Media Discourses Negotiate the Shifting of Global Order*. London: Palgrave Macmillan.

Lin, Justin Yifu, and Wang, Yan (2017) *Going Beyond Aid: Development Cooperation for Structural Transformation*. Cambridge: Cambridge University Press.

Lippmann, Walter (1922) *Public Opinion*. New York: Free Press.

Livingston, Steven (2011) The CNN effect reconsidered (again): Problematizing ICT and global governance in the CNN effect research agenda. *Media, War & Conflict*, 4(1): 3–11.

Lloyd, John (2017) *The Power and the Story: The Global Battle for News and Information*. London: Atlantic Books.

Löffelholz, Martin, and Weaver, David (eds) (2008) *Global Journalism Research: Theories, Methods, Findings, Future*. Oxford: Wiley-Blackwell.

Lopez, Ana (1995) Our welcome guests: Telenovelas in Latin America, pp. 256–275. In Allen, R. (ed.) *To Be Continued...: Soap Operas around the World*. New York: Routledge.

Lord, Carnes (1998) The past and future of public diplomacy. *Orbis*, 42 (Winter): 49–72.

Lotz, Amanda (2017) *Portals: A Treatise on Internet-Distributed Television*. Ann Arbor: University of Michigan Press.

Loudis, Jessica (2017) What Did Al Jazeera Do? *The New Republic*, 20 June.

Lugo-Ocando, Jairo, and Nguyen, An (2017) *Developing News: Global Journalism and the Coverage of 'Third World' Development*. London: Routledge.

Lull, James (1995) *Media, Communication, Culture: A Global Approach*. Cambridge: Polity.

Lund, Susan, and Manyika, James (2017) Defending Digital Globalization: Let the Data Flow. *Foreign Affairs*, 20 April.

Lundby, Knut (ed.) (2014) *Mediatization of Communication*. Berlin: De Gruyter.

Luther, Sarah Fletcher (1988) *The United States and the Direct Broadcast Satellite: The Politics of International Broadcasting in Space*. New York: Oxford University Press.

Lynch, Marc (2006) *Voices of the New Arab Public: Iraq, Al-Jazeera, and Middle East Politics Today*. New York: Columbia University Press.

Lynch, Marc, Freelon, Deen, and Aday, Sean (2014) *Syria's Socially Mediated Civil War*. Washington, DC: United States Institute for Peace.

Lyon, David (1994) *The Electronic Eye: The Rise of Surveillance Society*. Minneapolis: University of Minnesota Press.

Lyon, David (2007) *Surveillance Studies: An Overview*. Cambridge: Polity.

Lyon, David (2015) *Surveillance after Snowden*. Cambridge: Polity.

Lyotard, Jean-Francois (1984) *The Postmodern Condition: A Report on Knowledge*. Translated by G. Bennington and B. Massumi. Manchester: Manchester University Press. Original published in French in 1979.

MacBride Report (1980) *Many Voices, One World: Communication and Society Today and Tomorrow*. Paris: UNESCO.

Machlup, Fritz (1962) *The Production and Distribution of Knowledge in the United States*. Princeton, NJ: Princeton University Press.

MacLean, Donald (1999) Open doors and open questions: Interpreting the results of the 1998 ITU Minneapolis Plenipotentiary Conference. *Telecommunications Policy*, 23: 147–158.

Maddison, Angus (2007) *Contours of the World Economy, 1-2030AD: Essays in Macro-Economic History*. Oxford: Oxford University Press.

Mader, Roberto (1993) Globo village: Television in Brazil, pp. 67–89. In Dowmunt, Tony (ed.) *Channels of Resistance: Global Television and Local Empowerment*. London: BFI in association with Channel 4 Television.

Madianou, Mirca, and Miller, Daniel (2012) *Migration and New Media: Transnational Families and Polymedia*. London: Routledge.

Mahbubani, Kishore (2008) *The New Asian Hemisphere: The Irresistible Shift of Global Power to the East*. New York: Public Affairs.

Maheshwari, Sapna, and Herrman, John (2016) Publishers Are Rethinking Those 'Around the Web' Ads. *New York Times*, 30 October.

Mailland, Julien, and Driscoll, Kevin (2017) *Minitel: Welcome to the Internet*. Cambridge, MA: MIT Press.

Mano, Winston (ed.) (2015) *Racism, Ethnicity and the Media in Africa: Mediating Conflict in the Twenty-First Century*. London: I. B. Tauris.

Mansell, Robin (2012) *Imagining the Internet: Communication, Innovation, and Governance*. Oxford: Oxford University Press.

Manyozo, Linge (2012) *Media, Communication and Development: Three Approaches*. London: Sage.

Marcuse, Herbert (1964) *One Dimensional Man: Studies in the Ideology of Advanced Industrial Society*. Boston: Beacon Press.

Margetts, Helen, John, Peter, Hale, Scott, and Yasseri, Taha (2015) *Political Turbulence: How Social Media Shape Collective Action*. Princeton, NJ: Princeton University Press.

Marinescu, Valentina (ed.) (2014) *The Global Impact of South Korean Popular Culture: Hallyu Unbound*.

London: Lexington Books.

Martin, John (1976) Effectiveness of international propaganda. In Fischer, H., and Merrill, J. C. (eds) *International and Intercultural Communication*, 2nd edn. New York: Hastings House.

Martin-Barbero, Jesus (1993) *Communication, Culture and Hegemony: From the Media to Mediations*. Translated by E. Fox. London: Sage.

Martinez, Ibsen (2005) Romancing the Globe. *Foreign Policy*, November.

Marwick, Alice (2013) *Status Update: Celebrity, Publicity, and Branding in the Social Media Age*. New Haven, CT: Yale University Press.

Masmoudi, Mustapha (1979) The new world information order. *Journal of* Communication, 29 (2): 172–185.

Mathiason, John (2008) *Internet Governance: The New Frontier of Global Institutions*. New York: Routledge.

Mato, Daniel (2005) The transnationalization of the telenovela industry, territorial references, and the production of markets and representations of transnational identities. *Television & New Media*, 6 (4): 423–444.

Matos, Carolina (2012) *Media and Politics in Latin America: Globalization, Democracy and Identity*. London: I. B. Tauris.

Mattelart, Armand (1979) *Multinational Corporations and the Control of Culture*. Atlantic Highlands, NJ: Humanities Press.

Mattelart, Armand (1991) *Advertising International: The Privatisation of Public Space*. Translated by M. Chanan. London: Routledge. Originally published in 1989 as *L'Internationale publicitaire*, Paris: Editions La Découverte.

Mattelart, Armand (1994) *Mapping World Communication: War, Progress, Culture*. Translated by S. Emanuel, and Cohen, J. Cohen. Minneapolis: University of Minnesota Press. Originally published in 1991 as *La Communication-monde, Histoire des idées et des stratégies*, Paris: Editions La Découverte.

Mattelart, Armand (2000) *Networking the World, 1794–2000*. Minneapolis: University of Minnesota Press.

Mattelart, Armand (2003) *The Information Society*. London: Sage.

Mattelart, Armand, and Mattelart, Michele (1990) *A Carnival of Images: Brazilian Television Fiction*. New York: Bergin & Garvey.

Mattelart, Armand, and Mattelart, Michele (1998) *Theories of Communication: A Short Introduction*. London: Sage.

Mattelart, Tristan (2016) The changing geographies of pirate transnational audiovisual flows. *International Journal of Communication*, 10: 3503–3521.

Maurer, Tim (2018) *Cyber Mercenaries: The State, Hackers, and Power*. Cambridge: Cambridge University Press.

Maxwell, Richard (eds) (2016) *The Routledge Companion to Labor and Media*. New York: Routledge.

Mayer-Schoenberger, Viktor, and Cukier, Kenneth (2013) *Big Data: A Revolution That Will Transform How We Live, Work and Think*. New York: Houghton Mifflin Harcourt.

Mazrui, Ali (1990) *Cultural Forces in World Politics*. London: James Currey.

McAnany, Emile (2012) *Saving the World: A Brief History of Communication for Development and Social Change*. Urbana and Chicago: University of Illinois Press.

McCabe, Janet, and Akass, Kim (eds) (2013) *TV's Betty Goes Global: From Telenovela to International Brand*. London: I. B. Tauris.

McChesney, Robert (1993) *Telecommunications, Mass Media and Democracy: The Battle for the Control of US Broadcasting, 1928–1935*. New York: Oxford University Press.

McChesney, Robert (1999) *Rich Media, Poor Democracy: Communication Politics in Dubious Times.* Champaign: University of Illinois Press.
McChesney, Robert (2004) *The Problem of the Media: U.S. Communication Politics in the 21st Century.* New York: Monthly Review Press.
McChesney, Robert (2013) *Digital Disconnect: How Capitalism Is Turning the Internet against Democracy.* New York: The New Press.
McCormick, Patricia (2008) The demise of intergovernmental satellite organizations: A comparative study of Inmarsat and Intelsat. *Journal of International Communication*, 14 (2): 48–65.
McCurdy, Patrick (2013) From the Penagon Papers to Cablegate: How the network society has changed leaking, pp. 123–145. In Benedetta, Brevini, Hintz, Arne, and McCurdy, Patrick (eds) (2013) *Beyond WikiLeaks. Implications for the Future of Communications, Journalism and Society.* Basingstoke: Palgrave Macmillan.
McDonald, Paul (2016) Hollywood, the MPAA, and the formation of anti-piracy policy. *International Journal of Cultural Policy*, 22 (5): 686–705.
McDonald, Paul, and Wasko, Janet (eds) (2008) *The Contemporary Hollywood Film Industry.* Oxford: Wiley-Blackwell.
McKinsey Global Institute (2016) *Digital Globalization: The New Era of Global Flows.* Washington, DC: McKinsey Global Institute.
McLuhan, Marshal (1964) *Understanding Media.* London: Methuen.
McPhail, Thomas (1987) *Electronic Colonialism: The Future of International Broadcasting and Communication.* London: Sage.
McPhail, Thomas (2014) *Global Communication: Theories, Stakeholders, and Trends*, 4th edn. Oxford: Wiley-Blackwell.
McQuail, Denis (2010) *Mcquail's Mass Communication Theory.* London: Sage.
Media Use in the Middle East (2016) *Media Use in the Middle East: A Six-Nation Survey.* Doha: Northwestern University in Qatar.
Meikle, Graham (2014) Social media, visibility, and activism: The Kony 2012 campaign, pp. 373–384. In Ratto, M., and Boler, M. (eds) *DIY Citizenship.* Cambridge, MA: MIT Press.
Melissen, Jan (2005) Introduction, p. xix. In Melissen, Jan (ed.) *The New Public Diplomacy: Soft Power in International Relations.* London: Palgrave Macmillan.
Mellor, Noha, and Rinnawi, Khalil (eds) (2016) *Political Islam and Global Media: The Boundaries of Religious Identity.* London: Routledge.
Melkote, Srinivas, and Steeves, Leslie (2015) *Communication for Development: Theory and Practice for Empowerment and Social Justice*, 3rd edn. New Delhi: Sage.
Michalis, Maria (2007) *Governing European Communications: From Unification to Coordination.* Lanham, MD: Lexington.
Mickelson, Sig (1983) *America's Other Voice: The Story of Radio Free Europe and Radio Liberty.* New York: Praeger.
Mikos, Lothar, and Marta, Perrota (2011) Traveling style: Aesthetic differences and similarities in national adaptations of Yo Soy Betty, la Fea. *International Journal of Cultural Studies*, 15 (1): 81–97.
Miike, Yoshitaka (2006) Non-western theory in western research? An Asia-centric agenda for Asian communication studies. *Review of Communication*, 6 (1/2): 4–31.
Miller, Jade (2010) Ugly Betty goes global: Global networks of localized content in the telenovela industry. *Global Media and Communication*, 6 (2): 198–217.

Miller, Jade (2016) *Nollywood Central*. London: Palgrave and BFI.
Miller, Toby, and Kraidy, Marwan (2016) *Global Media Studies*. Oxford: Polity.
Miller, Toby, Govil, Nitin, Maxwell, Richard, and McMurria, John (2005) *Global Hollywood*, 2nd edn. London: BFI.
Ministry of Culture, Sports and Tourism (2015) *2015 Content Industry Final* Statistics. Seoul: MCST.
Mirrlees, Tanner (2013) Global Entertainment Media. *Between Cultural Imperialism and Cultural Globalization*. New York: Routledge.
Mitra, Sounak, and Ahluwalia, Harveen (2016) Baba Ramdev: The Monk Who Loves Ad Spots. *The Mint*, 3 April.
Mjøs, Ole (2010) *Media Globalization and the Discovery Channel Networks*. New York: Routledge.
Mody, Bella (2010) *The Geopolitics of Representation in Foreign News: Explaining Darfur*. New York: Lexington Books.
Mohammadi, Ali, and Sreberny-Mohammadi, Annabelle (1994) *Small Media, Big Revolution: Communication, Culture and the Iranian Revolution*. Minneapolis: University of Minnesota Press.
Mohammed, Shaheed Nick (2012) *The (Dis)information Age: The Persistence of Ignorance*. New York: Peter Lang.
Moltz, James Clay (2014) *Crowded Orbits: Conflict and Cooperation in Space*. New York: Columbia University Press.
Mooij, de Marieke (2014) Global Marketing and Advertising: Understanding Cultural Paradoxes, 4th edn. London: Sage.
Moore, Jack (2017) Sputnik News under FBI Investigation as Russian Propaganda Arm. *Newsweek*, 11 September.
Moran, Albert (1998) *Copycat TV: Globalisation, Program Formats and Cultural Identity*. Luton: University of Luton Press.
Moran, Albert (2009) *New Flows in Global TV*. Bristol: Intellect.
Moran, Albert, and Keane, Michael (eds) (2010) *Cultural Adaptation*. London: Routledge.
Morley, David (2017) *Communications and Mobility: The Migrant, the Mobile Phone, and the Container Box*. Cambridge: Wiley-Blackwell.
Morris, Meaghan, Li, Siu Leugn, and Chan Ching-kiu, Stephen (2006) *Hong Kong Connections: Transnational Imagination in Action Cinema*. Durham, NC: Duke University Press.
Morozov, Evgeny (2011) *The Net Delusion: How Not to Liberate the World*. London: Penguin.
Morozov, Evgeny (2013) *To Save Everything, Click Here: The Folly of Technological Solutionism*. London: Allen Lane.
Mortensen, Mette (2015) *Journalism and Eyewitness Images: Digital Media, Participation, and Conflict*. London: Routledge.
Mosco, Vincent (1996) *The Political Economy of Communication: Rethinking and Renewal*. London: Sage.
Mosco, Vincent (2009) *The Political Economy of Communication: Rethinking and Renewal*, 2nd edn. London: Sage.
Mosco, Vincent (2014) *To the Cloud: Big Data in a Turbulent World*. New York: Paradigm.
Mosco, Vincent (2017) *Becoming Digital: Towards a Post-Internet Society*. London: Emerald.
Mowlana, Hamid (1996) *Global Communication in Transition: The End of Diversity?* London: Sage.
Mowlana, Hamid (1997) *Global Information and World Communication: New Frontiers in International Relations*, 2nd edn. London: Sage.
Mowlana, Hamid, Gerbner, George, and Schiller, Herbert (eds) (1992) *Triumph of the Image: The Media's*

War in the Persian Gulf. Boulder, CO: Westview Press.

MPAA (2016) *Theatrical Market Statistics 2016*. Washington, DC: Motion Picture Association of America.

MPAA (2017) *Theatrical Market Statistics 2017*. Washington, DC: The Motion Picture Association of America.

Mueller, Milton (2010) *Networks and States: The Global Politics of Internet Governance*. London: MIT Press.

Mufti, Aamir (2016) *Forget English! Orientalisms and World Literatures*. Cambridge, MA: Harvard University Press.

Muhlmann, Geraldine (2008) *A Political History of Journalism*. Cambridge: Polity. First published in 2004 as *Une histoire politique du journalisme*, Paris: Presses Universitaires de France.

Mullin, Benjamin (2018) Taboola Signs Deal with ZTE to Create Android Rival to Apple News. *The Wall Street Journal*, 4 April.

Murdock, Graham (2011) Political economies as moral economies commodities, gifts, and public goods, pp. 13–40. In Wasko, Janet, Murdock, Graham, and Sousa, Helena (eds) *The Handbook of Political Economy of Communications*. Cambridge: Wiley-Blackwell.

Murdock, Graham, and Golding, Peter (1977) Capitalism, communication and class relations, pp. 12–43. In Curran, J., Gurevitch, M., Woollacott, J. (eds) *Mass Communication and Society*. London: Edward Arnold.

Murthy, Dhiraj (2013) *Twitter: Social Communication in the Twitter Age*. Cambridge: Polity.

Mutsvairo, Bruce (ed.) (2016) *Digital Activism in the Social Media Era: Critical Reflections on Emerging Trends in Sub-Saharan Africa*. London: Palgrave Macmillan.

Mutz, Diana (2015) *In-Your-Face Politics: The Consequences of Uncivil Media*. Princeton, NJ: Princeton University Press.

Naim, Moises (2009) The YouTube Effect: How a Technology for Teenagers Became a Force for Political and Economic Change. *Foreign Policy*, 14 October.

Ndlela, Martin (2013) Television across Boundaries: Localisation of *Big Brother Africa*. *Critical Studies in Television*, 8 (2): 57–72.

Nederveen Pieterse, Jan (2015) *Globalization and Culture: Global Mélange*, 3rd edn. New York: Rowman & Littlefield.

Neeley, Tsedal (2017) *The Language of Global Success: How a Common Tongue Transforms Multinational Organizations*. Princeton, NJ: Princeton University Press.

Negro, Gianluigi (2017) *The Internet in China: From Infrastructure to a Nascent Civil Society*. London: Palgrave Macmillan.

Negroponte, Nicholas (1995) *Being Digital*. New York: Alfred A. Knopf.

Nelson, Ann (2013) *CCTV's International Expansion: China's Grand Strategy for Media?* A Report to the Centre for International Media Assistance. Washington, DC: Center for International Media Assistance.

Nelson, Michael (1997) *War of the Black Heavens: The Battle of Western Broadcasting in the Cold War*. Syracuse, NY: Syracuse University Press.

Nelson, Stephen (2014) Playing favorites: How shared beliefs shape the IMF's lending decisions. *International Organization*, 68 (2): 297–328.

NETmundial (2014) Multistakeholder Statement, 24 April. Available at: http://goo.gl/f3ziWZ. Accessed 5 July 2016.

Neuman, W. Russell (1991) *The Future of the Mass Audience*. Cambridge: Cambridge University Press.

Newman, Nic, Fletcher, Richard, Kalogeropoulos, Antonis, Levy, David, and Nielsen, Rasmus (2017)

Reuters Institute Digital News Report 2017. Oxford: Reuters Institute for the Study of Journalism.

News Corporation (2017) *Annual Report 2017*. New York: News Corporation.

Nicholls, Tom, Shabbir, Nabeelah, and Nielsen, Rasmus Kleis (2017) *The Global Expansion of Digital-Born News Media*. Oxford: Reuters Institute for the Study of Journalism.

Noam, Eli (2009) *Media Ownership and Concentration in America*. New York: Oxford University Press.

Noam, Eli (ed.) (2016) *Who Owns the World's Media? Media Concentration and Ownership around the World*. New York: Oxford University Press. Edited in collaboration with International Media Concentration Collaboration.

Nordenstreng, Kaarle (ed.) (1986) *New International Information and Communication Order: Source Book*. Prague: International Organization of Journalists.

Nordenstreng, Kaarle (2011) Free flow doctrine in global media policy, pp. 79–94. In Mansell, Robin, and Raboy, Marc (eds) *Handbook on Global Media and Communication Policy*. New York: Wiley-Blackwell.

Nordenstreng, Kaarle, and Varis, T. (1974) *Television Traffic — A One-Way Street? A Survey and Analysis of the International Flow of Television Programme Material*. Reports and Papers on Mass Communication, no. 70. Paris: UNESCO.

Nordenstreng, Kaarle, and Padovani, Claudia (2005) From NWICO to WSIS: Another world information and communication order. *Global Media and Communication*, 1 (3): 264–272.

Nordenstreng, Kaarle, and Thussu, Daya Kishan (eds) (2015) *Mapping BRICS Media*. London: Routledge.

Norris, Pippa, and Inglehart, Ronald (2009) *Cosmopolitan Communications: Cultural Diversity in a Globalized World*. Cambridge: Cambridge University Press.

Nowell-Smith, Geoffrey, and Ricci, Stephen (eds) (1998) *Hollywood and Europe: Economics, Culture, National Identity, 1946–95*. London: British Film Institute.

NSA (2013) *The NSA Report: Liberty and Security in a Changing World: The President's Review Group on Intelligence and Communications Technologies: Richard Clarke, Michael Morell, Geoffrey Stone, Cass Sunstein, and Peter Swire*. Princeton, NJ: Princeton University Press.

Nyamnjoh, Francis (2011) De-westernizing media theory to make room for African experience, pp. 19–31. In Wasserman, Herman (ed.) *Popular Media, Democracy and Development in Africa*. London: Routledge.

Nye, Joseph (1990) Soft power. *Foreign Policy*, 80: 153–171.

Nye, Joseph (2004a) *Soft Power: The Means to Success in World Politics*. New York: Public Affairs.

Nye, Joseph (2004b) *Power in the Global Information Age: From Realism to Globalization*. London: Routledge.

Oates, Sarah (2013) *Revolution Stalled: The Political Limits of the Internet in the Post-Soviet Sphere*. New York: Oxford University Press.

Oberst, Gerald (1999) Regulatory Review: European Spectrum Policy. *Via Satellite*, February.

OBITEL (2015) *Ibero-American Observatory of Television Fiction: Obitel 2015*. General Coordinators: Maria Immacolata Vassallo de Lopes and Guillermo Orozco Gómez. Porto Alegre: Globo Comunicação e Participações.

ODNI (2017) *Assessing Russian Activities and Intentions in Recent US Elections: The Analytic Process and Cyber Incident Attribution*. Washington, DC: Office of the Director of National Intelligence.

OECD (1993) *Services: Statistics on International Transactions, 1970–1991*. Statistics Directorate. Paris: Organisation for Economic Co-operation and Development.

OECD (2015) *OECD Digital Economy Outlook 2015*. Paris: Organisation for Economic Co-operation and Development.

OECD (2017) *OECD Digital Economy Outlook 2017*. Paris: Organisation for Economic Co-operation and Development.

Ofcom (2014) *Public Service Content in a Connected Society*. London: Ofcom.

Oh, Erick (2016) Premiere on a Plane: How Nollywood Is Aiming Mile-High. *The Guardian*, 23 June.

Ohmae, Kenichi (1995) *The End of the Nation State: The Rise and Fall of Regional Economies*. London: HarperCollins.

Oliveira, O. (1993) Brazilian soaps outshine Hollywood: Is cultural imperialism fading out? pp. 116–131. In Nordenstreng, K., and Schiller, H. (eds) *Beyond National Sovereignty: International Communication in the 1990s*. Norwood, NJ: Ablex.

Oltermann, Philip (2014) Google Is Building Up a Digital Superstate, Says German Media Boss. *The Guardian*, 16 April.

Onishi, Norimitsu (2002) Step Aside, L.A. and Bombay, for Nollywood. *New York Times*, 16 September.

Onwumechili, Chuka, and Ndolo, Ikechukwu (eds) (2013) *Re-Imagining Development Communication in Africa*. New York: Lexington Books.

Otmazgin, Nissim Kadosh (2012) Geopolitics and soft power: Japan's cultural policy and cultural diplomacy in Asia. *Asia-Pacific Review*, 19 (1): 37–61.

PACT (2017) *UK TV Exports Report 2015–2016*. London: Producers Alliance for Cinema and Television.

Pandit, S. A. (1996) *From Making to Music: History of Thorn EMI*. London: Hodder & Stoughton.

Papacharissi, Zizi (2010) *A Private Sphere: Democracy in a Digital Age*. Cambridge: Polity.

Pariser, Eli (2011) *The Filter Bubble: How the New Personalized Web Is Changing What We Read and How We Think*. New York: Penguin.

Parks, Lisa (2004) *Cultures in Orbit: Satellites and the Televisual*. Durham, NC: Duke University Press.

Parks, Lisa, and Schwoch, James (eds) (2012) *Down to Earth: Satellite Technologies, Industries, and Cultures*. New Brunswick, NJ: Rutgers University Press.

Parmar, Inderjeet (2012) *Foundations of the American Century: The Ford, Carnegie, and Rockefeller Foundations in the Rise of American Power*. New York: Columbia University Press.

Parmar, Inderjeet, and Cox, Michael (eds) (2010) *Soft Power and US Foreign Policy: Theoretical, Historical and Contemporary Perspectives*. London: Routledge.

Pasquale, Frank (2015) *The Black Box Society: The Secret Algorithms That Control Money and Information*. Cambridge, MA: Harvard University Press.

Paterson, Chris (2011) *The International Television News Agencies: The World from London*. Oxford: Peter Lang.

Patrikarakos, David (2017) *War in 140 Characters: How Social Media Is Reshaping Conflict in the Twenty-First Century*. New York: Basic Books.

Pecora, Norma (1998) *The Business of Children's Entertainment*. New York: Guilford Press.

Pew Research Center (2017) Code-Dependent: Pros and Cons of the Algorithm Age. Available at: http://www.pewinternet.org/2017/02/08/code-dependent-pros-and-cons-of-thealgorithmage/.

Picard, Robert (2011) *The Economics and Financing of Media Companies*, 2nd edn. New York: Fordham University Press.

Pickard, Victor (2007) Neoliberal visions and revisions in global communication policy from NWICO to WSIS. *Journal of Communication Inquiry*, 31 (2):118–139.

Piketty, Thomas (2013) *Capital in the Twenty-First Century*. Cambridge, MA: Harvard University Press.

Polyakova, Alina, Kounalakis, Markos, Klapsis, Antonis, Germani, Luigi Sergio, Iacoboni, Jacopo, Lasheras, Francisco de Borja, and Pedro, Nicolás de (2016) *The Kremlin's Trojan Horses: Russian Influence in*

France, Germany, and the United Kingdom. Washington, DC: Atlantic Council.

Polyakova, Alina, Kounalakis, Markos, Klapsis, Antonis, Germani, Luigi Sergio, Iacoboni, Jacopo, Lasheras, Francisco de Borja, and Pedro, Nicolás de (2017) *The Kremlin's Trojan Horses 2.0: Russian Influence in Greece, Italy, and Spain*. Washington, DC: The Atlantic Council.

Pomerantsev, Peter (2015) Inside the Kremlin's Hall of Mirrors. *The Guardian*, 9 April.

Porto, Mauro (2012) *Media Power and Democratization in Brazil: TV Globo and the Dilemmas of Political Accountability*. London: Routledge.

Potter, Simon (2012) *Broadcasting Empire: The BBC and the British World, 1922–1970*. Oxford: Oxford University Press.

Powers, Shawn, and El-Nawawy, Mohamed (2009) Al-Jazeera English and global news networks: Clash of civilizations or cross-cultural dialogue? *Media, War & Conflict*, 2 (3): 263–284.

Preston, William, Herman, Edward, and Schiller, Herbert (1989) *Hope and Folly: the United States and UNESCO, 1945–1985*. Minneapolis: University of Minnesota Press.

Price, Monroe (1999) Satellite broadcasting as trade routes in the sky. *Public Culture*, 11 (2): 69–85.

Price, Monroe (2002) *Media and Sovereignty: The Global Information Revolution and Its Challenges to State Power*. New Haven, CT: MIT Press.

Price, Monroe (2015) *Free Expression, Globalism and the New Strategic Communication*. Cambridge: Cambridge University Press.

Punathambekar, Aswin (2013) *From Bombay to Bollywood: The Making of a Global Media Industry*. New York: New York University Press.

Putnis, Peter, Kaul, Chandrika, and Wilke, Jürgen (eds) (2011) *International Communication and Global News Networks: Historical Perspectives*. New York: Hampton Press.

PWC (2016) *Global Entertainment and Media Outlook: 2015–2019*. London: PricewaterhouseCoopers.

Pye, Lucian (ed.) (1963) *Communications and Political Development*. Princeton, NJ: Princeton University Press.

Pyykkönen, Miikka (2012) UNESCO and cultural diversity: Democratisation, commodification or governmentalisation of culture? *International Journal of Cultural Policy*, 18 (5): 545–562.

Qiu, Jack Linchuan (2009) *Working-Class Network Society: Communication Technology and the Information Have-Less in Urban China*. Cambridge, MA: MIT Press.

Raboy, Marc, Landry, Normand, and Shtern, Jeremy (2010) *Digital Solidarities, Communication Policy and Multi-Stakeholder Global Governance: The Legacy of the World Summit on the Information Society*. New York: Peter Lang.

Rachman, Gideon (2016) Easternization: War, Peace and the Asian Century. London: Vintage.

Rai, Amit (2009) *Untimely Bollywood: Globalization and India's New Media Assemblage*. Durham, NC: Duke University Press.

Rai, Swapnil, and Straubhaar, Joseph (2016) Road to India — A Brazilian love story: BRICS, migration, and cultural flows in Brazil's *Caminho das Índias*. *International Journal of Communication*, 10: 3124– 3140.

Rajagopal, Arvind (ed.) (2009) *The Indian Public Sphere*. New Delhi: Oxford University Press.

Rajagopalan, Sudha (2008) *Leave Disco Dancer Alone! Indian Cinema and Soviet Movie-Going after Stalin*. New Delhi: Yoda Press.

Ramesh, Jairam (2005) *Making Sense of Chindia: Reflections on China and India*. New Delhi: India Research Press.

Rantanen, Terhi (2005) *The Media and Globalization*. London: Sage.

Rao, Shakuntala, and Wasserman, Herman (eds) (2015) *Media Ethics and Justice in the Age of*

Globalization. London: Palgrave Macmillan.

Read, Donald (1992) *The Power of News: The History of Reuters, 1849–1989*. Oxford: Oxford University Press.

Reddy, Prashant, and Chandrashekaran, Sumathi (2017) *Create, Copy, Disrupt: India's Intellectual Property Dilemmas*. New Delhi: Oxford University Press.

Renaud, Jean-Luc (1986) A conceptual framework for the examination of transborder data flows. *The Information Society*, 4 (3): 146–149.

Reuters (2017) *Annual Report 2017*. London: Reuters.

Richardson, Kay, and Meinhof, Ulrike (1999) *Worlds in Common? Television Discourse and a Changing Europe*. London: Routledge.

Rid, Thomas (2013) *Cyber War Will Not Take Place*. New York: Oxford University Press.

Righter, Rosemary (1978) *Whose News? Politics, the Press and the Third World*. London: Burnett Books.

Rinnawi, Khalil (2006) *Instant Nationalism: McArabism, Al-Jazeera, and Transnational Media in the Arab World*. Lanham, MD: University Press of America.

Ritzer, George (1999) *Enchanting a Disenchanted World: Revolutionising the Means of Consumption*. Thousand Oaks, CA: Pine Forge Press.

Ritzer, George (2002) *McDonaldization — The Reader*. London: Sage.

Ritzer, George (2015) *The McDonaldization of Society*, 8th edn. Thousand Oaks, CA: Sage.

Roach, Colleen (1987) The US position on the new world information and communication order. *Journal of Communication*, 37 (4): 36–51.

Robertson, Alexa (2015) *Media and Politics in a Globalizing World*. Cambridge: Polity.

Robertson, Roland (1992) *Globalization: Social Theory and Global Culture*. London: Sage.

Robertson, Roland (1995) Glocalization: Time-space and homogeneity-heterogeneity, pp. 25–44. In Featherstone, Mike, Lash, Scott, and Robertson, Roland (eds) *Global Modernities*. London: Sage.

Robins, Kevin (1995) The new spaces of global media, pp. 248–262. In Johnston, R., Taylor, P., and Watts, M. (eds) *Geographies of Global Change*. Oxford: Blackwell.

Robinson, Piers (2002) *The CNN Effect: The Myth of News, Foreign Policy and Intervention*. London: Routledge.

Robinson, Piers, Goddard, Peter, Parry, Katy, Murray, Craig, and Taylor, Philip (2010) *Pockets of Resistance: British News Media, War and Theory in the 2003 Invasion of Iraq*. Manchester: University of Manchester Press.

Rodriguez, Clemencia (2011) *Citizens Media against Armed Conflict*. Minneapolis: University of Minnesota Press.

Rogers, Everett (1962) *The Diffusion of Innovations*. Glencoe, IL: Free Press. Rogers, Everett (1976) Communication and development: The passing of a dominant paradigm. *Communication Research*, 3 (2): 213–240.

Rogers, Everett, and Antola, Livia (1985) Telenovelas: A Latin American success story. *Journal of Communication*, 35 (4): 24–35.

Rohn, Ulrike (2010) *Cultural Barriers to the Success of Foreign Media Content: Western Media in China, India and Japan*. Frankfurt: Peter Lang.

Rosas-Moreno, Tania (2014) *News and Novela in Brazilian Media: Fact, Fiction, and National Identity*. New York: Rowman & Littlefield.

Rosenberg, Matthew, Confessore, Nicholas, and Cadwalladr, Carole (2018) How Trump Consultants Exploited the Facebook Data of Millions. *New York Times*, 17 March.

Ross, Karen (2017) *Gender, Politics, News: A Game of Three Sides*. Oxford: Wiley-Blackwell.

Ross, Karen, and Padovani, Claudia (eds) (2016) *Gender Equality and the Media: A Challenge for Europe*. London: Routledge.

Rosser, M. (2005) Telenovelas, the Next Instalment. *Television Business International*, December.

Roth-Ey, Kristin (2011) *Moscow Prime Time: How the Soviet Union Built the Media Empire That Lost the Cultural Cold War*. Ithaca, NY: Cornell University Press.

RT (2016) RT Watched by 70mn Viewers Weekly, Half of Them Daily — Ipsos Survey. *RT*, 10 March.

Ruiz, Jeanette, and Barnett, George (2015) Who owns the international Internet networks? *The Journal of International Communication*, 21 (1): 38–57.

Ryan, Michael (ed.) (2008) *Cultural Studies: An Anthology*. Oxford: Wiley-Blackwell.

Sabry, Tarik (ed.) (2012) *Arab Cultural Studies: Mapping the Field*. London: I. B. Tauris.

Said, Edward (1978) *Orientalism*. London: Routledge & Kegan Paul.

Said, Edward (1993) *Culture and Imperialism*. London: Chatto & Windus.

Sakr, Naomi (2001) *Satellite Realms: Transnational Television, Globalization and the Middle East*. London: I. B. Tauris.

Salawu, Abiodun, and Chibita, Monica (eds) (2016) *Indigenous Language Media, Language Politics and Democracy in Africa*. London: Palgrave.

Samarajiva, Rohan (1985) Tainted Origins of Development Communication. *Communicator*, April—July: 5–9.

Samuel-Azran, Tal (2010) *Al-Jazeera and US War Coverage*. New York: Peter Lang.

Samuel-Azran, Tal (2016) *Intercultural Communication as a Clash of Civilizations: Al-Jazeera and Qatar's Soft Power*. New York: Peter Lang.

Sassen, Saskia (1996) *Losing Control? Sovereignty in an Age of Globalization*. New York: Columbia University Press.

Satchidanandan, K. (1999) Globalisation and culture. *Indian Literature*, 190 (2): 8–11.

Scannell, Paddy (2007) *Media and Communication*. London: Sage.

Schaefer, David, and Karan, Kavita (eds) (2013) *Bollywood and Globalization: The Global Power of Popular Hindi Cinema*. London: Routledge.

Schiffrin, Anya (ed.) (2011) *Bad News: How America's Business Press Missed the Story of the Century*. New York: The New Press.

Schiller, Dan (1999) *Digital Capitalism: Networking the Global Market System*. Cambridge, MA: MIT Press.

Schiller, Dan (2011) *How to Think about Information*. Champaign: Illinois University Press.

Schiller, Dan (2014) *Digital Depression: Information Technology and Economic Crisis*. Champaign: Illinois University Press.

Schiller, Dan, and Mosco, Vincent (2001) *Continental Order? Integrating North America for Cybercapitalism*. Lanham, MD: Rowman & Littlefield.

Schiller, Herbert (1969) *Mass Communications and American Empire*. New York: Augustus M. Kelley. Second revised and updated edition published by Westview Press in 1992.

Schiller, Herbert (1976) *Communication and Cultural Domination*. New York: International Arts and Sciences Press.

Schiller, Herbert (1992) *Mass Communication and the American Empire*. New York: Westview Press. Updated edition, original published in 1969.

Schiller, Herbert (1996) *Information Inequality: The Deepening Social Crisis in America*. New York: Routledge.

Schiller, Herbert (1998) Striving for communication dominance: A half-century review, pp. 17–26. In Thussu, D. (ed.) *Electronic Empires: Global Media and Local Resistance*. London: Arnold.

Schmidt, Eric, and Cohen, Jared (2013) *The New Digital Age: Reshaping the Future of People, Nations and Business*. London: John Murray.

Schneeberger, Agnes (2017) *Audio-Visual Services in Europe: Focus on Services Targeting Other Countries*. Strasbourg: European Audiovisual Observatory.

Scholz, Trebor (ed.) (2013) *Digital Labour: The Internet as Playground and Factory*. New York: Routledge.

Schramm, Wilbur (1964) *Mass Media and National Development: The Role of Information in the Developing Countries*. Stanford, CA: Stanford University Press.

Scott, Allen (2004) The other Hollywood: The organizational and geographic bases of television-program production. *Media, Culture & Society*, 26 (2): 183–205.

Scott, Martin (2014) *Media and Development*. London: Zed Books.

Screen Digest (1999) Children's television: A globalized market, December, 273–276.

Seel, Peter (2012) *Digital Universe: The Global Telecommunication Revolution*. Malden, MA: Wiley-Blackwell.

Segrave, Kerry (1998) *American Television Abroad: Hollywood's Attempt to Dominate World Television*. Jefferson, NC: McFarland.

Segura, María Soledad, and Waisbord, Silvio (2016) *Media Movements: Civil Society and Media Policy Reform in Latin America*. London: Zed Books.

Seib, Philip (2008) *The Al Jazeera Effect: How the New Global Media are Reshaping World Politics*. Washington, DC: Potomac.

Seib, Philip (2012) Introduction, pp. 1–4. In Seib, Philip (ed.) *Aljazeera English: Global News in a Changing World*. New York: Palgrave Macmillan.

Selcan, Kaynak (2015) Noor and friends: Turkish culture in the world, pp. 233–253. In Cevik, Senem, and Seib, Philip (eds) *Turkey's Public Diplomacy*. New York: Palgrave.

Sen, Tansen (2017) *India, China, and the World: A Connected History*. Lanham, MD: Rowman & Littlefield.

Seneviratne, Kalinga (ed.) (2018) *Mindful Communication for Sustainable Development: Perspectives from Asia*. New Delhi: Sage.

Sen Narayan, Sunetra, and Narayanan, Shalini (eds) (2016) *India Connected: Mapping the Impact of New Media*. New Delhi: Sage.

Seth, Sanjay (ed.) (2012) *Postcolonial Theory and International Relations: A Critical Introduction*. London: Routledge.

Shah, Nishant, Puthiya-Purayil, Sneha, and Chattapadhyay, Sumandro (eds) (2015) *Digital Activism in Asia Reader*. Lüneburg: Meson Press.

Shaheen, Jack (2009) *Reel Bad Arabs: How Hollywood Vilifies a People*, 2nd edn. Northampton, MA: Olive Branch Press.

Shahin, Saif (2017) Facing up to Facebook: How digital activism, independent regulation, and mass media foiled a neoliberal threat to net neutrality. *Information, Communication & Society*. https://doi.org/10.1080/1369118X.2017.1340494.

Shambaugh, David (2013) *China Goes Global: The Partial Power*. New York: Oxford University Press.

Sharma, Shalendra (2009) *China and India in the Age of Globalization*. Cambridge: Cambridge University Press.

Shaw, Ibrahim Seaga (2012) *Human Rights Journalism: Advances in Reporting Distant Humanitarian Interventions*. Basingstoke: Palgrave Macmillan.

Sherr, James (2012) *Soft Power? The Means and Ends of Russian Influence Abroad*. Washington, DC: Brookings Institution Press.

Shifman, Limor (2014) *Memes in Digital Culture*. Cambridge, MA: MIT Press.

Shirky, Clay (2010) *Cognitive Surplus: Creativity and Generosity in a Connected Age*. New York: Penguin.

Shirky, Clay (2011) The political power of social media. *Foreign Affairs*, 90 (1): 28–41.

Shohat, Ella, and Stam, Robert (1994) *Unthinking Eurocentricism: Multiculturalism and the Media*, 2nd edn. New York: Routledge.

Shome, Raka (2006) Interdisciplinary research and globalization. *Communication Review*, 9: 136.

Shuster, Simon (2015) Inside Putin's On-Air Machine. *Time*, 16 March.

SIA (2017) *2017 State of the Satellite Industry Report*. Washington, DC: Satellite Industry Association.

Siebert, Fred, Peterson, Theodore, and Schramm, Wilbur (1956) *Four Theories of the Press: The Authoritarian, Libertarian, Social Responsibility, and Soviet Communist Concepts of What the Press Should Be and Do*. Chicago: University of Illinois Press.

Sigismondi, Paolo (2012) *The Digital Glocalization of Entertainment: New Paradigms in the 21st Century Global Mediascape*. New York: Springer.

Silberstein-Loeb, Jonathan (2014) *The International Distribution of News: The Associated Press, Press Association, and Reuters, 1848–1947*. Cambridge: Cambridge University Press.

Silverman, Jacob (2015) *Terms of Service: Social Media and the Price of Constant Connection*. New York: HarperCollins.

Silverman, Craig (2016) This Analysis Shows How Viral Fake Election News Stories Outperformed Real News on Facebook. *BuzzFeed News*, 16 November. Available at: https://www.buzzfeed.com/craigsilverman/viral-fake-election-news-outperformed-real-news-on-facebook.

Simmons, Beth (2011) International Studies in the Global Information Age. *International Studies Quarterly*, 55: 589–599.

Simons, Gary, and Fennig, Charles (eds) (2018) *Ethnologue: Languages of the World*, 21st edn. Dallas, TX: SIL International. Available at: http://www.ethnologue.com.

Simpson, Patricia, and Duxies, Helga (eds) (2015) *Digital Media Strategies of the Far Right in Europe and the United States*. Lanham, MD: Lexington Books.

Sinclair, John (1996) Mexico, Brazil, and the Latin world, pp. 33–66. In Sinclair, J., Jacka, E., and Cunningham, S. (eds), *New Patterns in Global Television*. Oxford: Oxford University Press.

Sinclair, John, Jacka, Elizabeth, and Cunningham, Stuart (eds) (1996) *New Patterns in Global Television: Peripheral Vision*. Oxford: Oxford University Press.

Sinclair, John, and Straubhaar, Joseph (2013) *Television in Latin America*. London: BFI.

Singer, Peter, and Friedman, Allan (2014) *Cybersecurity and Cyberwar: What Everyone Needs to Know*. New York: Oxford University Press.

Singh, J. P. (2011) *United Nations Educational, Scientific and Cultural Organization: Creating Norms for a Complex World*. London: Routledge.

Singhal, Arvind, and Roger, Everett (2004) The status of entertainment-education worldwide, pp. 3–18. In Singhal, A., Cody, M., Roger, E., and Sabido, M. (eds) *Entertainment-Education and Social Change*. Mahwah, NJ: Lawrence Erlbaum.

Sivaram, Varun (2018) *Taming the Sun: Innovations to Harness Solar Energy and Power the Planet*. Cambridge, MA: MIT Press.

Siwek, Stephen (2016) *Copyright Industries in the U.S. Economy: The 2016 Report*. Incorporated, prepared for the International Intellectual Property Alliance (IIPA), November. Available at: https://iipa.org/files/

uploads/2018/01/2016CpyrtRptFull-1.pdf. Accessed 22 January 2018.

Slack, Trevor (ed.) (2004) *The Commercialisation of Sport*. London: Routledge.

Slater, Don (2013) *New Media, Development and Globalization: Making Connections in the Global South*. Cambridge: Polity.

Smith, Anthony (1979) *The Newspaper: An International History*. London: Thames and Hudson.

Smith, Anthony (1980) *The Geopolitics of Information: How Western Culture Dominates the World*. London: Faber & Faber.

Snow, Nancy, and Taylor, Philip (eds) (2008) *The Routledge Handbook of Public Diplomacy*. London: Routledge.

Soldatov, Andrei, and Borogan, Irina (2017) *The Red Web: The Kremlin's Wars on the Internet*. New York: Public Affairs. Updated edition, original published in 2015.

Somavia, Juan (1976) The transnational power structure and international information. *Development Dialogue*, 2: 15–28.

Sonntag, Selma (2003) *The Local Politics of Global English: Case Studies in Linguistic Globalization*. Lanham, MD: Lexington Books.

Sony (2017) *Annual Report 2017*. Tokyo: Sony Corporation.

South Commission (1990) *The Challenge to South: The Report of the South Commission*. Geneva: The South Centre.

Sparks, Colin (1998) Is there a global public sphere?, pp. 108–124. In Thussu, D. (ed.) *Electronic Empires: Global Media and Local Resistance*. London: Arnold.

Sparks, Colin (2007) *Globalization, Development and the Mass Media*. London: Sage.

Spigel, Lynn, and Olsson, Jan (eds) (2004) *Television after TV: Essays on a Medium in Transition*. Durham, NC: Duke University Press.

Sreberny, Annabelle, and Khiabany, Gholam (2010) *Blogistan: The Internet and Politics in Iran*. London: I. B. Tauris.

Sreberny-Mohammadi, A. (1991) The global and the local in international communication, pp. 118–138. In Curran, J., and Gurevitch, M. (eds) *Mass Media and Society*. London: Edward Arnold.

Sreberny-Mohammadi, Annabele (1997) The many cultural faces of imperialism. In Golding, Peter, and Harris, Phil (eds) *Beyond Cultural Imperialism*. London: Sage.

Srinivas, Sunitha (2015) *'Ad'apting to Markets: Repackaging Commercials in Indian Languages*. New Delhi: Sage.

Srivastava, Neelam, and Bhattacharya, Baidik (eds) (2012) *The Postcolonial Gramsci*. New York: Routledge.

Starosielski, Nicole (2015) *The Undersea Network*. Durham, NC: Duke University Press.

Stern, Jessica, and Berger, J. (2015) *ISIS: The State of Terror*. London: William Collins.

Štětka, Václav (2012) From multinational to business tycoons: Media ownership and journalistic autonomy in Central and Eastern Europe. *The International Journal of Press/Politics*, 17 (4): 1–20.

Stevenson, Robert (1988) *Communication, Development and the Third World: The Global Politics of Information*. London: Longman. Reprinted by the University Press of America in 1993.

Stiglitz, Joseph (2002) *Globalization and Its discontents*. New York: W. W. Norton.

Stiglitz, Joseph (2015) *The Great Divide: Unequal Societies and What We Can Do*. New York: W. W. Norton.

Stone, Randall (2011) *Controlling Institutions: International Organizations and the Global Economy*. New York: Cambridge University Press.

Straubhaar, Joseph (1991) Beyond media imperialism: Asymmetrical interdependence and cultural proximity. *Critical Studies in Mass Communication*, 8 (1): 39–59.

Straubhaar, Joseph (2007) *World Television: From Global to Local*. Los Angeles: Sage.
Straubhaar, Joseph (2012) Telenovelas in Brazil: From traveling scripts to a genre and proto-format both national and transnational, pp. 148–177. In Oren, Tasha, and Shahaf, Sharon (eds) *Global Television Formats: Understanding Television across Borders*. London: Routledge.
Stross, Randall (2008) *Planet Google: One Company's Audacious Plan to Organize Everything We Know*. New York: Basic Books.
Sullivan, Kate (ed.) (2015) *Competing Visions of India in World Politics: India's Rise beyond the West*. London: Palgrave Macmillan.
Sum, Ngai-Ling, and Jessop, Bob (2013) *Towards a Cultural Political Economy: Putting Culture in Its Place in Political Economy*. Cheltenham: Edward Elgar.
Sundaram, Ravi (2010) *Pirate Modernity: Delhi's Media Urbanism*. London: Routledge.
Sundaram, Ravi (ed.) (2013) *No Limits: Media Studies from India*. New Delhi: Oxford University Press.
Sung, Liching (1992) WARC-92: Setting the agenda for the future. *Telecommunications Policy*, 16 (8): 624–634.
Surana, Kavitha (2016) The EU Moves to Counter Russian Disinformation Campaign. *Foreign Policy*, November 23.
Svartvik, Jan, and Leech, Geoffrey (2016) *English — One Tongue, Many Voices*, 2nd edn. London: Palgrave.
Tali, Didum (2016) An Unlikely Story: Why do South Americans Love Turkish TV? Available at: http://www.bbc.com/news/business-37284938. Accessed 30 June 2017.
Tawney, R. H. (1937) *Religion and the Rise of Capitalism*. London: Penguin Books. First edition published in 1926.
Taylor, Philip (1997) *Global Communications, International Affairs and the Media Since 1945*. London: Routledge.
Taylor, Philip (2003) *Munitions of the Mind: A History of Propaganda from the Ancient World to the Present Era*, 3rd edn. Manchester: Manchester University Press.
Taylor, Richard, and Schejter, Amit (eds) (2013) *Beyond Broadband Access: Developing Data-Based Information Policy Strategies*. New York: Fordham University Press.
Tehranian, Majid (1999) *Global Communication and World Politics: Domination, Development and Discourse*. London: Lynne Reinner.
Terabit Consulting (2017) *Submarine Telecoms Industry Report 2016–17*. Submarine Telecom Forum. Cambridge, MA: Terabit Consulting.
Thomas, Pradip (2010) *The Political Economy of Communications in India: The Good, the Bad and the Ugly*. New Delhi: Sage.
Thompson, John (1995) *The Media and Modernity: A Social Theory of the Media*. Cambridge: Polity.
Thomson Reuters (2017) *Thomson Reuters Annual Report 2017*. London: Thomson Reuters.
Thorsen, Einar, and Allan, Stuart (eds) (2014) *Citizen Journalism: Global Perspectives*, vol. 2. New York: Peter Lang.
Thussu, Daya Kishan (1998) Localizing the global: Zee TV in India, pp. 273–294. In Thussu, D. K. (ed.) *Electronic Empires: Global Media and Local Resistance*. London: Arnold.
Thussu, Daya Kishan (2002) Privatizing Intelsat: Implications for the global South, pp. 39–54. In Raboy, M. (ed.) *Global Media Policy in the New Millennium*. Luton: University of Luton Press.
Thussu, Daya Kishan (2007a) Mapping global media flow and contra-flow, pp. 11–32. In Thussu, Daya Kishan (ed.) *Media on the Move: Global Flow and Contra-Flow*. London: Routledge.
Thussu, Daya Kishan (2007b) *News as Entertainment: The Rise of Global Infotainment*. London: Sage.

Thussu, Daya Kishan (2009) Why internationalize media studies and how?, pp. 13–31. In Thussu, Daya Kishan (ed.) *Internationalizing Media Studies*. London: Routledge.
Thussu, Daya Kishan (ed.) (2010) *International Communication: A Reader*. London: Routledge.
Thussu, Daya Kishan (2013a) *Communicating India's Soft Power: Buddha to Bollywood*. New York: Palgrave Macmillan.
Thussu, Daya Kishan (2013b) De-Americanizing media studies and the rise of Chindia, *Javnost*, 20 (4): 31–44.
Thussu, Daya Kishan (2015) Digital BRICS: Building a NWICO 2.0?, pp. 242–263. In Nordenstreng, K. and Thussu, D. K. (eds) *Mapping BRICS Media*. London: Routledge.
Thussu, Daya Kishan, and Freedman, Des (eds) (2003) *War and the Media: Reporting Conflict 24/7*. London: Sage.
Tierney, William, Corwin, Zoë, Fullerton, Tracy, and Ragusa, Gisele (eds) (2014) *Postsecondary Play: The Role of Games and Social Media in Higher Education*. Baltimore: Johns Hopkins University Press.
Tofel, Richard (2013) *Non-Profit Journalism: Issues around Impact*. White Paper. New York: ProPublica.
Toffler, Alvin (1980) *The Third Wave*. London: Collins.
Tomlinson, John (1991) *Cultural Imperialism: A Critical Introduction*. London: Pinter.
Tomlinson, John (1999) *Globalization and Culture*. Cambridge: Polity.
Toyama, Kentaro (2015) *Geek Heresy: Rescuing Social Change from the Cult of Technology*. New York: Public Affairs.
Tracey, Michael (1998) *The Decline and Fall of Public Service Broadcasting*. Oxford: Oxford University Press.
Tremlett, Giles (2015) The Podemos Revolution: How a Small Group of Radical Academics Changed European Politics. *The Guardian*, 31 March.
Trottier, Daniel (2012) *Social Media as Surveillance: Rethinking Visibility in a Converging World*. Farnham: Ashgate.
Tuch, Hans (1990) *Communicating with the World: U.S. Public Diplomacy Overseas*. New York: St Martin's Press.
Tufte, Thomas (2017) *Communication and Social Change: A Citizen Perspective*. Cambridge: Polity.
Tungate, Mark (2004) *Media Monoliths: How Great Media Brands Thrive and Survive*. London: Kogan Page.
Tunstall, Jeremy (1977) *The Media Are American: Anglo-American Media in the World*. London: Constable.
Tunstall, Jeremy (2008) *The Media Were American: U.S. Mass Media in Decline*. New York: Oxford University Press.
Tunstall, Jeremy, and Palmer, Michael (1991) *Media Moguls*. London: Routledge.
Tunstall, Jeremy, and Machin, David (1999) *The Anglo-American Media Connection*. Oxford: Oxford University Press.
Turner, Graham (2009) *Ordinary People and the Media: The Demotic Turn*. London: Sage.
Turow, Joseph (2011) *The Daily You: How the New Advertising Industry Is Defining Your Identity and Your Worth*. New Haven, CT: Yale University Press.
Twickel, Nikolaus Von (2010) Russia Today Courts Viewers with Controversy. *The Moscow Times*, 17 March.
UKIE (2017) UK Game Industry Fact Sheet, 2017. Available at: https://ukie.org.uk/sites/default/files/UK%20Games%20Industry%20Fact%20Sheet%20 Accessed 10 January 2018.
Ullekh, N. P. (2015) *War Room: The People, Tactics and Technology behind Narendra Modi's 2014 Win*. New Delhi: Roli Books.
UN (2015) *Transforming Our World: The 2030 Agenda for Sustainable Development*. New York: United

Nations.

UNCTAD (2012) *Information Economy Report 2012: The Software Industry and Developing Countries*. New York: United Nations Conference on Trade and Development.

UNCTAD (2014) *World Investment Report 2014: Investing in the SDGs: An Action Plan*. Geneva: United Nations Conference on Trade and Development.

UNCTAD (2017) *The World Investment Report, 2017: Investment in the Digital Economy*. Geneva: United Nations Conference on Trade and Development.

UNDP (1999) *Human Development Report*. United Nations Development Programme. Oxford and New York: Oxford University Press.

UNDP (2013) *Human Development Report 2013: The Rise of the South: Human Progress in a Diverse World*. New York: United Nations Development Programme.

UNDP (2015) *Human Development Report 2015: Work for Human Development*. New York: United Nations Development Programme.

UNESCO (1980) The new world information and communication order. Resolutions 4/19 in Records of the General Conference Twenty-First Session, Belgrade, 23 September to 28 October, Paris: United Nations Educational, Scientific and Cultural Organisation.

UNESCO (1982) *Culture Industries: A Challenge for the Future of Culture*. Paris: United Nations Economic, Scientific and Cultural Organization.

UNESCO (1995) *Our Creative Diversity: Report of the World Commission on Culture and Development*. Paris: United Nations Economic, Scientific and Cultural Organization.

UNESCO (1998) *World Culture Report 1998: Culture, Creativity and Markets*. Paris: United Nations Educational, Scientific and Cultural Organization.

UNESCO (2005) *International Flows of Selected Cultural Goods and Services 1994–2003*. Paris: UNESCO Institute for Statistics, United Nations Educational, Scientific and Cultural Organization.

UNESCO (2009) *World Culture Report: Investing in Cultural Diversity and Intercultural Dialogue*. Paris: United Nations Educational, Scientific and Cultural Organization.

UNESCO (2012) *Gender-Sensitive Indicators for Media: Framework of Indicators to Gauge Gender Sensitivity in Media Operations and Content*. Paris: United Nations Educational, Scientific and Cultural Organization.

UNESCO (2013) *Emerging Markets and the Digitalization of the Film Industry. An Analysis of the 2012 UIS International Survey of Feature Film Statistics*. Paris: UNESCO Institute for Statistics, United Nations Educational, Scientific and Cultural Organization.

UNESCO (2016) *The Globalization of Cultural Trade — A Shift in Consumption: International Flows of Cultural Goods and Services 2004–2013*. Paris: UNESCO Institute for Statistics, United Nations Educational, Scientific and Cultural Organization.

UNESCO/EURid (2014) *World Report on Internationalised Domain Names 2014*. Paris and Diegem, Belgium: United Nations Educational, Scientific and Cultural Organization and European Registry of Internet Domain Names.

UNHCR (2017) *Global Report, 2017*. Geneva: United Nations High Commission for Refugees.

UNICEF (2017) *Communication for Development*. Available at: https://www.unicef.org/cbsc/index_42328.html. Accessed 7 January 2018.

Urban, George (1997) *Radio Free Europe and the Pursuit of Democracy: My War within the Cold War*. New Haven, CT: Yale University Press.

Urwand, Ben (2013) *The Collaboration: Hollywood's Pact with Hitler*. Cambridge, MA: Harvard University

Press.

US Government (1987) *U. S. Department of State, Dictionary of International Relations Terms*. Washington, DC: Department of State.

US Government (1995) *Global Information Infrastructure: Agenda for Cooperation*. Washington, DC: US Government Printing Office.

US Government (1997) *The Framework for Global Electronic Commerce*. Washington, DC: The White House.

US Government (2012) Statement delivered by Ambassador Terry Kramer from the floor of the WCIT, December 13, 2012. U.S. Department of State, *Press Release*, 'U.S. Intervention at the World Conference on International Telecommunications', 13 December 2012. Available at: http://2009-2017.state.gov/r/pa/prs/ps/2012/12/202037.htm. Accessed 22 October 2016.

US Government (2014) *Privacy and Civil Liberties Oversight Board: Report on the Surveillance Program Operated Pursuant to Section 702 of the Foreign Intelligence Surveillance Act*. Washington, DC: US Government.

US Government (2016) *2016 Top Markets Report Media and Entertainment: A Market Assessment Tool for U.S. Exporters*. Washington, DC: Department of Commerce, International Trade Administration.

US Government (2017) *US International Services: Cross-Border Trade in 2016*. Washington, DC: US Bureau of Economic Analysis.

Vaidhyanathan, Siva (2011) *The Googlization of Everything*. Berkeley: University of California Press.

van Dijck, José (2013) *The Culture of Connectivity: A Critical History of Social Media*. Oxford: Oxford University Press.

VanGrasstek, Craig (2013) *The History and Future of the World Trade Organization*. Geneva: World Trade Organization.

van Mourik Broekman, Pauline, Hall, Gary, Byfield, Ted, Hides, Shaun, and Worthington, Simon (2014) *Open Education: A Study in Disruption*. London: Rowman & Littlefield.

van Parijs, Philippe (2011) *Linguistic Justice for Europe and for the World*. Oxford: Oxford University Press.

van Schewick, Barbara (2010) *Internet Architecture and Innovation*. New Haven, CT: MIT Press.

Varis, Tapio (1985) *International Flow of Television Programmes*. Reports and Papers on Mass Communication no. 100. Paris: UNESCO.

Vasey, Ruth (1997) *The World According to Hollywood, 1918–1939*. Madison: University of Wisconsin Press.

Venturelli, Shalini (1998) *Liberalizing the European Media: Politics, Regulation and the Public Sphere*. Oxford: Oxford University Press.

Veselinovic, Milena (2015) More Than Feuds and Dramas, Nollywood Is a Mighty Economic Machine. *CNN*, 27 August.

Vincent, Richard, Nordenstreng, Kaarle, and Traber, Michael (eds) (1999) *Towards Equity in Global Communication: MacBride Update*. Cresskill, NJ: Hampton Press.

Vise, David, and Malseed, Mark (2005) *The Google Story*. London: Macmillan.

Vogel, Harold (2015) *Entertainment Industry Economics: A Guide for Financial Analysis*, 9th edn. Cambridge: Cambridge University Press.

Vokes, Richard (2018) *Media and Development*. London: Routledge.

Volkmer, Ingrid (1999) *News in the Global Sphere: A study of CNN and Its Impact on Global Communications*. Luton: University of Luton Press.

Volkmer, Ingrid (2014) *The Global Public Sphere: Public Communication in the Age of Reflective Interdependence*. Cambridge: Polity.

Vosoughi, Soroush, Roy, Deb, and Aral, Sinan (2018) The spread of true and false news online. *Science*, 359: 1146–1151.
Waisbord, Silvio (2004) McTV: Understanding the global popularity of television formats. *Television & New Media*, 5 (4): 359–383.
Waisbord, Silvio, and Mellado, Claudia (2014) De-westernizing communication studies: A reassessment. *Communication Theory*, 24 (4): 361–372.
Walker, Andrew (1992) *A Skyful of Freedom: 60 Years of the BBC World Service*. London: Broadside Books.
Wallerstein, Immanuel (1974, 1980) *The Modern World-System*, 2 vols. New York: Academic Press.
Wallerstein, Immanuel (2004) *World-Systems Analysis: An Introduction*. Durham, NC: Duke University Press.
Walsh, John (2014) Hallyu as a government construct: The Korean Wave in the context of economic and social development, pp. 13–31. In Yasue Kuwahara (ed.) *The Korean Wave: Korean Popular Culture in Global Context*. London: Palgrave Macmillan.
Wang, Georgette (ed.) (2011) *De-Westernizing Communication Research: Altering Questions and Changing Frameworks*. London: Routledge.
Ward, Stephen (2015) *Radical Media Ethics: A Global Approach*. Oxford: Wiley-Blackwell.
Wardle, Claire, and Derakhshan, Hossein (2017) *Information Disorder: Toward an Interdisciplinary Framework for Research and Policy Making*. Strasbourg: Council of Europe.
Washington Post (2014) *NSA Secrets: Government Spying in the Internet Age*. Washington Post e-book. Published in partnership with Diversion Books.
Wasko, Janet (2003) *How Hollywood Works*. London: Sage.
Wasko, Janet, Murdock, Graham, and Sousa, Helena (eds) (2011) *The Handbook of Political Economy of Communications*. Oxford: Wiley-Blackwell.
Wasserman, Herman (2018) *Media, Geopolitics and Power: A View from the Global South*. Chicago: University of Illinois Press.
Waterman, David (2005) *Hollywood's Road to Riches*. Cambridge, MA: Harvard University Press.
Waters, Malcom (1995) *Globalization*. London: Routledge.
Watson, Tom, and Hickman, Martin (2012) *Dial M for Murdoch: News Corporation and the Corruption of Britain*. London: Allen Lane.
Weaver, David (ed.) (1998) *The Global Journalist: Newspeople around the World*. Cresskill, NJ: Hampton Press.
Webster, Frank (2006) *The Theories of the Information Society*. London: Routledge.
Weedon, Jen, Nuland, William, and Stamos, Alex (2017) *Information Operations and Facebook*. Facebook, April.
Welch, David (ed.) (2014) *Propaganda, Power and Persuasion: From World War I to Wikileaks*. London: I. B. Tauris.
Wells, Allan (1972) *Picture Tube Imperialism? The Impact of U.S. Television on Latin America*. New York: Orbis.
Wells, Allan (ed.) (1996) *World Broadcasting: A Comparative View*. Norwood, NJ: Ablex.
Wells, Clare (1987) *The UN, UNESCO and the Politics of Knowledge*. London: Macmillan.
Westad, Odd Arne (2006) *The Global Cold War: Third World Interventions and the Making of Our Times*. Cambridge: Cambridge University Press.
Wessler, Hartmut, Peters, Bernhard, Brüggemann, Michael, Kleinen-V. Königslöw, Katharina, and Sifft, Stefanie (2008) *Transnationalization of Public Spheres*. Basingstoke: Palgrave Macmillan.

Willems, Wendy, and Mano, Winston (2017) Decolonizing and provincializing audience and internet studies: Contextual approaches from African vantage points, pp. 1–26. In Willems, W., and Mano, W. (eds) *Everyday Media Culture in Africa: Audiences and Users*. London: Routledge.

Willetts, Peter (2011) *Non-Governmental Organizations in World Politics: The Construction of Global Governance*. London: Routledge.

Williams, Nathan (2013) The Rise of Turkish Soap Power, *BBC News*, 23 June.

Wilkins, Karin (2015) *Communicating Gender and Advocating Accountability in Global Development*. London: Palgrave Macmillan.

Windrich, Elaine (1992) *The Cold War Guerrilla: Jonas Savimbi, the US Media and the Angolan War*. New York: Greenwood Press.

Winseck, Dwayne, and Jin, Dal Yong (eds) (2012) *The Political Economies of Media: The Transformation of the Global Media Industries*. New York: Bloomsbury Academic.

Winseck, Dwayne, and Pike, Robert (2007) *Communication and Empire: Media, Markets, and Globalization, 1860–1930*. Durham, NC: Duke University Press.

WIPO (2017a) *World Intellectual Property Report 2017 — Intangible Capital in Global Value Chains*. Geneva: World Intellectual Property Organization.

WIPO (2017b) *World Intellectual Property Indicators 2017*. Geneva: World Intellectual Property Organization.

Witt, Emily (2017) *Nollywood: The Making of a Film Empire*. New York: Columbia Global Reports.

Wolff, Michael (2008) *The Man Who Owns the News: Inside the Secret World of Rupert Murdoch*. New York: Broadway.

Wolfson, Todd (2014) *Digital Rebellion: The Birth of the Cyber Left*. Urbana: University of Illinois Press.

Wood, James (1992) *History of International Broadcasting*. London: Peter Peregrinus.

Woolley, Samuel, and Howard, Philip (2017) *Computational Propaganda Worldwide: Executive Summary*. Working Paper No. 11. The Computational Propaganda Research Project. Oxford: Oxford Internet Institute, University of Oxford.

World Bank (1998) *World Development Report 1998/1999: Knowledge for Development*. Washington, DC: World Bank.

World Bank (2012) *Information and Communications for Development: Maximizing Mobile*. Washington, DC: World Bank.

World Bank (2016a) *Migration and Development: A Role for the World Bank Group*. Washington, DC: World Bank.

World Bank (2016b) *Forcibly Displaced: Toward a Development Approach Supporting Refugees, the Internally Displaced, and Their Hosts*. Washington, DC: World Bank.

World Bank (2017) *Atlas of Sustainable Development Goals 2017*. Washington, DC: World Bank.

World Economic Forum (2017) *The Global Gender Gap Report 2017*. Geneva: World Economic Forum.

WSIS (2005) *Tunis Agenda for the Information Society*, 18 November 18 2005, WSIS-05/TUNIS/DOC6(Rev.1)-E, p. 6. Available at: http://www.itu.int/wsis/docs2/tunis/off/6rev1.pdf. Accessed 22 June 2014.

WTO (1998) *Annual Report 1998*. Geneva: World Trade Organization. WTO (2017) *World Trade Statistical Review 2017*. Geneva: World Trade Organization.

Wu, Tim (2003) Network neutrality, broadband discrimination. *Journal of Telecommunications and High Technology Law*, 2: 141–176.

Wu, Tim (2010) *The Master Switch: The Rise and Fall of Information Empires*. New York: Knopf.

Wu, Tim (2016) *The Attention Merchants: The Epic Scramble to Get Inside Our Heads*. New York: Knopf.

Wutz, Josef (2014) *Dissemination of European Cinema in the European Union and the International Market*. Studies & Reports 106, November. Berlin and Paris: Notre Europe — Jacques Delors Institute.

Xin, Xin (2012) *How the Market Is Changing China's News: The Case of Xinhua News Agency*. Lanham, MD: Lexington Books.

Xinhua News (2014) Xi Eyes More Enabling International Environment for China's Peaceful Development, *Xinhua News Agency*, 30 November.

Xinhua News (2015) China Unveils 'Internet Plus' Action Plan to Fuel Growth. *Xinhua News Agency*, 4 July.

Yanardağoğlu, Eylem, and Karam, Imad (2013) The fever that hit the Arab television: Audience perceptions of the Turkish TV series. *Identities: Global Studies in Culture and Power*, 20 (5): 561–579.

Yang, Ling (2009) All for love: The Corn Fandom, prosumers, and the Chinese way of creating a superstar. *International Journal of Cultural Studies*, 12 (5): 527–543.

Yeşil, Bilge (2015) Transnationalization of Turkish dramas: Exploring the convergence of local and global market imperatives. *Global Media and Communication*, 11 (1): 43–60.

Yoon, Tae-Jin, and Jin, Dal Yong (eds) (2017) *The Korean Wave: Evolution, Fandom, and Transnationality*. Lanham, MD: Lexington Books.

Yörük, Zafer, and Vatikiotis, Pantelis (2013) Soft power or illusion of hegemony: The case of the Turkish soap opera colonialism. *International Journal of Communication*, 7: 2361–2385.

Youmans, William (2017) *An Unlikely Audience: Al Jazeera's Struggle in America*. New York: Oxford University Press.

Yudice, George (2004) *The Expediency of Culture: Uses of Culture in the Global Era*. Durham, NC: Duke University Press.

Yuen, Nancy Wang (2017) *Reel Inequality: Hollywood Actors and Racism*. New Brunswick, NJ: Rutgers University Press.

Zaharna, Rhonda, Arsenault, Amelia, and Fisher, Ali (eds) (2013) *Relational, Networked and Collaborative Approaches to Public Diplomacy: The Connective Mindshift*. New York: Routledge.

Zakaria, Fareed (2008) *The Post-American World*. London: Allen Lane.

Zayani, Mohamed (ed.) (2005) *The Al-Jazeera Phenomenon: Critical* Perspectives on New Arab Media. London: Pluto.

Zee TV (2017) *Zee Annual Report 2016–17*. Available at: www.zeeentertainment.com/wp-content/uploads/2017/10/zeelannualreport2016-17-1-b3303c7c6252b11.pdf. Accessed 12 January 2018.

Zelnick, Bob, and Zelnick, Eva (2013) *The Illusion of Net Neutrality: Political Alarmism, Regulatory Creep, and the Real Threat to Internet Freedom*. Stanford: Hoover Institution Press.

Zhao, Yuezhi (2008) *Communication in China: Political Economy, Power and Conflict*. Lanham, MD: Rowman & Littlefield.

Zuckerberg, Mark (2017) Building Global Community. Available at: https://www.facebook.com/notes/mark-zuckerberg/building-globalcommunity/10154544292806634. Accessed 15 January 2018.

Zuboff, Shoshana (2015) Big other: Surveillance capitalism and the prospects of an information civilization: *Journal of Information Technology* 30: 75–89.

图书在版编目(CIP)数据

国际传播：沿袭与流变：第三版 ／（英）达雅·基山·屠苏（Daya Kishan Thussu）著；胡春阳，姚朵仪译. —上海：复旦大学出版社，2022.1（2024.7 重印）
（复旦新闻与传播学译库）
书名原文：International Communication：Continuity and Change（3rd Edition）
ISBN 978-7-309-15953-0

Ⅰ.①国… Ⅱ.①达… ②胡… ③姚… Ⅲ.①传播学-研究 Ⅳ.①G206

中国版本图书馆 CIP 数据核字（2021）第 191684 号

Copyright © Daya Kishan Thussu，2019
This translation of *International Communication*，*Third Edition* is published by arrangement with Bloomsbury Publishing Plc.

上海市版权局著作权合同登记号：图字 09-2020-569

GUOJI CHUANBO：YANXI YU LIUBIAN（DI-SAN BAN）
国际传播：沿袭与流变（第三版）
[英]达雅·基山·屠苏（Daya Kishan Thussu） 著 胡春阳 姚朵仪 译
责任编辑/刘 畅

复旦大学出版社有限公司出版发行
上海市国权路 579 号 邮编：200433
网址：fupnet@fudanpress.com http：//www.fudanpress.com
门市零售：86-21-65102580 团体订购：86-21-65104505
出版部电话：86-21-65642845
上海崇明裕安印刷厂

开本 787 毫米×960 毫米 1/16 印张 24.25 字数 435 千字
2024 年 7 月第 1 版第 2 次印刷

ISBN 978-7-309-15953-0/G·2313
定价：68.00 元

如有印装质量问题，请向复旦大学出版社有限公司出版部调换。
版权所有 侵权必究